Analytische Transmissionselektronenmikroskopie

Jürgen Thomas · Thomas Gemming

Analytische Transmissionselektronen-mikroskopie

Eine praxisbezogene Einführung

2. Auflage

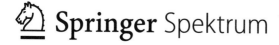 Springer Spektrum

Jürgen Thomas
Dresden, Deutschland

Thomas Gemming
Institut für Materialchemie
Leibniz-Institut für Festkörper- und
Werkstoffforschung (IFW) Dresden
Dresden, Deutschland

ISBN 978-3-662-66722-4   ISBN 978-3-662-66723-1   (eBook)
https://doi.org/10.1007/978-3-662-66723-1

Die Deutsche Nationalbibliothek verzeichnet diese Publikation in der Deutschen Nationalbibliografie;
detaillierte bibliografische Daten sind im Internet über http://dnb.d-nb.de abrufbar.

Planung/Lektorat: Gabriele Ruckelshausen
Springer Spektrum ist ein Imprint der eingetragenen Gesellschaft Springer-Verlag GmbH, DE und ist
ein Teil von Springer Nature.
Die Anschrift der Gesellschaft ist: Heidelberger Platz 3, 14197 Berlin, Germany

Das Papier dieses Produkts ist recyclebar.

Vorwort

Wozu brauchen wir eigentlich ein Durchstrahlungselektronenmikroskop (englisch: „Transmission Electron Microscope", auf Deutsch: „Transmissionselektronenmikroskop", abgekürzt: „TEM")? Es ist teuer in der Anschaffung, verursacht hohe Betriebskosten, liefert teilweise schwer verständliche Daten, die auch noch falsch interpretiert werden können, und erfordert womöglich Spezialisten und – damit verbunden – zusätzliche Lohnkosten.

Andererseits ist es ein Mikroskop, d. h. es liefert als Ergebnis vergrößerte Bilder, und Bilder braucht man nur anzusehen, da gibt es doch scheinbar keine Verständnisprobleme. Wozu also auch noch ein neues Buch zu diesem Thema?

> *Goethe:„Mikroskope und Fernrohre verwirren eigentlich den reinen Menschensinn."* [1]

Es ist eines der Anliegen dieses Buches zu zeigen, dass das naive Betrachten der transmissionselektronenmikroskopischen Bilder zu falschen Schlüssen führen kann, wenn ohne Hintergrundwissen agiert wird.

Darüber hinaus umfasst die analytische Transmissionselektronenmikroskopie nicht allein die mikroskopische Abbildung. Elektronenbeugung und chemische Analyse mit speziellen Spektrometern für Röntgenstrahlung und Energieverluste der Elektronen gehören ebenfalls dazu. Das analytische Transmissionselektronenmikroskop vereint vier anspruchsvolle Methoden: Elektronenmikroskopische Abbildung, Elektronenbeugung, Analyse charakteristischer Röntgenstrahlung und Elektronenenergieverlust-Analyse. Für jede dieser Methoden gibt es Spezialisten, trotzdem sollte der Nutzer des analytischen Transmissionselektronenmikroskops einen Überblick über alle Möglichkeiten dieses Verfahrens haben. Er sollte wissen, welche materialwissenschaftlichen Fragestellungen beantwortet werden können und die Methoden sowohl hinsichtlich der Gerätebedienung beherrschen als auch mit den Grundsätzen der Probenvorbereitung und der Interpretation der Messergebnisse vertraut sein.

Diesen Überblick soll dieses Buch verschaffen. Die Idee dazu ist uns während der Arbeit in unserem elektronenmikroskopischen Labor des Leibniz-Institutes für Festkörper- und Werkstoffforschung (IFW) Dresden gekommen. Bei der

Unterrichtung von Studierenden der Werkstoffwissenschaft sowohl in Vorlesungen als auch in Praktika zur analytischen Transmissionselektronenmikroskopie sowie beim Anlernen von Diplomanden, Doktoranden und Technikern am Elektronenmikroskop haben wir Erfahrungen gesammelt, einerseits hinsichtlich häufig gestellter Fragen und besonderer Probleme des Anfängers, andererseits aber auch hinsichtlich der didaktischen Vorgehensweise beim Erklären der Funktionsweise des Transmissionselektronenmikroskops und der praktischen Arbeit daran.

Diese Erfahrungen sollen in dieses Buch einfließen. Es wendet sich insbesondere an Personen, die an einem Transmissionselektronenmikroskop arbeiten wollen oder müssen, aber noch keine ausgebildeten Elektronenmikroskopiker sind. Servicetechnikern soll es helfen, den Überblick über die Grundlagen der von ihnen gewarteten Geräte zu behalten. Das Buch soll aber auch unterhaltsam sein, um möglicherweise auch bei Außenstehenden das Interesse an der Elektronenmikroskopie zu wecken.

Schwerpunkte werden Erklärungen anhand einfacher Modellvorstellungen und Hinweise zur praktischen elektronenmikroskopischen Arbeit sein. Bereits die Kapitelüberschriften deuten auf dieses Anliegen hin. Dies unterscheidet dieses Buch von anderen Einführungen in die Elektronenmikroskopie. Wir versuchen, auf wenig praxisrelevante Erklärungen, die allein auf mathematischen Formalismen beruhen, weitgehend zu verzichten.

In diesem Zusammenhang sei eine allgemeine Bemerkung zu Modellvorstellungen gestattet: Im Buch sprechen wir manchmal von Elektronen als Teilchen, manchmal als Wellen. Oder die Position der Probe im Elektronenmikroskop: Manchmal zeichnen wir die Probe außerhalb des Objektivs, manchmal inmitten des magnetischen Feldes des Objektivs. Der eine oder andere Leser wird darin einen Widerspruch sehen. Es ist aber kein Widerspruch sondern die Eigenart von Modellen, die dazu dienen spezielle Sachverhalte zu erklären. Je nach experimenteller Anordnung beobachten wir einerseits den Teilchen- und andererseits den Wellencharakter der Elektronen. Oder: Zur Erklärung der mehrstufigen Abbildung im Elektronenmikroskop zeichnen wir die Probe außerhalb des Magnetfeldes, weil die genaue Elektronenbahn innerhalb der Linse in diesem Fall keine Rolle spielt. Es ist nur wichtig, wie die Bahn außerhalb der Linse verläuft. Wenn wir aber diskutieren, welche Probleme magnetische Proben bereiten, spielt natürlich die direkte Wechselwirkung mit dem Magnetfeld des Objektivs eine Rolle, und unser Modell muss anders angelegt sein. Die Modelle sollen so einfach wie möglich und nur so kompliziert wie für den Erklärungszweck unbedingt nötig sein.

Ungeachtet des Versuchs plausibler Erklärungen lassen sich manche Zusammenhänge mit Hilfe der Mathematik besser verstehen. Für quantitative Angaben werden Formeln benotigt. Besonders das Kap. 10 (mit „etwas mehr Mathematik") nimmt darauf Rücksicht. Dort sind einige Grundlagen noch einmal näher erklärt, gegebenenfalls wird im laufenden Text auf solche vertiefenden Abschnitte mit einem Pfeil ($\rightarrow$) hingewiesen. Die Auswahl der Themen mag willkürlich erscheinen, der Leser soll damit animiert werden, im Zusammenhang mit der Elektronenmikroskopie selbst „etwas mehr Mathematik" zu wagen.

Vereinzelt tauchen auch in den vorhergehenden Kapiteln bereits Gleichungen auf, die beispielsweise Elemente der Infinitesimalrechnung, wie Differentiale und Integrale, enthalten. Bei Definitionen und physikalischen Grundlagen ist dies mitunter notwendig. Dies sollte den Leser nicht davon abhalten weiterzulesen, selbst wenn ihm die eine oder andere Gleichung unverständlich erscheint.

Für den Spezialisten kann das Kap. 10 den Griff zu einem Fachbuch über die Spezialgebiete der Elektronenmikroskopie allerdings nicht ersetzen. Einige Vorschläge für solche Bücher haben wir in den Literaturhinweisen am Ende dieses Buches aufgeschrieben.

Schließlich möchten wir uns bedanken: Bei unseren Lehrern, Freunden und Kollegen, die uns an die Elektronenmikroskopie herangeführt oder später die Arbeit an modernen Geräten ermöglicht haben. Einige Namen möchten wir nennen: Prof. Alfred Recknagel, Dr. Hans-Dietrich Bauer und Prof. Klaus Wetzig in Dresden sowie Prof. Manfred Rühle, Prof. Frank Ernst, Dr. Günter Möbus und Prof. Joachim Mayer, die zur fraglichen Zeit am Max-Planck-Institut für Metallforschung in Stuttgart tätig waren.

Transmissionselektronenmikroskopische Untersuchungen sind nur möglich mit geeignet präparierten dünnen Proben. Viele der im Buch gezeigten elektronenmikroskopischen Bilder wären deshalb ohne die sorgfältige Präparation durch Dipl.-Ing. (FH) Birgit Arnold und Dina Bieberstein nicht vorhanden gewesen.

Mit Prof. Josef Zweck aus Regensburg und Prof. Klaus Wetzig aus Dresden hatten wir bereits in einem frühen Stadium über unser Buchprojekt gesprochen. Sie haben uns in unserem Vorhaben bestärkt und durch ihre Fürsprache beim Springer-Verlag maßgeblich dazu beigetragen, dass dieses Buch, insbesondere auch in deutscher Sprache, herausgegeben wurde.

Dr. Alois Sillaber und Stephen Soehnlen B.Sc. waren unsere Verhandlungspartner vom Springer-Verlag in Wien bei der Vorbereitung der ersten Auflage. Ohne ihr Wohlwollen wäre die erste Auflage dieses Buches nicht erschienen. Herr Benjamin Feuchter hatte sich um das Layout der ersten Auflage gekümmert und den Druck des Buches begleitet.

Nora Schneider M. A. hat mit ihren Kenntnissen bei der Auswahl der Goethe-Zitate geholfen.

Bei allen genannten Personen sowie bei denjenigen Dresdner Elektronenmikroskopikern, die das Buchmanuskript oder Teile davon gelesen und hilfreiche Korrekturhinweise gegeben haben, aber auch bei Freunden, Kollegen und Studierenden, die uns durch Fragen und Kommentare zum Nachdenken über Sachverhalte anregten, die eigentlich „vollkommen klar" sind, bedanken wir uns.

Goethe: „Alles Gescheite ist schon mal gedacht worden, man muß nur versuchen, es noch einmal zu denken." [2]

Moderne Gerätetechnik wird ständig weiterentwickelt, manchmal in steter Kleinarbeit, manchmal in größeren Schüben. Dies betrifft auch die analytische

Transmissionselektronenmikroskopie. Ein solcher Schub war beispielsweise die Integration des Korrektivs für die sphärische Aberration. Seit dem Erscheinen der ersten Auflage dieses Buches haben sich aberrationskorrigierte Elektronenmikroskope so weit verbreitet, dass sie keine Ausnahme mehr darstellen. Eine andere Entwicklung, die inzwischen weit verbreitet ist, sind Silizium-Drift-Detektoren zur energiedispersiven Röntgenspektroskopie.

Im Sommer 2021 regte Frau Margit Maly vom Springer Nature-Verlag eine Überarbeitung des Buches in Form einer zweiten Auflage an.

Die genannten Entwicklungsschübe, die gute Resonanz, die die erste Auflage dieses Buches gefunden hat, und Änderungen, die wir als Korrekturen oder im Interesse eines besseren Verständnisses während der Übersetzung des Buches in die englische Sprache eingefügt hatten, waren uns Anlass, die Anregung von Frau Maly zu beherzigen und die deutsche Buchversion zu überarbeiten und zu ergänzen. Wir befassen uns ausführlicher mit einigen modernen Entwicklungen und haben uns bemüht, eingegangene Leserhinweise zu berücksichtigen.

Wir bedanken uns bei der Lektorin, Frau Maly, für die Anregung zum Schreiben dieser zweiten Auflage und ihren Nachfolgerinnen Caroline Strunz und Gabriele Ruckelshausen für ihre Unterstützung während der Erstellung des Manuskriptes. Herr Rahul Ravindran und Frau Omika Mohan vom Verlag Springer Nature haben die Layout-Gestaltung bis zur Fertigstellung des Buches in dankenswerter Weise begleitet.

Zum Abschluss des Vorworts noch eine Bemerkung zur „geschlechtergerechten Sprache". Wir weisen ausdrücklich daraufhin, dass Berufs- und Tätigkeitsbezeichnungen, wie z. B. „Physiker", „Diplomanden", „Doktoranden", „Techniker", „Spezialisten", „Leser" usw. weibliche und männliche Personen umfassen. Wir orientieren uns im Interesse einer flüssigeren Lesbarkeit am englischen Sprachgebrauch und betonen dies i. A. nicht ausdrücklich bei jeder einzelnen Bezeichnung.

Dresden   Jürgen Thomas
Januar 2023   Thomas Gemming

Literatur

1. von Goethe, J. W.: Wilhelm Meisters Wanderjahre. In: Trunz, E. (Hrsg.) Goethes Werke – Hamburger Ausgabe, Bd. 8, Romane und Novellen III, 12. Aufl., S. 293. II/Betrachtungen im Sinne der Wanderer, München (1989)
2. von Goethe, J. W.: ebenda, S. 283

Inhaltsverzeichnis

Abkürzungsverzeichnis

ALD   Atomic Layer Deposition
          (Atomlagenabscheidung)
CBED   Convergent Beam Electron Diffraction
          (konvergente Elektronenbeugung)
CCD   Charge Coupled Device
          (ladungsgekoppelte Einheit)
CIF   Crystallographic Information File
          (Datei mit kristallografischen Informationen)
CTEM   Conventional Transmission Electron Microscopy
          (konventionelle Transmissionselektronenmikroskopie)
CTF   Contrast Transfer Function
          (Kontrastübertragungsfunktion)
DOS   Density of States
          (Zustandsdichte)
EDXS   Energy Dispersive X-ray Spectroscopy
          (energiedispersive Röntgen-Spektroskopie)
EELS   Electron Energy Loss Spectroscopy
          (Elektronenenergieverlust-Spektroskopie)
EFTEM   Energy Filtered Transmission Electron Microscopy
          (energiegefilterte Transmissionselektronenmikroskopie)
ELNES   Energy Loss Near Edge Structure
          (Energieverlust-Nahkantenstruktur)
EXELFS Extended Energy Loss Fine Structure
          (erweiterte Energieverlust-Kantenfeinstruktur)
FEG   Field Emission Gun
          (Feldemissionskathode)
FIB   Focused Ion Beam
          (fokussierter Ionenstrahl)
FOLZ   First Order Laue Zone
          (Laue-Zone erster Ordnung)
FT   Fouriertransformation, -transformierte
GOS   Generalised Oscillator Strength
          (generalisierte Oszillatorstärke)

HAADF	High Angle Annular Darkfield
	(Weitwinkel-Ring-Dunkelfeld)
HOLZ	High Order Laue Zone
	(Laue-Zone hoher Ordnung)
HRTEM	High Resolution Transmission Electron Microscopy
	(Hochauflösungs-Transmissionselektronenmikroskopie)
MOS	Metal Oxide Semiconductor
	(Metall-Oxid Halbleiter)
nBED	nano Beam Electron Diffraction
	(Nanoelektronenbeugung)
NIST	National Institute of Standards and Technology
	(Nationalanstalt für Standards und Technologie)
PED	Precessing Electron Diffraction
	(Präzessionselektronenbeugung)
SAED	Selected Area Electron Diffraction
	(Feinbereichsbeugung)
SDD	Silicon Drift Detector
	(Silizium-Drift-Detektor)
STEM	Scanning Transmission Electron Microscopy
	(Rastertransmissionselektronenmikroskopie)
TEM	Transmission Electron Microscope or -copy
	(Transmissionselektronenmikroskop oder -kopie)
WDXS	Wavelength Dispersive X-ray Spectroscopy
	(wellenlängendispersive Röntgenspektroskopie)
YAG	Yttrium-Aluminium-Granat
ZOLZ	Zero Order Laue Zone
	(Laue-Zone nullter Ordnung)

Verzeichnis der Symbole

A	Fläche, Amplitude, Fourierkoeffizient
A_M	Abbildungsmaßstab
a	Beschleunigung, Gitterachse
B	magnetische Induktion, Fourierkoeffizient, reziproker Gittervektor
b	Bildweite, Burgersvektor, reziproker Gitterbasisvektor
C	Konstante (allgemein)
C_C	Farbfehlerkonstante
C_S	Öffnungsfehlerkonstante
c	Phasengeschwindigkeit, Konzentration
D	Dämpfungsfunktion, Dispersion
D_{eff}	Detektoreffizienz
d	Abstand, Durchmesser
E	elektrische Feldstärke, Energie
F	Kraft, Faktor (allgemein)
f	Brennweite, Atomformamplitude
g	Dingweite (Gegenstandsweite)
H	Helligkeit, Häufigkeit
h_M	Mikroskophöhe
hkl	Millersche Indizes
I	elektrische Stromstärke, Intensität
i	imaginäre Einheit, Zahl
j	Stromdichte, Zahl
K	Kontrast, Korrekturfaktor
k	Wellenzahl
k_{AB}	Cliff-Lorimer-Faktor
L	Kameralänge
L_{ext}	Extinktionslänge
l	Nebenquantenzahl
M	Vergrößerung, Anzahl
M_r	Molekulargewicht
m	Masse, magnetische Quantenzahl, Kurvenanstieg
N	Anzahl
n	Brechungsindex, Teilchendichte, Hauptquantenzahl, ganze Zahl
p	Impuls, Druck

Q	elektrische Ladung, Ionisationswahrscheinlichkeit
q	Raumfrequenz
$qr\,st$	Indizes einer Richtung bei vierzählger Indizierung im hexagonalen Kristall
R	Richtstrahlwert, elektrischer Widerstand
r	Radius, Vektor (allgemein)
S	deutliche Sehweite, Brechkraft, Spektrenfunktion, statistische Sicherheit
s	Weglänge, Streuvektor, Spinquantenzahl, Polschuhspalt
T	Temperatur, Schwingungsdauer
T_F	Fenstertransparenz
$\mathfrak{T}_\mathfrak{M}$	Transformationsmatrix
t	Zeit, Dicke, Linsenabstand
U	elektrische Spannung, elektrisches Potential, Untergrund
U_B	Beschleunigungsspannung
u	Toleranz im reziproken Gitter (Anregungsfehler)
uvw	Indizes einer kristallografischen Richtung
V	Volumen, potentielle Energie
v	Geschwindigkeit
W	Arbeit
W_A	Austrittsarbeit
W_P	potentielle Energie
w	Wahrscheinlichkeit
x	(kartesische) Koordinate
y	(kartesische) Koordinate, Dinggröße (Gegenstandsgröße), allgemeiner Messwert
y'	Bildgröße
Z	Ordnungszahl
z	(kartesische) Koordinate
α	Öffnungswinkel (Apertur), Kippwinkel, Achsenwinkel
β	Bestrahlungsapertur, Achsenwinkel
γ	Achsenwinkel
Δ	Differenz, Laplace-Operator
δ	Spaltabstand, Auflösungsgrenze, Drehwinkel
ε	Hilfswinkel fur Kristallgitter, Dielektrizitätszahl
η	Kippwinkel, Hilfswinkel fur Kristallgitter
θ	Beugungs- bzw. Streuwinkel
Λ	mittlere freie Weglänge
λ	Wellenlänge
μ/ρ	Schwächungskoeffizient
σ	Sehwinkel, Streuquerschnitt, Standardabweichung
τ	Kippwinkel
ξ	Winkel zwischen Beugungsreflexen
ρ	Dichte
Φ	Kristallpotential
ϕ	Phase(nschiebung)
φ	Polarkoordinate

χ	Phasenschiebung
Ψ	magnetisches Potential, Wellenfunktion
Ω	Raumwinkel
ω	Fluoreszenzausbeute, Kreisfrequenz[1]

---

[1] *Hinweis:* In den Abbildungen kennzeichnen wir Vektoren durch einen Pfeil über dem Buchstaben ($\vec{a}$), im Text durch **kursiven Fettdruck (a)**.

Wozu dieser Aufwand?

Ziel

In der modernen Werkstoffforschung spielen sehr kleine, sogenannte „Nanostrukturen" eine immer bedeutsamere Rolle. Mit kleiner werdendem Teilchenvolumen wächst im Vergleich zum Volumen der Oberflächenanteil und dessen thermodynamisches Potential spielt eine viel stärkere Rolle als bei massivem Material. Dies macht den Reiz der Nanostrukturen aus. Darüber hinaus entstehen neuartige Eigenschaften: Kobalt-Kupfer-Wechselschichten mit Einzeldicken um 1 nm führen zu unerwartet starken Änderungen des elektrischen Widerstandes bei Änderung des Magnetfeldes und ermöglichen das Auslesen der Information von Computer-Festplatten („Giant Magnetoresistance"), Nanoteilchen auf Oberflächen verhindern den direkten Kontakt von Wasser mit der Oberfläche: die Wassertropfen perlen ab („Lotuseffekt"), Nanoteilchen ermöglichen durch ihre große spezifische Oberfläche verbesserte Katalysatorwirkung usw. Die spannende Frage ist: „Wie können solche ‚Nanostrukturen' untersucht und charakterisiert werden?"

Nun, wenn wir an der Straßenbahnhaltestelle stehen und die Nummer der herannahenden Bahn nicht erkennen, warten wir bis diese näher herangekommen ist: Und siehe da, es ist die „7". Die Erfahrung lehrt: Um kleinere Details zu erkennen, müssen wir näher herangehen. Oder anders ausgedrückt: Der Sehwinkel σ (s. Abb. 1.1) muss möglichst groß sein.

1.1 Das Problem mit der Vergrößerung

Es ist allerdings unmöglich, sich dem betrachteten Gegenstand beliebig weit zu nähern, die Physiker gehen von einem optimalen Betrachtungsabstand von $S = 25$ cm *(deutliche Sehweite)* aus. Mit dieser Randbedingung ist der Sehwinkel σ vorgegeben

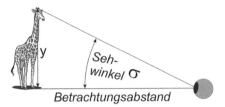

Abb. 1.1 Definition des Sehwinkels σ [1]

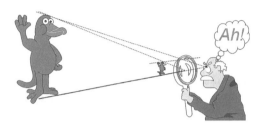

Abb. 1.2 Vergrößerung des Sehwinkels mit Hilfe einer Lupe [1]

durch die Größe y des Gegenstandes:

$$\tan \sigma = \frac{y}{S} \quad \text{bzw. bei kleinen Winkeln } (\sigma \ll 1): \quad \sigma = \frac{y}{S} \qquad (1.1)$$

Für Strukturen in der Größenordnung von Nanometern folgt daraus ein Sehwinkel von weniger als 10^{-5} mrad $\approx 0{,}0000006°$. Das wäre so, als wollte man eine Straßenbahn in 100.000 km Entfernung sehen. Was wir brauchen, ist ein (optisches) Gerät, mit dem wir den Sehwinkel vergrößern können, ohne uns dem Gegenstand nähern zu müssen. Im einfachsten Fall wäre das eine Lupe (Abb. 1.2).

Damit können wir die Vergrößerung eines optischen Gerätes definieren:

$$\text{Vergrößerung } M = \frac{\text{Sehwinkel mit optischem Gerät}}{\text{Sehwinkel ohne optisches Gerät}} = \frac{\sigma'}{\sigma} \qquad (1.2)$$

Der Weg zur Charakterisierung von Nanostrukturen scheint geklärt: Wir müssen nur viele Lupen hintereinander schalten, um einen hinreichend großen Sehwinkel zu bekommen und dabei einige optische Gesetzmäßigkeiten berücksichtigen, damit wir auch ein scharfes Bild erhalten. Dies ist leider ein Trugschluss. Warum dem so ist, erfahren wir im nächsten Abschnitt „*Auflösungsvermögen*".

1.2 Das Auflösungsvermögen

Bisher haben wir die Natur des Lichtes außer Acht gelassen. Wir wissen, dass Licht sowohl Teilchen- als auch Wellencharakter hat. Betrachten wir das Licht als Welle, stellen uns vor, eine solche Lichtwelle trifft auf eine Lochblende und überlegen,

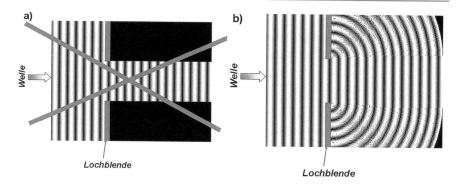

Abb. 1.3 Ausbreitung einer Welle hinter einer Blende. a) Naive Vermutung. b) Realität (Huygenssches Prinzip)

wie sich die Welle hinter der Blende ausbreitet. Die naheliegende Vermutung ist eine scharfe seitliche Begrenzung (vgl. Abb. 1.3a). Diese Vermutung ist allerdings falsch. Schauen wir beispielsweise durch ein kleines Loch in einer schwarzen Pappe auf eine helle Lichtquelle, so werden wir den Lochrand nur unscharf wahrnehmen. Der Grund dafür ist, dass die Welle hinter der Blende eben nicht scharf begrenzt ist sondern um das Hindernis „herumgebeugt" wird. Die physikalische Grundlage liefert das Huygenssche[1] Prinzip für die Wellenausbreitung:

Jeder Punkt einer Wellenfront ist Ausgangspunkt einer Elementarwelle. Die Überlagerung der Elementarwellen bildet die neue Wellenfront.

Damit muss das obige Bild korrigiert werden (vgl. Abb. 1.3b).

Stellen wir uns weiter vor, wir hätten ein zweites Loch in der Pappe mit sehr geringem Abstand vom ersten. Wegen des Beugungseffektes der Lichtwellen würden wir die zwei Löcher nicht mehr getrennt wahrnehmen können, selbst wenn sie sich nicht unmittelbar berühren. Wir können die beiden Löcher nicht mehr „auflösen".

Wir wollen nun versuchen, diesen Sachverhalt für die lichtmikroskopische Abbildung mathematisch zu beschreiben, d. h. eine Formel zu finden, mit der das Auflösungsvermögen eines Lichtmikroskops berechnet werden kann. Die Idee dazu entwickelte Ernst Abbe[2], der berühmte wissenschaftliche Mitarbeiter von Carl Zeiss[3], etwa im Jahre 1870.

In der geometrischen Optik wird für den Abbildungsprozess gefordert, dass alle Strahlen, die von einem Dingpunkt ausgehen, in einem Bildpunkt vereinigt werden.

---

[1]Christiaan Huygens, niederländischer Physiker, 1629–1695.
[2]Ernst Abbe, deutscher Physiker, 1840–1905.
[3]Carl Zeiss, deutscher Mechaniker und Unternehmer, 1816–1888.

Beschrieben wird dies durch die Abbildungsgleichung (hier für dünne Linsen), welche die Brennweite f, die Dingweite g (auch Gegenstandsweite oder Objektweite genannt) und die Bildweite b miteinander verknüpft:

$$\frac{1}{f} = \frac{1}{g} + \frac{1}{b} \tag{1.3}$$

Daraus folgen Merksätze, wie beispielsweise dieser:

Parallelstrahlen schneiden sich im bildseitigen Brennpunkt.

Parallelstrahlen verlaufen nämlich im Dingraum parallel zur optischen Achse, d. h. ihr Dingabstand g ist unendlich. Damit folgt für den Bildabstand $b = f$ wie im Merksatz gesagt.

Wie sollen wir uns aber nun den Abbildungsprozess vorstellen, wenn wir an den Wellencharakter des Lichtes denken? Warum entsteht das Bild gerade in einem bestimmten Abstand von der Linse? Die Erklärung liegt auf der Hand: Das Bild ist das Ergebnis der Interferenz aller Wellen, die am Objekt gestreut und durch die Linse wieder vereinigt werden. Damit die Überlagerung *phasenrichtig* (d. h. ohne Phasenschiebung innerhalb des Abbildungssystems) erfolgen kann, müssen die optischen Weglängen s_{opt} für alle diese Wellen gleich sein. Die optische Weglänge ist das Produkt aus geometrischer Weglänge s und Brechzahl n des Mediums, in dem sich das Licht ausbreitet. Da n nicht auf dem gesamten Weg s gleich bleiben muss, gilt allgemein für einen Weg s_0:

$$s_{opt} = \int_0^{s_0} n(s) \cdot ds \tag{1.4}$$

Die Forderung nach Gleichheit der optischen Weglängen stellt eine andere Formulierung der Abbildungsgleichung dar. Der Sachverhalt sei anhand der Skizze in Abb. 1.4 veranschaulicht: Es ist klar, dass die geometrischen Weglängen für die beiden (durch ihre Ausbreitungsrichtung gekennzeichneten) Wellen unterschiedlich sind. Sie legen aber auch unterschiedliche Wege innerhalb der Linse zurück: Die auf der optischen Achse verlaufende, ungebeugte Welle legt infolge der Linsenform einen längeren Weg in der Linse zurück als die gebeugte Welle. Damit kann die Forderung nach gleicher optischer Weglänge erfüllt werden.

Wir nehmen an, die Linsenumgebung habe die Brechzahl 1 und das Linsenmaterial die Brechzahl n. Dann muss für die fehlerfreie Abbildung gelten:

$$s_1 + n \cdot s_2 + s_3 = s_1' + n \cdot s_2' + s_3' \tag{1.5}$$

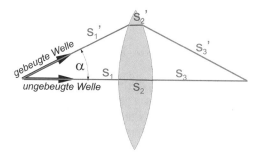

Abb. 1.4 Weglängen beim Abbildungsprozess

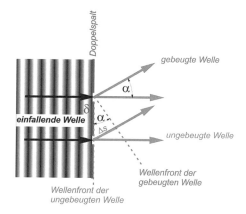

Abb. 1.5 Interferenz an einem Doppelspalt

Offensichtlich ist dies eine Anforderung an die Form der Linse ist und damit die Grundlage für die Berechnung abbildungsfehlerfreier Linsenformen.

Wenn aber das Bild eine Folge der Wellenüberlagerung (Interferenz) ist, so müssen mindestens zwei Wellen durch die Linse gehen: die ungebeugte und eine gebeugte Welle. Die nächste Frage lautet, wie groß dabei der Beugungswinkel α ist. Zur Beantwortung dieser Frage schauen wir auf Abb. 1.5.

Eine Welle fällt senkrecht auf einen Doppelspalt (Spaltabstand δ). Hinter dem Doppelspalt breiten sich Elementarwellen aus, die sich überlagern. Verstärkung tritt dann ein, wenn die (optischen) Gangunterschiede Δs ein ganzzahliges Vielfaches der Wellenlänge λ betragen. Aus der Skizze folgt

$$\Delta s = \delta \cdot \sin \alpha \qquad (1.6)$$

bzw. mit n als Brechzahl im Gebiet hinter dem Doppelspalt (rechte Seite):

$$\Delta s = \delta \cdot n \cdot \sin \alpha \,. \qquad (1.7)$$

Für den Fall, dass der Gangunterschied gerade gleich der Wellenlänge ist, gilt

$$\lambda = \Delta s = \delta \cdot n \cdot \sin \alpha \quad \text{bzw.} \quad \delta = \frac{\lambda}{n \cdot \sin \alpha}. \tag{1.8}$$

Die letzte Formel beschreibt, wie weit die beiden Spalte bei vorgegebener Wellenlänge λ und *numerischer Apertur* $n \cdot \sin \alpha$ bei einer Abbildung voneinander entfernt sein dürfen oder allgemeiner, welchen Abstand zwei Struktureinzelheiten haben müssen, damit sie bei der Abbildung getrennt gesehen, d. h. „aufgelöst" werden können. Damit haben wir eine Formel für das Auflösungsvermögen gefunden. Eine genauere Betrachtung der Intensitätsverteilungen in den Beugungsscheibchen einschließlich der Berücksichtigung des *Rayleigh-Kriteriums*[4] liefert für das Auflösungsvermögen eines Lichtmikroskops:

$$\delta = \delta_B = \frac{0{,}61 \cdot \lambda}{n \cdot \sin \alpha}. \tag{1.9}$$

Den Index B ergänzen wir, um darauf hinzuweisen, dass die Ursache der Begrenzung in der Beugung liegt.

Wir wollen abschätzen, welche minimalen Strukturgrößen mit einem Lichtmikroskop aufgelöst, d. h. untersucht werden können: Die Wellenlänge des sichtbaren Lichtes beträgt etwa $0{,}5\,\mu\mathrm{m}$, die Brechzahl n von Luft, was im Allgemeinen das Umgebungsmedium ist, ist gleich 1 (mit speziellen Immersionsölen kann bis 1,4 erreicht werden) und $\sin \alpha$ kann höchstens 1 werden. Mit diesen Werten folgt für das Auflösungsvermögen eines Lichtmikroskops ca. $0{,}2\,\mu\mathrm{m}$. Es ist demzufolge auf diese Weise physikalisch unmöglich, Nanostrukturen aufzulösen und zu charakterisieren, wie in der Einleitung gefordert. Da hilft auch keine noch so hohe Vergrößerung. Wir müssen das Auflösungsvermögen des optischen Instruments verbessern. Der Weg dahin erscheint klar: Wenn wir die beschriebene *klassische* optische Abbildung[5] beibehalten wollen, benötigen wir anstelle von Licht ein Medium mit kürzerer Wellenlänge.

1.3   Elektronenwellen

Dank Louis de Broglie[6] ist seit 1924 bekannt, dass auch Teilchen mit einer Ruhemasse größer als null (beispielsweise Elektronen) Wellencharakter besitzen. Für

---

[4]Lord John W. S. Rayleigh, englischer Physiker, 1842–1919, Nobelpreis für Physik 1904
Rayleigh-Kriterium: *Der Abstand der Intensitätsmaxima der Beugungsscheibchen von zwei punktförmigen Quellen muss mindestens so groß sein wie der Abstand zwischen dem Maximum und dem ersten Intensitätsminimum im Beugungsscheibchen.*
[5]Das Auflösungsvermögen kann auch verbessert werden, wenn nicht der gesamte abzubildende Probenbereich beleuchtet wird sondern nur ein extrem kleiner Spot für Anregung und Informationsgewinnung genutzt wird („nichtklassische" Methoden, z. B. Rasterverfahren mit Licht - konfokales Laser Scanning Mikroskop).
[6]Louis de Broglie, französischer Physiker, 1892–1987, Nobelpreis für Physik 1929.

deren Wellenlänge λ gilt ($\rightarrow$ Abschn. 10.1):

$$\lambda = \frac{h}{p} \qquad (1.10)$$

mit dem Planckschen[7] Wirkungsquantum h und dem Impuls p.

Andererseits war bekannt, dass Elektronen in elektrischen und magnetischen Feldern abgelenkt werden können. Hans Busch[8] schlug 1926 vor, mit solchen Feldern Linsen zu bauen, die auf Elektronen ähnlich wirken wie Glaslinsen auf Licht. Damit war die Elektronenoptik geboren und eine Möglichkeit eröffnet, das Auflösungsvermögen eines solchen „Übermikroskops[9]" gegenüber dem des Lichtmikroskops zu verbessern.

Um dies zu verstehen, müssen wir zunächst die für die Elektronen erreichbare Wellenlänge berechnen. Ausgangspunkt ist die o. g. de Broglie-Formel. Für den Impuls des Elektrons gilt:

$$p = m_0 \cdot v \, , \qquad (1.11)$$

d. h. Produkt aus Elektronenruhemasse m_0 und Geschwindigkeit v. Die Geschwindigkeit folgt aus dem Energiesatz, d. h. die aufgewendete Beschleunigungsarbeit W_B wird in kinetische Energie umgewandelt. Die Arbeit ist definiert als

$$W_B = \int F_S \cdot ds \qquad (1.12)$$

(F_S : Kraftkomponente in Richtung des Wegelementes ds). Eine Elektronenladung $-e$ (negative Elementarladung) erfährt im elektrischen Feld der Feldstärke E die Kraft

$$F_S = -\mathrm{e} \cdot E \, . \qquad (1.13)$$

Vereinfachend setzen wir zwischen Kathode und Anode (Abstand d) ein homogenes Feld voraus. Dann gilt mit Berücksichtigung der Feldrichtung von Anode zu Kathode:

$$E = -\frac{U_B}{d} \qquad (1.14)$$

---

[7]Max Planck, deutscher Physiker, 1858–1947, Nobelpreis für Physik 1918, gilt als Begründer der Quantenphysik.

[8]Hans Busch, deutscher Physiker, 1884–1973, gilt als Begründer der Elektronenoptik.

[9]„Übermikroskop" war der Name des ersten kommerziellen Durchstrahlungselektronenmikroskops der Firma Siemens (Markteinführung 1939). Maßgebliche Entwickler waren die deutschen Elektrotechniker Ernst Ruska (1906–1988, Nobelpreis für Physik 1986), Bodo von Borries (1905–1955) und Max Knoll (1897–1969). Vor 1939 und später gab es Laborgeräte, anhand derer u. a. Baueinheiten entwickelt und getestet wurden, die die Geräteentwicklung beeinflusst haben, z. B. im Institut von Manfred von Ardenne (1907–1997) in Berlin-Lichterfelde.

(U_B : Beschleunigungsspannung zwischen Kathode und Anode), d. h.

$$W_B = \int_0^d \mathrm{e} \cdot \frac{U_B}{d} \cdot ds = \mathrm{e} \cdot U_B \,. \tag{1.15}$$

Damit lautet der Energiesatz in klassischer Rechnung:

$$\frac{m_0}{2} \cdot v^2 = \mathrm{e} \cdot U_B \tag{1.16}$$

Demnach gilt für die Wellenlänge:

$$\lambda = \frac{\mathrm{h}}{\sqrt{2 \cdot \mathrm{e} \cdot m_0 \cdot U_B}} \,. \tag{1.17}$$

Bei Beschleunigungsspannungen über 50 kV sind relativistische Effekte nicht mehr zu vernachlässigen. Die Wellenlänge berechnet sich dann nach der Formel ($\rightarrow$ Abschn. 10.1.2):

$$\lambda = \frac{\mathrm{h}}{\sqrt{\mathrm{e} \cdot U_B \left(2 \cdot m_0 + \frac{\mathrm{e} \cdot U_B}{c^2} \right)}} \,, \tag{1.18}$$

in der die Lichtgeschwindigkeit c im Vakuum als weitere Konstante auftaucht. Für die Wellenlänge von Elektronen, die mit 300 kV beschleunigt wurden, erhalten wir in nichtrelativistischer Näherung 2,24 pm = 0,00224 nm, relativistisch gerechnet 1,97 pm = 0,00197 nm (s. Abb. 1.6). Die Wellenlänge nach klassischer Rechnung wäre bei einer Beschleunigungsspannung von 300 kV um 14 % falsch! Trotzdem erklären wir in diesem Buch Zusammenhänge im Allgemeinen vereinfachend unter Benutzung nichtrelativistischer Näherungen, zumal die relativistische Änderung der Wellenlänge bei Bedarf durch Ergänzung eines Korrekturterms

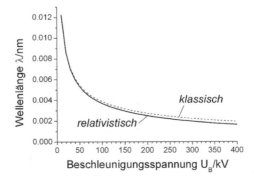

Abb. 1.6 Elektronenwellenlänge in Abhängigkeit von der Beschleunigungsspannung in der Elektronenkanone

$$K_{\mathrm{rel},\lambda} = \frac{\lambda_{\mathrm{rel}}}{\lambda} = \sqrt{\frac{1022}{U_B/\mathrm{kV} + 1022}} \tag{1.19}$$

in den Gleichungen berücksichtigt werden kann (s. a. → Abschn. 10.1.2).

Bei Übernahme der Formel (1.9) für das Auflösungsvermögen des Lichtmikroskops betrüge das Auflösungsvermögen des Transmissionselektronenmikroskops (TEM) etwa 1,6 pm = 0,0016 nm. In der Praxis werden derzeit ca. 0,1 nm erreicht. Wir werden später (Abschn. 2.4) sehen, welche Ursachen für diese Diskrepanz verantwortlich sind.

1.4 Die Bedeutung der Vergrößerung

Wir haben erkannt, dass das Auflösungsvermögen das entscheidende Qualitätsmerkmal eines optischen Gerätes ist. Doch welche Bedeutung hat nun die Vergrößerung?

Das Auflösungsvermögen ist eine Länge, die sich auf das Objekt bezieht. Für das Transmissionselektronenmikroskop war ein Wert von etwa 0,1 nm angegeben worden. Selbstverständlich muss diese Länge soweit vergrößert werden, dass sie mit dem Auge, auf einem Film oder mit einer Kamera auch erkannt werden kann, d. h. auch das Registrierinstrument hat ein Auflösungsvermögen. Wir wollen dieses mit δ_{Reg} bezeichnen. Für das menschliche Auge gilt beispielsweise $\delta_{\mathrm{Reg}} \approx 0,1\,\mathrm{mm}$.

„Mit dem Auge erkennen" bedeutet, dass die mit dem optischen Instrument erreichbare Auflösungsgrenze bis auf 0,1 mm vergrößert werden muss. Allgemein gilt für diese *förderliche Vergrößerung*:

$$M_{\mathrm{förd}} = \frac{\delta_{\mathrm{Reg}}}{\delta} \tag{1.20}$$

Höhere Vergrößerungen als $M_{\mathrm{förd}}$ führen nicht zu besserer Detailerkennbarkeit, sondern im Gegenteil: Sie liefern unscharfe Bilder.

Benutzen wir das Auge zur Registrierung, so erhalten wir für das Lichtmikroskop ($\delta \approx 0,2\,\mu\mathrm{m}$) eine förderliche Vergrößerung von ca. 500, beim Transmissionselektronenmikroskop ($\delta \approx 0,1\,\mathrm{nm}$) hingegen eine förderliche Vergrößerung von ca. 1 Mio.

Heutzutage werden in der Elektronenmikroskopie häufig sogenannte „CCD-Kameras" (CCD: Charge Coupled Device – vgl. Abschn. 2.7.4) verwendet, um die Bilder zu registrieren. Die digitalen Bilder bestehen aus einzelnen Pixeln, deren Standardgröße für die zurzeit gebräuchlichen Kameras bei 15 μm–25 μm liegt. Die elektronenoptisch förderliche Vergrößerung reduziert sich für das Transmissionselektronenmikroskop damit auf 150.000 bis 250.000. Die Pixelgröße auf dem Computerbildschirm hängt von dessen Größe und Auflösung ab, sie liegt typischerweise zwischen 0,2 mm und 0,3 mm, d. h. oberhalb der Auflösungsgrenze des Auges.

1.5   Was nutzt das analytische TEM in der Praxis?

Bisher haben wir die Motivation für die Entwicklung der Elektronenmikroskopie allein aus dem Wunsch nach Verbesserung des Auflösungsvermögens abgeleitet. Die analytische Transmissionselektronenmikroskopie kann aber noch mehr: Sie ergänzt das hohe Auflösungsvermögen bei der Abbildung mit Möglichkeiten zur chemischen Analyse. Einsatz des TEM bedeutet immer auch den Wunsch nach hohem räumlichem Auflösungsvermögen, auch für die Analyse. So trägt die analytische TEM die Hauptlast bei der eingangs beschriebenen Charakterisierung von Nanostrukturen. In den Säulen in Abb. 1.7 sind die Methoden der analytischen TEM genannt:

1. Konventionelle transmissionselektronenmikroskopische Abbildung unter Nutzung von Streuabsorptions- und Beugungskontrast. Analyse von Massendickeunterschieden und Kornstrukturen (Morphologie) einschließlich Gitterbaufehlern.
2. Elektronenbeugung: Feinbereichsbeugung (SAED) mit paralleler Beleuchtung und Gesichtsfeldblende zur Auswahl eines bis unter 50 nm großen Beugungsbereiches. Punkt- oder Ringdiagramme je nach Kristallitgröße. Beugung mit konvergentem Elektronenstrahl: Kikuchi- und CBED-Muster, Nanobeugung (nBED).
3. Hochauflösungs-Transmissionselektronenmikroskopie (HRTEM): Nutzung des Phasenkontrastes zur Abbildung von Atom(säulen)positionen, Einsatz abbildungsfehlerkorrigierter Linsensysteme.
4. Energiedispersive Röntgenspektroskopie (EDXS): Messung der Energie der charakteristischen Röntgenstrahlung, die am Auftreffort des (fokussierten) Elektronenstrahls von der Probe emittiert wird. Qualitative und quantitative chemische Analyse. Nutzung der Option „Rastertransmissionselektronenmikroskopie (STEM)" zum Erreichen einer hohen Ortsauflösung.
5. Elektronenenergieverlust-Spektroskopie (EELS): Messung der charakteristischen Energieverluste der Primärelektronen und damit der Dichte der freien (Elektronen-)Energiezustände. Erfassung aller Materialeigenschaften, die sich in der Dichte der freien Zustände widerspiegeln (chemische Zusammensetzung, Bindungen). Sonderfall: energiegefilterte Abbildung (EFTEM): Erstellung von Elementverteilungsbildern im Ruhebildmodus.

Mit diesen fünf Methoden werden wir uns in diesem Buch näher befassen. In Abb. 1.7 fällt noch etwas auf: Zwischen Material und analytischer TEM liegt ein Balken mit der Aufschrift „elektronenmikroskopische Präparation". Dies ist ein wichtiger und oft problematischer Zwischenschritt. Wir widmen ihm in diesem Buch sein eigenes Kap. 3.

Nicht alle Methoden der analytischen TEM arbeiten mit atomarer Auflösung. Bei den analytischen Verfahren ist ein Mindestsignal erforderlich, um es aus dem Signalrauschen heraus zu heben. Diese Signalstärke kann in der Regel nicht von einem einzigen Atom erreicht werden, so dass kleine Atomgruppen notwendig sind. Damit reduziert sich das räumliche Auflösungsvermögen für diese Methoden (vgl. Abb. 1.8).

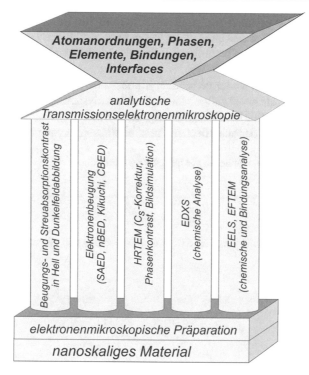

Abb. 1.7 Rolle der analytischen Transmissionselektronenmikroskopie in der Werkstoffforschung

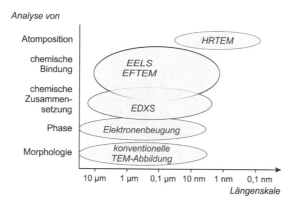

Abb. 1.8 Die Methoden der analytischen Transmissionselektronenmikroskopie arbeiten auf einer Längenskale zwischen 10 µm und 0,1 nm

Schließlich gibt es noch ein weiteres Kriterium für Unterschiede bei TEM-Analysen: Eine Arbeitsweise ist es, unter Nutzung speziell hergestellter Mikroskope ausgerüstet mit modernster Technik an geeigneten Modellobjekten die Grenzen des Machbaren auszuloten.

Eine andere, sehr viel weiter verbreitete Arbeitsweise ist es, mit kommerziell verfügbaren Geräten reale nanoskalige Materialien zu analysieren und daraus belastbare Informationen für die Werkstoffentwicklung oder Fehleranalyse zu gewinnen. Zweites ist die „reale Welt" der analytischen Transmissionselektronenmikroskopie.

Biografische Angaben in den Fußnoten aus https://www.wikipedia.de

Literatur

1. erstellt unter Verwendung von Clip Arts (Corel Corporation und Lizenzgeber. Alle Rechte vorbehalten.)

Was wir über den Aufbau eines Elektronenmikroskops und Elektronenoptik wissen sollten

2

Ziel

Wenn in diesem Buch vom Elektronenmikroskop geschrieben wird, dann ist damit immer das Transmissionselektronenmikroskop gemeint und nicht das Rasterelektronenmikroskop. Damit geht es um ein Mikroskop im engeren Sinn, d. h. um ein Gerät, in dem ein Gegenstand, nämlich die zu untersuchende Probe, durchstrahlt und optisch abgebildet wird. Ungeachtet dessen kann in diesem Mikroskop der Elektronenstrahl auch auf die Probe fokussiert und gerastert werden (*STEM* – s. Kap. 8). Es bleibt aber bei der Durchstrahlung der Probe. Das Transmissionselektronenmikroskop ist im Prinzip wie ein (Durchstrahlungs-) Lichtmikroskop aufgebaut. Davon ausgehend werden wir uns in diesem Kapitel mit einigen elektronenoptischen Gesetzmäßigkeiten, Abbildungsfehlern und wichtigen Baugruppen des Elektronenmikroskops befassen.

2.1 Das Prinzip der mehrstufigen Abbildung

Die förderliche Vergrößerung wird beim Lichtmikroskop (und erst recht beim Elektronenmikroskop) durch eine mehrstufige Abbildung erreicht. Abb. 2.1 zeigt dies für die zweistufige Abbildung des Lichtmikroskops.

Das Elektronenmikroskop ist im Prinzip genauso aufgebaut. Allerdings ist es in den allermeisten Fällen auf den „Kopf gestellt", d. h. der Kondensor ist die oberste Linse. Für ein System aus zwei (dünnen) Linsen mit den Brennweiten f_1 und f_2 sowie dem Linsenabstand t gilt für die resultierende Brennweite f:

$$\frac{1}{f} = \frac{1}{f_1} + \frac{1}{f_2} - \frac{t}{f_1 \cdot f_2} \tag{2.1}$$

Im Elektronenmikroskop ist der Bildabstand b durch die feste Position der Linsen und des Beobachtungsschirms bzw. der Kamera vorgegeben. Bei Veränderung der Brennweite wird es möglich, unterschiedlich entfernte (Ding)-Ebenen auf dem

© Der/die Autor(en), exklusiv lizenziert an Springer-Verlag GmbH, DE, ein Teil von Springer Nature 2023
J. Thomas und T. Gemming, *Analytische Transmissionselektronenmikroskopie*,
https://doi.org/10.1007/978-3-662-66723-1_2

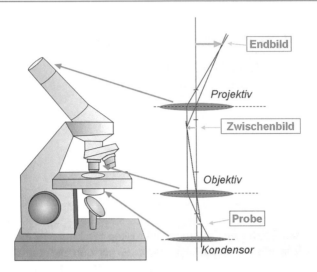

Abb. 2.1 Zweistufige Abbildung beim Lichtmikroskop. Das Licht der (unten angeordneten) Lampe fällt durch eine Kondensorlinse mit Blende, durch die die Beleuchtungsstärke auf der Probe eingestellt wird. Das Objektiv erzeugt ein reelles Zwischenbild, welches mit einer Projektivlinse zum Endbild vergrößert wird. Dieses kann beispielsweise auf einer Fotoplatte festgehalten werden. Oft ist das Projektiv durch ein Okular ersetzt, durch welches das reelle Zwischenbild mit dem Auge wie durch eine Lupe vergrößert wahrgenommen wird

Beobachtungsschirm abzubilden (vgl. Abbildungsgleichung (1.3)). Wir werden später sehen, welche Möglichkeiten dadurch im Elektronenmikroskop eröffnet werden.

Für die Gesamtvergrößerung M einer mehrstufigen Abbildung mit den einzelnen Vergrößerungsstufen $M_1, M_2, … M_n$ gilt:

$$M = M_1 \cdot M_2 \cdot … \cdot M_n \qquad (2.2)$$

Im allgemeinen Sprachgebrauch wird die Vergrößerung oft mit dem Abbildungsmaßstab gleichgesetzt, obwohl dies strenggenommen zwei unterschiedliche Dinge sind: Die Vergrößerung ist der Quotient aus den Sehwinkeln mit und ohne optische Vorrichtung (Gl. (1.2)); der Abbildungsmaßstab A_M ist der Quotient aus Bild- und Dinggröße y' bzw. y. Eine einfache geometrische Überlegung (Strahlensatz) mit Vorzeichenberücksichtigung zeigt, dass A_M gleich dem negativen Quotienten aus Bild- und Dingweite b bzw. g ist. Schließlich kann b mit der Abbildungsgleichung (1.3) aus g und Brennweite f berechnet werden:

$$A_M = \frac{y'}{y} = -\frac{b}{g} = \frac{f}{f - g} \qquad (2.3)$$

Am gravierendsten äußert sich der Unterschied zur Vergrößerung darin, dass der Abbildungsmaßstab im Gegensatz zur Vergrößerung eine vorzeichenbehaftete Größe ist: Ein negativer Abbildungsmaßstab bedeutet, dass das Bild auf dem Kopf steht. Nimmt man aber nur den Betrag des Abbildungsmaßstabes, so stimmt der Zahlenwert mit der Vergrößerung überein.

2.2 Rotationssymmetrische magnetische Felder als Elektronenlinsen

Wir wollen nun überlegen, wieso die üblicherweise in Elektronenmikroskopen einge-setzten rotationssymmetrischen magnetischen Felder als Elektronenlinsen wirken, d. h. auf Elektronen den gleichen Einfluss ausüben wie Glaslinsen auf Licht. Der schematische Aufbau einer solchen Elektronenlinse ist in Abb. 2.2 dargestellt.

Damit sich die gewünschte Linsenwirkung einstellt, müssen alle Elektronen, die sich nicht entlang der Mittelachse *(optische Achse)* bewegen, eine Kraft erfahren, die sie zur Achse hinzieht. Wir wissen, dass auf Elektronen, die sich mit der Geschwin-digkeit v in einem Magnetfeld der Stärke (genauer: der magnetischen Induktion) B bewegen, die Lorentzkraft[1]

$$F = -\,\mathrm{e}\cdot v \times B \tag{2.4}$$

wirkt. Darin geht die Elementarladung e ein. Außerdem ist berücksichtigt, dass die Kraft F, die Geschwindigkeit v und die magnetische Induktion B Vektoren sind, d. h. sie sind gekennzeichnet durch Betrag (Zahlenwert) und Richtung. Es ist üblich, solche Vektoren durch Pfeile darzustellen, deren Länge den Betrag und deren Win-kellage die Richtung veranschaulicht. In den Abbildungen kennzeichnen wir Vektor-größen durch einen kleinen Pfeil über dem Buchstaben, in Formeln und Text durch *kursiven Fettdruck.*

Die Frage ist nun, wie man die Richtung der Lorentzkraft bei dem in Formel (2.4) dargestellten *Kreuzprodukt* ermittelt. Mathematisch handelt es sich bei v, B, F um ein *Rechtssystem*, d. h. die Kraft F steht senkrecht auf der von v und B aufgespann-ten Ebene (vgl. Abb. 2.3). Praktisch bedient man sich bei der Richtungsfestlegung beispielsweise der „Rechte-Hand-Regel":

Man spreize Daumen, Zeige- und Mittelfinger der rechten Hand so, dass sie jeweils einen rechten Winkel miteinander bilden. Dann drehe man die Hand so, dass der Daumen in Richtung der Geschwindigkeit v und der Zeigefinger in Richtung der Induktion B zeigt. Der Mittelfinger gibt dann die Richtung des Kreuzproduktes an.

Abb. 2.2 Schematische Darstellung einer magnetischen Elektronenlinse. Der Spulenstrom kann bis zu 30 A betragen. Eine Wasserkühlung sorgt für konstante Temperatur in der Linse. Der Polschuh formt und konzentriert das Magnetfeld

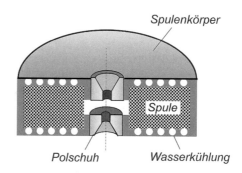

Spulenkörper

Spule

Polschuh   Wasserkühlung

---

[1] Hendrik Antoon Lorentz, niederländischer Mathematiker und Physiker, 1853–1928, Nobelpreis für Physik 1902.

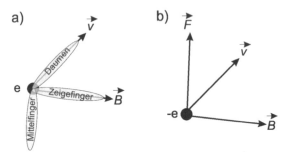

Abb. 2.3 a) Richtungen beim Kreuzprodukt nach der „Rechte-Hand-Regel". b) Richtung der Lorentzkraft **F** auf ein Elektron mit der Ladung −e, welches sich mit der Geschwindigkeit **v** in einem Magnetfeld der Induktion **B** bewegt

Allerdings dürfen wir der Festlegung der Kraftrichtung das negative Vorzeichen vor e in Formel (2.4) nicht vergessen. In diesem Fall ist die Kraft **F** der Richtung des Mittelfingers gerade entgegengesetzt (vgl. Abb. 2.3b).

Als Nächstes müssen wir überlegen, wie groß der Betrag F der Lorentzkraft ist. Er entspricht beim Kreuzprodukt der Fläche der durch die beiden Vektoren **v** und **B** aufgespannten Ebene:

$$F = e \cdot v \cdot B \cdot \sin \sphericalangle(v, B) \qquad (2.5)$$

Wir sehen, dass bei paralleler Richtung von Geschwindigkeit und Magnetfeld keine Kraft auf das Elektron ausgeübt wird. Mit anderen Worten: Ein homogenes Magnetfeld in Richtung der optischen Achse hat keinen Einfluss auf Elektronen, die parallel zur optischen Achse in das Magnetfeld einfallen (in der geometrischen Optik sind das *Parallelstrahlen*).

> *Wir benötigen für die Linsenwirkung also eine Komponente des Magnetfeldes senkrecht zur Bewegungsrichtung der Elektronen, d. h. wir benötigen ein inhomogenes Magnetfeld.*

Für die weitere Diskussion ist es zweckmäßig, ein Koordinatensystem in die magnetische Linse zu legen. Wegen der Rotationssymmetrie wählen wir Zylinderkoordinaten r, φ und z (vgl. Abb. 2.4). Wir erkennen, dass die Feldlinien keine Komponente in azimutaler (d. h. φ-) Richtung, sondern nur solche in r- (B_r) und z-Richtung (B_z) haben. Die Konsequenzen für unseren o. g. Parallelstrahl sollen anhand von Abb. 2.5 erläutert werden. Daraus ist ersichtlich, dass unser Elektron, welches den Parallelstrahl symbolisiert, tatsächlich zur optischen Achse gelenkt wird (→ Abschn. 10.2). Wir erkennen gleichzeitig zwei grundlegende Eigenschaften der rotationssymmetrischen magnetischen Elektronenlinse:

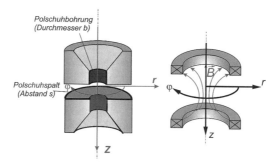

Abb. 2.4 Zylinderkoordinatensystem im Bereich des Polschuhspaltes mit eingezeichneten Feldlinien der magnetischen Induktion $\boldsymbol{B}$

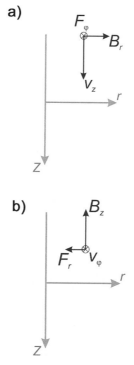

Abb. 2.5 Bewegung eines Elektrons im inhomogenen Magnetfeld der Linse. a) Das Elektron hat nur eine Geschwindigkeitskomponente v_z („Parallelstrahl"). Es erfährt durch Vermittlung der Radialkomponente B_r der magnetischen Induktion eine Lorentzkraft F_φ in azimutaler Richtung (d. h. in die Zeichenebene hinein), wird in diese Richtung beschleunigt und erhält demzufolge eine Geschwindigkeitskomponente v_φ in azimutaler Richtung. b) Infolge der nunmehr vorhandenen Geschwindigkeitskomponente v_φ in azimutaler Richtung erfährt das Elektron durch Vermittlung der axialen Komponente B_z der magnetischen Induktion eine Kraft zur optischen Achse hin, wie wir das für eine Linse erwarten

1. *Die Elektronen bewegen sich wegen der azimutalen Geschwindigkeitskomponente auf Schraubenbahnen mit veränderlichem Abstand von der Mittelachse durch die Linse, d. h. das Bild ist gegenüber der Probe gedreht. In den folgenden Bildern mit Strahlengängen ist die r(z)-Ebene dargestellt.*
2. *Der Grad der Feldinhomogenität, d. h. das Verhältnis B_r / B_z an jeder Stelle innerhalb des Linsenfeldes (Form der Feldlinien), bestimmt maßgeblich die Brechungseigenschaften. Später (Abschn. 2.7.3) werden wir sehen, dass die Probe im Magnetfeld der Objektivlinse angeordnet ist. Wenn es sich dabei um magnetisches Material handelt, wird die Feldinhomogenität verändert und dies auch noch in Abhängigkeit vom genauen Probenort, d. h. bei Verschieben der Probe ändert sich das magnetische Feld. Probleme bei der Abbildung derartiger Proben sind also zu erwarten.*

2.3   Abbildungsfehler

Folgerichtig ist die nächste Frage, ob wir denn den „richtigen" Grad der Feldinhomogenität einstellen können, um nicht nur prinzipiell eine Linsenwirkung sondern auch eine fehlerfreie optische Abbildung erreichen zu können. Oder auf die Lichtoptik übertragen: Was passiert, wenn wir die Forderung nach gleichen optischen Weglängen für alle zwischen Ding- und Bildpunkt denkbaren Wellen nicht erfüllen können (vgl. Abschn. 1.2), weil unsere Glaslinse falsch geschliffen ist?

In der Tat ist dies für die besprochenen rotationssymmetrischen Elektronenlinsen ein Problem. Es ist unter Beibehaltung der Rotationssymmetrie unmöglich, die Feldinhomogenität nach Bedarf „zurechtzubiegen". Dieses Problem wurde bereits 1936 von Otto Scherzer[2] erkannt [1]. Die Folge ist, dass in der Elektronenoptik Abbildungsfehler eine weit stärkere Rolle spielen als in der Lichtoptik. Wir wollen uns hier mit drei wesentlichen Fehlern befassen, die auch für Objekte nahe der optischen Achse relevant sind: dem Öffnungsfehler (auch sphärische Aberration genannt), dem Farbfehler (auch chromatische Aberration genannt) und dem axialen Astigmatismus.

– Öffnungsfehler (sphärische Aberration)

Der Name sagt es bereits: Dieser Fehler tritt bei stärker geöffneten Strahlenbündeln auf. Der zweite Name „sphärische Aberration" liefert einen Hinweis auf die Ursache: Die Linsenoberfläche hat nicht die erforderliche Form, sie ist „nicht richtig" geschliffen oder auf die magnetischen Elektronenlinsen übertragen: Die Feldform *(Feldinhomogenität)* entspricht nicht den Forderungen für eine fehlerfreie Abbildung (→ Abschn. 10.2). Die Abweichungen zwischen Forderung und Realität sind

---

[2]Otto Scherzer, deutscher Physiker und Elektronenoptiker, 1909–1982.

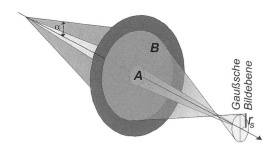

Abb. 2.6 Auswirkung des Öffnungsfehlers. Das wenig geöffnete Strahlenbündel A erzeugt den Bildpunkt in der Gaußschen Bildebene. Demgegenüber wird das stärker (Apertur α) geöffnete Bündel B stärker gebrochen. Als Folge entsteht in der Gaußschen Bildebene ein Zerstreuungsscheibchen mit dem Radius r_S

umso größer, je schwächer das rotationssymmetrische magnetische Feld ist. Langbrennweitige magnetische Linsen haben deshalb einen größeren Öffnungsfehler als kurzbrennweitige.

Die Folge der falschen Feldform ist in Abb. 2.6 dargestellt. Die Größe des Fehlerscheibchens hängt von der Apertur α ab. In der Gaußschen[3] Bildebene gilt:

$$r_S = M \cdot C_S \cdot \alpha^3 \tag{2.6}$$

mit C_S als Öffnungsfehlerkonstante und M als Vergrößerung bei der Abbildung. Die Öffnungsfehlerkonstante kann als ein Qualitätsparameter der Linse angesehen werden. Bei der rotationssymmetrischen magnetischen Linse hat sie etwa den Wert der Brennweite.

Üblicherweise werden Fehlerscheibchen auf die Dingebene bezogen. Dort gilt für dessen Radius:

$$\delta_S = C_S \cdot \alpha^3 \tag{2.7}$$

Dies ist unabhängig von der Vergrößerung und relevant für den Öffnungsfehler. Wegen der Abhängigkeit der Größe des Fehlerscheibchens von der dritten Potenz der Apertur wird der Öffnungsfehler auch als Abbildungsfehler dritter Ordnung bezeichnet.

– Farbfehler (chromatische Aberration)

Aus der Formel (2.4) für die Lorentzkraft geht hervor, dass die Kraft auf das Elektron von der magnetischen Induktion und von der Geschwindigkeit abhängt. Andererseits wissen wir inzwischen, dass die Elektronenwellenlänge λ durch die Elektronenenergie und damit durch die Geschwindigkeit bestimmt ist (Formeln (1.15) bis (1.17)).

---

[3]Carl Friedrich Gauß, deutscher Mathematiker und Physiker, 1777–1855.

Abb. 2.7 Auswirkung des
Farbfehlers. Rot (große
Wellenlänge) wird weniger
stark gebrochen als blau
(kurze Wellenlänge). Im
Ergebnis entsteht in der
Bildebene ein
Farbfehlerscheibchen mit
dem Radius r_c

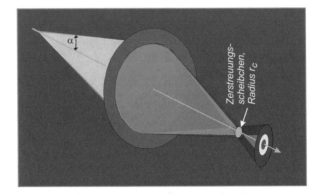

Unterschiedliche Wellenlängen, aber natürlich auch unterschiedliche Linsenfeldstär-
ken, haben unterschiedliche Brechkräfte der magnetischen Linse und damit einen
Abbildungsfehler zur Folge. Beim sichtbaren Licht repräsentieren unterschiedliche
Wellenlängen verschiedene Farben. Analog dazu wird der hier beschriebene Abbildungsfehler als Farbfehler bezeichnet. Ähnlich wie beim Öffnungsfehler entsteht
in der Gaußschen Bildebene ein Zerstreuungsscheibchen, dessen Radius δ_C (auf
die Dingebene bezogen) vom Öffnungswinkel α des Strahlenbündels, der relativen
Schwankung der Brechkraft der Linse $\Delta S/S$ und der Farbfehlerkonstante C_C der
Linse abhängt (Abb. 2.7). Es gilt:

$$\delta_C = C_C \cdot \frac{\Delta S}{S} \cdot \alpha \,. \tag{2.8}$$

Die Schwankung der Brechkraft kann zwei Ursachen haben: Änderung der Elektronengeschwindigkeit (bzw. Wellenlänge) und Änderung des Magnetfeldes. Für
eine Plausibilitätserklärung betrachten wir die Quadrate von Geschwindigkeit und
magnetischer Induktion. Das Quadrat der Elektronengeschwindigkeit ist proportional zur Elektronenenergie $e \cdot U$ (vgl. Formel (1.16)), und die magnetische Induktion
ist proportional zum Spulenstrom I (Amperesches[4] Gesetz, auch Durchflutungsge-
setz genannt). Da die Brechkraft S der Linse mit stärker werdendem Magnetfeld und
für kleinere Elektronenenergie wächst, können wir schreiben:

$$S \sim \frac{I^2}{e \cdot U} \,. \tag{2.9}$$

Für kleine Änderungen ΔS folgt daraus:

$$\left| \frac{\Delta S}{S} \right| = 2 \cdot \left| \frac{\Delta I}{I} \right| + \left| \frac{\Delta U}{U} \right| \,. \tag{2.10}$$

---

[4] André-Marie Ampére, französischer Physiker, 1775–1836.

Die für die Qualität der Abbildung maßgebliche Linse ist das Objektiv, denn alle durch das Oblektiv hervorgerufenen Abbildungsfehler werden durch das Projektiv-linsensystem vergrößert. Wir müssen bezüglich des Farbfehlers demzufolge in erster Linie auf die Stabilität des Objektivlinsenstromes achten. Die Schwankung der Elektronenenergie kann verschiedene Ursachen haben: Schwankungen der Beschleunigungsspannung, endliche Energiebreite der aus der Kathode austretenden Elektronen, aber auch inelastische Wechselwirkungen zwischen den Elektronen und der Probe, d. h. Wechselwirkungen, die mit Energieverlusten verbunden sind.

Nehmen wir weiter an, dass der Farbfehler im Vergleich zum Öffnungsfehler keine Rolle spielen soll, so bedeutet das:

$$\delta_C \ll \delta_S \quad \text{bzw.} \quad C_C \cdot \left(2 \cdot \left|\frac{\Delta I}{I}\right| + \left|\frac{\Delta U}{U}\right|\right) \cdot \alpha \ll C_S \cdot \alpha^3 \,. \tag{2.11}$$

Die Fehlerkonstanten C_S und C_C sind von gleicher Größenordnung, die Apertur α liegt bei etwa 10 mrad, die Forderung lautet also

$$2 \cdot \left|\frac{\Delta I}{I}\right| + \left|\frac{\Delta U}{U}\right| \ll 10^{-4} \,. \tag{2.12}$$

Das bedeutet eine erhebliche Anforderung an die Stabilität der Strom- und Spannungsversorgung eines Elektronenmikroskops. Bei den derzeit höchstauflösenden Geräten mit Korrektoren für Öffnungs- und Farbfehler (vgl. Abschn. 7.8.3) wird sogar die Forderung $< 10^{-8}$ realisiert [2].

– (axialer) Astigmatismus

Im Gedankenexperiment greifen wir uns aus einem Elektronenbündel, das durch eine Linse fällt, zwei Ebenen heraus (in Abb. 2.8 rot und grün gezeichnet). Astigmatismus bedeutet, dass die Brennweiten der Linse in diesen zwei (oder mehr) Ebenen unterschiedlich sind. Die Ursache sind Abweichungen von der Rotationssymmetrie, möglicherweise bedingt durch Unrundheit der Polschuhbohrung, durch kleinste Materialinhomogenitäten, durch verschmutzte Blenden oder auch durch im Linsenfeld befindliches magnetisches Material. Wir beschränken uns hier auf den zweizähligen Astigmatismus, wie er in Abb. 2.8 skizziert ist.

Die zwei Ebenen stehen senkrecht aufeinander und haben die astigmatische Brennweitendifferenz Δf_A. Für den Radius des (blau gezeichneten) Kreises der kleinsten Verwirrung gilt offensichtlich:

$$r_{\min} = \frac{1}{2} \cdot \Delta b \cdot \alpha' = \frac{1}{2} \cdot \Delta b \cdot \frac{\alpha}{M} \tag{2.13}$$

mit M als Vergrößerung. Bei hohen Vergrößerungen (Dingweite $g \approx$ Brennweite f) folgt für (kleine) Bildweitendifferenzen der Zusammenhang (vgl. Formeln (10.275) und (10.277))

$$\Delta b = \Delta f_A \cdot M^2 \,. \tag{2.14}$$

Bezieht man die Größe des Fehlerscheibchens wie üblich auf die Dingebene, so ist der Radius durch M zu dividieren und wir erhalten:

$$\delta_A = \frac{r_{\min}}{M} = \frac{1}{2} \cdot \Delta f_A \cdot \alpha . \tag{2.15}$$

2.4   Auflösungsvermögen mit Berücksichtigung des Öffnungsfehlers

Am Ende des Abschn. 1.3 hatten wir versprochen, nochmals auf das Auflösungsvermögen zurückzukommen. Zur Erinnerung: Mit Elektronenwellen hatten wir unter Berücksichtigung des Beugungsfehlers ein Auflösungsvermögen von ca. 2 pm erwartet, erreicht werden allerdings nur etwa 0,1 nm (d. h. 100 pm).

Wir haben nunmehr eine Ursache für diese Diskrepanz erkannt: Unsere rotationssymmetrischen magnetischen Linsen haben im Gegensatz zu Glaslinsen einen Öffnungsfehler, der zusätzlich zum (wellenspezifischen) Beugungsfehler das Auflösungsvermögen des Elektronenmikroskops begrenzt.

Wir wissen bereits, wie die Radien δ_B und δ_S der beiden Fehlerscheibchen in der Objektebene vom Öffnungswinkel α abhängen (Formeln (1.9) und (2.7)). Unter Berücksichtigung sehr kleiner Öffnungswinkel ($\sin \alpha \approx \alpha$) und von $n = 1$ (Vakuum) lauten diese:

$$\delta_B = \frac{0{,}61 \cdot \lambda}{\alpha} \quad \text{und} \quad \delta_S = C_S \cdot \alpha^3 . \tag{2.16}$$

Wir erkennen eine gegenläufige Abhängigkeit der Größe der Zerstreuungsscheibchen vom Öffnungswinkel α (vgl. Abb. 2.9). Damit existiert eine optimale Apertur α_{opt}, bei der die Größe δ des Gesamtfehlerscheibchens minimal ist. Für die Abschätzung von δ benutzen wir das Fehlerfortpflanzungsgesetz:

$$\delta = \sqrt{\delta_B^2 + \delta_S^2} . \tag{2.17}$$

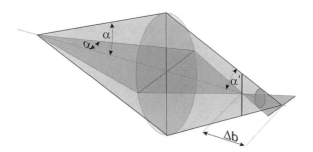

Abb. 2.8 Schematische Darstellung einer Linse mit zweizähligem axialem Astigmatismus

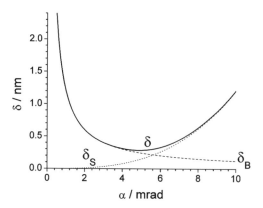

Abb. 2.9 Radius des Öffnungs- (δ_S) und des Beugungsfehlerscheibchens (δ_B) in der Dingebene in Abhängigkeit vom Öffnungswinkel α (Parameter: $C_S = 1{,}2$ mm, $U_B = 300$ kV, d. h. $\lambda = 1{,}97$ pm)

Aus Abb. 2.9 lesen wir für das Minimum von δ ab: $\alpha_\text{opt} \approx 5$ mrad und $\delta_\text{min} \approx 0{,}3$ nm. Das Minimum kann nach der Formel

$$\delta_\text{min} = 0{,}9 \cdot \sqrt[4]{C_S \cdot \lambda^3} \tag{2.18}$$

berechnet werden ($\rightarrow$ Abschn. 10.6.1). Damit sind wir dem praktisch erreichten Auflösungsvermögen sehr nahe gekommen, allerdings ist der errechnete Wert nunmehr etwas zu groß. Es ist demzufolge notwendig, später (Abschn. 7.3) noch einmal auf das Auflösungsvermögen zurückzukommen.

2.5 Die Elektronenkanone

Nun ist es an der Zeit zu überlegen, wie die freien Elektronen, die mit der Probe wechselwirken und durch Linsen zur Formung einer optischen Abbildung veranlasst werden sollen, überhaupt erzeugt werden können.

Die Frage, die wir uns dazu am Anfang stellen müssen, ist die: „Warum fließen die Elektronen normalerweise in einem Draht und treten nicht von allein aus diesem heraus?"

Die Antwort findet man im mittleren positiven Potential innerhalb des Drahtes, erzeugt durch die Atomkerne. Dieses Potential hält die Elektronen im Draht, ähnlich wie ein Topf das Wasser in seinem Inneren hält. Mit diesem einfachen Modell wird auch klar, wie die Elektronen aus dem Draht befreit werden können: durch Erhitzen. Stellen wir den mit Wasser gefüllten Topf auf eine heiße Kochplatte, so werden wir sehen, dass das heiße Wasser zu wallen beginnt und schließlich über den Topfrand sprudelt.

Genauso können wir uns die thermische Emission von Elektronen vorstellen. Anstelle des Kochtopfes verwenden wir ein „Potentialtopf-Modell" (s. Abb. 2.10). Die Energiezustände der Elektronen sind durch Quantenzahlen beschrieben. Jeder

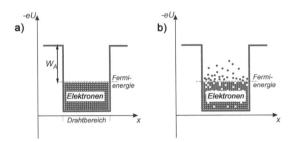

Abb. 2.10 Potentialtopfmodell für Temperatur $T = 0$ K (a) und $T > 0$ K (b)

Zustand kann nur durch ein Elektron besetzt werden (Pauli[5] – Prinzip). Beim absoluten Nullpunkt der Temperatur (0 K = $-273,16\,°$C) füllen die Elektronen die minimal möglichen Energiezustände auf. Die dabei erreichte energetische Obergrenze wird als Fermi[6] – Energie bezeichnet. Damit Elektronen den Draht verlassen können, müssen sie mindestens auf das Potential in Drahtumgebung *(Vakuumniveau)* angehoben werden. Die dazu notwendige Arbeit wird als *Austrittsarbeit* W_A bezeichnet.

Bei der thermischen Emission wird diese Arbeit in Form von Wärme zugeführt; dabei erhitzt sich der Draht. Es ist klar, dass die notwendige Wärme und damit die Drahttemperatur umso größer sein müssen, je größer die Austrittsarbeit des Materials ist. Außerdem darf das Material nicht schmelzen. In der Praxis hat sich Wolfram (Schmelztemperatur 3695 K = $3422\,°$C) bewährt. Im einfachsten Fall ist die Kathode ein dünner (Durchmesser ca. 0,5 mm) Wolframdraht, der wie eine Haarnadel gebogen ist *(Wolfram-Haarnadelkathode)*. Die Austrittsarbeit von Wolfram beträgt etwa 4,6 eV, zur Anregung einer ausreichenden thermischen Emission sind Temperaturen von mehr als $2500\,°$C erforderlich. Die dabei emittierte Elektronenstromdichte j kann nach der Richardson[7]-Gleichung

$$j = A \cdot T^2 \cdot \exp\left(-\frac{W_A}{k \cdot T}\right) \tag{2.19}$$

(A: Richardson-Konstante, T: absolute Temperatur, k: Boltzmann[8]-Konstante) berechnet werden.

Aus Abb. 2.11 ist ersichtlich, welche Konsequenz eine Verringerung der Austrittsarbeit hat: Um beispielsweise eine Stromdichte von 1 A/cm^2 zu erreichen, wird bei einer Wolfram-Haarnadelkathode eine Temperatur von etwa 2700 K $\approx 2430\,°$C benötigt, bei einer Lanthanhexaborid (LaB$_6$)-Kathode dahingegen nur eine Temperatur von etwa 1300 K $\approx° 1030\,°$C. Neben der Steigerung der Lebensdauer der Kathode hat die geringere Temperatur noch einen anderen Effekt. Um diesen zu verstehen, wollen wir uns noch einmal an unseren Kochtopf mit Wasser erinnern:

---

[5]Wolfgang Pauli, österreichischer Physiker, 1900–1958, Nobelpreis für Physik 1945.
[6]Enrico Fermi, italienisch/amerikanischer Physiker, 1901–1954, Nobelpreis für Physik 1938.
[7]Owen Willians Richardson, englischer Physiker, 1879–1959, Nobelpreis für Physik 1928.
[8]Ludwig Boltzmann, österreichischer Physiker, 1844–1906.

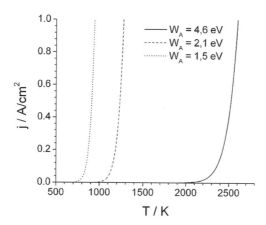

Abb. 2.11 Thermische Emission nach der Richardson-Gleichung. Stromdichte j über Temperatur T für drei verschiedene Austrittsarbeiten: 4,6 eV (Wolfram), 2,1 eV (LaB$_6$) und 1,5 eV

Je höher die Temperatur der Kochplatte ist, desto stärker sprudelt das Wasser. Oder, wieder bezogen auf die thermische Emission von Elektronen, die Energieverteilung der emittierten Elektronen wird breiter. Bei der Wolfram-Haarnadelkathode beträgt sie etwa 4,6 eV–6 eV, für die LaB$_6$-Kathode reduziert sie sich auf etwa 2 eV–3 eV.

Was können wir tun, um die Austrittsarbeit weiter zu verringern? Dazu erinnern wir uns an den Schottky[9]-Effekt. Er beschreibt eine Verringerung der Austrittsarbeit, wenn an der Kathode eine hohe Feldstärke anliegt. Um dies zu verstehen, müssen wir das Potentialtopfmodell von Abb. 2.10 präzisieren (vgl. Abb. 2.12). Dazu stellen wir uns vor, dass die aus dem Draht austretenden Elektronen eine kurze Zeit vor der Drahtoberfläche verweilen und dort eine Raumladungswolke bilden. Dies führt dazu, dass die emittierten Elektronen auch noch in kleinem Abstand vom Draht eine Kraft verspüren und damit ein vom Vakuumniveau verschiedenes Potential besitzen. Dies bewirkt eine Verrundung des Potentialgebirges. Hinzu kommt ein linearer Abfall des Potentials außerhalb des Drahtes durch das äußere elektrische Feld ($\rightarrow$ Abschn. 10.3.4).

Die Summe dieser beiden Anteile führt zu einer Herabsetzung des Potentialwalls am Drahtrand, d. h. zu einer Verringerung der Austrittsarbeit, die proportional ist zur Wurzel aus der elektrischen Feldstärke. Durch das elektrische Feld wird der Potentialwall auch dünner, so dass er von Elektronen (diese haben auch Wellencharakter!) durchtunnelt werden kann, was zu einer weiteren Erhöhung der Ausbeute an freien Elektronen führt. Bei extrem hohen elektrischen Feldstärken an der Kathode kann dabei eine ausreichende Elektronenemission bereits bei Raumtemperatur erreicht werden („kalte Feldemissionskathode", sonst: „Schottky-Feldemissionskathode"). Bei einer Feldemissionskathode beträgt die Energiebreite der emittierten Elektronen weniger als 1 eV.

---

[9]Walter Schottky, deutscher Physiker, 1886–1976.

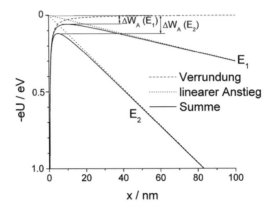

Abb. 2.12 Verringerung ΔW_A der Austrittsarbeit durch den Schottky-Effekt bei zwei verschiedenen elektrischen Feldstärken ($E_1 = 30$ kV/cm, $E_2 = 4 \cdot E_1$)

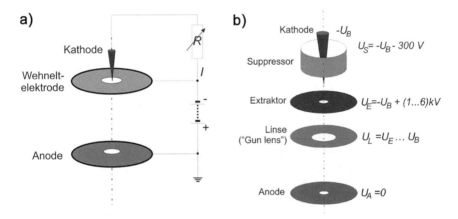

Abb. 2.13 Elektroden in der Elektronenkanone. a) Triodensystem für Haarnadel- und LaB$_6$-Kathoden. b) Elektrodensystem in einer Elektronenkanone mit Feldemissionskathode (Bezeichnung der Elektroden und Potentiale)

Neben der unterschiedlichen Geschwindigkeit der aus der Kathode austretenden Elektronen trägt auch der Boersch[10]-Effekt zur Energieverbreiterung bei ([3], [4]). Ursache dafür ist die gegenseitige Abstoßung der Elektronen bei hohen Stromdichten, wie sie bei Fokussierung der Elektronen innerhalb der Kanone im engsten Strahlquerschnitt auftreten können. Dieser Anteil liegt bei wenigen 0,1 eV und ist bei unseren Zahlenangaben zur Energiebreite berücksichtigt.

---

[10]Hans Boersch, deutscher Physiker, 1909–1986.

An einer Kugeloberfläche ist die elektrische Feldstärke E_r umgekehrt proportional zum Kugelradius r:

$$E_r \sim \frac{1}{r}, \tag{2.20}$$

d. h. bei sehr kleinem Krümmungsradius der Kathodenspitze wird die Feldstärke dort sehr groß. Feldemissionskathoden sind deshalb extrem spitz (Krümmungsradius 1 μm–2 μm) und ihr Emissionsverhalten hängt dramatisch von der Spitzenform ab. Ein Beschuss der Spitze mit Restgas-Ionen verrundet die Spitze und muss deshalb vermieden werden. Die Konsequenz ist, dass der Restgasdruck im Kathodenraum extrem niedrig sein muss, wir benötigen Ultrahochvakuum (Druck $< 10^{-8}$ Pa).

Um die für ein gutes Auflösungsvermögen notwendigen kurzen Wellenlängen zu erreichen, müssen die aus der Kathode ausgetretenen freien Elektronen beschleunigt werden. Dies geschieht im elektrischen Feld zwischen Kathode (Spitze) und Anode (Platte mit kleinem Loch) (s. auch Formeln (1.13) bis (1.15)). Zusätzlich soll der aus der Anode austretende Elektronenstrom verändert werden können. Es hängt von der Kathodenart ab, wie dies organisiert ist.

Bei Elektronenkanonen mit Wolfram-Haarnadel- oder LaB$_6$-Kathode wird ein Triodensystem benutzt, das ähnlich wie eine Trioden-Elektronenröhre arbeitet (vgl. Abb. 2.13a). Die geheizte Kathode liegt auf negativem Hochspannungspotential und emittiert den Strahlstrom I. Dieser verursacht am Widerstand R einen Spannungsabfall, d. h. der Fußpunkt des Widerstandes ist negativer (bis zu wenigen 100 V) als die Kathode selbst. Dieses Potential liegt an der Wehnelt[11]-Elektrode, die als Steuerelektrode für den Strahlstrom I arbeitet: Je negativer diese Elektrode, desto kleiner der Strahlstrom. Die Schaltung stabilisiert gleichzeitig den Strahlstrom: Bei kleiner werdendem Strahlstrom verringert sich der Spannungsabfall an R, die Wehnelt-Elektrode wird etwas positiver und erhöht damit den Strahlstrom. Das Potential ist so geformt, dass die Elektronen bereits in der Kanone fokussiert werden ($\rightarrow$ Abschn. 10.3.1). Der dabei etwa in Höhe der Anode entstehende engste Strahlquerschnitt wird als „cross-over" bezeichnet. Dieser stellt elektronenoptisch die eigentliche Quelle dar.

Etwas anders sieht die Elektronenkanone bei Verwendung einer Feldemissionskathode aus (vgl. Abb. 2.13b). Im Interesse einer hohen Feldstärke vor der Kathodenspitze ist der Extraktor positiv gegenüber der Kathode. Die gegen Kathodenpotential leicht negative Suppressor-Kappe verhindert, dass Elektronen, die nicht an der Kathodenspitze ausgelöst werden, in den Elektronenstrahl gelangen. Die Linsenelektrode ermöglicht eine Fokussierung des Elektronenstrahls, d. h. die Formung eines cross-over, der durch Veränderung der Potentiale an den Elektroden (U_E, U_L) auf der Mittelachse verschoben werden kann. Bei bestimmten Verhältnissen von U_L/U_E kann es passieren, dass die Elektronen am Durchtritt durch die Linse gehindert werden, d. h. es kommt kein Strahlstrom zustande.

---

[11]Arthur Wehnelt, deutscher Physiker, 1871–1944.

2.6   Der Richtstrahlwert

Es stellt sich die Frage nach einem Parameter für die Elektronenkanone, der die Qualität dieser Kanone hinsichtlich ihrer Funktion im Elektronenmikroskop beschreibt. Dieser Parameter heißt *Richtstrahlwert*[12]. Er ist definiert als Quotient aus der die Kathode verlassende Elektronenstromdichte j und dem Raumwinkel Ω, in den die Elektronen emittiert werden:

$$R = \frac{j}{\Omega} . \tag{2.21}$$

Im rotationssymmetrischen Fall gilt bei kleinen Winkeln

$$\Omega = \pi \cdot \alpha^2 , \tag{2.22}$$

wobei α der halbe Öffnungswinkel ist. Wir wollen nun überlegen, wovon α beeinflusst wird. Dazu verwenden wir ein stark vereinfachtes Modell der Elektronenkanone, in dem nur Kathode und Anode vorhanden sind (s. Abb. 2.14). Den größten Winkel α erreichen die Elektronen, die mit der thermischen Energie

$$\frac{m}{2} \cdot v_T^2 = \mathrm{e} \cdot U_T \tag{2.23}$$

senkrecht zur Achse aus der Kathode austreten. Aus Abb. 2.14 folgt für kleine Winkel ($\alpha \ll 1$) mit dem Energieerhaltungssatz (1.16)

$$\alpha = \frac{v_T}{v_B} = \sqrt{\frac{\mathrm{e} \cdot U_T}{\mathrm{e} \cdot U_B}} = \sqrt{\frac{U_T}{U_B}} . \tag{2.24}$$

Für die thermische Emission können wir die Stromdichte aus dem Richardsonschen Gesetz (2.19) berechnen und erhalten somit als Abschätzung für den Richtstrahlwert

$$R = \frac{\mathrm{A} \cdot T^2 \cdot U_B}{\pi \cdot U_T} \cdot \exp\left(-\frac{W_A}{\mathrm{k} \cdot T}\right) \tag{2.25}$$

Für die Wolfram-Haarnadelkathode ($W_A \approx 4{,}6$ eV, $T \approx 2700$ K, $\mathrm{e} \cdot U_T \approx 5$ eV) folgt daraus bei einer Beschleunigungsspannung von 200 kV ein Richtstrahlwert von $R \approx 3 \cdot 10^4$ A/cm², für die LaB$_6$-Kathode ($W_A \approx 2{,}1$ eV, $T \approx 1800$ K, $\mathrm{e} \cdot U_T \approx 3$ eV) $R \approx 10^7$ A/cm². Bei Schottky-Feldemissionskathoden wird eine mit Zirkonium- oder Thoriumoxid dotierte Wolframspitze benutzt und damit die Austrittsarbeit auf Werte um 3 eV verringert. Hinzu kommt die weitere Reduzierung der Austrittsarbeit durch den Schottky-Effekt. Bei einer Extraktorspannung von 3 kV und einem Spitzenradius von 1,5 µm beträgt die elektrische Feldstärke an der Kathode etwa 2000 kV/mm. Dadurch wird die Austrittsarbeit um etwa 1,7 eV

---

[12] 1939 eingeführt von E. Ruska und B. von Borries.

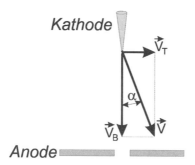

Abb. 2.14 Skizze zur Berechnung des Winkels α für den Richtstrahlwert (v: Geschwindigkeit der Elektronen, v_T: Komponente durch thermische Emission, v_B: Komponente durch Beschleunigungsfeld)

erniedrigt. Mit $W_A \approx 1{,}3$ eV, $T \approx 1500$ K, $e \cdot U_T \approx 1$ eV erhalten wir allein für die thermische Emission einen Richtstrahlwert von ca. $7 \cdot 10^8$ A/cm^2. In Wirklichkeit wird die Stromdichte durch den Tunneleffekt größer sein, so dass bei der Schottky-Kathode mit einem Richtstrahlwert in der Größenordnung 10^9 A/cm^2 zu rechnen ist. Bei der kalten Feldemissionskathode ist der Krümmungsradius der Kathodenspitze im Interesse einer extrem hohen Feldstärke kleiner als bei der Schottky-Kathode und die Energiebreite der emittierten Elektronen beträgt nur etwa 0,3 eV. Das Resultat ist ein Richtstrahlwert höher als 10^{10} A/cm^2.

Die Frage ist nun, welche praktischen Konsequenzen ein höherer Richtstrahlwert hat. Dazu überlegen wir, was mit ihm entlang des Abbildungsstrahlenganges passiert. Der Strahlstrom I_S soll aus einer Kathodenfläche A_K in den Raumwinkel

$$\Omega_K = \pi \cdot \alpha_K^2 \tag{2.26}$$

emittiert werden. Für den auf die Kathode bezogenen Richtstrahlwert gilt demzufolge

$$R_K = \frac{I_S}{A_K \cdot \pi \cdot \alpha_K^2} . \tag{2.27}$$

Durch die Kondensorlinse wird die Fläche A_K in eine Fläche A_B abgebildet, für die mit der Vergrößerung M

$$A_B = A_K \cdot M^2 \tag{2.28}$$

gilt. Dabei wird der (halbe) Öffnungswinkel α in

$$\alpha_B = \frac{\alpha_K}{M} \tag{2.29}$$

geändert. Wenn keine Blenden beteiligt sind, ändert sich der Strahlstrom I_S nicht. Für den auf A_B bezogenen Richtstrahlwert R_B gilt demnach:

$$R_B = \frac{I_S}{A_B \cdot \pi \cdot \alpha_B^2} = \frac{I_S \cdot M^2}{A_K \cdot M^2 \cdot \pi \cdot \alpha_K^2} \tag{2.30}$$

d. h. der Richtstrahlwert ändert sich durch die Linsen nicht, er ist (ähnlich wie Energie und Impuls in der Mechanik) eine Erhaltungsgröße. Die Gl. (2.30) gilt also auch für die Probenebene. Wollen wir den Elektronenstrahl in dieser Ebene auf einen möglichst kleinen kreisförmigen Fleck mit dem Durchmesser d_S fokussieren und dabei einen Strahlstrom I_S erreichen, so gilt:

$$R = \frac{j}{\pi \cdot \alpha^2} = \frac{4 \cdot I_S}{\pi^2 \cdot d_S^2 \cdot \alpha^2} \qquad (2.31)$$

bzw.

$$I_S = \frac{\pi^2 \cdot d_S^2 \cdot \alpha^2}{4} \cdot R \,. \qquad (2.32)$$

d. h. der Strahlstrom hängt u. a. vom Fleckdurchmesser d_S ab.

> *Der Richtstrahlwert R ist der Parameter, der beschreibt, welcher Strom maximal in einer kleinen Elektronensonde vorhanden sein kann (s. Abschn. 8.2).*

Wir werden später sehen, dass ein hoher Richtstrahlwert auch Konsequenzen für die Kontrastübertragung im Transmissionselektronenmikroskop hat (→ Abschn. 10.6.3).

2.7   Wir bauen ein Elektronenmikroskop

Nachdem wir die Funktion von Elektronenkanone und Elektronenlinsen verstanden haben, können wir daraus und mit einigen Ergänzungen gedanklich ein Elektronenmikroskop zusammenstellen. Wir nehmen uns dazu das Lichtmikroskop zum Vorbild, drehen es aber so, dass der Kondensor die oberste Linse ist (s. Abb. 2.15). Selbstverständlich ist die Lampe durch eine Elektronenkanone ersetzt, und die Linsen sind elektrische Spulen mit Polschuhen, die rotationssymmetrische magnetische Felder erzeugen.

Darüber hinaus werden für Kondensor und Projektiv keine einzelnen Linsen sondern Linsensysteme benutzt, die im Folgenden genauer beschrieben werden sollen. Außerdem ist eine besondere Probenbühne notwendig, mit der die Probe hinreichend stabil gehalten und sehr präzise bewegt werden kann.

Da wir kein Sinnesorgan für Elektronen besitzen (was auch gut ist), brauchen wir spezielle Sensoren, um das Bild in der Endbildebene zu beobachten. Schließlich benötigen wir ein Vakuumsystem, um mit den freien Elektronen arbeiten zu können. Da bei modernen Elektronenmikroskopen die Bedienelemente in englischer Sprache bezeichnet sind, werden wir bei den folgenden Beschreibungen auch die englischen Begriffe erwähnen.

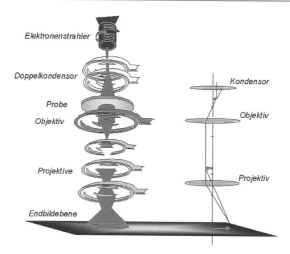

Elektronenstrahler

Doppelkondensor

Kondensor

Probe

Objektiv

Objektiv

Projektive

Projektiv

Endbildebene

Abb. 2.15 Vergleich zwischen Lichtmikroskop (rechts) und Transmissionselektronenmikroskop (links)

2.7.1 Das Beleuchtungssystem

Das Beleuchtungssystem umfasst die Elektronenkanone und das Kondensorsystem, d. h. salopp gesagt: „Alles, was sich im Strahlengang vor (oberhalb) der Probe befindet." Es hat die Aufgabe, die Elektronenstromdichte auf der Probe bei unterschiedlichen Bestrahlungsbedingungen zu realisieren und damit u. a. die Bildhelligkeit einzustellen. In diesem Zusammenhang spielt die Beleuchtungsapertur β eine wichtige Rolle (s. Abb. 2.17). Der Abstand zwischen Kondensor und Probe beträgt einige Zentimeter und ist damit für elektronenoptische Verhältnisse groß. Um den im Elektronenstrahler erzeugten cross-over auf die Probe abzubilden, würde eine schwache Linse mit großer Brennweite benötigt. Solche Linsen weisen jedoch einen großen Öffnungsfehler auf und sind deshalb ungeeignet. Der Ausweg besteht in der Benutzung von zwei (oder drei) Kondensorlinsen. Das gebräuchlichste (und am besten zu verstehende) Kondensorsystem ist der *Doppelkondensor* (s. Abb. 2.16). Durch Verkürzen der Brennweite der Kondensorlinse 1 wird der cross-over stärker verkleinert, d. h. es wird ein kleinerer Fleck auf der Probe erreicht. Deshalb wird diese Einstellung als „Spot Size" bezeichnet.

Durch Veränderung der Brennweite der Kondensorlinse 2 wird die Stromdichte auf der Probe und damit die Bildhelligkeit eingestellt (deshalb „Intensity"). Wichtige Grenzfälle sind die parallele und die konvergente Beleuchtung.

Manchmal ist es notwendig, die Bestrahlungsapertur β bei konvergenter Beleuchtung zu verändern (s. Kap. 5). Dazu dient eine Blende nahe der Kondensorlinse 2 (vgl. Abb. 2.17). Es ist klar, dass durch eine kleinere Kondensor-2-Blende eine größere Anzahl von Elektronen aus dem Strahlengang entfernt wird: Der Strahlstrom wird kleiner.

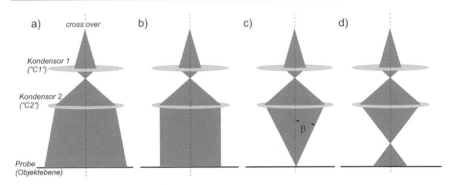

Abb. 2.16 Doppelkondensor mit verschiedenen Erregungen der Kondensorlinse 2: a) Schwache Erregung. b) Parallele Beleuchtung. c) Konvergente Beleuchtung. d) Starke Erregung

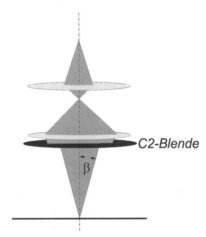

Abb. 2.17 Einstellung der Bestrahlungsapertur β durch eine Blende in Höhe der Kondensorlinse 2 („C2-Blende")

Es gibt auch Beleuchtungssysteme, die aus drei Linsen bestehen und eine höhere Flexibilität (und Komplexität) besitzen. Als „Köhler[13]-Beleuchtung" sind sie insbesondere für die parallele Beleuchtung mit variablem beleuchtetem Bereich optimal.

2.7.2 Das Abbildungssystem

Das Abbildungssystem erzeugt ein optisches Bild der durchstrahlten Probe und umfasst damit alle Linsen, die sich unterhalb der Probe befinden.

Für die mehrstufige Abbildung ist eine genaue Abstimmung von Abständen und Brennweiten innerhalb des Abbildungssystems notwendig. Dazu gehört auch die

---

[13] August Köhler, deutscher Optiker, 1866–1948.

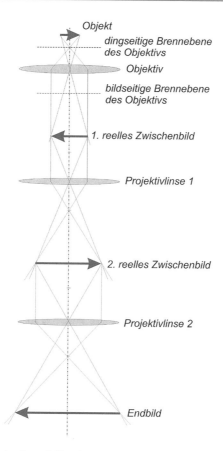

Abb. 2.18 Strahlengang in einem Mikroskop bei dreistufiger Abbildung (zwei Projektivlinsen). Ohne Berücksichtigung der Bilddrehung in magnetischen Linsen ist in diesem Fall das Endbild gegenüber dem Objekt umgekehrt

Position der Probe, d. h. des Objektes. Bei Veränderung der Vergrößerungseinstellung ("Magnification") am Mikroskop werden die Brennweiten der einzelnen Projektivlinsen verändert, die Brennweiten von Objektiv und Gesamtprojektivlinsensystem bleiben konstant. Da die Endbildebene unveränderlich ist, können bei Variation der Brennweite f_{Proj} des Gesamtprojektivlinsensystems unterschiedliche Ebenen in die Endbildebene abgebildet werden (vgl. Abbildungsgleichung (1.3)). Im Abbildungsstrahlengang ist das die erste reelle Zwischenbildebene, die durch das Objektiv erzeugt wird (Abb. 2.18).

Die reellen Zwischenbildebenen sind *ortsselektive Ebenen:* Wählt man beispielsweise mit einer kleinen Blende einen Bereich in einer dieser Ebenen aus, so entspricht dies einem bestimmten Ortsbereich auf dem Objekt. In diesem Zusammenhang ist eine weitere Ebene im Abbildungssystem hervorhebenswert: Die bildseitige Brennebene des Objektivs. Aus der Abbildungsgleichung (1.3) folgt, dass für alle parallel zueinander in das Objektiv einfallenden Strahlen (Dingweite $g \to \infty$) die Bildweite

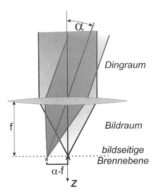

Abb. 2.19 Bildseitige Brennebene als winkelselektive Ebene: Ein paralleles Strahlenbündel, das um den Winkel α gegen die optische Achse geneigt ist, schneidet sich in der bildseitigen Brennebene im Abstand $\alpha \cdot f$ von der optischen Achse ($\alpha \ll 1$)

b gleich der Brennweite f ist, d. h. diese Strahlen treffen sich in der bildseitigen Brennebene. Verlaufen sie auch noch parallel zur optischen Achse *(Parallelstrahlen)*, dann schneiden sie sich bekanntermaßen im bildseitigen Brennpunkt. Sind die parallelen Strahlen gegen die optische Achse geneigt, so wandert der Schnittpunkt aus dem Brennpunkt heraus, verbleibt bei kleinen Neigungswinkeln aber nahezu in der Brennebene (s. Abb. 2.19). Setzen wir unsere kleine Blende in die bildseitige Brennebene und wählen damit einen kleinen Bereich aus, so entspricht das auf der Dingseite der Linse einem Winkelbereich für die einfallenden Strahlen. Die bildseitige Brennebene ist folgerichtig eine *winkelselektive Ebene*.

2.7.3   Die Probenbühne

Auf den ersten Blick erscheint es vielleicht verwunderlich, dass wir der Probenbühne für das Elektronenmikroskop einen besonderen Abschnitt widmen. Wenn wir aber daran denken, dass die förderliche Vergrößerung des Elektronenmikroskops bei etwa 10^6 liegt, dann wird die besondere Bedeutung der Probenbühne klar: Will man ein Bild mit 10^6-facher Vergrößerung registrieren und die Probe bewegt sich während der Registrierung, die beispielsweise 1 s dauert, nur um 0,1 nm, dann sieht man im Bild eine Unschärfe von 0,1 mm, was etwa dem Auflösungsvermögen des Auges entspricht. Mit anderen Worten: das Bild ist unscharf (Bewegungsunschärfe).

Damit ist eine außerordentliche Forderung an die Stabilität der Probenhalterung formuliert: Die Probe darf sich in einer Sekunde nur um weniger als ein Zehnmillionstel Millimeter bewegen.

Wir wissen, dass der Wärmeausdehnungskoeffizient für Metalle in der Größenordnung von 10^{-5} K^{-1} liegt. Das heißt, bei einer Temperaturschwankung von nur 1 K würde sich eine Halterung von nur 1 mm Länge bereits um 10 nm verlängern oder verkürzen. Wegen der thermischen Trägheit wird das nicht innerhalb 1 s passieren. Trotzdem muss die Probenhalterung nicht nur eine außerordentlich gute mechanische

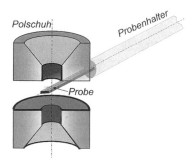

Abb. 2.20 Anordnung der Probe innerhalb des Polschuhs der Objektivlinse (Side-Entry-Halter)

Stabilität besitzen, auch die Probenumgebungstemperatur sollte auf $\leq 0,1$ K konstant gehalten werden.

Aber nicht nur das: Zum Aufsuchen von Details auf der Probe muss es möglich sein, die Probe definiert zu bewegen, zunächst in zwei senkrechten Richtungen (x und y) in der Probenebene. Aus den Überlegungen zum Abbildungssystem (Abschn. 2.7.2) wissen wir aber auch, dass es eine Objektebene gibt, die zumindest näherungsweise eingehalten werden muss. Andernfalls funktioniert die Abstimmung der Brennweiten des Projektivlinsensystems nicht. Das bedeutet, die Probe muss auch in Richtung der Objektivachse (*optische Achse, z*-Richtung) definiert verschiebbar sein.

Schließlich (und das werden wir später besser verstehen) ist es für einige Untersuchungen an kristallinem Material erforderlich, die Probe um zwei Achsen zu kippen, um sie geeignet zum Elektronenstrahl orientieren zu können.

Als nächstes wollen wir überlegen, an welcher Stelle des Objektivlinsenfeldes sich eigentlich die Objektebene (Dingweite des Objektivs) befindet. Um den Öffnungsfehler klein zu halten, benutzen wir als Objektiv eine kurzbrennweitige Linse; ihre Brennweite liegt bei 1 mm bis 2 mm. Angenommen, wir wünschen eine Vergrößerung durch das Objektiv von 100, dann beträgt die Differenz zwischen dingseitigem Brennpunkt und Objektebene nur 1 % der Brennweite (vgl. Formel (2.3)).

Die Probe ist also nahezu in Linsenmitte, d. h. innerhalb des Polschuhs des Objektivs anzuordnen. Es gibt zwei Möglichkeiten, um die Probe in den Polschuh einzuführen: von oben („Top-Entry-Halter") oder von der Seite („Side-Entry-Halter"). Der Top-Entry-Halter hat u. U. eine bessere mechanische Stabilität, der Side-Entry-Halter bietet demgegenüber vielseitigere Manipulationsmöglichkeiten an der Probe. In der analytischen Transmissionselektronenmikroskopie hat sich deshalb der Side-Entry-Halter durchgesetzt (s. Abb. 2.20).

Die Probe soll in drei Raumrichtungen verschoben und mindestens um die Probenhalterachse gekippt werden. Dazu wird der Halter in eine Goniometer genannte Vorrichtung eingeschoben, die neben den Bewegungsmöglichkeiten auch die Vakuumdichtheit gewährleistet.

2.7.4   Die Registrierung des Bildes

Üblicherweise wird das Endbild zunächst mit den Augen betrachtet. Elektronen müssen dazu in sichtbares Licht umgewandelt werden. Dafür wird ein Effekt ausgenutzt, der als „Kathodolumineszenz" bezeichnet wird. Durch die einfallenden Strahlelektronen werden die Elektronen eines Festkörperatoms auf höhere Bahnen gehoben (in höhere Energiezustände gebracht). Dieser *angeregte* Zustand ist nicht stabil, die angehobenen Elektronen kehren wieder in ihren Grundzustand zurück und das Atom emittiert dabei elektromagnetische Strahlung (vgl. Abschn. 9.1.1). Die Wellenlänge der emittierten Strahlung hängt vom Energieunterschied zwischen angeregtem und Grundzustand und damit vom Material *(Leuchtstoff)* ab. Sichtbares Licht mit Wellenlängen von etwa 500 nm (grünes Licht) entsteht bei einem Energieunterschied von ca. 2,5 eV (z. B. Cadmiumsulfid, Zinkselenid). Der Beobachtungsschirm in der Endbildebene ist ein Metallblech, welches mit einer dünnen Leuchtstoffschicht bedeckt ist. Er wird durch ein Bleiglasfenster von außen betrachtet.

In manchen Fällen (Elektronenmikroskop durch ein Gehäuse komplett nach außen abgeschirmt oder Endbildebene besonders tief gelegen) ist die direkte Betrachtung des Bildschirms unmöglich. Dann hilft eine auf den Bildschirm gerichtete Fernsehkamera.

Der zweite Schritt ist die Dokumentation der elektronenmikroskopischen Bilder. Bis in die 1990-er Jahre erfolgte dies hauptsächlich fotografisch mit speziellen elektronenempfindlichen Emulsionen. Die bei modernen Elektronenmikroskopen immer noch vorhandene Anzeige der Belichtungszeit („Exposure Time") erinnert an diese Zeit. Vorteilhaft an diesem Verfahren ist das vergleichsweise große erfasste Gesichtsfeld, nachteilig die Tatsache, dass die Filme oder Fotoplatten in das Vakuum des Mikroskops gebracht werden müssen. Da die Emulsionen Wasser enthalten, ist trotz vorheriger Vakuumtrocknung eine Beeinträchtigung des Vakuums im Elektronenmikroskop nicht auszuschließen. Und schließlich sind die Bilder nicht sofort verfügbar: Wir benötigen Zeit, Chemikalien (Entwickler, Fixiersalz), eine Dunkelkammer und nicht zuletzt eine Person mit Erfahrung im Fotolabor.

Gegenwärtig werden die Bilder hauptsächlich mit einer *CCD-Kamera* (CCD: Charge Coupled Device, d. i. „ladungsgekoppelte Einheit") registriert. Sie besteht im Wesentlichen aus einem Durchsichtsleuchtschirm, einer Faseroptik und einem CCD-Array (s. Abb. 2.21).

Der Leuchtschirm soll eine hohe laterale Auflösung haben, deshalb wird ein dünner Yttrium-Aluminium-Granat *(YAG)* Kristall benutzt. Er wandelt das Signal der

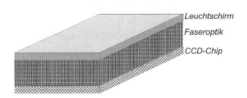

Abb. 2.21 Schematische Darstellung einer CCD-Kamera

einfallenden Elektronen in ein Lichtsignal um, welches über Glasfasern zu den CCD-Elementen weitergeleitet wird. Die Dicke des Leuchtschirms beeinflusst sowohl die Lichtausbeute (ein dickerer Schirm ist empfindlicher) als auch die Verteilung des Lichts in benachbarte CCD-Elemente (ein dickerer Schirm verteilt die Information über einen größeren Bereich). Hier ist ein Kompromiss für die üblicherweise im Elektronenmikroskop benutzte Beschleunigungsspannung notwendig.

Ein CCD-Element besteht aus Silizium, das mit einer dünnen Siliziumoxidschicht und einer (lichtdurchlässigen) Metallelektrode bedeckt ist *(MOS-Kondensator)*. Beim Auftreffen von Licht entstehen Elektron-Loch-Paare, die zur Aufladung des kleinen Kondensators führen. Die Größe dieser Aufladung hängt von der Lichtintensität und von der Belichtungszeit ab, die zur Aufladung zur Verfügung steht („Exposure Time"). Nach Ablauf der Aufladungszeit werden die Aufladungen ausgelesen und das CCD-Element in seinen Ausgangszustand zurückgesetzt. Die Kamera ist für die nächste Bildaufnahme bereit.

Wegen der thermischen Bewegung der Ladungsträger entstehen auch ohne Einfall von Licht geringe Aufladungen. Dieser *Dunkelstrom* („Dark current") hängt von der Aufladungszeit ab und wird üblicherweise vor Beginn der eigentlichen Bildaufnahme gemessen. Das Bild kann dann später im Rechner damit korrigiert werden. Der Dunkelstrom wird durch Peltier[14]-Kühlung des CCD-Arrays verringert. Ein weiterer Effekt, der korrigiert werden kann, ist die unterschiedliche Effizienz der einzelnen CCD-Elemente *(Pixel)*, d. h. die Unterschiede im Ausgangssignal bei gleicher Lichtintensität. Um dies zu korrigieren („Gain Correction" oder „Flat Field Correction") wird ein Referenzbild benötigt, das bei gleichmäßiger Beleuchtung des gesamten YAG-Leuchtschirms aufgenommen wurde. Kameras mit größerem Gesichtsfeld sind aus vier Einzelarrays zusammengesetzt *(Quadranten)*, deren unterschiedliche Effizienz gleichfalls auf die beschriebene Weise korrigiert wird.

Wird die Zahl der Elektron-Loch-Paare zu groß, so fließen Ladungen auf benachbarte CCD-Elemente über („Übersprechen", „Blooming"). In diesem Fall muss die Elektronenintensität oder die Aufladungszeit verringert werden. Bei länger andauernder Überladung kann das CCD-Element dauerhaft geschädigt werden. Bei geringer Elektronenintensität (Bildhelligkeit) oder erwünschten kurzen Aufladungszeiten können mehrere Pixel zusammengeschaltet werden („Binning"). Binning 2 bedeutet beispielsweise, dass $2 \times 2 = 4$ Elemente verbunden sind. Die Empfindlichkeit wird damit auf das Vierfache erhöht; allerdings auf Kosten der lateralen Auflösung durch die damit verbundene Vergrößerung der effektiven Pixelgröße.

Besonders bei sehr geringen Elektronenintensitäten mit langen Aufladungszeiten kann es passieren, dass einzelne Pixel im Bild der CCD-Kamera extrem hell erscheinen. Die Ursache sind von Elektronen ausgelöste Röntgenquanten, die wegen ihrer im Vergleich zum Licht höheren Energie in dem von ihnen getroffenen CCD-Element zu einer großen Ausbeute von Elektronen-Loch-Paaren führen.

---

[14]Jean Peltier, französischer Physiker, 1785–1845. Der nach ihm benannte Effekt ist ein thermoelektrischer Effekt.

Ein Nachteil der CCD-Kamera, speziell bei Übersichtsbildern, ist das vergleichs-weise kleine erfasste Gesichtsfeld. Bei einer (üblichen) Pixelgröße von 24 μm auf dem YAG-Leuchtschirm und einer sogenannten 1 K × 1 K-Kamera (das sind 1024 × 1024 Pixel) ist das Gesichtsfeld nur 24,6 mm × 24,6 mm groß. Kameras mit größerer Pixelzahl haben in der Regel eine kleinere Pixelgröße und damit ein besseres Auflösungsvermögen, so dass damit das Gesichtsfeld nicht entscheidend vergrößert wird. Abhilfe schafft die Fotomontage von Einzelbildern.

2.7.5   Das Vakuumsystem

Vakuum ist aus mehreren Gründen im Elektronenmikroskop erforderlich:

- Die Elektronen sollen sich frei bewegen können und nicht an Luftmolekülen gestreut werden.
- Der Heizdraht der Kathode soll nicht durchbrennen.
- Die Kathodenspitze soll nicht durch Ionenbeschuss verrundet werden.
- Die Elektronenkanone soll spannungsfest sein, d. h. zwischen Kathode und Anode sollen elektrische Überschläge vermieden werden.
- Die Probe soll nicht verschmutzen.

Daraus lassen sich Forderungen für den maximal zulässigen Druck ableiten. Aus der Zustandsgleichung für Gase

$$p \cdot V = m \cdot \mathrm{R} \cdot T \tag{2.33}$$

(*p*: Gasdruck, *V*: Gasvolumen, *m*: Gasmasse, R: Gaskonstante, *T*: absolute Tempe-ratur) für ideale Gase folgt für die Teilchendichte

$$n = \mathrm{N_A} \cdot \frac{m}{V} = \frac{\mathrm{N_A} \cdot p}{\mathrm{R} \cdot T} = \frac{p}{\mathrm{k} \cdot T} \tag{2.34}$$

($\mathrm{N_A}$: Avogadro[15]-Konstante, k: Boltzmann-Konstante).

Wenn sich die Elektronen ohne Zusammenstoß mit Luftmolekülen im Elektro-nenmikroskop bewegen sollen, muss die mittlere freie Weglänge Λ zwischen zwei Stößen sehr groß gegen die Höhe h_M des Mikroskops (ca. 2 m) sein. Für die mittlere freie Weglänge gilt näherungsweise

$$\Lambda \approx \frac{1}{n \cdot \pi \cdot r_M^2} = \frac{\mathrm{k} \cdot T}{p \cdot \pi \cdot r_M^2} \tag{2.35}$$

mit r_M als Molekülradius. Da $\Lambda \gg h_M$ ist, gilt

$$p \ll \frac{\mathrm{k} \cdot T}{h_M \cdot \pi \cdot r_M^2} \, . \tag{2.36}$$

---

[15]Amedeo Avogadro, italienischer Mathematiker und Physiker, 1776–1856.

Für Sauerstoff und Stickstoff ist $r_M \approx 150$ pm, d. h. bei Raumtemperatur (293 K) muss der Druck p in der Mikroskopsäule deutlich kleiner als $3 \cdot 10^{-2}$ Pa sein. Übersetzen wir „deutlich kleiner" mit „etwa zehnfach kleiner", so folgt daraus ein Druck $p < 10^{-3}$ Pa.

Interessant ist in diesem Zusammenhang ein Blick auf die Teilchendichte n. Sie beträgt bei 10^{-3} Pa immer noch ca. $3 \cdot 10^8$ Moleküle pro mm^3.

Aus der Gaskinetik (Maxwellsche[16] Geschwindigkeitsverteilung der Moleküle) folgt für den Teilchenstrom aus dem Halbraum auf eine Wand der Fläche A:

$$\frac{dN}{dt} = \frac{n \cdot A}{k \cdot T} = \sqrt{\frac{8}{\pi} \cdot k \cdot T} = \frac{p \cdot A}{k \cdot T} \cdot \sqrt{\frac{R \cdot T}{2 \cdot \pi}} = p \cdot A \cdot \sqrt{\frac{N_A}{2 \cdot \pi \cdot k \cdot T}} \, . \quad (2.37)$$

Für Luft (1 mol = 29 g) und eine Fläche von 3 μm^2 (Kathodenspitze mit Krümmungsradius 1 μm) folgt daraus bei dem genannten Druck von 10^{-3} Pa ein Teilchenstrom von ca. 10^7 Teilchen pro Sekunde, der auf die Kathodenspitze trifft. Selbst wenn nur jedes millionste Teilchen die nötige Energie für eine Veränderung der Spitze hat, sind das immer noch 10 kritische Ereignisse pro Sekunde. Daraus ist ersichtlich, wie wichtig ein niedriger Druck im Kathodenraum ist. Bei Ultrahochvakuum ($p < 10^{-8}$ Pa) reduziert sich nach unserer Abschätzung die Zahl der kritischen Ereignisse auf weniger als 1 pro Stunde.

Wir erkennen, dass die Anforderungen an das Vakuum im Elektronenmikroskop nicht an allen Stellen gleich sind. In der Elektronenkanone mit Feldemissionskathode sollte der Druck kleiner als 10^{-8} Pa sein, in der restlichen Mikroskopsäule kleiner als 10^{-3} Pa. Dieser Druckunterschied ist möglich, weil Kanone und Säule von separaten Pumpen evakuiert werden und sich zwischen beiden sehr kleine Blenden befinden, die den Druckausgleich verhindern. Sicherheitshalber befindet sich zwischen Kanone und Säule ein Ventil, das bei Manipulationen an der Mikroskopsäule, z. B. beim Probenschleusen, geschlossen ist und nur während der Arbeit mit Elektronenstrahl geöffnet wird.

Um diese Vakua zu erzeugen und aufrecht zu erhalten, benötigen wir Pumpen. Wir unterscheiden zwischen Transportpumpen und Speicherpumpen.

Transportpumpen der ersten Art arbeiten mit veränderlichen Volumina, in denen das Gas aus dem zu evakuierenden Behälter wechselweise angesaugt, verdichtet und an die Umgebung abgegeben wird (Verdrängerpumpen: Drehschieberpumpe, Membranpumpe, Rootspumpe). Bei der zweiten Variante der Transportpumpe wird der Brownschen[17] Bewegung der Gasmolekeln eine Vorzugsrichtung erteilt. Dies kann durch Berühren mit dem Rotor einer Turbomolekularpumpe oder durch Zusammenstoß mit einem gerichteten Strahl von Ölmolekülen (Öldiffusionspumpe) erfolgen. Diese Pumpenart kann nicht gegen den äußeren Luftdruck arbeiten, sie benötigt ein Vorvakuum (1 Pa $< p <$ 100 Pa), das durch eine Transportpumpe der ersten Art geschaffen wird.

---

[16]James Clerk Maxwell, schottischer Physiker, 1831–1879.
[17]Robert Brown, schottischer Botaniker, 1773–1858.

Abb. 2.22 Ionengetterpumpe (Gehäuse aufgesägt, ohne Permanentmagnet). In der Mitte sind Interferenzfarben dünner Schichten zu sehen

Speicherpumpen speichern das gepumpte Gas in ihrem Innern (Sorptionspumpe, Getterpumpe, Kryopumpe). Bei Elektronenmikroskopen ist die Ionengetterpumpe die gebräuchlichste Variante für den Hoch- und Ultrahochvakuum-Bereich. Im einfachsten Fall besteht sie aus einem geerdeten Edelstahlgehäuse mit einem vom Gehäuse elektrisch isolierten Gitter aus Titan im Innern (vgl. Abb. 2.22). Das Ganze ist im Magnetfeld eines Permanentmagneten untergebracht. Zwischen Gitter und Gehäuse liegt eine Spannung von etwa 5 kV. Unterhalb eines Drucks von einigen zehn Pa brennt eine Gasentladung, die durch Stoßionisation befördert wird, Titan vom Gitter abstäubt und als dünne Schicht auf der Gehäusewand deponiert. Diese Titanschicht bindet Stickstoff und Sauerstoff chemisch und wird durch den Sputterprozess ständig ergänzt. Edelgase können nach Physisorption nur von den neuen Schichten „zugeweht" werden, das Saugvermögen der Getterpumpe ist für Edelgase dementsprechend gering.

Zum Zünden benötigt auch die Getterpumpe ein Vorvakuum, im weiteren Betrieb ist keine Vorvakuumpumpe erforderlich. Das Magnetfeld verlängert die Ionenbahnen und erhöht damit die Ionisationswahrscheinlichkeit der Restgasmolekeln. Die Pumpe regelt sich selbst: Bei höherem Druck verstärkt sich die Gasentladung, bei niedrigem Druck schwächt sie sich ab. Der Pumpenstrom ist also gleichzeitig ein Maß für den Druck. Läuft die Pumpe allerdings längere Zeit bei Drücken im Vorvakuumbereich, so erhitzt sie sich und die Titanschichten können das gebundene Gas teilweise wieder abgeben. Dann hilft nur, die Pumpe auszuschalten und zunächst mit einer anderen Pumpe zu arbeiten, bis die Ionengetterpumpe wieder abgekühlt ist. Ein Vorteil der Pumpe ist, dass sie völlig ohne mechanisch bewegte Teile auskommt, was für die Stabilität der Mikroskopsäule sehr hilfreich ist.

Schließlich muss der Druck kontrolliert, d. h. gemessen werden. Beim Elektronenmikroskop werden dazu im Allgemeinen zwei verschiedene Messverfahren benutzt, die in unterschiedlichen Druckbereichen arbeiten. Das erste Verfahren basiert auf der

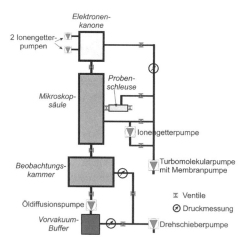

Abb. 2.23 Schema des Vakuumsystems für ein Elektronenmikroskop mit Schottky-Feldemissionskathode

Wärmeleitung in Gasen. Sie wird durch die Bewegung der Gasmolekeln (Konvektion) bewerkstelligt. Die Messröhre besteht aus einem stromdurchflossenen Draht in einem Metallzylinder. Der Draht erhitzt sich beim Stromdurchfluss, wird aber gleichzeitig gekühlt durch die Konvektion, deren Intensität durch den Gasdruck bestimmt ist. Andererseits hängt der elektrische Widerstand des Drahtes von dessen Temperatur ab, d. h. der elektrische Widerstand wird durch den Gasdruck bestimmt. Die Messröhre wird mit „Pirani"[18] bezeichnet und arbeitet vorzugsweise bei Drücken zwischen 1 Pa und 100 Pa. Das zweite Messverfahren („Penning"[19]) arbeitet nach dem Gasentladungsprinzip, welches bereits bei der Beschreibung der Ionengetterpumpe erläutert wurde. Bei der Druckmessröhre wird allerdings auf das Titangitter verzichtet, es ist durch einen steifen Edelstahldraht ersetzt. Schließlich wollen wir messen und nicht pumpen! Es wird bei Drücken unterhalb von 1 Pa eingesetzt und ergänzt sich mit dem Pirani-Manometer.

In Abb. 2.23 ist das Prinzip des Vakuumsystems für ein Elektronenmikroskop mit Schottky-Feldemissionskathode dargestellt. Im Fall der LaB_6-Kathode sind die Anforderungen an das Vakuum in der Elektronenkanone geringer, so dass dort im Allgemeinen keine zusätzlichen Pumpen erforderlich sind und lediglich eine äußere Rohrverbindung mit geringem Strömungswiderstand zur Pumpe an der Mikroskopsäule besteht.

---

[18]Marcello Pirani, deutscher Physiker, 1880–1968.
[19]Frans Michel Penning, niederländischer Physiker, 1894–1953.

2.7.6 Sonstiges

Prinzipiell ist unser Elektronenmikroskop nunmehr fertig: Wir haben ein Beleuchtungssystem, die Probenbühne, das Abbildungssystem, eine Möglichkeit zur Registrierung des Bildes und wir erzeugen das notwendige Vakuum. Allerdings fehlen noch einige wichtige Details, die hier aufgezählt werden sollen.

– *Strahlführung*

Trotz größter Sorgfalt beim Zusammenbau des Elektronenmikroskops ist die mechanische Präzision für elektronenoptische Erfordernisse ungenügend. Es muss deshalb möglich sein, Elektronenstrahl und Linsen während des Betriebes zueinander zu justieren. In den älteren Geräten konnten dazu Elektronenkanone und Linsen von außen mechanisch gekippt und verschoben werden. Dies geht auf Kosten der mechanischen Stabilität und ist bei modernen Geräten nicht mehr vorgesehen. Stattdessen wird der Weg des Elektronenstrahls durch eine Vielzahl von Ablenkelementen den geometrischen Verhältnissen angepasst. Der Elektronenstrahl wird bis zum Ende des Projektivlinsensystems in einem evakuierten Rohr mit einem Durchmesser von etwa 1 cm geführt, in das die von außen justierbaren Blenden vakuumgedichtet hineinragen.

– *Blenden*

Die Funktion der Kondensor-2-Blende wurde bereits beschrieben (Abschn. 2.7.1). Wir werden später sehen, dass noch zwei weitere Blenden notwendig sind (*Objektivblende* und *Feinbereichsblende*). Diese Blenden müssen von außen justierbar sein.

– *Abschirmung der ionisierenden Strahlung*

Wo immer energiereiche Elektronen auf Festkörper treffen, wird Röntgenstrahlung ausgelöst. Diese gefährdet den Experimentator und muss deshalb am Austritt aus dem Mikroskop gehindert werden. Die Mikroskopsäule und die Beobachtungskammer sind deshalb bleiummantelt, das Einblickfenster besteht aus Bleiglas.

– *Objektraumkühlung*

Um die Verschmutzung *(Kontamination)* der Probe zu minimieren, kann der Objektbereich mit Kupferblechen umgeben sein, die von außen mit flüssigem Stickstoff gekühlt werden. Dadurch wird der Partialdruck der Kohlenwasserstoffe und des Wasserdampfes in der Objektumgebung reduziert (vgl. Abschn. 4.5). Wasserdampf und andere hochsiedende Gase frieren an den gekühlten Blechen fest und werden nach Entfernen des Flüssigstickstoff-Behälters wieder frei. Die Getterpumpen speichern dabei in kurzer Zeit vergleichsweise viel Gas. Dies wird durch Starten eines „Kryo-Zyklus" vermieden: Nach Entfernen des Flüssigstickstoff-Behälters werden die für den Objektraum zuständigen Getterpumpen für etwa eine Stunde ausgeschaltet. In dieser Zeit wird der Objektraum mit einer anderen Pumpe (im Vakuumsystem von Abb. 2.23 mit der Turbomolekularpumpe) evakuiert. Danach sind die Kühlbleche aufgewärmt und der starke Gasanfall ist zu Ende. Die Getterpumpen werden wieder eingeschaltet.

– Abschirmung von äußeren Einflüssen

Selbst geringe Erschütterungen, wie sie beispielsweise beim Vorbeilaufen von Personen entstehen, müssen von der Mikroskopsäule ferngehalten werden. Dazu ist die Säule auf Luftpolstern gelagert. Darüber hinaus stören bei hohen Vergrößerungen auch (laute) Geräusche, Luftverwirbelungen und magnetische Wechselfelder. Selbst der Experimentator kann mit seiner Wärmeentwicklung stören. Moderne Elektronenmikroskope werden deshalb häufig in speziellen schalldichten Kabinen aufgebaut, deren Wände zur Magnetfeldabschirmung aus Metall mit hoher Permeabilität („μ-Metall") bestehen. Oft ist noch die Möglichkeit der Magnetfeldkompensation eingebaut. Der Experimentator sitzt außerhalb der Kabine und steuert das Mikroskop fern.

– Strom- und Spannungsversorgung

Zum Betrieb wird eine Vielzahl von Versorgungsspannungen und -strömen benötigt. Besondere Stabilitätsanforderungen werden an die Beschleunigungsspannung (zwischen Kathode und Anode) und an die Linsenströme gestellt (vgl. Abschn. 2.3). Gleiches gilt für die Versorgung der Ablenkelemente. Da die Versorgungsgeräte viel Wärme entwickeln, werden sie in einem separaten Raum untergebracht.

– Klimaanlage und Wasserkühler mit Thermostaten

Die Wärme, die von Linsenströmen, Elektronik, Experimentator usw. erzeugt wird, muss zuverlässig abgeführt werden. Innerhalb des Mikroskops soll die Temperaturschwankung am Objekt weniger als 0,1 K betragen (vgl. Abschn. 2.7.3), was nur durch direkte Wasserkühlung der Linsen zu erreichen ist. Innerhalb der Rohrleitungen und Behälter für die Wasserkühlung dürfen keine Luftblasen vorhanden sein. Deren „Blubbern" würde schon wieder unzulässige Erschütterungen hervorrufen. Der Laborraum für das Mikroskop muss klimatisiert (20 °C) sein, wobei die Klimaanlage verwirbelungsfrei arbeiten muss. Die Mikroskopsäule darf nicht direkt von Luft angeblasen werden.

– Computer

Schließlich ist ein leistungsfähiger Computer notwendig, der das Mikroskop mit seinem Zubehör und Messprogrammen steuert, wichtige Funktionen überwacht, die Aufzeichnung und erste Auswertung von Daten erlaubt und den Experimentator beim Mikroskopieren unterstützt.

Biografische Angaben in den Fußnoten aus https://www.wikipedia.de

Literatur

1. Scherzer, O.: Über einige Fehler von Elektronenlinsen. Z. Phys. **101**, 593–603 (1936)
2. Haider, M., Müller, H., Uhlemann, S., Zach, J., Loebau, U., Hoeschen, R.: Prerequisites for a C_C/C_S-corrected ultrahigh-resolution TEM. Ultramicroscopy **108**, 167–178 (2008)
3. Boersch, H.: Experimentelle Bestimmung der Energieverteilung in thermisch ausgelösten Elektronenstrahlen. Z. Phys. **139**, 115–146 (1954)
4. Bronsgeest, M.S., Barth, J.E., Schwind, G.A., Swanson, L.W., Kruit, P.: Extracting the Boersch effect contribution from experimental energy spread measurements for Schottky electron emitters. J. Vac. Sci. Technol. **B25**(6), 2049–2054 (2007)

Wir präparieren elektronentransparente Proben

3

Ziel

Transmissionselektronenmikroskopie wird in der Regel gleichgesetzt mit moderner Gerätetechnik, Elektronenoptik auf dem neuesten Stand, Interpretation neuartiger Ergebnisse; auch über Sinn und Zweck des Ganzen wird diskutiert. Bei Neueinrichtung eines elektronenmikroskopischen Labors ist aber unbedingt zu beachten, dass für die Transmissionselektronenmikroskopie geeignete dünne Proben benötigt werden und die Präparation solcher Proben alles andere als einfach und selbstverständlich ist. Dieses Kapitel gibt einen Überblick über geeignete Präparationsmethoden.

Die Qualität elektronenmikroskopischer Ergebnisse ist nur so gut wie die Qualität der elektronenmikroskopischen Präparation!

3.1 Wo liegt das Problem?

Beim Durchgang von Elektronen durch Festkörper wechselwirken diese mit den Atomkernen, d. h. sie erfahren eine starke Coulomb[1]-Kraft. Diese Wechselwirkung ist wesentlich stärker als beispielsweise diejenige zwischen Röntgenstrahlung mit Materie. Dies hat zur Folge, dass Elektronen nur sehr dünne Folien durchdringen können. Ohne die Durchstrahlung der Probe funktioniert aber unser „Durchstrahlungsmikroskop" nicht. Bei den im Transmissionselektronenmikroskop üblichen Elektronenenergien von 60 keV bis 300 keV sollten die Probendicken bei etwa 100 nm liegen. Wir werden später genauer sehen, dass dies nur eine grobe Orientierung ist.

---

[1]Charles Augustin de Coulomb, französischer Physiker, 1736–1806.

© Der/die Autor(en), exklusiv lizenziert an Springer-Verlag GmbH, DE, ein Teil von Springer Nature 2023
J. Thomas und T. Gemming, *Analytische Transmissionselektronenmikroskopie*,
https://doi.org/10.1007/978-3-662-66723-1_3

In der Praxis hängt die erforderliche Probendicke von der Fragestellung ab.

Für die atomare Abbildung benötigt man beispielsweise extrem dünne Proben (Dicken um 5 nm ... 20 nm), für Messungen von Elektronenenergieverlusten sind Dicken um 30 nm bis 50 nm optimal. Demgegenüber sollten die Proben bei Realstrukturuntersuchungen, z. B. bei der Abbildung von Versetzungen, dicker als 150 nm sein.

Die Problematik soll an einem einfachen Beispiel veranschaulicht werden. Stellen wir uns doch einmal vor, wir wollen eine Keramik mit dem Elektronenmikroskop untersuchen. Solche Keramiken können beispielsweise Hochtemperatur-Supraleiter[2] sein. Porzellan ist eine geläufigere Keramiksorte. In unserem kleinen Gedankenexperiment nehmen wir einen Teller aus dem Küchenschrank, schneiden eine kleine Scheibe mit 3 mm Durchmesser aus dem Tellerboden heraus und bringen diese Scheibe in der Mitte auf eine Restdicke von 50 nm. (Ein menschliches Haar ist übrigens etwa 50.000 nm dick!) Zeitaufwändig und nicht ganz unproblematisch, oder?

Natürlich gibt es für diese Präparation erprobte Methoden, von denen wir im Folgenden einige erläutern wollen. Dabei beschränken wir uns auf solche, die uns für die Materialwissenschaft besonders wichtig erscheinen und mit denen wir selbst praktische Erfahrungen gesammelt haben. Für Präparationsmethoden von biologischen Proben und Sonderfälle verweisen wir auf die Literatur (z. B. [1], [2]). Eine Herausforderung bleibt die elektronenmikroskopische Probenpräparation allerdings in (fast) jedem Fall. Und wenn wir endlich ein geeignetes Präparat hergestellt und untersucht haben, tauchen neue Fragen auf:

- Inwieweit ist das Material durch die Präparation verändert worden?
- Wie repräsentativ ist denn ein so winziger Volumenanteil für die gesamte Materialprobe?

Wir wollen zunächst die zweite Frage beantworten. Streng genommen müssen wir einen Stichprobenplan aufstellen, wofür in der mathematischen Statistik Vorschriften existieren. Je größer die Zahl der Stichproben ist, desto größer ist die statistische Sicherheit des Ergebnisses. Soweit die Theorie. In der elektronenmikroskopischen Praxis steht dem häufig der Zeitaufwand bei der Präparation einer Probe entgegen, so dass wir die Probenzahl auf das Notwendigste beschränken müssen. Um die Frage zu entschärfen, stellen wir uns vor, wir hätten eine Kiste mit 100 Schrauben und nur eine davon hat ein falsches Gewinde. Die Wahrscheinlichkeit dafür, dass wir beim Griff in die Kiste ausgerechnet die falsche, untypische Schraube fassen, ist 0,01, und das ist

---

[2]Supraleiter leiten den elektrischen Strom unterhalb einer Sprungtemperatur ohne elektrischen Widerstand. Bei klassischen Supraleitern (Metallen) liegt diese Temperatur bei wenigen K. Bei Hochtemperatur-Supraleitern liegt sie deutlich höher, z. B. oberhalb von 77 K = $-196\,°C$ (Temperatur von flüssigem Stickstoff).

schon ziemlich unwahrscheinlich. Aber unmöglich ist es nicht. Darüber hinaus ist die analytische Transmissionselektronenmikroskopie nur eine von mehreren Methoden zur Charakterisierung von Materialproben. Korrelieren deren Ergebnisse mit denen anderer Methoden, stützt dies das Ergebnis auch bei geringem Stichprobenumfang.

Oft soll durch transmissionselektronenmikroskopische Untersuchungen eine Vermutung zu den Eigenschaften einer Probe bestätigt oder widerlegt werden. Für die Widerlegung genügt nach den Gesetzen der Logik ein einziges negatives Ergebnis. Insofern ist in diesem Fall das Ergebnis auch ohne Stichprobenplan eindeutig.

Schwieriger ist die Beantwortung der ersten Frage. Es hängt extrem vom Material und vom gewählten Präparationsverfahren ab, inwieweit die Probe durch die Präparation verändert wird. Möglicherweise stellt die Probenpräparation bereits eine echte wissenschaftliche Herausforderung dar, insbesondere wenn bei neuartigen Materialien keine Erfahrungswerte vorliegen. Auf solchen Erfahrungswerten basieren die hier beschriebenen Präparationsmethoden.

Oft gibt es für die einzelnen Präparationsschritte verschiedene Verfahren: Entweder strapazieren sie das Material stark, sind aber schnell; oder sie strapazieren die Probe weniger, dauern dafür aber länger. Durch systematische Variation der Verfahren kann man feststellen, inwieweit die Präparation die Probe verändert. Im übrigen gilt auch hier: Wichtig ist der Vergleich mit Ergebnissen anderer Charakterisierungsmethoden.

Schließlich noch eine grundsätzliche Bemerkung. „Wir benötigen einige transmissionselektronenmikroskopische Bilder von unserer Probe", ist ein häufig geäußerter Wunsch von Auftraggebern für das elektronenmikroskopische Labor. Elektronenmikroskopiker bevorzugen eine konkrete Fragestellung, z. B.: Wie groß sind die Partikel? Wie dick sind die Schichten? Welche Morphologie und welche Phasen liegen vor? In der Regel ist es zweckmäßig, bereits bei der Präparation diese Fragestellung zu beachten oder anders gesagt: Wenn transmissionselektronenmikroskopische Untersuchungen an einem Material geplant sind, so sollte die notwendige elektronenmikroskopische Präparation frühzeitig in die Überlegungen einbezogen werden. Oft kann die Probengeometrie den Präparationserfordernissen angepasst werden. Oder eine Schicht kann auf einem für die spätere Präparation geeigneteren Substrat abgeschieden werden usw.

3.2 „Klassische" Methoden

Das Problem der dünnen Proben begleitet die Elektronenmikroskopie seit ihren Anfängen. Es verwundert nicht, dass die ersten wissenschaftlich relevanten Ergebnisse an biologischen Proben erhalten wurden. Mikrotom-Schnitte waren in den 1930-er Jahren bekannt; die Hauptbestandteile Wasserstoff, Stickstoff und Sauerstoff in biologischen Proben lenken Elektronen wegen ihrer niedrigen Kernladungszahl nur wenig ab, deshalb dürfen diese Proben vergleichsweise dick sein. Helmut

Abb. 3.1 Trägernetz für die
Transmissionselektronenmi-
kroskopie (Dicke: 10 μm …
30 μm, Maschenweite:
20 μm … 400 μm,
Drahtdicke: 10 μm … 15 μm,
Material: Kupfer, Molybdän,
Edelstahl, Nickel, Gold u. a.)

Ruska[3] hat 1939 erste Ergebnisse veröffentlicht und darin Zaponlack als Trägerfilm für elektronenmikroskopische Präparate sowie die „Metallimprägnation" und
ein anderes gezieltes Beeinflussen einzelner Zellbestandteile zur Veränderung von
Dichte und/oder Dicke und damit zur Kontrastverstärkung vorgeschlagen [3]. Eine
wichtige Rolle spielte zu dieser Zeit die Sichtbarmachung von Viren im Elektronenmikroskop, die bis dahin wegen des begrenzten Auflösungsvermögens des Lichtmikroskops als „ultravisibel" galten.

Damit sind wir bei der ersten „klassischen" Methode für die elektronenmikroskopischen Probenpräparation angelangt, dem

– Aufbringen kleiner Teilchen auf Trägerfilme

Diese Methode ist geeignet, um Form- und Größenverteilungen von Partikeln im
Submikrometerbereich zu messen. Als Trägerfilme werden Kohle- oder Kunststoff-
filme benutzt, die auf einem Stützgitter aus Kupfer oder einem anderen Material
aufgebracht sind (vgl. Abb. 3.1).

Anstelle des Netzes sind auch andere Öffnungen üblich: kreisrunde Löcher,
Schlitze und Kombinationen von Schlitzen.

Als Träger sind auch Siliziumnitrid-Fenster verfügbar, bei denen in ein 200 μm
bis 300 μm dickes Si_3N_4-Scheibchen (Außendurchmesser 3 mm) mehrere dünne
Fenster mit einer Größe von etwa 100 μm × 100 μm hineingeätzt worden sind. Die
Restdicke in den Fenstern liegt zwischen 30 nm und 100 nm.

Die Art des Aufbringens der Teilchen hängt von deren Konsistenz ab. Liegen sie
als Rauch vor, so wird ein befilmtes Trägernetz am Rand mit einer Pinzette gefasst
und kurzzeitig in den Rauch gehalten. Mit Pulvern kann eine wässrige oder alkoho-
lische Suspension hergestellt werden, von der ein kleiner Tropfen mit einem dünnen
Glasstab auf das befilmte Trägernetz gegeben wird, der dann in staubfreier Umgebung eintrocknet. Beim Betropfen wird das Netz mit einer Pinzette niedergehalten.
Es gehört etwas Übung dazu, denn der Tropfen soll nicht auf der Pinzette landen
und mit ihr weggezogen werden. Der Anfänger fertigt oft Proben mit viel zu großer
Teilchendichte an. Es genügt eine kleine Pinzettenspitze Pulver auf ein Reagenz-
glas mit Flüssigkeit, also so wenig, dass man glauben möchte, es käme kaum etwas
auf das Netz. Wenn das Pulver zur Zusammenballung neigt, empfiehlt sich vor dem
Auftropfen eine Behandlung der Suspension in einem Ultraschallbad.

---

[3] Helmut Ruska, deutscher Mediziner, 1908–1973, Bruder von Ernst Ruska.

An derartigen Proben können Größenverteilungen der Pulverteilchen bis in den Nanometerbereich ermittelt werden. Sind die Teilchen elektronentransparent, so sind an den Präparaten auch weitere TEM-Untersuchungen möglich: Phasenbestimmung mittels Elektronenbeugung, Hochauflösungsabbildung und Elementanalysen. Größere Teilchen können unter Umständen im Mörser zerrieben werden, um die Elektronentransparenz zu erreichen.

– Ankleben an Trägernetze

Eine Präparationsmethode, die sich vor allem bei Filzen aus nanoskaligen Fasern (z. B. Kohlenstoff-Nanoröhren) bewährt hat, ist das Ankleben kleiner Filzstückchen an das Trägernetz. Dazu wird das Trägernetz mit wenig Klebstoff bestrichen, indem ein Klebestift vorsichtig über das mit einer Pinzette gehaltene Netz geführt wird. Anschließend wird mit diesem Netz über den Filz gestrichen. Auch hier gilt: Je weniger, desto besser. Der Vorteil dieser Methode ist, dass die Fasern frei liegen und der Trägerfilm nicht den Bildkontrast beeinträchtigt. Der Nachteil ist, dass sich einzelne Fasern auch leicht bewegen, so dass die Gefahr der Bewegungsunschärfe während der elektronenmikroskopischen Aufnahme besteht. Oft muss ein Kompromiss gefunden werden, indem einzelne Fasern aufgesucht werden, die beidseitig von dichterem Filz gestützt sind.

– Aufbringen dünner Filme auf Trägernetze

Liegt die Probe in Form von freitragenden dünnen Filmen vor, so ist es möglich, diese Filme direkt auf ein Trägernetz zu bringen. In der Regel schwimmen die Filme in kleinen (ca. 3 mm × 3 mm) Stücken auf destilliertem Wasser. Das Trägernetz wird mit einer Pinzette gefasst, neben einem Filmflitterchen unter den Wasserspiegel getaucht, unter das Flitterchen geführt und dann mit dem Flitterchen herausgehoben. Auch hier ist einige Übung erforderlich, um die richtige Geschwindigkeit beim Herausheben zu finden. Das Flitterchen soll auf dem Netz bleiben und nicht heruntergespült werden. Das anschließende Trocknen sollte auf sauberem und wenig saugfähigem Papier erfolgen, zu starke Saugfähigkeit könnte den Film vom Netz herunterziehen.

Die Frage ist nun, wie wir zu den freitragenden Filmen kommen. Eine Möglichkeit ist das Abscheiden einer dünnen (einige 10 nm dicken) Schicht auf einem Kochsalz-Kristall. Die Schicht wird mit einem Skalpell oder einer Rasierklinge in kleine Quadrate (ca. 3 mm × 3 mm) eingeritzt, der Kristall seitlich mit einer Pinzette gefasst und mit der Schicht nach oben langsam schräg in destilliertes Wasser eingeschoben. Das Wasser dringt zwischen Schicht und Kochsalz ein und löst die Schicht vom Kristall ab. Die Filme werden mit einem Glasstab mehrfach in andere Behälter mit destilliertem Wasser übertragen (Abwaschen von Kochsalzresten) und dann mit einem Trägernetz aufgefischt (s. oben). Bei kristallinen Proben können auf diese Weise die Kornmorphologie, der Phasengehalt, evtl. Ver- oder Entmischungen und die Eigenschaften von Korngrenzen analysiert werden. Bei amorphen Proben können Nahordnungen ermittelt werden. Werden hitzebeständige Trägernetze (z. B. solche aus Molybdän) benutzt, ist es bei Verwendung geeigneter Probenhalter im

Mikroskop möglich, die Filme in situ zu heizen und so Korngrößenwachstum und Phasenumwandlungen zu verfolgen.

Es ist auf diese Weise auch möglich, Wachstumsprozesse auf dem NaCl-Kristall direkt zu untersuchen [4]. Dazu werden evtl. Wachstumsstufen (d. h. an der Oberfläche auftretende Kristallbaufehler) dekoriert, indem die (geheizte) Kristalloberfläche so dünn mit Gold bedampft wird, dass keine zusammenhängende Goldschicht entsteht. Die Goldatome bewegen sich bevorzugt zu Stufen oder anderen energetisch herausragenden Stellen auf der Kristalloberfläche (Dekoration). Anschließend wird eine dünne (10 nm … 20 nm) Kohlenstoffschicht aufgedampft, die Gold-Kohlenstoff-Schicht in destilliertem Wasser abgelöst und, siehe oben. Die Dichte der Goldatome im Kohlenstofffilm dekoriert die Kristallbaufehler an der Kristalloberfläche.

Ähnlich funktioniert die Herstellung von Extraktionsreplica. Dabei geht es um die Untersuchung von Ausscheidungen an der Oberfläche von Festkörpern. Um die Ausscheidungen freizulegen, muss die Oberfläche evtl. angeätzt werden. Dann wird eine dünne Schicht Kohlenstoff aufgedampft, die mit einem Lack verstärkt und anschließend vorsichtig abgezogen wird. Der Lack muss nun wieder entfernt werden. Alternativ kann anstelle der Lackverstärkung eine Chemikalie benutzt werden, die die Oberfläche, nicht aber die zu untersuchenden Ausscheidungen anlöst. Dadurch kann der Film wie bei NaCl mit Wasser abgelöst werden. Wir erhalten einen Kohlenstofffilm, in dem die Ausscheidungen eingebettet sind und hinsichtlich Morphologie, Phase und chemischer Zusammensetzung analysiert werden können. Insbesondere die Auswahl geeigneter Ätzmittel und -bedingungen ist wesentlich für den Erfolg der Präparation und erfordert erheblichen Aufwand.

Bis in die 1970-er Jahre war die Herstellung von Oberflächenabdrücken eine weit verbreitete Präparationsmethode. Ziel ist die Analyse von Oberflächentopografien im Submikrometerbereich. Dazu wird auf die zu untersuchende Oberfläche eine Matrize aufgedrückt oder aufgedampft. Beispielsweise kann dazu ein ca. 0,5 mm dickes und ca. 1 cm^2 großes Stück Plexiglas benutzt werden. Das Plexiglas wird mit einem Tropfen Chloroform angelöst und aufgedrückt. Es nimmt die Topografie der Oberfläche an und härtet nach dem Verdunsten des Chloroforms aus. Nach dem Ablösen der Matrize wird deren Oberfläche zunächst schräg mit einer dünnen (ca. 10 nm) Schwermetallschicht (z. B. Chrom) und anschließend aus unterschiedlichen Richtungen mit ca. 20 nm Kohlenstoff bedampft (vgl. Abb. 3.2). Infolge der Schrägbedampfung spiegelt sich die Topografie in der „Licht-Schatten-Verteilung" der Chromschicht wider. Wegen der guten Beweglichkeit der Kohlenstoffatome während des Bedampfens umhüllt die Kohlenstoffschicht die Cr-Partikel als zusammenhängende dünne Schicht. Die Plexiglasmatrize wird in kleine Quadrate (ca. 3 mm × 3 mm) zerteilt, die auf Trägernetze aufgelegt werden. Nun muss noch das Plexiglas langsam in einer Chloroformatmosphäre (selbstverständlich unter einem Abzug!) weggelöst werden.

Mit der Verbreitung der Rasterelektronenmikroskope ist die Bedeutung der Oberflächenabdruckmethode stark zurückgegangen; die Oberflächentopografie kann mit dem Rasterelektronenmikroskop bei hinreichendem Auflösungsvermögen ebenfalls im Submikrometerbereich erfasst werden und der Präparationsaufwand ist weitaus geringer.

Abb. 3.2 Herstellung eines
Oberflächenabdruckes mit
Plexiglasmatrize

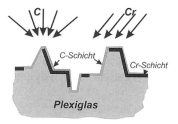

Abb. 3.3 Prinzip des
elektrolytischen Dünnens

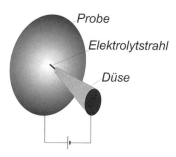

– Elektrolytisches Dünnen

Für elektronenmikroskopische Untersuchungen zur Realstruktur (Gitterbaufehler) von Metallen ist seit den 1950-er Jahren das elektrolytische Polieren etabliert. Es wird eingesetzt bei elektrisch leitenden, homogenen Proben. Auf die als Anode geschaltete Probe (Scheibchen mit 3 mm Durchmesser, ca. 0,5 mm dick) wird aus einer als Kathode geschalteter Düse ein Elektrolytstrahl gerichtet (s. Abb. 3.3).

Gedünnt wird bis in der Mitte der Probe ein kleines Loch entsteht. Am Lochrand steigt die Probendicke keilförmig an, so dass in diesem Bereich für die elektronenmikroskopische Untersuchung geeignete Dicken gefunden werden können. Der Keil hat den Vorteil, dass die für die Lösung unterschiedlicher Fragestellungen optimale Dicke zur Verfügung steht. Die Probleme beim elektrolytischen Dünnen bestehen in der Auswahl des geeigneten Elektrolyten und seiner Temperatur. Die Strom-Spannungs-Kennlinie muss gemessen werden, um die Kenndaten für den Polierbereich zu bestimmen. Andernfalls wird geätzt und es entstehen raue Oberflächen, d. h. stark fluktuierende Dicken. Vor Präparationsbeginn ist ein Literaturstudium besonders wichtig, um evtl. Erfahrungen anderer Autoren mit dem Material nutzen zu können. Bei Einsatz kommerzieller Apparate zum elektrolytischen Dünnen beraten auch deren Hersteller.

– Ultramikrotom

Bevorzugt an organischen Proben sind auch Dünnschnitte wie in der Lichtmikroskopie möglich [5]. Sie dürfen allerdings nur etwa 0,1 μm dick sein, weshalb von Ultramikrotom-Schnitten gesprochen wird. In der Regel wird die Probe vor dem Schneiden in Epoxidharz eingebettet. Vereinzelt werden solche Schnitte auch an hartem, anorganischem Material ausgeführt. Das Besondere an den benutzten Diamantmessern ist der vergleichsweise große Schneidwinkel von teilweise mehr als 35°. Das Schneiden erinnert an das Hobeln in der Tischlerei, nur ist alles sehr viel kleiner. Die Schnitte sind nur einige 10 μm groß und werden aus einem Wasserbad auf befilmte Trägernetze aufgefischt, wobei der Trägerfilm nicht zusammenhängend ist sondern eher einem Spinnennetz gleicht (s. Abb. 3.14f).

– Mechanisches Spalten („Cleavage")

In Sonderfällen (z. B. Silizium) ist es möglich, dünne Scheiben entlang von Kristallebenen zu brechen und dadurch kleine Keile mit Keilwinkeln von etwa 20° bei atomar glatten Bruchflächen zu erhalten [6]. Derartige Keile sind an der Spitze für die transmissionselektronenmikroskopische Untersuchung hinreichend dünn.

3.3 Schneiden, Schleifen und Ionendünnen

Eine zurzeit sehr gebräuchliche Methode der elektronenmikroskopischen Präparation in der Werkstoffwissenschaft kann mit Schneiden, Schleifen und Ionendünnen beschrieben werden. Diese Methode ist für die meisten Fragestellungen geeignet und ermöglicht auch die Präparation inhomogener Proben, wie z. B. von Schichtsystemen. Das Ziel ist eine Probengeometrie, wie sie bereits beim elektrolytischen Dünnen erreicht worden ist: Eine Scheibe mit 3 mm Durchmesser, deren Dicke vom Rand zur Mitte hin abnimmt und die in der Mitte ein kleines Loch (weniger als 1 μm im Durchmesser) hat (vgl. Abb. 3.4).

Es gibt zwei verschiedene Möglichkeiten der Präparation. Besteht das Ziel in der Untersuchung eines kompakten Materials oder einer dünnen Oberflächenschicht, so wird die Probe in einer *Draufsicht* (englisch: „plan-view") präpariert, d. h. das dünne Präparat wird parallel zur Probenoberfläche herausgearbeitet. Dies ermöglicht die Analyse der Kornmorphologie, die Phasenbestimmung, die Bestimmung der chemischen Zusammensetzung und der chemischen Bindung; bei amorphen Proben auch die Bestimmung von Nahordnungszuständen. Die andere Möglichkeit ist die *Querschnittspräparation* (englisch: „cross-section"), bei der das Präparat senkrecht zur Probenoberfläche gerichtet ist. Dies ist besonders wünschenswert für die Ana-

Abb. 3.4 Geometrie für abgedünnte TEM-Proben. Der Durchmesser von 3,0 mm muss auf ± 0,1 mm genau eingehalten werden. Anderenfalls besteht die Gefahr, dass die Probe nicht in den Halter passt

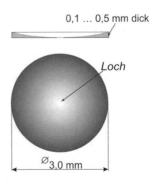

0,1 ... 0,5 mm dick

Loch

⌀3,0 mm

Abb. 3.5 Prinzip des
Kernlochbohrens

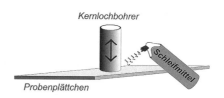

lyse von Schichtsystemen (Einzelschichtdicken, Grenzschichten, Gradienten in der
Kornmorphologie, im Phasengehalt, in der chemischen Zusammensetzung usw.).

– Draufsicht-Proben

Als erstes wird ein Scheibchen mit einem Durchmesser von 3 mm benötigt. Für
dessen Dicke sind 0,3 mm bis 0,5 mm optimal. Auch quadratische Stücke mit einer
Diagonale von 3 mm sind zulässig. Je nach Material kann dieses Scheibchen durch
Stanzen, Kernlochbohren, Brechen oder Sägen herausgearbeitet werden. Duktiles
Material kann gestanzt werden, Plättchen aus Silizium u. Ä. werden mit einem
Ultraschall-Kernlochbohrer bearbeitet. Das Werkzeug ist dabei ein dünnes Stahl-
rohr mit 3 mm Innendurchmesser und einer gehärteten Schneide, welches mit hoher
(Ultraschall-)Frequenz auf die Probe gestoßen wird (s. Abb. 3.5).

Schneide und Probenoberfläche werden mit einer Schleifmittelsuspension benetzt.
Das Ergebnis ist ein kreisrundes Scheibchen mit 3 mm Durchmesser. Wir sehen,
dass eine plattenförmige Probengeometrie als Ausgangszustand vorteilhaft ist. Sollte
dies nicht der Fall sein, muss im ersten Schritt mit einer Diamant- oder Fadensäge
ein Plättchen aus dem Probenblock herausgesägt werden. Die Diamantsäge ist eine
kleine Kreissäge, deren Sägeblatt mit Diamantsplittern belegt ist. Die Fadensäge
erinnert an eine Bügelsäge, bei der ein dünner, mit Schleifmittelsuspension benetz-
ter Wolframdraht (ca. 0,5 mm dick) an der Schnittstelle hin und her bewegt wird und
das Material langsam durchschleift. Ähnlich wie das Farbband bei einer mechanischen Schreibmaschine wird der Wolframdraht ständig von einer Rolle nachgeführt.

Beim Sägen sind normalerweise zwei Schnitte notwendig: Zuerst wird eine
Bezugsfläche gesägt, dann mit einer (eingebauten) Mikrometerschraube definiert
(z. B. 0,5 mm) nachgestellt und der zweite Schnitt ausgeführt. Natürlich muss dabei
die Sägeblatt- bzw. Drahtdicke berücksichtigt werden. Unterschiede zwischen den
beiden Sägemethoden bestehen einmal im Grad der Strapaze für das Material und
zum anderen in der notwendigen Zeit. Das Diamantsägen ist schneller, strapaziert
aber mehr als das Fadensägen. Überhaupt gilt für viele Präparationsmethoden:

*Je schneller die Prozedur, desto strapaziöser ist sie für die Probe, d. h. desto
eher sind Veränderungen durch die Präparation zu erwarten!*

Abb. 3.6 Prinzip des
Dimpelns mit Kugel

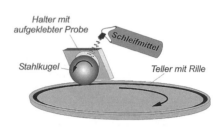

Abb. 3.7 Prinzip des
Dimpelns mit Schleifrad

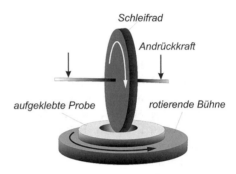

Sollte das Scheibchen zu dick sein, so wird es mit den aus der Metallografie bekannten Schleifmaschinen und zunehmend feineren Schleifpapieren und -pasten dünner geschliffen.

Der nächste Schritt ist das Konkavschleifen *(Dimpeln)*. Darunter wird das Hineinschleifen einer Kugelkalotte in das dünne Probenscheibchen verstanden, so dass die in Abb. 3.4 gezeigte Probengeometrie entsteht. Auch hierbei existieren zwei Möglichkeiten. Das erste Gerät müssen wir uns wie eine Art Plattenspieler vorstellen, bei dem der Plattenteller aus Stahl am Rand eine Rille hat, in der eine Stahlkugel läuft. Diese Stahlkugel ist mit Schleifmittel (z. B. Diamantpaste unterschiedlicher Körnung) benetzt und reibt gegen die schräg gestellte Probe (s. Abb. 3.6).

Die zweite Variante arbeitet mit einem Schleifrad und sich drehender Probe (vgl. Abb. 3.7). Auch hier entsteht eine kalottenförmige Vertiefung. Der Vorteil gegenüber der Dimpelkugel ist, dass die Andrückkraft des Schleifrades als zusätzlicher Parameter zur Körnung dosiert werden kann, was das Dimpeln unter Umständen beschleunigt. Allerdings gilt auch hier das Gleiche wie beim Sägen: Je schneller, desto strapaziöser.

Anstelle des Dimpelns kann die Probe mit einer speziellen Vorrichtung (*Tripod* [7]) zum Einstellen flacher (wenige Grad) Winkel auch keilförmig geschliffen werden.

Bedauerlicherweise wird die Probenoberfläche beim mechanischen Schleifen trotz feinster Körnung bis in eine Tiefe von bis zu einigen Mikrometern verändert: Sie wird aufgeraut, Kristallgefüge werden zerstört. Diese gestörte Schicht muss beseitigt werden. Deshalb wird nicht bis zum Durchbruch der Probe im Zentrum der Kalotte gedimpelt, sondern es bleibt ein Rest von ca. 10 μm bis 20 μm stehen. Dieser Rest wird durch Sputtern mit Argon-Ionen entfernt (*Ionendünnen* – vgl. Abb. 3.8). Dazu

Abb. 3.8 Letzter Schritt der Präparation: Ionendünnen, d. h. Sputtern mit Ar$^+$-Ionen (Ionenenergie: 200 eV ... 5 keV, Beschusswinkel gegen Probenteller: 5° ... 15°)

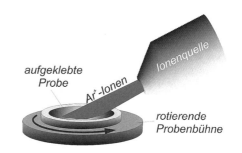

aufgeklebte Probe

Ar$^+$-Ionen

Ionenquelle

rotierende Probenbühne

benutzt man eine Argon-Ionenquelle mit Ionenenergien zwischen einigen 100 eV und 5 keV. Zu beachten ist, dass sich das gesputterte Material in der Probenumgebung niederschlägt *(Redeposit)* und dass beim Sputtern auch die Probenbühne erfasst werden kann. Sie sollte deshalb aus einem schwer sputterbaren Material (Tantal, Graphit) bestehen oder damit bedeckt sein. Bei inhomogenen Proben können Probenteile bevorzugt gesputtert werden und am Ende im elektronentransparenten Bereich fehlen. Dem wird durch die Probenrotation entgegengewirkt. Da die Sputterrate auch vom Einfallswinkel der Ionen abhängt (senkrechter Einfall – geringe Sputterrate), werden Rauheiten der Oberfläche bei gleichbleibendem Ioneneinfall verstärkt. Auch diesem Effekt wirkt die Probenrotation entgegen. Zur Glättung der Oberfläche und zur Beseitigung von Verunreinigungen sollte stets auf beiden Seiten ionengedünnt werden. Bei der Untersuchung auf Substrat befindlicher dünner Schichten wird von der Substratseite aus gedimpelt und gesputtert, die Schichtseite wird zum Abschluss nur „zart", d. h. mit Ionen geringer Energie gereinigt.

– Querschnittsproben

Stellen wir uns nun vor, wir wollen auf den Querschnitt beispielsweise eines Schichtstapels schauen. Dazu muss der Stapel aufgesägt werden (wie in Abb. 3.9 gezeigt), so dass wir eine neue Draufsicht erhalten. Der Rest erfolgt vom Prinzip her wie bei der Draufsicht beschrieben. In der Praxis werden solche Querschnitte von Schichtstapeln etwas anders hergestellt. Wir müssen nämlich dafür sorgen, dass interessierende Details, wie beispielsweise Übergänge (Grenzschichten) zwischen einzelnen Schichten auch tatsächlich elektronentransparent werden. Nehmen wir an, wir hätten eine dünne (z. B. 50 nm dicke) Schicht auf einem Substrat mit einer Dicke von 0,5 mm. Davon werden zwei etwa 1 mm breite Streifen abgetrennt (Anritzen und Brechen oder Sägen), die dann Schicht an Schicht (englisch: „face-to-face") mit Epoxidharz zusammengeklebt werden (Abb. 3.10). Dabei sind dünnflüssiges Epoxidharz und eine Vorrichtung zum Zusammenpressen der beiden Streifen empfehlenswert, um den Klebespalt möglichst schmal zu halten.

Das Schichtpaket wird in ein dünnes Keramikröhrchen (in der Regel Al$_2$O$_3$) eingeklebt. Nach dem Aushärten des Epoxidharzes wird mit zwei Schnitten (glatte Bezugsseite und eigentliches Abschneiden) ein 0,3 mm ... 0,5 mm dickes Scheibchen abgesägt, das dann mit planparallelem Schleifen, Dimpeln und Ionendünnen wie bei der Draufsicht-Probe weiterbehandelt wird. U. U. rotiert die Probe beim Ionendünnen

Abb. 3.9 Zum Verständnis
der Querschnittspräparation:
Durch Aufsägen eines
Schichtstapels wird eine
neue Draufsicht geschaffen

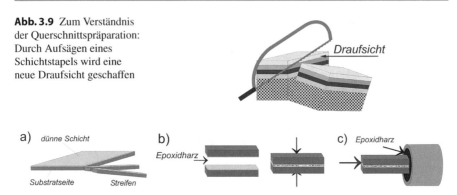

Abb. 3.10 Querschnittspräparation. a) Abtrennen von zwei Streifen. b) Zusammenkleben Schicht
an Schicht. c) Einkleben in ein Keramikröhrchen (Außendurchmesser 3 mm, Wandstärke ca.
0,5 mm)

Abb. 3.11 Ergebnis der
Schicht-an-Schicht
(face-to-face)
Querschnittspräparation.
a) Schematische Darstellung.
b) TEM-Bild

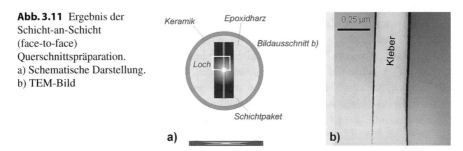

nicht monoton in die gleiche Richtung sondern pendelt einige Grad um die durch
die Richtung des Epoxidklebers gegebene Achse. Es entsteht ein TEM-Präparat, bei
dem der Übergang zwischen Substrat und Schicht an vier Stellen betrachtet werden
kann (vgl. Abb. 3.11).

3.4   Focused Ion Beam (FIB) Techniken

Um Focused-Ion-Beam (d. i. fokussierter Ionenstrahl)-Techniken nutzen zu können,
ist erst einmal eine größere Investition erforderlich: Wir brauchen ein neues Gerät,
ein *Rasterionenmikroskop*. Dieses funktioniert wie ein Rasterelektronenmikroskop,
arbeitet allerdings mit einem Ionenstrahl anstelle des Elektronenstrahls. Eine Ionen-
optik erzeugt die sehr feine Ionensonde mit einem Durchmesser von wenigen Nanometern, mit der die Probenoberfläche Punkt für Punkt abgerastert wird und die dabei
ausgelösten Sekundärelektronen zur Helligkeitssteuerung der entsprechenden Bildpunkte auf dem Monitor genutzt werden. Das Bild wird demzufolge seriell, d. h. Pixel
für Pixel, zusammengesetzt. Es handelt sich dabei nicht um eine optische Abbildung
wie im Transmissionselektronenmikroskop.

Gleichzeitig sorgen die Ionen dafür, dass an deren Auftreffstelle Probenmaterial
abgesputtert wird.

Abb. 3.12 Schutzstreifen
auf der Oberfläche der
späteren FIB-Lamelle (raste-
relektronenmikroskopisches
Bild)

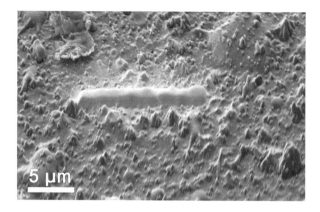

Es ist vorteilhaft, ein Gerät mit zwei Säulen zu verwenden. Die erste erzeugt einen feinfokussierten Elektronenstrahl zur rasterelektronenmikroskopischen Abbildung (d. i. ein Rasterelektronenmikroskop), die zweite einen feinfokussierten Gallium-Ionenstrahl. Sie bildet das o. g. Rasterionenmikroskop. Gallium ist bereits bei 30 °C flüssig, es ist deshalb vergleichsweise einfach, eine Gallium-Ionenquelle zu bauen. Mit diesem fokussierten Ionenstrahl ist es möglich, die Probe wie mit einem Schaftfräser zu bearbeiten, nur dass der Fräser einen Durchmesser von lediglich einigen Millionstel Millimetern hat! Und das Ganze erfolgt unter rasterelektronenmikroskopischer Kontrolle, dazu dient die erste Säule. Die Benutzung von Elektronen für die Abbildung vermeidet, dass die Probe bereits bei der Beobachtung „gefräst" wird.

Um das Fräsen in vertretbarer Zeit (1–2 h für eine Lamelle) erledigen zu können, wird standardmäßig mit einer vergleichsweise hohen Ionenenergie von 30 keV gearbeitet. Dies ist verbunden mit drei nachteiligen Effekten:

- einer Amorphisierung der Oberfläche bei kristallinen Proben,
- einer Kristallisation vom amorphen Proben und
- einer Implantation von Gallium-Ionen in der Probe.

Besonders kritisch ist dies bei senkrechtem Ionenaufprall. Um die Oberfläche der herauszuarbeitenden Lamelle davor zu schützen, wird vor Beginn des Fräsens ein schmaler Schutzriegel auf die Oberfläche aufgebracht (vgl. Abb. 3.12). Dazu wird mittels eines lokalen Gasinjektionssystems bei geringem Druck ein schwermetallhaltiges (Platin, Wolfram) Kohlenwasserstoffgas auf die Probenoberfläche geleitet und der zu schützende Bereich mit dem Elektronen- oder Ionenstrahl abgerastert. Durch die damit verbundene Energiezufuhr vernetzen die Kohlenwasserstoffe und bilden an der Auftreffstelle von Elektronen- oder Ionenstrahl eine feste, schwermetallhaltige Schutzschicht (vgl. auch Abschn. 4.5).

Wir wollen nun sehen, wie uns das „Nanofräswerkzeug" bei der Präparation von dünnen Querschnittslamellen für die Transmissionselektronenmikroskopie helfen kann. Drei Varianten werden im Folgenden beschrieben.

3.4.1   Querschnittslamellen für TEM

– H-Balken-Methode

Die H-Balken-Methode beginnt wie die klassische Querschnittspräparation: Es muss ein schmaler Streifen abgetrennt werden, der dann allerdings auf einen Kupfer-Halbring geklebt wird. Im Unterschied zur klassischen Präparation muss dieser Streifen sehr schmal sein, möglichst nicht breiter als 100 µm. Aus diesem Streifen wird im FIB-Gerät frontal Material entfernt, so dass eine dünne Lamelle übrigbleibt (s. Abb. 3.13).

Der Vorteil dieser Methode ist die stabile Befestigung der TEM-Probe. Es ist außerdem möglich, bei Bedarf die Lamelle nachzuschneiden, d. h. wiederholt im FIB-Gerät nachzudünnen.

Nachteilig ist das kleine Lamellenfenster, verbunden mit hohen Kanten am Fensterrand. Besonders bei Untersuchungen der Kristallstruktur (Beugung) kann dieser Rand den Kippwinkel der Probe zum Elektronenstrahl begrenzen. Kritisch kann auch das vergleichsweise große Materialvolumen in Fensternähe sein. Speziell bei der Röntgenspektrometrie (EDXS – vgl. Abschn. 9.2) führt dies zu Artefakten. Wir werden später auf solche Probleme zurückkommen, wenn wir die elektronenmikroskopische Praxis beschreiben.

– Herausschneiden und Ablegen der Lamelle auf Trägerfilm

Um die o. g. Nachteile zu vermeiden, wird die Lamelle komplett aus der Probe herausgeschnitten. Dabei erübrigt es sich, vorher einen schmalen Streifen herzustellen. Wir nehmen die Probe und bringen wie oben einen Schutzriegel auf die Oberfläche. Die weitere Verfahrensweise ist aus dem Schema in Abb. 3.14 ersichtlich. Nach dem Ablegen haftet die Lamelle durch Adhäsionskräfte fest auf dem Träger. Haftprobleme treten mitunter auf, wenn die Lamelle unter mechanischer Spannung steht und sich deshalb durchbiegt. Im Abb. 3.14f sehen wir, dass die Lamelle nicht gleichmäßig dick ist sondern zwei dickere „Balken" enthält. Dazu müssen wir uns noch einmal ver-

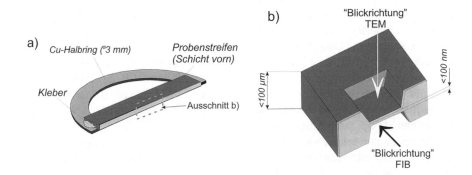

Abb. 3.13 Veranschaulichung der FIB-H-Balken-Methode. a) Aufgeklebter Probenstreifen. b) Geometrie der „herausgefrästen" Lamelle

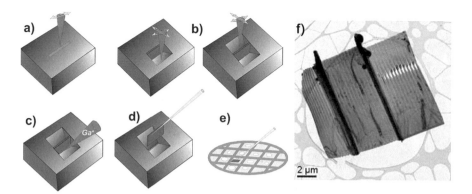

Abb. 3.14 Herausschneiden einer FIB-Lamelle und Ablegen auf einem Trägernetz a) Aufbringen des Schutzriegels. b) Freischneiden der Lamelle. c) Heraustrennen der Lamelle. d) Herausheben der Lamelle mit einer Glasnadel. e) Ablegen der Lamelle auf einem befilmten Trägernetz (Film mit Löchern). f) Transmissionselektronenmikroskopisches Bild einer Lamelle auf Trägernetz

gegenwärtigen, dass unsere Lamelle weniger als 0,1 µm dick ist (d. h. etwa 500-mal dünner als ein menschliches Haar!). Obwohl sie auch nur etwa 10 µm × 10 µm groß ist, neigt sie zur Durchbiegung, d. h. sie muss mechanisch stabilisiert werden. Dazu sind die Balken da. Weiterhin erkennen wir, dass der Trägerfilm eher einem Spinnennetz gleicht als einem zusammenhängenden Film. Auch das ist Absicht, erhöht doch der Trägerfilm die Probendicke. Wir werden unsere elektronenmikroskopische Untersuchung also möglichst in einem Lamellenbereich ausführen, der über einem Loch im Trägerfilm liegt. Dazu gehört ein bisschen Glück, wie manchmal beim Experimentieren.

Nicht nur auf das Glück kann man sich beim Herausheben der Lamelle verlassen. Es erfolgt unter lichtmikroskopischer Kontrolle mit Hilfe einer Glasnadel, die an einem Mikromanipulator befestigt ist. Erinnern wir uns an das Auflösungsvermögen des Lichtmikroskops. Es beträgt etwa 0,2 µm. Ohne Erfahrung wird man die Lamelle wahrscheinlich gar nicht im Lichtmikroskop erkennen!

Leider hat auch diese Methode einen gravierenden Nachteil: Wenn sich bei der TEM-Untersuchung herausstellt, dass die Lamelle zu dick ist, muss die gesamte Prozedur wiederholt werden. Ein Nachdünnen ist nicht möglich.

– Herausschneiden und Anschweißen der Lamelle an einem Träger

Der Kritikpunkt ist das Ablegen der Lamelle auf dem Trägernetz. Die Lamelle selbst ist dann nicht mehr einzeln handhabbar. Um dies zu vermeiden, wird die Lamelle unter rasterelektronenmikroskopischer Kontrolle an einem Träger angeschweißt. Unglaublich, aber es funktioniert!

Bis zum Herausheben ist die Prozedur die Gleiche wie in Abb. 3.14 beschrieben. Allerdings bleibt die Lamelle etwa 1 µm dick. Der Mikromanipulator befindet sich nunmehr in der FIB-Kammer und ist mit einer kleinen Metallspitze ausgerüstet. Die Lamelle wird vorsichtig herausgebrochen und dann zu einem speziellen Träger

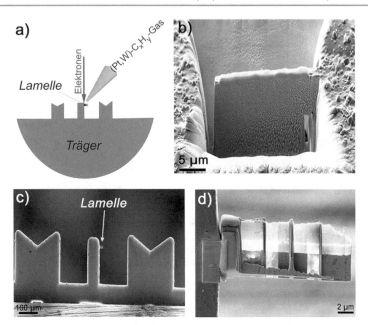

Abb. 3.15 Anschweißen einer FIB-Lamelle. a) Schema. b)–d) Rasterelektronenmikroskopische Bilder: b) Freigeschnittene Lamelle. c) Träger mit angeschweißter Lamelle. d) Angeschweißte Lamelle nach dem finalen Dünnen

geführt, angehalten und angeschweißt. Dabei ist das Anschweißen eher ein Ankleben. Benutzt wird der gleiche Mechanismus wie beim Aufbringen des Schutzriegels: Das schwermetallhaltige Kohlenwasserstoffgas wird mit dem Gasinjektionssystem in die Nähe der Schweißstelle geleitet, die dann wiederholt mit dem Elektronenstrahl abgerastert wird. Durch die Kohlenwasserstoffvernetzung entsteht eine feste Verbindung zwischen Lamelle und Träger. In diesem Zustand erfolgt das finale Dünnen der Lamelle mit dem Ionenstrahl (s. Abb. 3.15)

Auch dabei werden zu deren mechanischer Stabilisierung einige Balken dicker belassen.

3.4.2 Verbesserung der Qualität der FIB-Lamellen

Für viele elektronenmikroskopische Fragestellungen reicht die mit der beschriebenen Prozedur erreichte Qualität der Lamelle vollkommen aus: Für die Analyse von Korngrößen und Phasen, für Realstrukturuntersuchungen, auch für viele analytische Experimente, d. h. Bestimmungen der chemischen Zusammensetzung mit hoher lateraler Auflösung. In anderen Fällen stören die amorphen Schichten, oder die Lamellen sind einfach noch zu dick: für Aufnahmen mit atomarer Auflösung oder für Elektronenenergieverlust-Analysen der Kantenfeinstruktur (vgl. Abschn. 9.3.6).

In diesen Fällen sollte beim finalen Dünnen die Energie der Gallium-Ionen reduziert und die Lamelle um wenige Grad aus ihrer senkrechten Position verkippt werden. Im Allgemeinen kann bei den FIB-Geräten mit Ionenenergien bis herunter zu 5 keV gearbeitet werden. Bei weiterer Verringerung beeinflussen häufig Aufladungen und die höhere Störanfälligkeit der langsameren Ionen gegenüber äußeren Einflüssen die Qualität der Ionensonde. Das führt dazu, dass der Sondenquerschnitt so groß und instabil wird, dass ein gezieltes Abdünnen nicht mehr möglich ist.

Die Alternative bei den angeschweißten Lamellen ist ein Nachdünnen in einer anderen Anlage, z. B. mit Argon-Ionen einer Energie zwischen 200 eV und 1 keV. Die Lamelle sollte vorher im Plasmacleaner (vgl. Abschn. 4.1) gereinigt werden. Weiterhin ist zu beachten, dass der Träger nicht von Ionen getroffen wird, d. h. diese Anlage muss die Fokussierung des Argon-Ionenstrahls auf einen Fleck von etwa 1 µm und eine Kontrolle des Lamellenortes gestatten. Anderenfalls wird die Probe durch Redeposit vom massiven Träger verschmutzt.

Wir wollen an einem Beispiel zeigen, zu welchem Erkenntnisgewinn die Verbesserung der Lamellenqualität führen kann.

Dazu betrachten wir eine Querschnittslamelle von einer Strontiumtitanat-Schicht. Abb. 3.16 zeigt TEM-Bilder davon nach Beendigung der FIB-Präparation mit abschließendem Fräsen mit 5-keV-Gallium-Ionen (Abb. 3.16a) und nach zusätzlicher Behandlung mit niederenergetischen Argon-Ionen (beide Lamellenseiten für 20 min mit 900-eV-Ionen und für 10 min mit 500-eV-Ionen, Einfallswinkel 10° gegen die Oberfläche – Abb. 3.16b). Die Schattierungen in Abb. 3.16a werden durch amorphe Deckschichten (Dicke jeweils etwa 10 nm) auf Ober- und Unterseite der Lamelle verursacht. Durch die Nachbehandlung mit niederenergetischen Argon-Ionen gelingt es, diese Deckschichten drastisch zu reduzieren. Nach derartiger Verbesserung der Lamellenqualität wird es möglich, das HRTEM-Bild auch quantitativ auszuwerten. Wir betrachten das $SrTiO_3$-Gitter senkrecht von oben, d. h. in [001]-Richtung (s. Abb. 3.17b).

In dieser Projektion existieren drei verschiedene Atomsäulen: reine Strontiumsäulen, gemischte Titan-Sauerstoff-Säulen und reine Sauerstoffsäulen. Die reinen

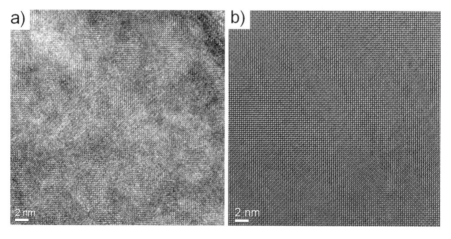

Abb. 3.16 HRTEM-Bilder von einer $SrTiO_3$-Schicht. a) Nach FIB-Präparation mit Ga-Ionen. b) Nach zusätzlichem Dünnen mit niederenergetischen Ar-Ionen

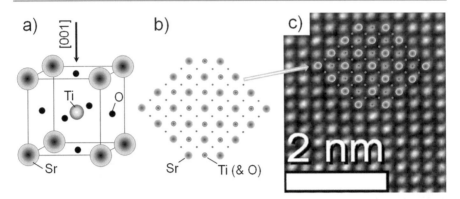

Abb. 3.17 Interpretation des HRTEM-Bildes aus Abb. 3.16b. a) Einheitszelle von SrTiO₃. b) SrTiO₃-Gitter in [001]-Projektion. c) Vergrößerter Ausschnitt aus Abb. 3.16b mit überlagertem SrTiO₃-Gitter in [001]-Projektion

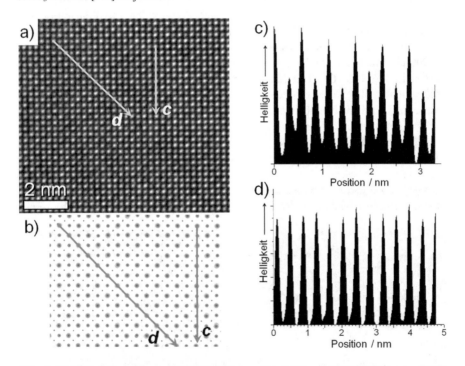

Abb. 3.18 Helligkeitsprofile im HRTEM-Bild aus Abb. 3.16b. a) HRTEM-Bild von SrTiO₃ mit zwei Linien, entlang derer die Helligkeitsprofile gemessen wurden. b) SrTiO₃-Gitter in [001]-Projektion mit eingezeichneten Helligkeitsprofillinien. c) Helligkeitsprofil entlang Linie c. d) Helligkeitsprofil entlang Linie d

Sauerstoffsäulen erzeugen nur geringe Phasenschiebungen und sind bei der gewählten Fokussierung im HRTEM-Bild nicht sichtbar. Die Positionen der beiden anderen Säulen stimmen sehr gut mit den hellen Punkten im HRTEM-Bild überein (vgl. Abb. 3.17c.

In Abb. 3.18 ist das Ergebnis eines Helligkeitsvergleichs vom Bild der verschiedenen Atomsäulen dokumentiert.

Im Abbildungsteil a sind zwei Geraden c und d eingezeichnet, in Abb. 3.18b ist veranschaulicht, welche Atomsäulen damit erfasst werden: Gerade c überstreicht abwechselnd Sr- und Ti/O-Säulen, Gerade d nur Sr-Säulen. Die zugehörigen Helligkeitsprofile sind in den Abb. 3.18c und d dargestellt. Abb. 3.18c dokumentiert signifikante Helligkeitsunterschiede zwischen den Sr- und Ti/O-Säulen. Werden demgegenüber nur Sr-Säulen erfasst, sind derartige Unterschiede nicht zu erwarten und werden auch nicht gemessen, wie Abb. 3.18d zeigt.

3.5 Bemerkung zur Präparation magnetischer Proben

Wir hatten bereits im Abschn. 2.2 darauf hingewiesen, dass magnetische Proben die Inhomogenität des Objektiv-Magnetfeldes verändern und damit die Abbildungsqualität beeinträchtigen. Es wäre so, als ob bei lichtoptischer Abbildung die Glaslinse ein Sandkorn enthielte und damit die Brechungseigenschaften der Linse dramatisch verändere. Dieser Vergleich zeigt einen Ausweg auf: Wenn das Sandkorn sehr klein ist, bleibt die Beeinträchtigung gering.

Auf die elektronenmikroskopische Präparation übertragen bedeutet dies, dass das Volumen der magnetischen Probe sehr klein gehalten werden muss. Beispielsweise wird die Probe nicht aus einem massiven Materialblock herausgearbeitet, sondern ein kleines Stück davon wird zwischen Siliziumblöcken eingeklebt und dann nach einem der beschriebenen Verfahren weiter präpariert. Auf diese Weise gelingt es, auch von magnetischen Proben aussagekräftige HRTEM-Resultate zu erzielen [8].

Wir sehen, dass das Präparieren untrennbar mit der Transmissionselektronenmikroskopie verbunden ist und dazu u. U. auch ein erheblicher apparativer Aufwand betrieben werden muss. Von herausragender Bedeutung ist allerdings der Erfahrungsschatz der Spezialistinnen und Spezialisten, die diese Präparationsarbeiten ausführen.

Biografische Angaben in den Fußnoten aus https://www.wikipedia.de

Literatur

1. Lang, G.: Histotechnik – Praxislehrbuch für die biomedizinische Analytik. Springer, Wien (2006)
2. Allen, T.D. (Hrsg.): Introduction to Electron Microscopy for Biologists. Academic Press, Elsevier Inc. (2008)
3. Ruska, H., v. Borries, B., Ruska, E.: Die Bedeutung der Übermikroskopie für die Virusforschung. Arch. ges. Virusforsch. **1**, 155–169 (1939). https://doi.org/10.1007/BF01243399
4. Bethge, H.: Oberflächenstrukturen und Kristallbaufehler im elektronenmikroskopischen Bild, untersucht am NaCl. Phys. Status Solidi (b) **2**, 3–27 und 775–820 (1962)
5. Galetzka, W., Gnägi, H., Godehardt, R., Lebek, W., Michler, G.H., Vastenhout, B.: Ultramikrotomie in der Materialforschung. Hanser, München (2004)
6. McCaffrey, J.P.: Small-angle cleavage of semiconductors for transmission electron microscopy. Ultramicroscopy **38**, 149–157 (1991)
7. Benedict, J., Anderson, R., Klepeis, S.J.: Recent developments in the use of the tripod polisher for TEM specimen preparation. Specimen preparation for transmission electron microscopy of materials-III. MRS Sympos. Proc. **254**, 121–140 (1992). https://doi.org/10.1557/PROC-254-121
8. Kirchner, A., Thomas, J., Gutfleisch, O., Hinz, D., Müller, K.-H., Schultz, L.: HRTEM studies of grain boundaries in die-upset Nd-Fe-Co-Ga-B magnets. J. Alloys Compd. **365**, 286–290 (2004)

Wir beginnen mit der praktischen Arbeit

4

Ziel

In den Kap. 1 bis 3 haben wir in groben Zügen beschrieben, was sich elektronenoptisch im Mikroskop abspielt, wir wissen, wie die Proben vorbereitet werden
müssen und sitzen nun gedanklich vor einem Transmissionselektronenmikroskop.
Zeit, sich mit seinem Äußeren vertraut zu machen. Natürlich sieht jeder Mikro-
skoptyp etwas anders aus, das hängt von der Herstellungsfirma aber auch von der
Baureihe ab. Es ist aber wie mit dem Auto: Es gibt auch Gemeinsamkeiten und
wir wollen versuchen, uns auf solche zu beschränken. Schließlich erwerben wir
den Führerschein auch nicht für einen bestimmten Autotyp. Zu Beginn ist der
Justagezustand des Mikroskops zu überprüfen und gegebenenfalls zu korrigieren.
Auf evtl. Veränderungen der Probe während der Bestrahlung mit Elektronen wird
hingewiesen.

In Abb. 4.1 ist ein Transmissionselektronenmikroskop schematisch dargestellt. Die
wichtigsten Teile sind bezeichnet, damit wir wissen, wovon wir später sprechen.
Der erste Arbeitsschritt am TEM ist die Kontrolle des Justagezustandes. Die besten
Bilder werden mit achsennahen Strahlen, sogenannten „Paraxialstrahlen", erhalten.
In dem mehrstufigen Abbildungssystem müssen demzufolge die einzelnen Linsen
hinreichend gut zueinander zentriert sein. Die Frage ist, was bedeutet „hinreichend
gut"? Wir wollen wieder den Vergleich mit dem Lichtmikroskop heranziehen. Dort
reicht die mechanische Zentrierung bei der Herstellung aus. Erinnern wir uns an
die förderliche Vergrößerung: Sie beträgt beim Lichtmikroskop etwa 500 ... 1000,
beim Elektronenmikroskop aber ca. 1 Mio. Grob gesagt, muss also die Zentrierung
beim Elektronenmikroskop 1000-mal besser sein als beim Lichtmikroskop. Im Allgemeinen ist dies allein durch Sorgfalt bei der Herstellung und dem Zusammenbau
nicht zu erreichen. Die Linsen und die Blenden müssen während des Betriebs nach-
justiert werden können. Bis in die 1970-er Jahre wurde dies zumindest teilweise
durch mechanische Verschiebemöglichkeiten der Linsenkörper während des Betriebes realisiert. Mit Verbesserung des Auflösungsvermögens der Geräte erlangt aller-

J. Thomas und T. Gemming, *Analytische Transmissionselektronenmikroskopie*,
https://doi.org/10.1007/978-3-662-66723-1_4

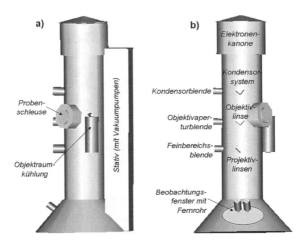

Abb. 4.1 Schematische Darstellung eines Transmissionselektronenmikroskops. a) Ansicht von rechts. b) Vorderansicht

dings die mechanische Stabilität der Mikroskopsäule immer größere Bedeutung. Die genannten Verschiebemöglichkeiten verhindern eine feste Verbindung der einzelnen Säulenteile und beeinträchtigen damit die mechanische Stabilität. In modernen Elektronenmikroskopen werden deshalb nicht die Linsen zueinander ausgerichtet, sondern der Elektronenstrahl wird so „gebogen", dass er jeweils optimal durch die Linsenfelder tritt. Bei nichtrotationssymmetrischen Einheiten (z. B. Stigmator – vgl. Abschn. 7.8.1 und → 10.4) können die Linsenfelder elektrisch bzw. magnetisch geschoben und damit dem Strahlverlauf angepasst werden. Nur die Blenden werden weiterhin mechanisch zentriert. Deshalb gehören zu jeder Blende zwei senkrecht zueinander angeordnete Triebe, die eben diese Feinzentrierung erlauben. Einer der Triebe hat außerdem eine grobe Verschiebemöglichkeit, mit der eine andere Blendengröße in den Strahlengang gebracht werden kann, die danach wieder feinjustiert wird. Inzwischen sind diese Blendentriebe häufig motorisiert, und die Stellmotoren reproduzieren die Blendenpositionen mit großer Genauigkeit. Diese Positionen können im Computer gespeichert und bei Bedarf zurückgerufen werden, was die Arbeit des Experimentators erleichtert. Bevor wir jedoch mit der Justage beginnen, müssen wir einige andere Dinge organisieren und erledigen.

4.1   Was wir „am Rande" benötigen

Selbstverständlich ist hier an erster Stelle die elektronentransparente Probe zu nennen. Wir hatten in Kap. 3 erfahren, dass zu ihrer Herstellung neben aller Erfahrung u. a. auch ein erheblicher apparativer Aufwand betrieben wird. Die Auswahl der Präparationsmaschinen hängt von den Aufgabenstellungen ab, die bei Neueinrichtung eines elektronenmikroskopischen Labors oder Änderung der Forschungsrichtung bekannt sein müssen. In der Werkstoffwissenschaft werden i. A. Schleifmaschinen benötigt, wie sie in der Metallografie üblich sind. Hinzu kommen Pinzetten, Skalpelle, Messwerkzeuge, Lichtmikroskope, Heizplatten, Sägen und Dimpler, Maschinen zum Ionendünnen sowie häufig auch teure FIB-Geräte. Unter Umständen ist auch die Anschaffung einer Ausrüstung zum elektrolytischen Dünnen oder eines Ultramikrotoms sinnvoll. Zu all diesen Maschinen gehören Verbrauchsmaterialien, wie Schleifpapiere, Schleifpasten und -sprays, Epoxidharze und andere Kleber, Gase (Argon und schwermetallhaltiger Kohlenwasserstoff für FIB) usw. Dies alles ist auch bei der jährlichen Finanzplanung zu berücksichtigen.

Die Probe muss mit aller Vorsicht in einen Probenhalter eingebaut und festgespannt werden. Dies geschieht mit Pinzette oder Vakuumpinzette; letztere ist eine feine Kanüle, die mit einer kleinen Vakuumpumpe verbunden ist und mit der das kleine Probenscheibchen angesaugt und an der richtigen Stelle im Probenhalter wieder losgelassen werden kann. Oft muss die kleine Probe in einer bestimmten Lage in den Halter eingesetzt und ihre Fixierung kontrolliert werden. Das ist nur mit Hilfe eines Lichtmikroskops möglich. Bewährt hat sich dazu ein Stereo-Auflichtmikroskop mit veränderlicher Vergrößerung zwischen 5- und 100-fach und einem Arbeitsabstand von mindesten 3 cm.

Wir werden später im Abschn. 4.5 erläutern, dass die Verunreinigung der Probenoberfläche im Elektronenmikroskop während der Bestrahlung mit Elektronen durch Kohlenwasserstoffkontamination stören kann. Deshalb ist es zweckmäßig, die Probe unmittelbar vor dem Einschleusen in das Mikroskop in einem Plasmacleaner zu reinigen. Dabei werden die kohlenstoffhaltigen Oberflächenbedeckungen der Probe in einem niederenergetischen ($<$ ca. 100 eV) Plasma verbrannt, d. h. es ist ein sauerstoffhaltiges Inertgas erforderlich. Oft wird Argon mit 20 % Sauerstoff empfohlen, „normale" Luft ist aber ebenso geeignet.

Zum gleichen Zweck, nämlich der Verringerung der Kohlenwasserstoffkontamination, ist die Probe im Transmissionselektronenmikroskop von gekühlten Kupferblechen umgeben. Die Kühlung der Bleche erfolgt über einen Kupferbolzen, der vakuumdicht in die Mikroskopsäule ragt und außen mit flüssigem Stickstoff gekühlt wird. Wir benötigen also flüssigen Stickstoff; wenn das Elektronenmikroskop mit einem energiedispersiven Röntgendetektor ausgerüstet ist, evtl. auch für die Kühlung des Detektorkristalls.

Turbopumpen werden nach dem Schließen der Ventile zur Pumpe und dem Abschalten „von außen" belüftet. Dies erfolgt mit reinem Stickstoff (99,999 %), damit keine Luftfeuchtigkeit eingebracht wird. Auch zur evtl. notwendigen Belüftung der Mikroskopsäule wird dieser Stickstoff benötigt. Eine entsprechende Gasflasche ist anzuschaffen. Und da wir gerade bei Gasen sind: Der Tank für die Erzeugung der Hochspannung und der Behälter für die Elektronik an der Elektronenkanone sind mit einigen bar Schwefelhexafluorid (SF_6) gefüllt, um Überschläge zu vermeiden. Die entsprechende Gasflasche ist ebenfalls vorrätig zu halten.

4.2   Wir bauen die Probe in den Halter und schleusen diesen ins Mikroskop

Nun wird es wirklich konkret: Wir wollen die Probe in den Probenhalter einbauen. Zuerst wollen wir uns mit einem typischen Probenhalter für das Transmissionselektronenmikroskop vertraut machen (s. Abb. 4.2).

Die Probe wird unter lichtmikroskopischer Kontrolle an der dafür vorgesehenen Position in den Probenhalter eingelegt und fixiert. Je nach Probenhalter erfolgt dies in unterschiedlicher Weise: Beispielsweise mit einer federbelasteten Klappe oder durch einen Gewinde- bzw. Sprengring. Spezialprobenhalter haben häufig auch spezielle Vorrichtungen, um die Probe zu fixieren.

Die Probenschleuse ist ein Rohr, welches am mikroskopseitigen Ende mit einem Ventil verschlossen ist. In dieses Rohr wird der Halter eingeführt, wobei darauf zu achten ist, dass der Stift am Halter in eine dafür vorgesehene Nut im Inneren des Schleusenrohres gleitet. Der Dichtring des Halters dichtet nunmehr das äußere Ende des Schleusenrohres ab, so dass zwischen innerem Ventil und dem Dichtring ein abgeschlossener Raum entsteht, der mit einer Vakuumpumpe evakuiert wird. Durch Drehen des Halters am Griff öffnet der Stift das innere Ventil und der Halter gleitet in die Arbeitsposition. Es ist nicht notwendig, den Halter mit Muskelkraft zu schieben, der äußere Luftdruck sorgt schon für die Bewegung. Im Gegenteil, es ist besser, sich auf das Bremsen der Halterbewegung einzustellen. Dabei darf der Halter nicht zur Seite gedrückt werden; das kann zu ungewollter Belüftung der Schleuse führen.

Für die Transmissionselektronenmikroskopie gibt es kommerziell eine Vielzahl von Probenhaltern: Einfach- und Doppelkipphalter, Rotationskipphalter, Low-Background-Halter, Halter mit Heiz- oder Kühleinrichtung, Halter für Zugversuche und Halter, in denen eine Spitze gegenüber der Probe angeordnet ist, die piezoelektrisch bewegt werden kann (Tunnelmikroskop). Darüber hinaus existieren Spezialanfertigungen für besondere Untersuchungen, z. B. in magnetischen Feldern.

Wir wollen uns auf die Halter beschränken, die für die in diesem Buch geschilderten elektronenmikroskopischen Untersuchungen notwendig sind. Mit anderen Worten: Vor Halterauswahl muss klar sein, welche Eigenschaften der Probe mit welchen Methoden gemessen werden sollen. Für Korngrößen und Phasen in polykristallinem Material und für Nahordnungen in amorphem Schichten genügt der Einfachkipphalter. Für Beugungs- und Hochauflösungsuntersuchungen an einkristallinen oder

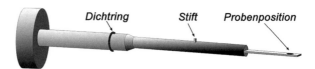

Abb. 4.2 Side-Entry Probenhalter für das Transmissionselektronenmikroskop

epitaktisch gewachsenen Proben benötigen wir den Doppelkipphalter, um geeignete Kristallrichtungen auswählen zu können. Bei diesem Halter wird die Probe in der Regel in ein kleines Körbchen eingelegt, dessen Innendurchmesser nur wenig größer als 3 mm ist. Ist das Probenscheibchen größer, kann dieses nicht benutzt werden, und der Präparationsaufwand war vergeblich. Sollen auch Analysen mittels energiedispersiver Röntgenspektroskopie *(EDXS)* erfolgen, so ist ein Low-Background-Halter (Probenaufnahme aus Beryllium, vgl. Abschn. 9.2.3) auszuwählen. Es lohnt sich auf jeden Fall, vor dem Einbau der Probe über diese Dinge nachzudenken. Jeder Probenein- und -ausbau birgt die Gefahr in sich, dass die Probe zerbricht oder auf andere Art verloren geht!

Bei allen Maßnahmen ist auf Sauberkeit des Halters und der Probe zu achten. Der probenseitige Teil des Halters sollte ab Dichtring nicht mit bloßen Fingern berührt werden, das Anfassen der Probe mit bloßen Händen verbietet sich schon wegen der Kleinheit der Proben. Wenn möglich, sollte die eingebaute Probe zusammen mit dem Halter vor dem Einschleusen ins Mikroskop in einem Plasmacleaner gereinigt werden. Doch Vorsicht, beim Plasmareinigen handelt es sich im Wesentlichen um ein plasmagestütztes Verbrennen von Kohlenstoff in sauerstoffhaltiger Atmosphäre. Präparate mit Kohlenstoff als Stützfilm oder mit Materialien, die zur Oxidation neigen (z. B. Kupfer), sollten also nicht im Plasmacleaner behandelt werden. Wir sollten nun auch die Objektraumkühlung in Betrieb nehmen, falls sie es nicht bereits ist, d. h. wir füllen flüssigen Stickstoff in das betreffende Dewargefäß[1].

Schließlich noch eine Bemerkung zu ferromagnetischen Proben: Aus Abschn. 2.7.3 wissen wir, dass sich die Probe inmitten des starken Objektivlinsen-Magnetfeldes befindet, d. h. auf die Probe wirkt eine magnetische Kraft. Bei unzureichender Befestigung der Probe im Halter (z. B. nur durch die federbelastete Klappe) wird die Probe u. U. im Mikroskop aus dem Halter herausgezogen und klebt dann am Polschuh. Im günstigeren Fall erhöht das lediglich den Astigmatismus, im ungünstigen Fall behindert die Probe den Strahlengang und die Mikroskopsäule muss demontiert werden, um die Probe zu entfernen. Magnetische Proben sollten also hinreichend fest im Halter fixiert werden. Beim Einschleusen von Proben, die komplett aus magnetischem Material bestehen, sollte der Objektivlinsenstrom ausgeschaltet oder zumindest stark reduziert werden (Umschalten in den „Low-Magnification"-Bereich).

4.3 Wir überprüfen den (Justage-)Zustand des Mikroskops

Nun ist es soweit: Die Probe ist eingeschleust, ein Blick auf die Druckanzeige in der Säule zeigt uns nach einigen Minuten Wartezeit, dass das Vakuum in der Mikroskopsäule hinreichend gut ist ($p < 10^{-3}$ Pa), um das Ventil zwischen Elektronenkanone und Säule öffnen zu können. Wegen der guten Stabilität moderner Transmissionselektronenmikroskope ist eine komplette und zeitaufwändige Justage im Allgemeinen nur nach Änderungen und Demontagen der Mikroskopsäule erforderlich. Es ist

---

[1] Sir James Dewar, schottischer Physiker, 1842–1923.

Abb. 4.3 Modell des
Elektronenmikroskops zum
Verständnis der
Justageschritte. Die
Ablenksysteme sind in der
x-z-Ebene gezeichnet.
Weitere, identische Einheiten
sind in der dazu senkrechten
y-z-Ebene angeordnet, um
den Elektronenstrahl in alle
x-y-Richtungen ablenken zu
können

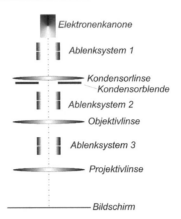

jedoch empfehlenswert, zu Beginn der elektronenmikroskopischen Untersuchung einige Merkmale der Gerätejustage zu überprüfen.

Um das Prinzip der Justage zu verstehen, benutzen wir ein vereinfachtes Modell des Elektronenmikroskops, welches nur aus der Elektronenkanone, einer Kondensorlinse, der Objektivlinse und einer Projektivlinse besteht. Zwischen diesen Einheiten sind Ablenksysteme angebracht, die ein Verschieben und Kippen des Elektronenstrahls in zwei zueinander senkrechten Richtungen ermöglichen. Unser Modell enthält elektrostatische Ablenksysteme, weil die Skizzen damit leichter zu verstehen sind. In der Praxis werden meistens magnetische Systeme eingesetzt; auf das Funktionsprinzip hat dies keine Auswirkung. Zusätzlich besitzt unser Modell eine Blende: die verstellbare Kondensorblende in Höhe der Kondensorlinse, die oft auch als Kondensor-2-(C2)-Blende bezeichnet wird (vgl. Abb. 4.3). Die Prüfung der Justage erfolgt in fünf Schritten.

4.3.1 Justage der Blende im 2. Kondensor ("C2-Blende")

Die Kondensorblende beeinflusst die Ausleuchtung des Beobachtungsfeldes und muss deshalb zuerst zentriert werden. Die einzelnen Justierschritte sollen anhand der Abb. 4.4 und 4.5 erläutert werden. Darin sind nur die für diese Erläuterung wichtigen Teile unseres Modells gezeichnet.

Wir gehen von einer schiefen Beleuchtung der Kondensorlinse aus (dies wird erst später korrigiert). Bei moderater Vergrößerung (< 10.000) wird die Kondensorbrennweite ("Intensity") so eingestellt, dass auf dem Bildschirm ein möglichst kleiner Leuchtfleck entsteht (Abb. 4.4a und d). Dieser kleine Fleck wird mit dem Ablenksystem 2 ("Beam Shift") in das Zentrum des Bildschirms geschoben (Abb. 4.4b und e). Dabei spielt die evtl. Dezentrierung der Kondensorblende keine Rolle. Bei Veränderung der Kondensorbrennweite vergrößert sich der Fleck auf dem Bildschirm und wir bemerken einen Einfluss der Blendenzentrierung: Bei dezentrierter Blende verschiebt sich die Mitte des größer werdenden Scheibchens (Abb. 4.4c bzw. 4.5a), bei zentrierter Blende öffnet sich der Fleck konzentrisch (Abb. 4.4f bzw. 4.5b). Beim

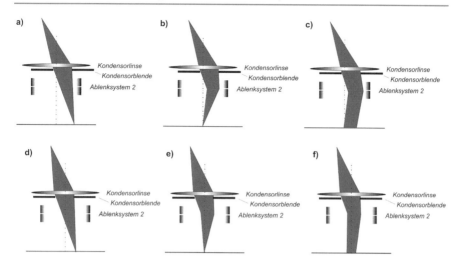

Abb. 4.4 Zur Justage der Kondensorblende, Strahlengänge. a–c) Dezentrierte Blende. d–f) Zentrierte Blende. Weitere Erläuterungen im Text

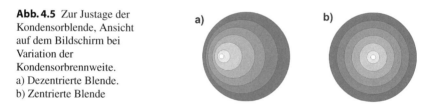

Abb. 4.5 Zur Justage der Kondensorblende, Ansicht auf dem Bildschirm bei Variation der Kondensorbrennweite. a) Dezentrierte Blende. b) Zentrierte Blende

„Spielen" mit der Kondensorbrennweite stellen wir fest, dass sich ausgehend vom fokussierten Spot der beleuchtete Bereich öffnet, unabhängig davon in welche Richtung wir den Intensity-Knopf drehen. Leser, die davon überrascht sind, sehen bitte noch einmal im Abschn. 2.7.1 (Beleuchtungssystem) nach.

Die Blende ist bei Bedarf solange zu verschieben, bis der Fall von Abb. 4.5b eintritt. Wenn der Fleck nicht kreisrund sondern elliptisch ist und sich die Richtung der langen Ellipsenachse beim Durchgang durch die „kleinste-Fleck-Position" um ca. 90° ändert, liegt ein zweizähliger Kondensorastigmatismus vor. Dieser wird mit dem Kondensor-Stigmator korrigiert.

4.3.2 Justage der Elektronenkanone

Ziel dieses Justageschrittes ist ein möglichst helles und gleichmäßig ausgeleuchtetes Bild. Auch hier wollen wir uns am vereinfachten Modell Strahlengang und Erscheinungsbild auf dem Schirm überlegen. Dabei müssen wir das Intensitätsprofil im Strahlquerschnitt berücksichtigen. Es ist nicht kastenförmig sondern hat in der Mitte sein Maximum und fällt dann langsam zum Rand hin ab. Mathematisch ist es

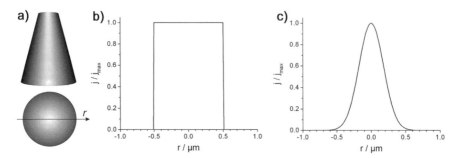

Abb. 4.6 Stromdichte im Strahlquerschnitt. a) Seitenansicht und Draufsicht. b) Kastenprofil (unzutreffend). c) Gaußprofil (gute Näherung für den justierten Strahl)

recht gut mit einer Gauß[2]-Funktion zu beschreiben (s. Abb. 4.6). Mit dieser Kenntnis können wir die Forderung nach dem „gleichmäßig ausgeleuchteten Bild" präzisieren: Das Strahlprofil auf dem Schirm soll symmetrisch bzgl. des Mittelpunktes sein, wie es in Abb. 4.6a auch gezeichnet ist.

Um das Entscheidungskriterium besser zu verstehen, stellen wir uns vor, an der Zimmerdecke hängt eine kegelförmige Lampe, deren Spitze besonders hell leuchtet. Wir sitzen genau unter dieser Spitze und schauen senkrecht nach oben. In diesem Fall sehen wir das Bild von Abb. 4.7f. Rücken wir etwas zur Seite, wandert die Spitze aus dem Zentrum heraus (Abb. 4.7e). In diesem Fall können wir durch zwei geeignet gekippte Spiegel wieder den Blick senkrecht auf die Kegellampe erreichen ohne unsere Sitzposition zu verändern.

Anhand von Abb. 4.7 wollen wir überlegen, wie im Elektronenmikroskop eine schiefe Beleuchtung aufgrund einer geringfügigen Dezentrierung der Elektronenkanone mit Hilfe der Ablenksysteme (das sind die Spiegel) korrigiert werden kann.

Im Strahlenbündel ist der intensitätsreiche Kern (Maximum der Stromdichte) hell eingezeichnet. Wir gehen vom dezentrierten Zustand aus, d. h. die Elektronenkanone ist gekippt und verschoben (Abb. 4.7a). Der Elektronenstrahl trifft teilweise auf die Kondensorblende, die Intensität (d. h. der Strom) auf dem Bildschirm ist reduziert. Zuerst fokussieren wir den Strahl bei kleiner Vergrößerung (ca. 5000) mit dem Kondensor („Intensity"), so dass auf dem Schirm ein kleiner heller Spot entsteht. Bei Bedarf kann dieser mit dem Ablenksystem 2 („Beam Shift") ins Zentrum des Schirms geschoben werden. Der Strahl wird nun mit dem Ablenksystem 1 gekippt („Gun Tilt") bis der Spot seine maximale Helligkeit erreicht hat. Wenn der Spot aus dem Zentrum wandert, kann dies jederzeit mit „Beam Shift" korrigiert werden.

Es ist nicht einfach, die Helligkeit des Spots visuell zu kontrollieren. Deshalb benutzen wir als Hilfsmittel die angezeigte Belichtungszeit. Dies ist eine Reminiszenz an die Zeiten, in denen das elektronenmikroskopische Bild auf Film oder Fotoplatten aufgenommen wurde. Um die Belichtungszeit einstellen zu können, wurde der Elektronenstrom, der auf den Bildschirm gelangt, gemessen und daraus nach Kalibrierung für das benutzte Fotomaterial die Belichtungszeit festgelegt. Obwohl

---

[2]Carl Friedrich Gauß, deutscher Mathematiker und Physiker, 1777–1855.

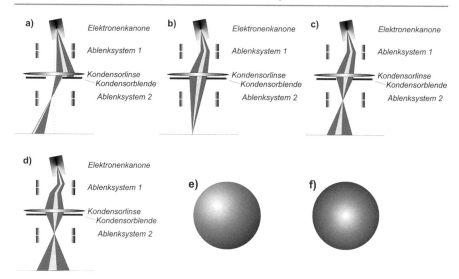

Abb. 4.7 Zur Justage der Elektronenkanone. a) Strahlengang im dejustierten Zustand. b) Nach Strahlkippung mit fokussiertem Strahl. c) Nach Strahlkippung mit „aufgezogenem" Strahl. d) Nach Strahlkippung und -verschiebung mit aufgezogenem Strahl. Ansicht auf dem Bildschirm bei e) ungenügender Strahlverschiebung und f) justiertem Zustand

heute im Elektronenmikroskop kaum noch derartig fotografiert wird, sind die Messung des Stroms auf dem Schirm und die Anzeige der Belichtungszeit erhalten geblieben. Je größer der Strom ist, desto kürzer wird die Belichtungszeit. Dies nutzen wir aus, um die Helligkeit im Spot zu kontrollieren. Wir ändern also „Gun Tilt" solange, bis die angezeigte Belichtungszeit minimal wird (Abb. 4.7b).

Nun ändern wir die Brennweite der Kondensorlinse („Intensity") und erhöhen die Vergrößerung bis die in Abb. 4.7e skizzierte Figur auf dem Schirm zu sehen ist: Innerhalb eines kreisrunden Flecks ist ein heller Spot zu sehen. Bei mechanisch ordnungsgemäß vorzentrierten Feldemissionskathoden sollte dies problemlos möglich sein, bei LaB$_6$-Kathoden muss evtl. der Heizstrom etwas verringert werden; auch ist die äußere Umrandung der Figur dabei kein Kreis. Durch zusätzliche Verschiebung des Strahls mit dem Ablenksystem 1 („Gun Shift") wird der helle Spot ins Zentrum des kreisrunden Flecks gebracht (Abb. 4.7d und f). Bei LaB$_6$-Kathoden ist eine hohe Symmetrie der Figur auf dem Leuchtschirm das Ziel. Damit ist das Bild gleichmäßig ausgeleuchtet. Wie bereits bei der Justage der Kondensorblende wird ein evtl. auftretender Kondensorastigmatismus zwischendurch mit dem Kondensor-Stigmator korrigiert. Bei großer Dejustage muss die Korrektur unter Umständen in mehreren kleinen Schritten erfolgen.

4.3.3 Einstellen der euzentrischen Höhe

Bei einer optischen Abbildung ist das Bild genau dann scharfgestellt, wenn die Abbildungsgleichung

$$\frac{1}{\text{Brennweite}} = \frac{1}{\text{Gegenstandsweite}} + \frac{1}{\text{Bildweite}} \qquad (1.3)$$

$$\frac{1}{f} = \frac{1}{g} + \frac{1}{b}$$

erfüllt ist. Dazu gibt es offensichtlich drei verschiedene Möglichkeiten: Dingweite wird Brenn- und Bildweite angepasst (Beispiel: Lichtmikroskop), Bildweite wird Brenn- und Dingweite angepasst (Fotoapparat) oder Brennweite wird Ding- und Bildweite angepasst (Auge).

Der Vorteil der letzten Methode bzgl. eines Elektronenmikroskops ist, dass die Brennweite der magnetischen Linsen einfach, feinfühlig und mit sehr guter Genauigkeit durch Änderung des Linsenstromes eingestellt werden kann und die Fokussierung ohne mechanische Verschiebung auskommt. Aus Abschn. 2.1 wissen wir aber, dass sich bei Brennweitenänderung auch der Abbildungsmaßstab ändert, was die Nutzung des Mikroskops als Messmaschine für kleinste Längen unmöglich macht. Bei einer Kombination mehrerer Linsen sind deren Brennweiten aufeinander abgestimmt. Wird eine der Brennweiten der Linsen stark geändert, beeinflusst dies die Abstimmung und andere Brennweiten müssen nachgeführt werden. Um dies zu vermeiden, wird beim Transmissionselektronenmikroskop in zwei Stufen scharfgestellt: Eine Grobeinstellung wird wie beim Lichtmikroskop mit einer Anpassung der Dingweite vorgenommen, die Feinfokussierung erfolgt dann durch Veränderung der Objektivbrennweite.

Bei magnetischen Linsen ist die Hysterese zwischen Linsenstrom und magnetischer Feldstärke zu beachten. Insbesondere bei großen Änderungen des Linsenstromes kann die Feldstärke bei gleichem Strom zwei verschiedene Werte annehmen, je nachdem ob der Strom zur Einstellung erhöht oder erniedrigt worden ist. Es ist deshalb eine „Normalisierung" vorgesehen, bei der der Linsenstrom auf sein Maximum gebracht und von dort auf den vorgesehenen Wert erniedrigt wird.

Wir wollen uns Kriterien überlegen, nach denen wir die Güte der Grobeinstellung beurteilen können. Naheliegend ist es, in gleicher Weise wie beim Lichtmikroskop vorzugehen: Wir stellen durch Verschieben der Probenbühne in z-Richtung (optische Achse) scharf. Für die Grobeinstellung ist das feinfühlig genug. Im Unterschied zum Lichtmikroskop ist allerdings im Elektronenmikroskop auch die Brennweite variabel, so dass wir vorher eine Bezugsbrennweite festlegen müssen. Das geschieht durch Drücken eines entsprechenden Knopfes auf dem Bedienpult (Bezeichnung z. B. „Eucentric Focus"). Damit wird ein vorgegebener Objektivlinsenstrom und damit die Bezugsbrennweite eingestellt. Die Frage ist: „Wie können wir diese Bezugsbrennweite kontrollieren?" Oder anders: „Gibt es ein anderes Kriterium zur Beurteilung der richtigen Höheneinstellung der Probe?"

Erinnern wir uns: Der Probenhalter wird in ein Goniometer eingeführt und kann um die Goniometerachse gedreht werden. Die Goniometerachse ist geeignet, als

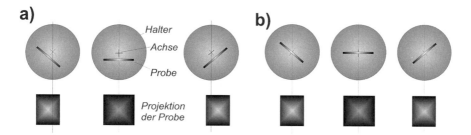

Abb. 4.8 Zur Einstellung der euzentrischen Höhe. a) Probe unterhalb der Goniometerachse. b) Probe in Höhe der Goniometerachse („euzentrische Höhe")

Bezugshöhe ohne Rücksicht auf die Objektivbrennweite zu gelten. In Abb. 4.8 ist skizziert, was wir bei Abweichungen und Übereinstimmung der Probenhöhe mit der Goniometerachse zu erwarten haben. Auf dem Bildschirm des Mikroskops sehen wir die (vergrößerte) Projektion der Probe. Wird das Goniometer mit der Probe gedreht, verzerrt sich deren Bild. Befindet sich die Probe unterhalb der Goniometerachse (Abb. 4.8a), so verschieben sich die im Bild der Probe sichtbaren Details zur Seite und zwar systematisch mit der Drehrichtung. Bei gleicher Höhe von Probe und Goniometerachse bleibt es bei der Verzerrung, eine Verschiebung findet nicht statt (Abb. 4.8b). Damit haben wir das gesuchte brennweitenunabhängige Kriterium für die Einstellung der euzentrischen Höhe gefunden. Da die mechanische Verschiebung vergleichsweise unsensibel ist, sollte die Vergrößerung bei diesem Schritt nicht zu groß gewählt werden (<10.000). Bei modernen Geräten übernimmt ein Computer die Steuerung der periodischen Drehbewegung („Wobbeln").

4.3.4   Einstellen der Umlenkpunkte für die Strahlkippung

In der Transmissionselektronenmikroskopie gibt es Kontrastphänomene, die von der Orientierung der Probe zum Elektronenstrahl abhängen. Wir werden dies im Kap. 6 genauer erläutern. Um solche Kontraste genauer zu analysieren, wird die Orientierung geändert, d. h. entweder wird die Probe oder der Strahl gekippt. Wie schon mehrfach betont, sind mechanische Bewegungen im Elektronenmikroskop problematisch und eine elektrische (bzw. magnetische) Strahlkippung ist durchaus eine wünschenswerte Alternative, die mit Hilfe der Ablenksysteme 2 und 3 (vgl. Abb. 4.3) auch realisiert werden kann. Natürlich muss bei der Strahlkippung der gleiche Probenbereich beleuchtet bleiben, d. h. der Kipppunkt (englisch: „Pivot Point") muss exakt in der Probenebene liegen. Die Probenebene ist in Abb. 4.3 nicht eingezeichnet, sie ist aber hier für das Verständnis erforderlich und wird deshalb in Abb. 4.9 ergänzt. In dieser Abbildung ist zu sehen, dass der Strahl durch Nutzen beider Etagen des Ablenksystems 2 in der gewünschten Weise gekippt werden kann. Der Umlenkpunkt der Kippung (Kipppunkt) wird durch Einstellen des richtigen Verhältnisses der Umlenkwinkel beider Etagen in die Probenebene geschoben. Wir sehen, dass der Fokuspunkt des gekippten Strahls unterhalb der Objektivlinse von der optischen

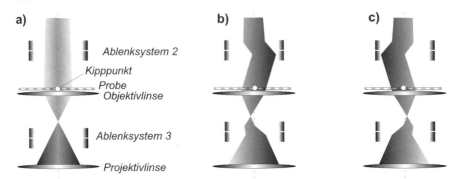

Abb. 4.9 Strahlengänge bei Kippung des Strahlenbündels. a) Ungekippt. b) Kippung nach rechts. c) Kippung nach links

Achse weggeschoben wird. Das Ablenksystem 3 sorgt dafür, dass das Strahlenbündel auch bei gekipptem Strahl optimal in die Projektivlinse eintritt. Das Ziel dieses Justageschrittes ist es, den Kipppunkt genau in die Probenebene zu schieben. Die praktische Vorgehensweise sei anhand von Abb. 4.10 erläutert.

Voraussetzung ist natürlich, dass wir exakt die Probenebene auf dem Beobachtungsschirm abbilden, d. h. die Probe muss exakt scharfgestellt sein. Der Strahl wird nun „gewobbelt", d. h. er wird periodisch hin- und hergekippt. Wir konzentrieren uns auf ein leicht zu beobachtendes Detail im Bild der Probe und können daran erkennen, ob wirklich exakt scharfgestellt wurde.

Falls dies nicht der Fall ist, sehen wir ein Doppelbild (Abb. 4.10a). Wichtig ist, dass wir uns auf das Detail konzentrieren und nicht auf den Rand des Strahlenbündels. Das Doppelbild wird durch Anpassen der Objektivbrennweite („Focus") beseitigt. Nun konzentrieren wir uns auf den Rand des Strahlenbündels. Im dejustierten Zustand (Abb. 4.10b) ist er doppelt zu sehen. Dies wird durch Verschiebung des Kipppunktes längs der optischen Achse korrigiert (Abb. 4.10c – Einstellmöglichkeit in der Regel mit „Pivot Point X" bzw. „Pivot Point Y" bezeichnet). Es gibt zwei Einstellmöglichkeiten, weil in zwei zueinander senkrechten Richtungen (x, y) gekippt werden kann.

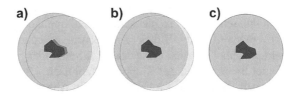

Abb. 4.10 Bilder auf dem Beobachtungsschirm bei Einstellung des Kipppunktes („Wobbeln"). a) Dejustiert mit falscher Fokussierung. b) Dejustiert mit richtiger Fokussierung. c) Justiert

4.3.5   Justage des Rotationszentrums

Die Objektivlinse hat den stärksten Einfluss auf die Abbildungsqualität. Deshalb ist es wichtig, dass das Elektronenbündel bei ungekipptem Strahl symmetrisch zur optischen Achse des Objektivs verläuft. Wie können wir das kontrollieren?

Auch hier wollen wir uns zunächst den Strahlengang überlegen (vgl. Abb. 4.11). Die Abweichung zwischen der Symmetrieachse des Strahlenbündels und der Mittelachse (d. i. die optische Achse) der Objektivlinse ist durch Kippung der Objektivlinse veranschaulicht. Das Bild sei scharfgestellt, die Bildverschiebung auf dem Beobachtungsschirm durch das Ablenksystem 3 korrigiert (Abb. 4.11a). Bei Veränderung der Objektivbrennweite wird das Bild unscharf und ändert seine Größe, bei magnetischen Linsen dreht es sich zusätzlich um einen kleinen Winkel. Bei unveränderter Einstellung des Ablenksystems 3 verschiebt sich das Zentrum des Bildes (Abb. 4.11b). Die Justage erfolgt durch Zusammenspiel der Ablenksysteme 2 und 3: Mit System 2 wird der Strahl in die Mittelachse des Objektivs gekippt, mit System 3 die daraus folgende Bildverschiebung korrigiert (Abb. 4.11c). Im Unterschied zum dejustierten Zustand bleibt jetzt das Zentrum des Bildes auf dem Beobachtungsschirm an Ort und Stelle (Abb. 4.11d). Nun zur praktischen Vorgehensweise (vgl. Abb. 4.12): Zunächst verschieben wir die Probe so, dass sich ein gut zu sehendes Detail im Zentrum des Beobachtungsschirmes befindet. Günstig ist eine Spitze wie in Abb. 4.12 angenommen. Nun schalten wir den Wobbler für die Objektivbrennweite („Rotation Center") ein und sehen, dass sich die Spitze periodisch aus dem Zentrum wegbewegt. Außerdem rotiert das Bild etwas (Abb. 4.12a). Die Korrektur ist erfolgreich, wenn die Spitze unverändert im Zentrum bleibt und sich das Bild um diese Spitze dreht (Abb. 4.12b).

Daher kommt auch der Name dieses Justageschrittes: Das Zentrum der Bildrotation ist ortsfest.

Alternativ kann für diese Justage anstelle des Objektivlinsenstromes auch die Beschleunigungsspannung periodisch geändert werden (Hochspannungszentrum). Die Objektivbrennweite wird in diesem Fall durch die sich verändernde Elektronenwellenlänge gewobbelt (Einzelheiten s. [1]).

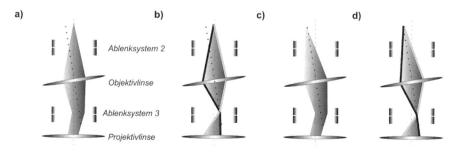

Abb. 4.11 Strahlengänge zur Veranschaulichung der Abweichungen des Strahlenbündels von der optischen Achse des Objektivs. a) Dejustierter Zustand, fokussiertes Bild. b) Dejustierter Zustand nach Änderung der Objektivbrennweite. c) Justierter Zustand, fokussiertes Bild. d) Justierter Zustand nach Änderung der Objektivbrennweite

Abb. 4.12 Bilder auf dem
Beobachtungsschirm bei
Wobbeln der
Objektivbrennweite zur
Justage des
Rotationszentrums.
a) Dejustiert. b) Justiert

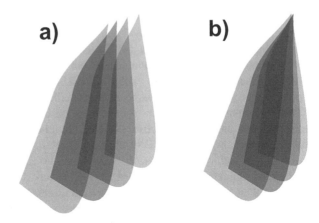

4.4   Scharfstellen des Bildes – Schärfe und Kontrast

Im vorhergehenden Abschnitt haben wir wiederholt vom „Scharfstellen des Bildes"
geschrieben. Wann ist aber nun ein elektronenmikroskopisches Bild scharf? Es passiert dem Anfänger häufig, dass er Schärfe mit Kontrast verwechselt. So erscheint
ein unscharfes aber kontrastreiches Bild in der Regel schärfer als ein scharfes aber
kontrastarmes Bild. Das hat eine gewisse Berechtigung, denn was nützt ein scharfes
Bild, wenn darin kein Kontrast ist, wir also nichts sehen. Andererseits brauchen wir
ein scharfes Bild, wenn wir exakt die Dingebene abbilden und kleinste Strukturen
auflösen wollen.

Zur Erklärung dieses Widerspruchs zwischen Schärfe und Kontrast im Transmissionselektronenmikroskop blicken wir auf Abb. 4.13. Es zeigt ein elektronenmikroskopisches Bild vom Rand eines dünnen Kohlenstofffilms, auf dem sich einige
Goldpartikel befinden. Das fokussierte Bild (Abb. 4.13b) zeigt im Vergleich zu den
beiden anderen Bildern nur schwachen Kontrast. Vakuum und C-Film haben fast
die gleiche Graufärbung. Demgegenüber verläuft bei den defokussierten Bildern
parallel zum Kohlenstoffrand ein heller oder dunkler Saum, der den Rand kon-
trastreicher macht. Dieser Saum ist eine Folge des Wellencharakters der Elektronen. Hinter dem Kohlenstoffrand ist die Intensität nicht gleichmäßig verteilt sondern besitzt infolge der Interferenz der Elementarwellen Maxima und Minima (→
Abschn. 10.1.3). Diese Maxima und Minima sind nur zu sehen, wenn eben gerade
nicht exakt die Kohlenstofffilm-Ebene abgebildet wird. Wir sehen den kontrastverstärkenden Saum also nur im defokussierten Bild. Das Bild ist also gerade dann
optimal scharfgestellt, wenn der Kontrast minimal ist.

Wir erkennen aber auch, dass die Abbildung beispielsweise von Kohlenstoffstruk-
turen im Elektronenmikroskop wegen des geringen Kontrastes problematisch ist. In
diesem Fall muss häufig ein Kompromiss eingegangen werden: Wir defokussieren
ein wenig, um überhaupt etwas zu sehen.

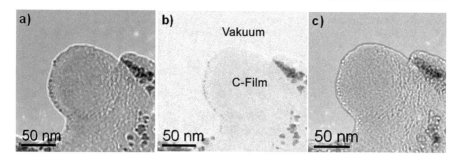

Abb. 4.13 TEM-Bild vom Rand eines Kohlenstofffilms. a) Unterfokus. b) Fokus. c) Überfokus

4.5   Kontamination und Objektschädigung

„... Die Entwicklung der heutigen Elektronenmikroskope war im Wesentlichen ein Kampf gegen die unerwünschten Folgen derselben Eigenschaften von Elektronenstrahlen, die die sublichtmikroskopische Auflösung erst ermöglicht haben. So ist z. B. die kurze Materiewelle – die Voraussetzung der guten Auflösung – an die wegen der Objektbelastung nicht erwünschte hohe Elektronenenergie gekoppelt. ...“ [2]

Dieses Zitat von Ernst Ruska[3] zeigt, dass wir neben den erwünschten, kontrastformenden Wechselwirkungen zwischen den Elektronen und der Probe (auf die wir in Kap. 6 eingehen werden) auch unerwünschte Ergebnisse dieser Wechselwirkung beachten müssen. Wir wollen uns mit zwei derartigen Problemen näher beschäftigen: der Kontamination und der Objektschädigung.

– Kontamination

Die Kontamination, genauer die Kohlenwasserstoffkontamination, ist ein Prozess, der in allen Elektronenstrahlgeräten auftritt, in der Transmissionselektronenmikroskopie aber besonders stört. Obwohl in der Probenumgebung ein „gutes“ Hochvakuum (Druck $< 10^{-3}$ Pa) herrscht, gibt es dort eine große Anzahl von Gasmolekeln (Teilchendichte ca. $3 \cdot 10^8$ mm^{-3} bei Raumtemperatur und 10^{-3} Pa). Selbst wenn nur 0,01 % davon Kohlenwasserstoffmoleküle sind, wären das immer noch 30.000 pro mm^3. Da die Gasmolekeln auf die Wände sowie auf die Probenoberfläche treffen und auch für eine kurze Zeit dort verweilen, bildet sich eine Gasbedeckung, an der auch die Kohlenwasserstoffmoleküle beteiligt sind. Zwischen ankommenden und wegfliegenden Molekeln besteht ein Gleichgewicht, das druck- und temperaturabhängig ist. Bei höherer Wand- (bzw. Proben-) Temperatur wird die Verweilzeit der Molekeln auf der Oberfläche kürzer, die Dicke der Bedeckungsschicht sinkt. Bei höherem Druck im Gasraum wächst der Molekelstrom auf die Oberfläche, die Dicke der Bedeckungsschicht nimmt zu.

---

[3]Ernst Ruska, deutscher Elektrotechniker, 1906–1988, Nobelpreis für Physik 1986.

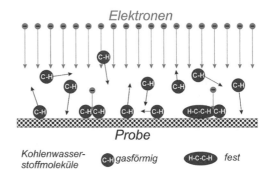

Abb. 4.14 Kontamination bei großflächiger Probenbestrahlung mit Elektronen

Wir stellen uns vor, dass wir die Probe großflächig mit Elektronen bestrahlen („großflächig" bedeutet im Elektronenmikroskop einen Fleck mit einem Durchmesser von wenigen Mikrometern). Dies wird in Abb. 4.14 vorausgesetzt. Wir sehen das dynamische Gleichgewicht der auf die Probe auftreffenden und von ihr wegfliegenden gasförmigen Kohlenwasserstoffmoleküle, die auch von Elektronen getroffen werden. Wenn allerdings zufällig zwei Moleküle auf der Probenoberfläche nahe beieinander liegen, führt der Elektronenbeschuss zu einer Vernetzung, und es bilden sich feste Kohlenwasserstoffe, sie bilden die Kontaminationsschicht. Bei Abschätzung des Dickenwachstums durch Kontamination ist zu beachten, dass die Kontaminationsschicht im TEM sowohl auf der Oberseite als auch auf der Unterseite der Probe aufwächst. Dies kann durchaus mit einigen Nanometern pro Sekunde geschehen.

Um die Kontamination zu verringern, muss entweder die mittlere Verweilzeit der gasförmigen Kohlenwasserstoffmoleküle auf der Probenoberfläche oder/und der Kohlenwasserstoff-Partialdruck in der Probenumgebung verringert werden. Die Verweilzeit hängt von der Oberflächentemperatur ab, eine Möglichkeit wäre, die Probe zu heizen. Wegen der Empfindlichkeit der Proben (z. B. Einbettung in Epoxidharz) und der Notwendigkeit stabiler Temperaturverhältnisse bei hoher Vergrößerung (Vermeidung von thermischer Probendrift) ist dies nur eingeschränkt möglich. Stattdessen wird üblicherweise der Kohlenwasserstoff-Partialdruck gesenkt, indem in der (sowieso schon sehr engen) Probenumgebung Kupferbleche angeordnet werden, die von außen gekühlt sind [3]. Dazu dient das mit flüssigem Stickstoff gefüllte Dewargefäß, welches in Abb. 4.1 mit „Objektraumkühlung" bezeichnet ist. Natürlich sollte die Probenoberfläche vor dem Einschleusen in das Mikroskop sauber sein, beispielsweise durch Reinigen im Plasmacleaner.

Etwas anders ist der Kontaminationsmechanismus bei Bestrahlung der Probe mit einer kleinen Elektronensonde, wie dies für das Rasterelektronenmikroskop oder im Rastermodus des Transmissionselektronenmikroskops (STEM) typisch ist. In diesem Fall besteht eine weitere Möglichkeit für die Nachlieferung von Kohlenwasserstoffmolekülen zum Kontaminationsort: Diffusion über die Probenoberfläche (vgl. Abb. 4.15).

Die treibende Kraft für die Oberflächendiffusion ist der Konzentrationsunterschied zwischen den festen Kohlenwasserstoffen am Sondenort und den beweglichen, gasförmigen Kohlenwasserstoffmolekülen. Dieser Mechanismus ist sehr effektiv, weil die gesamte Probenoberfläche gewissermaßen als „Antenne" für den

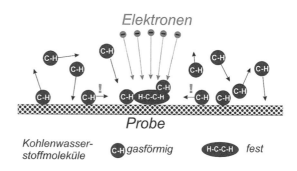

Abb. 4.15 Kontamination bei sondenartiger Probenbestrahlung mit Elektronen. Die mit Ausrufezeichen gekennzeichneten Moleküle bewegen sich über die Oberfläche zum Kontaminationsort

Empfang der Moleküle wirkt. Die Kontaminationsschicht am Sondenort wächst oft schneller als bei großflächiger Bestrahlung. Um zumindest einen sauberen Anfangszustand zu haben, ist die Reinigung der Probe im Plasmacleaner vorm Einschleusen gerade bei geplantem STEM-Betrieb wichtig.

– Objektschädigung

Was passiert, wenn energiereiche Elektronen auf das um seine Ruhelage schwingende Atom eines Festkörpers treffen? Prinzipiell sind zwei Effekte möglich: Das Atom selbst kann verändert werden, oder/und das Atom wird angestoßen und führt die Schwingung mit größerer Amplitude aus oder wird sogar von seinem Platz entfernt.

Bei den im Transmissionselektronenmikroskop üblicherweise benutzten Elektronenenergien zwischen 60 keV und 300 keV kann die Änderung des Atoms nur in dessen Elektronenhülle erfolgen. Wir sprechen nun von zwei verschiedenen Sorten von Elektronen: Zum einen von den Elektronen der Atomhülle und zum anderen von den Elektronen im Strahlenbündel des Mikroskops. Zur Unterscheidung bezeichnen wir die Strahlelektronen auch als Primärelektronen. Elektronen der Hülle können aus ihren angestammten Energiezuständen (Bahnen) in höhere Energiezustände gehoben oder völlig aus der Hülle entfernt werden. Man spricht von Ionisation. Diesen Vorgang werden wir später in Kap. 9 genauer erläutern. Die Wahrscheinlichkeit für solche Ionisationsprozesse sinkt mit wachsender Energie der Primärelektronen.

Um die Vorgänge beim Anstoßen des Atoms zu verstehen, müssen wir zunächst überlegen, warum sich ein Atom überhaupt in einem bestimmten Abstand von den anderen Atomen aufhält. Vereinfachend stellen wir uns vor, wir hätten nur zwei Atome, die je nach Abstand Abstoßungs- oder Anziehungskräfte aufeinander ausüben, so als ob sie mit einer Feder verbunden wären. Die Atome werden also den Abstand voneinander haben, in dem beide Kräfte gleich groß sind. Im Unterschied zur Federkraft sind Abstoßungs- und Anziehungskraft zwischen den Atomen unsymmetrisch. Die Abstoßung kommt durch die Coulomb[4]-Wechselwirkung zwischen den Elektronenhüllen zustande (*r:* Abstand):

---

[4]Charles Augustin de Coulomb, französischer Physiker, 1736–1806.

$$F_{\text{Abst}} \sim \frac{1}{r^2}, \quad W_{\text{P,Abst}} \sim -\frac{1}{r}, \tag{4.1}$$

die Anziehung beispielsweise durch Van-der-Waals[5] Kräfte, d. h. durch die Anziehung zwischen temporären Dipolen [4]:

$$F_{\text{Anz}} \sim -\frac{1}{r^6}, \quad W_{\text{P,Anz}} \sim \frac{1}{r^5}. \tag{4.2}$$

Um die Schwingung zu verstehen, ist es nützlich, anstelle der Kräfte die damit verbundene potentielle Energie W_P zu betrachten. Abb. 4.16 zeigt ein vereinfachtes Potentialmodell. Es basiert auf der Überlagerung der abstandsabhängigen Abstoßungs- und Anziehungskräfte. Bei einer Temperatur von 0 K schwingen die Atome nicht, ihr Abstand entspricht dem Ort des Potentialminimums. Bei höherer Temperatur kann sich unser herausgegriffenes Atom in dem durch die Potentialmulde vorgegebenen Abstandsbereich bewegen: es schwingt um seine Mittellage. Je höher die Temperatur ist, desto breiter ist die Potentialmulde, d. h. desto größer ist die Schwingungsamplitude. In diesem Zusammenhang ist es erwähnenswert, dass uns dieses Potentialmodell auch eine Erklärung für die Wärmeausdehnung liefert. Es liegt an der asymmetrischen Form der Potentialmulde. Die Mittellage des Bewegungsbereiches verschiebt sich bei höherer Energie zu größeren Abständen hin. Wir stellen uns nun vor, dass die Energie nicht als Wärme zugeführt wird sondern durch Zusammenstöße zwischen den Primärelektronen und den Atomen. Obwohl die Massen von Atomkern und Elektron extrem unterschiedlich sind, kann Energie von den Elektronen auf die Atome übertragen werden, was zu deren stärkerer Bewegung führt und zwar umso eher, je leichter die Atome sind. Organische Materialien bestehen im Wesentlichen aus Wasserstoff, Stickstoff, Kohlenstoff und Sauerstoff, weshalb sie in dieser Hinsicht besonders gefährdet sind. Wenn es viele Atome betrifft, wäre dies als Temperaturerhöhung messbar. Es ist schwer abzuschätzen, wie hoch die Temperatur werden kann, weil dabei nicht nur die Energiezufuhr und die Probenmasse eine Rolle spielen sondern auch die schwer vorhersehbare Wärmeableitung (abhängig von Probengeometrie, Wärmekontakten innerhalb der Probe und zum Halter, Wärmestrahlung). Bei wärmeempfindlichen Proben ist die Möglichkeit der Temperaturerhöhung zu berücksichtigen, unter Umständen hilft die Benutzung eines Kühlhalters.

Schließlich wollen wir den Fall betrachten, dass die durch die Elektronen zugeführte Energie größer als die in Abb. 4.16 eingezeichnete „Ablöseenergie" ist. In diesem Fall wird ein Potentialniveau erreicht, auf dem sich das Atom frei bewegen kann. Wenn das eine Vielzahl von Atomen betrifft, schmilzt die Probe. Es kann allerdings auch nur auf einzelne Atome zutreffen, die dann von ihrem angestammten Platz entfernt werden. Im realen Gitter gibt es solche Gitterleerstellen, deren Anzahl als Teil des thermodynamischen Gleichgewichts mit steigender Temperatur wächst. Stöße

---

[5]Johannes Diderik van der Waals, niederländischer Physiker, 1837–1923, Nobelpreis für Physik 1910.

Abb. 4.16 Vereinfachtes Potentialmodell zur Erklärung des Abstandes und des Schwingungsverhaltens der Atome

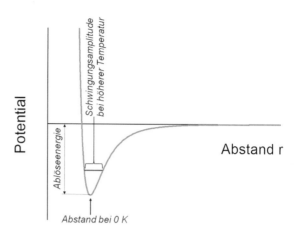

mit Elektronen können zusätzliche Leerstellen hervorrufen oder bestimmte Atome aus dem Gitterverband herauslösen. Häufig betrifft dies Sauerstoff oder Halogene wie Fluor oder Chlor. Es ist leicht einzusehen, dass solche Vorgänge eine materialabhängige Mindestenergie erfordern (auch als Bindungsenergie bezeichnet). Andererseits benötigt eine solche Wechselwirkung eine gewisse (wenn auch sehr kurze) Zeit, d. h. bei sehr hohen Elektronenenergien (und damit -geschwindigkeiten) kann die Wahrscheinlichkeit derartiger Probenschädigungen auch wieder sinken. Aufgrund der Beweglichkeit der Atome im Kristallgitter können elektronenstrahlinduzierte Defekte auch wieder ausheilen, so dass eine konkrete Vorhersage möglicher Schädigungen schwierig ist.

Von Kohlenstoff-Nanoröhren ist bekannt, dass bei „Single Wall Nanotubes" einzelne Kohlenstoffatome bei transmissionselektronenmikroskopischer Beobachtung mit Elektronenenergien von mehr als 86 keV aus dem Röhrenverbund herausgeschossen werden können [5].

Amorphe Festkörper („metallische Gläser") sind häufig thermodynamisch metastabil, und eine geringe Energiezufuhr durch den Elektronenstrahl kann zur begrenzten Kristallisation führen.

Biografische Angaben in den Fußnoten aus https://www.wikipedia.de

Literatur

1. Ishizuka, K., Shirota, K.: Lens-field center alignment for high resolution electron microscopy. Ultramicroscopy **65**, 71–79 (1996)
2. Ruska, E.: Das Entstehen des Elektronenmikroskops und der Elektronenmikroskopie, Nobelvortrag am 08.12.1986, Stockholm, veröffentlicht. Phys. Bl. **43**, 271 ff. (1987)
3. Heide, H.G.: Die Objektverschmutzung im Elektronenmikroskop und das Problem der Strahlenschädigung durch Kohlenstoffabbau. Z. Angew. Phys. **15**, 116–128 (1963)
4. London, F.: Zur Theorie und Systematik der Molekularkräfte. Z. Phys. **63**, 245–279 (1930)
5. Smith, B.W., Luzzi, D.E.: Electron irradiation effects in single wall carbon nanotubes. J. Appl. Phys. **90**, 3509–3515 (2001)

Wir schalten um auf Elektronenbeugung

5

Ziel

Ein großer Vorteil des Transmissionselektronenmikroskops ist es, dass auf einfache Weise zwischen Abbildung und Beugung sehr kleiner Strukturen in einer dünnen Probe umgeschaltet werden kann. Dadurch wird die Zuordnung von morphologischen und kristallografischen Materialeigenschaften möglich. Wir wollen erklären, wieso überhaupt Elektronenbeugungsmuster entstehen und was an den Linsen innerhalb des Elektronenmikroskops geändert werden muss, damit dieses Umschalten zwischen Abbildung und Beugung funktioniert. Schließlich wollen wir erläutern, welche materialwissenschaftlichen Erkenntnisse aus den Beugungsmustern erhalten werden können. Dazu ist es notwendig, einige kristallografische Grundkenntnisse zu vermitteln.

5.1 Wieso Beugungsreflexe?

Zunächst wollen wir einen kleinen Ausflug in die Wissenschaftsgeschichte unternehmen. Bis etwa 1910 waren zwei wichtige Fragen der Physik ungeklärt:

1. Welcher Natur sind die 1895 von Wilhelm Conrad Röntgen[1] entdeckten „X-Strahlen"?
2. Sind die Atome eines Festkörpers periodisch in Kristallgittern angeordnet?

Basierend auf Überlegungen von A. Sommerfeld[2] hatte Max von Laue[3] die Idee, beide Fragen durch ein Experiment zu beantworten: Wenn die Röntgenstrahlen Wellencharakter haben und die Atome in Abständen in der Größenordnung der angenom-

---

[1] Wilhelm Conrad Röntgen, deutscher Physiker, 1845–1923, Nobelpreis für Physik 1901 (erster Physik-Nobelpreis).
[2] Arnold Sommerfeld, deutscher Physiker, 1868–1951.
[3] Max von Laue, deutscher Physiker, 1879–1960, Nobelpreis für Physik 1914.

© Der/die Autor(en), exklusiv lizenziert an Springer-Verlag GmbH, DE, ein Teil von Springer Nature 2023
J. Thomas und T. Gemming, *Analytische Transmissionselektronenmikroskopie*,
https://doi.org/10.1007/978-3-662-66723-1_5

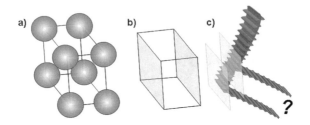

Abb. 5.1 Beugungsexperiment an Kristallen. a) Periodische Anordnung von Atomen im Kristall-gitter. b) Ausgewählte Kristallebenen („Netzebenen"). c) Netzebenen wirken wie halbdurchlässige Spiegel: Die Welle wird teilweise reflektiert

menen Röntgen-Wellenlänge periodisch angeordnet sind, dann sind bei Durchstrah-lung des Kristalls Beugungsreflexe zu erwarten. Und tatsächlich fanden W. Friedrich[4] und P. Knipping[5] nach dem Experiment mit einem Zinkblendekristall keine gleich-mäßig geschwärzte Fotoplatte sondern einzelne, besonders schwarze Flecken, die Beugungsreflexe ([1], [2], [3]). Das Experiment wurde 1927 von C. Davisson[6] und L. H. Germer[7] mit Elektronen an einem Nickelkristall wiederholt [4].

Wie kam Max von Laue auf seine Idee?

Zur Erklärung greifen wir auf ein Modell zurück, das von W. H. und W. L. Bragg[8] erdacht wurde [5], [6].

Abb. 5.1 soll uns das veranschaulichen. In Abb. 5.1a sind acht Atome gezeich-net, die periodisch, d. h. gitterartig angeordnet sind. Das Gitter wird durch die Verbindungslinien hervorgehoben. Davon wählen wir zwei parallele Ebenen aus (Abb. 5.1b). Derartige Gitterebenen werden als *Netzebenen* bezeichnet. Wir stellen uns diese Ebenen als teilweise durchlässige Spiegel vor, auf die unter flachem Winkel eine Welle (hier: Elektronenwelle) fällt. Die Welle wird teilweise an der vorderen, teilweise an der hinteren Netzebene reflektiert, so dass wir in Reflexionsrichtung zwei Wellen haben, die sich überlagern, die miteinander interferieren (Abb. 5.1c).

Auch diese Überlagerung wollen wir uns veranschaulichen, und zwar in Abb. 5.2. Die Bilder sind Momentaufnahmen der an den Netzebenen teilweise reflektierten Wellen bei zwei unterschiedlichen Wellenlängen. Die Teilbilder b) und e) zeigen den Moment, in dem ein Wellental die rechte Netzebene erreicht und teilweise reflek-tiert wird. Der Rest der Welle durchdringt diese Netzebene und wird an der linken reflektiert. Dabei legt sie einen zusätzlichen Weg zurück, trifft dann wieder auf die erste Teilwelle und interferiert mit ihr. Im Allgemeinen sind die beiden reflektier-ten Teilwellen infolge des zusätzlich zurückgelegten Weges der zweiten Teilwelle *(Gangunterschied)* gegeneinander phasenverschoben, d. h. Wellental trifft nicht auf

---

[4]Walter Friedrich, deutscher Biophysiker, 1883–1968.
[5]Paul Knipping, deutscher Physiker, 1883–1935.
[6]Clint Davisson, amerikanischer Physiker, 1881–1958.
[7]Lester H. Germer, amerikanischer Physiker, 1896–1971.
[8]William Henry Bragg und William Lawrence Bragg: australisch/englische Physiker (Vater und Sohn), 1862 – 1942 bzw. 1890 – 1971, Nobelpreis für Physik 1915.

Abb. 5.2 Interferenz von Elektronenwellen nach Streuung an Kristallebenen. a)–c) Destruktive Interferenz (Auslöschung). d)–f) Konstruktive Interferenz bei veränderter Wellenlänge (Verstärkung). Die Bilder sind Momentaufnahmen der fortschreitenden Wellen. Bei b) bzw. e) hat gerade ein Wellental die rechte Netzebene erreicht und wird reflektiert

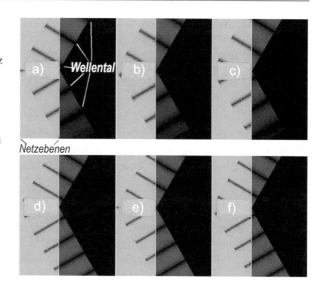

Wellental. Das Ergebnis ist eine Verminderung der Amplitude der resultierenden Welle. Wir können durch Verändern der Wellenlänge allerdings erreichen, dass doch Wellental auf Wellental trifft, d. h. eine Verstärkung der resultierenden Welle eintritt. Offenbar muss der Gangunterschied gerade ein ganzzahliges Vielfaches der Wellenlänge λ sein.

Wir wollen nun anhand von Abb. 5.3 überlegen, wovon der Gangunterschied zwischen den beiden Teilwellen abhängt. Wir abstrahieren: Die Wellen charakterisieren wir durch die Vektoren k_0 und k (Wellenzahlvektoren), die in die Ausbreitungsrichtung der einfallenden bzw. der reflektierten Welle zeigen. Den Abstand der beiden reflektierenden Netzebenen bezeichnen wir mit d, den Winkel zwischen dem Wellenzahlvektor der einfallenden Welle und der Netzebene mit $\theta/2$. Nach dem Reflexionsgesetz ist er gleich dem Winkel zwischen der Netzebene und dem Wellenzahlvektor der reflektierten Welle. Wie bereits in Abb. 5.2 dargestellt, wird das

Abb. 5.3 Zur Berechnung des Gangunterschiedes bei Beugung einer Welle an zwei Netzebenen innerhalb eines Kristalls

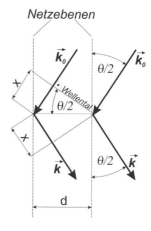

eingezeichnete Wellental auch in Abb. 5.3 direkt an der rechten Netzebene reflektiert. Im durch diese Netzebene hindurchgehenden Teil der Welle, der dann an der linken Netzebene reflektiert wird, muss dieses Wellental zweimal die Distanz x zusätzlich zurücklegen. Der Gangunterschied ist also

$$\Delta s = 2 \cdot x \, . \tag{5.1}$$

Wir wissen bereits, dass konstruktive Interferenz mit maximaler Verstärkung auftritt, wenn dieser Gangunterschied ein ganzzahliges Vielfaches der Wellenlänge λ ist. Mit n als ganzer Zahl gilt damit als Bedingung für ein Intensitätsmaximum:

$$\mathrm{n} \cdot \lambda = 2 \cdot x \, . \tag{5.2}$$

Da Winkel, deren Schenkel paarweise senkrecht aufeinander stehen, gleich groß sind, ist auch der Winkel zwischen dem eingezeichneten Wellental und der Abstandsgeraden d zwischen den Netzebenen gleich $\theta/2$. Das Wellental erstreckt sich senkrecht zur Ausbreitungsrichtung. Damit lesen wir aus Abb. 5.3 ab:

$$x = d \cdot \sin \frac{\theta}{2} \tag{5.3}$$

bzw.

$$\mathrm{n} \cdot \lambda = 2 \cdot d \cdot \sin \frac{\theta}{2} \, . \tag{5.4}$$

Diese Gleichung ist fundamental für die Beugung und ist als Braggsches Gesetz bekannt. Es gibt an, unter welchen Winkeln Beugungsmaxima („Beugungsreflexe") zu erwarten sind. In der Regel ist die Wellenlänge bekannt, so dass aus den gemessenen Winkeln die Netzebenenabstände d berechnet werden können, die ein maßgebliches Kennzeichen der Kristalle sind.

Welche Größenordnung ist für diese Winkel bei der Elektronenbeugung im Transmissionselektronenmikroskop zu erwarten? In Abb. 1.6 war die Wellenlänge in Abhängigkeit von der Beschleunigungsspannung aufgetragen. Für die im Transmissionselektronenmikroskop üblichen Beschleunigungsspannungen liegt die Wellenlänge bei wenigen Pikometern, sagen wir bei typischerweise 3 pm. Die Netzebenenabstände hängen selbstverständlich vom Material ab, nehmen wir für unsere Abschätzung 0,3 nm an. Mit diesen Werten erhalten wir für das erste Beugungsmaximum (n = 1) einen Winkel von etwa 0,01 rad = 10 mrad $\approx 0{,}6°$. Im Unterschied zur Röntgenbeugung können wir bei derartig kleinen Winkeln

$$\sin \frac{\theta}{2} = \frac{\theta}{2} \tag{5.5}$$

setzen und erhalten als *Grundgleichung für die Elektronenbeugung*

$$\mathrm{n} \cdot \lambda = d \cdot \theta \, . \tag{5.6}$$

Abb. 5.4 Bezeichnung von
Achsen und Winkeln in einer
Elementarzelle

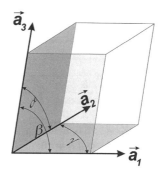

5.2   Kristallgitter und Netzebenen

Wir wollen uns nun der Frage widmen, welche Netzebenenabstände im Kristall zu
erwarten sind. Die Elemente und Verbindungen bilden unterschiedliche Kristalle,
die Werkstoffspezialisten sprechen von unterschiedlichen „Phasen".

> *Achtung! „Werkstoffphasen" nicht mit der Phase einer Welle verwechseln!*

Die Unterschiede zwischen den Kristallen können sich in unterschiedlichen Kristall-
formen und in unterschiedlichen Atomabständen äußern. Zur Kennzeichnung wird
eine Elementarzelle eingeführt, deren periodische Aneinanderreihung das gesamte
Kristallgitter ergibt. Diese Elementarzelle wird in Form und Größe durch drei Achsen
und drei Winkel beschrieben (s. Abb. 5.4). Wir wollen die drei Achsen mit a_1, a_2 und
a_3 bezeichnen, in der Literatur sind auch a, b und c dafür gebräuchlich. Der Winkel
α zwischen a_2 und a_3 liegt gegenüber der Achse a_1 in der a_2-a_3-Ebene, der Winkel β
gegenüber der Achse a_2 in der a_1-a_3-Ebene und der Winkel γ gegenüber der Achse
a_3 in der a_1-a_2-Ebene. Aus den Achsen- und Winkelrelationen ergeben sich sieben Kristallsysteme (s. Tab. 5.1). Das kubische System hat die höchste Symmetrie,
das trikline die niedrigste. Die Symmetrieeigenschaften der Kristallgitter werden im
Allgemeinen durch Raumgruppen beschrieben (vgl. Tab. 5.2). Das Pearson[9]-Symbol
ist eine andere Bezeichnungsweise, aus der das Kristallsystem sofort ersichtlich ist
(siehe [8]).

Richtungen im Kristall werden durch eine Linearkombination der drei Vektoren
a_1, a_2, a_3 beschrieben und durch ein Zahlentripel in eckigen Klammern bezeichnet:

> *[h k l] entspricht der Richtung $h \cdot a_1 + k \cdot a_2 + l \cdot a_3$.*

---

[9]Frederic Pearson Treadwell, amerikanisch-schweizer Chemiker, 1857–1918.

Tab. 5.1 Definition der sieben Kristallsysteme [7]

Nr.	Kristallsystem	Achsenlängen	Achsenwinkel
1	Kubisch	$a_1 = a_2 = a_3$	$\alpha = \beta = \gamma = 90°$
2	Tetragonal	$a_1 = a_2 \neq a_3$	$\alpha = \beta = \gamma = 90°$
3	Orthorhombisch	$a_1 \neq a_2 \neq a_3$	$\alpha = \beta = \gamma = 90°$
4	Hexagonal (auch: trigonal mit hexagonalen Achsen)	$a_1 = a_2 \neq a_3$	$\alpha = \beta = 90°, \gamma = 120°$
5	Rhomboedrisch (trigonal mit rhomboedrischen Achsen)	$a_1 = a_2 = a_3$	$\alpha = \beta = \gamma \neq 90°$
6	Monoklin	$a_1 \neq a_2 \neq a_3$	$\alpha = \gamma = 90°, \beta$ beliebig
7	Triklin	$a_1 \neq a_2 \neq a_3$	$\alpha \neq \beta \neq \gamma$, beliebig

Tab. 5.2 Zuordnung der Raumgruppen zu den Kristallsystemen

Kristallsystem	Raumgruppen	PEARSON-Symbol
Kubisch	Nr. 195 bis 230 (Anzahl: 36)	cP, cI, cF
Tetragonal	Nr. 75 bis 142 (Anzahl: 68)	tP, tI
Orthorhombisch	Nr. 16 bis 74 (Anzahl: 59)	oP, oI, oF, oC, oA, oB
Hexagonal	Nr. 168 bis 194 (Anzahl: 27)	hP, hR
Rhomboedrisch (auch: trigonal mit hexagonalen oder rhomboedrischen Achsen)	Nr. 143 bis 167 (Anzahl: 25)	hP, hR
Monoklin	Nr. 3 bis 15 (Anzahl: 59)	mP, mC, mA, mI
Triklin	Nr. 1 und 2 (Anzahl: 2)	aP

Die drei Kristallachsen tragen demzufolge die Bezeichnungen [100], [010] und [001].

Außer an den Ecken der Elementarzelle befinden sich im Allgemeinen auch Atome im Inneren derselben. Zu deren Beschreibung muss entweder zu dem Kristallsystem eine zusätzliche Information über die *Packungsart* gegeben werden (s. Tab. 5.3), oder die Positionen der inneren Atome werden unter Kenntnis der für die Raumgruppen bekannten Symmetrieeigenschaften aus wenigen Grundpositionen berechnet. Die Ermittlung der Raumgruppe und dieser Grundpositionen ist Ziel der Bestimmung der Kristallstruktur einer unbekannten Phase.

Tab. 5.3 Zahl und Anordnung der Atome in der Elementarzelle bei verschiedenen Packungsarten

Nr.	Packungsart	Atomzahl	Atompositionen	Schema der Elementarzelle
1	primitiv (Raumgruppen P...)	1	0,0,0	
2	raumzentriert (Raumgruppen I...)	2	0,0,0 1/2,1/2,1/2	
3	flächenzentriert (allseitig) (Raumgruppen F...)	4	0,0,0 1/2,1/2,0 1/2,0,1/2 0,1/2,1/2	
4	basisflächenzentriert (Basisfläche C ist Grundfläche) (Raumgruppen C...)	2	0,0,0 1/2,1/2,0	
5	Diamantgitter	8	0,0,0 1/2,1/2,0 1/2,0,1/2 0,1/2,1/2 1/4,1/4,1/4 1/4,3/4,1/4 3/4,1/4,3/4 1/4,3/4,3/4	
6	hexagonal dichteste Kugelpackung (Raumgruppen R...)	2	2/3,1/3,1/4 1/3,2/3,3/4	

In der elektronenmikroskopischen Beugungspraxis ist die Zuordnung eines gemessenen Beugungsmusters zu einer bekannten Phase die weitaus häufigste Aufgabenstellung. Wir wollen an einem einfachen Beispiel erklären, wie die für die Berechnung eines Beugungsmusters notwendigen kristallografischen Strukturdaten (Abmessungen der Elementarzelle und Atompositionen innerhalb derselben) aus den in der Literatur üblichen Angaben gewonnen werden können. Als Beispiel benutzen wir Natriumchlorid (NaCl). Zunächst brauchen wir eine Datenbasis oder eine Literaturstelle, die Informationen zur angenommenen Phase NaCl enthält. Wir kön-

Tab. 5.4 Kristallografische Daten für NaCl

Zellparameter: 5,34 Å; 5,64 Å; 5,64 Å;   90°; 90°; 90°

Volumen: 179,41 Å^2

Raumgruppe: Fm-3 m (225); Pearson-Symbol: cF8

Element	Wykoff-Symbol	x	y	z
Na	4a	0,000	0,000	0,000
Cl	4b	0,500	0,500	0,500

nen im „Pearson", einem Buch mit Zusammenstellung der kristallografischen Daten bekannter Phasen [8] oder im Internet in der „Inorganic Crystal Structures Database" [9] nachschauen, wozu eine Lizenz erforderlich ist. Bei neuen, d. h. erst vor kurzer Zeit entdeckten Phasen, hilft oft ein Blick in die aktuellen wissenschaftlichen Publikationen weiter.

Für NaCl finden wir die in Tab. 5.4 aufgelisteten Daten.

Mitunter werden die Maßeinheiten auch weggelassen. In der ersten Zeile finden wir als Zellparameter die Längen der Achsen a_1, a_2, a_3 (auch als Gitterkonstanten bezeichnet) und die Winkel α, β und γ zwischen den Achsen. In der zweiten Zeile steht das Volumen der Elementarzelle, das aus den Zellparametern folgt. Die dritte Zeile beinhaltet die Raumgruppe (F: Flächenzentrierung) mit Nummer und das Pearson-Symbol, welches aussagt, dass es sich um ein kubisch flächenzentriertes System mit acht Atomen in der Elementarzelle handelt.

Wie errechnen wir aber nun die Positionen der acht Atome? Dabei helfen uns die Angaben in den beiden unteren Zeilen in Verbindung mit Kenntnis der Raumgruppe. Für den Praktiker ist es am einfachsten, wenn er dafür ein geeignetes Computerprogramm zur Verfügung hat. Er kann aber auch die „International Tables for Crystallography" [7] benutzen. Dort sind die Berechnungsvorschriften für die Atompositionen für alle Raumgruppen aufgelistet. In Abb. 5.5 ist als Beispiel eine der Seiten für die Raumgruppe 225 gezeigt.

Die mit A bezeichnete Zeile beschreibt, dass es sich um eine flächenzentrierte Elementarzelle handelt. Zu jeder der später folgenden Positionen sind die Tripel $(0, 0, 0)$, $(0, 1/2, 1/2)$, $(1/2, 0, 1/2)$ bzw. $(1/2, 1/2, 0)$ zu addieren, d. h. aus einer Positionsangabe werden vier Atompositionen ausgerechnet. Für die Positionsangaben benötigen wir die zwei letzten Zeilen im Datensatz der Tab. 5.4. Für Natrium gilt: $x = 0$, $y = 0$, $z = 0$. Diese Werte könnten wir in die in Abb. 5.5 unter Zeile A stehenden Vervielfältigungsvorschriften (1) bis (48) einsetzen und die Dopplungen streichen ($\overline{x} = -x$). Wir sehen aber, dass in unserem Fall (0,0,0) alle Vervielfältigungen immer nur auf das Tripel (0,0,0) führen, d. h. nur auf ein Na-Atom. Mit Berücksichtigung der Flächenzentrierung erhalten wir für die Na-Positionen:

$$(0, 0, 0) + (0, 0, 0) = (0, 0, 0),$$
$$(0, 1/2, 1/2) + (0, 0, 0) = (0, 1/2, 1/2),$$
$$(1/2, 0, 1/2) + (0, 0, 0) = (1/2, 0, 1/2)$$
$$(1/2, 1/2, 0) + (0, 0, 0) = (1/2, 1/2, 0).$$

Wir können uns das Ganze etwas vereinfachen, indem wir die Wyckoff[10]-Symbole beachten. Für Na gilt 4a. 4 ist die Zahl der Na-Atompositionen und a ist eine Angabe zur Symmetrie der Positionen. Wir finden das Symbol am linken Rand der unteren Zeile von Block B in Abb. 5.5. Dort ist sofort die eine Positionsangabe (0,0,0) abzulesen. Analog folgt für das Chlor-Atom aus der oberen Zeile von Block B: ($^{1}/_{2}$, $^{1}/_{2}$, $^{1}/_{2}$) und für die vier Cl-Positionen:

$$(0, 0, 0) + (^{1}/_{2}, ^{1}/_{2}, ^{1}/_{2}) = (^{1}/_{2}, ^{1}/_{2}, ^{1}/_{2}),$$
$$(0, ^{1}/_{2}, ^{1}/_{2}) + (^{1}/_{2}, ^{1}/_{2}, ^{1}/_{2}) = (^{1}/_{2}, 0, 0),$$
$$(^{1}/_{2}, 0, ^{1}/_{2}) + (^{1}/_{2}, ^{1}/_{2}, ^{1}/_{2}) = (0, ^{1}/_{2}, 0),$$
$$(^{1}/_{2}, ^{1}/_{2}, 0) + (^{1}/_{2}, ^{1}/_{2}, ^{1}/_{2}) = (0, 0, ^{1}/_{2}).$$

Hier verwundert, dass für die Summe $^{1}/_{2} + ^{1}/_{2} = 0$ geschrieben wird. Um dies zu verstehen, müssen wir beachten, was beispielweise mit der Angabe $x = ^{1}/_{2}$ gemeint ist. Dies ist bezogen auf die Achsenlänge a_1, d.h. exakt müsste $x = \frac{1}{2} \cdot a_1$ geschrieben werden. Wegen der Translationseigenschaft des Gitters wiederholt sich die Elementarzelle; das Atom an Position (1,0,0) ist dasselbe wie das an Position (0,0,0). Dies gilt analog für die beiden anderen Achsen, d.h. die Koordinaten der Atompositionen beziehen sich immer auf die Achsenlängen und sind deshalb Zahlen zwischen 0 und < 1.

Ein weitverbreiteter Standard zur Speicherung und zum Austausch von Kristallstrukturdaten ist das CIF-Format. Diese Textdateien können mit jedem Texteditor gelesen werden und erklären sich mit dem in diesem Abschnitt erlangten Wissen „von selbst".

Zur Beschreibung der Netzebenen gehen wir von einer beliebigen Elementarzelle aus.

Eine Kristallebene wird durch ein Zahlentripel (hkl) beschrieben, wobei $1/h$, $1/k$ und $1/l$ die Schnittpunkte der Ebene mit den Achsen a_1, a_2 bzw. a_3 der Elementarzelle sind.

Verläuft eine Ebene parallel zu einer Achse, so liegt der Schnittpunkt beider im Unendlichen. Der Kehrwert ist Null. Beispielsweise ist also die (100)-Ebene die a_2-a_3-Ebene. In Abb. 5.6 sind Beispiele für Netzebenen im kubischen, tetragonalen und hexagonalen Kristallsystem gezeichnet.

---

[10]Ralph Walter Graystone Wyckoff, amerikanischer Kristallograph, 1897–1994.

CONTINUED   No. 225 $Fm\bar{3}m$

Generators selected   (1); $t(1,0,0)$; $t(0,1,0)$; $t(0,0,1)$; $t(0,\tfrac{1}{2},\tfrac{1}{2})$; $t(\tfrac{1}{2},0,\tfrac{1}{2})$;   (2);   (3);   (5);   (13);   (25)

Positions

Multiplicity, Wyckoff letter, Site symmetry	Coordinates				Reflection conditions
	$(0,0,0)+$	$(0,\tfrac{1}{2},\tfrac{1}{2})+$	$(\tfrac{1}{2},0,\tfrac{1}{2})+$	$(\tfrac{1}{2},\tfrac{1}{2},0)+$ **A**	h,k,l permutable

General:

192 l 1

(1) x,y,z (2) $\bar{x},\bar{y},z$ (3) $\bar{x},y,\bar{z}$ (4) $x,\bar{y},\bar{z}$
(5) z,x,y (6) $z,\bar{x},\bar{y}$ (7) $\bar{z},\bar{x},y$ (8) $\bar{z},x,\bar{y}$
(9) y,z,x (10) $\bar{y},z,\bar{x}$ (11) $y,\bar{z},\bar{x}$ (12) $\bar{y},\bar{z},x$
(13) $y,x,\bar{z}$ (14) $\bar{y},\bar{x},\bar{z}$ (15) $y,\bar{x},z$ (16) $\bar{y},x,z$
(17) $x,z,\bar{y}$ (18) $\bar{x},z,y$ (19) $\bar{x},\bar{z},\bar{y}$ (20) $x,\bar{z},y$
(21) $z,y,\bar{x}$ (22) $z,\bar{y},x$ (23) $\bar{z},y,x$ (24) $\bar{z},\bar{y},\bar{x}$
(25) $\bar{x},\bar{y},\bar{z}$ (26) $x,y,\bar{z}$ (27) $x,\bar{y},z$ (28) $\bar{x},y,z$
(29) $\bar{z},\bar{x},\bar{y}$ (30) $\bar{z},x,y$ (31) $z,x,\bar{y}$ (32) $z,\bar{x},y$
(33) $\bar{y},\bar{z},\bar{x}$ (34) $y,\bar{z},x$ (35) $\bar{y},z,x$ (36) $y,z,\bar{x}$
(37) $\bar{y},\bar{x},z$ (38) y,x,z (39) $\bar{y},x,\bar{z}$ (40) $y,\bar{x},\bar{z}$
(41) $\bar{x},\bar{z},y$ (42) $x,\bar{z},\bar{y}$ (43) x,z,y (44) $\bar{x},z,\bar{y}$
(45) $\bar{z},\bar{y},x$ (46) $\bar{z},y,\bar{x}$ (47) $z,\bar{y},\bar{x}$ (48) z,y,x

$hkl : h+k,h+l,k+l = 2n$
$0kl : k,l = 2n$
$hhl : h+l = 2n$
$h00 : h = 2n$

Special: as above, plus

96 k $..m$

x,x,z $\bar{x},\bar{x},z$ $\bar{x},x,\bar{z}$ $x,\bar{x},\bar{z}$ z,x,x $z,\bar{x},\bar{x}$
$\bar{z},\bar{x},x$ $\bar{z},x,\bar{x}$ x,z,x $\bar{x},z,\bar{x}$ $x,\bar{z},\bar{x}$ $\bar{x},\bar{z},x$
$x,x,\bar{z}$ $\bar{x},\bar{x},\bar{z}$ $x,\bar{x},z$ $\bar{x},x,z$ $x,z,\bar{x}$ $\bar{x},z,x$
$\bar{x},\bar{z},\bar{x}$ $x,\bar{z},x$ $z,x,\bar{x}$ $z,\bar{x},x$ $\bar{z},x,x$ $\bar{z},\bar{x},\bar{x}$

no extra conditions

96 j $m..$

$0,y,z$ $0,\bar{y},z$ $0,y,\bar{z}$ $0,\bar{y},\bar{z}$ $z,0,y$ $z,0,\bar{y}$
$\bar{z},0,y$ $\bar{z},0,\bar{y}$ $y,z,0$ $\bar{y},z,0$ $y,\bar{z},0$ $\bar{y},\bar{z},0$
$y,0,\bar{z}$ $\bar{y},0,\bar{z}$ $y,0,z$ $\bar{y},0,z$ $0,z,\bar{y}$ $0,z,y$
$0,\bar{z},\bar{y}$ $0,\bar{z},y$ $z,y,0$ $z,\bar{y},0$ $\bar{z},y,0$ $\bar{z},\bar{y},0$

no extra conditions

48 i $m.m2$

$\tfrac{1}{4},y,y$ $\tfrac{1}{4},\bar{y},y$ $\tfrac{1}{4},y,\bar{y}$ $\tfrac{1}{4},\bar{y},\bar{y}$ $y,\tfrac{1}{4},y$ $y,\tfrac{1}{4},\bar{y}$
$\bar{y},\tfrac{1}{4},y$ $\bar{y},\tfrac{1}{4},\bar{y}$ $y,y,\tfrac{1}{4}$ $\bar{y},y,\tfrac{1}{4}$ $y,\bar{y},\tfrac{1}{4}$ $\bar{y},\bar{y},\tfrac{1}{4}$

no extra conditions

48 h $m.m2$

$0,y,y$ $0,\bar{y},y$ $0,y,\bar{y}$ $0,\bar{y},\bar{y}$ $y,0,y$ $y,0,\bar{y}$
$\bar{y},0,y$ $\bar{y},0,\bar{y}$ $y,y,0$ $\bar{y},y,0$ $y,\bar{y},0$ $\bar{y},\bar{y},0$

no extra conditions

48 g $2.mm$

$x,\tfrac{1}{4},\tfrac{1}{4}$ $\bar{x},\tfrac{1}{4},\tfrac{1}{4}$ $\tfrac{1}{4},x,\tfrac{1}{4}$ $\tfrac{1}{4},\bar{x},\tfrac{1}{4}$ $\tfrac{1}{4},\tfrac{1}{4},x$ $\tfrac{1}{4},\tfrac{1}{4},\bar{x}$
$\tfrac{1}{4},x,\tfrac{1}{4}$ $\tfrac{1}{4},\bar{x},\tfrac{1}{4}$ $x,\tfrac{1}{4},\tfrac{1}{4}$ $\bar{x},\tfrac{1}{4},\tfrac{1}{4}$ $\tfrac{1}{4},\tfrac{1}{4},x$ $\tfrac{1}{4},\tfrac{1}{4},\bar{x}$

$hkl : h = 2n$

32 f $.3m$

x,x,x $\bar{x},\bar{x},x$ $\bar{x},x,\bar{x}$ $x,\bar{x},\bar{x}$
$x,x,\bar{x}$ $\bar{x},\bar{x},\bar{x}$ $x,\bar{x},x$ $\bar{x},x,x$

no extra conditions

24 e $4m.m$ $x,0,0$ $\bar{x},0,0$ $0,x,0$ $0,\bar{x},0$ $0,0,x$ $0,0,\bar{x}$

no extra conditions

24 d $m.mm$ $0,\tfrac{1}{4},\tfrac{1}{4}$ $0,\tfrac{3}{4},\tfrac{1}{4}$ $\tfrac{1}{4},0,\tfrac{1}{4}$ $\tfrac{1}{4},0,\tfrac{3}{4}$ $\tfrac{1}{4},\tfrac{1}{4},0$ $\tfrac{3}{4},\tfrac{1}{4},0$

$hkl : h = 2n$

8 c $\bar{4}3m$ $\tfrac{1}{4},\tfrac{1}{4},\tfrac{1}{4}$ $\tfrac{1}{4},\tfrac{1}{4},\tfrac{1}{4}$

$hkl : h = 2n$

4 b $m\bar{3}m$ $\tfrac{1}{2},\tfrac{1}{2},\tfrac{1}{2}$ **B**

no extra conditions

4 a $m\bar{3}m$ $0,0,0$

no extra conditions

Symmetry of special projections

Along [001] $p\,4mm$
$a'=\tfrac{1}{2}a$ $b'=\tfrac{1}{2}b$
Origin at $0,0,z$

Along [111] $p\,6mm$
$a'=\tfrac{1}{6}(2a-b-c)$ $b'=\tfrac{1}{6}(-a+2b-c)$
Origin at x,x,x

Along [110] $c\,2mm$
$a'=\tfrac{1}{2}(-a+b)$ $b'=c$
Origin at $x,x,0$

679

Abb. 5.5 S. 679 aus den „International Tables of Crystallography", Vol. A, zur Raumgruppe 225 ([7] – Erläuterungen im Text)

Abb. 5.6 Verschiedene
Netzebenen im a) kubischen,
b) tetragonalen und
c) hexagonalen
Kristallsystem

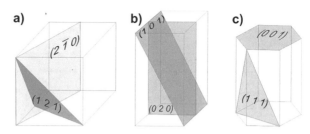

Die Indizes h, k, l werden auch als Millersche[11] Indizes bezeichnet. Manchmal wird behauptet, dass die Richtung $[hkl]$ senkrecht auf der Netzebene (hkl) steht. Doch Vorsicht, allgemein gilt das nur im kubischen System.

Für die Beugungswinkel sind die Netzebenenabstände interessant. Wir berücksichtigen nunmehr die Indizierung der Netzebenen und präzisieren die Gleichung (5.6):

$$\text{n} \cdot \lambda = d_{hkl} \cdot \theta_{hkl} \tag{5.7}$$

d. h. jeder Netzebenenabstand hat seinen eigenen Beugungswinkel.

Bei der Berechnung der Netzebenenabstände d_{hkl} muss die Form der Elementarzelle berücksichtigt werden, d. h. es müssen für die verschiedenen Kristallsysteme unterschiedliche Formeln benutzt werden. In Tab. 5.5 sind diese Formeln zusammengestellt, die Grundlagen dazu sind in → Abschn. 10.5.1 erläutert.

Für das hexagonale System gibt es hinsichtlich der Indizierung eine Besonderheit: Ebenen und Richtungen werden häufig mit vier Indizes gekennzeichnet. Dies ist nicht zwingend notwendig, erleichtert aber das Erkennen kristallografisch gleichartiger Richtungen im hexagonalen System. Um das zu verstehen, stellen wir uns zunächst ein kubisches System vor. Die Würfelachsen [1 0 0], [0 1 0], [0 0 1] sind kristallografisch gleichartig. Das ist sofort zu sehen: Die Indizierungen enthalten die gleichen Zahlenkombinationen. Anders sieht es bei der dreizähligen Indizierung $[uvw]$ im hexagonalen System aus. Gleichberechtigt mit den beiden Achsen [1 0 0] und [0 1 0] ist die Richtung [1 1 0]. Wird eine vierzählige Indizierung $[qrst]$ nach der Vorschrift

$$q = \frac{1}{3}\,(2 \cdot u - v)\,, \;\; r = \frac{1}{3}\,(2 \cdot v - u)\,, \;\; s = -\frac{1}{3}\,(u + v)\,, \;\; t = w \tag{5.8}$$

($[uvw]$: dreizählige Indizierung) eingeführt, so erhalten wir anstelle von [1 0 0] nunmehr [2/3 -1/3 -1/3 0] bzw. nach Erweiterung mit drei: [2 -1 -1 0]. Die Richtung [0 1 0] wird zu [-1 2 -1 0] und die Richtung [1 1 0] zu [1 1 -2 0]. Wir sehen, vom Vorzeichen abgesehen treten die gleichen Zahlen auf. Details der Indizierung hexagonaler Systeme werden u. a. in [10] und [11] diskutiert.

---

[11] William Hallowes Miller, britischer Kristallograph, 1801–1880.

Tab. 5.5 Berechnungsformeln für die Netzebenenabstände d_{hkl} in den sieben Kristallsystemen. (Die Indizes hkl sind kursiv geschrieben, um im Druckbild das l von der 1 (eins) unterscheiden zu können.)

Kristallsystem	Netzebenenabstände
kubisch $a_1 = a_2 = a_3$ $\alpha = \beta = \gamma = 90°$	$d_{hkl} = \dfrac{a_1}{\sqrt{h^2 + k^2 + l^2}}$
tetragonal $a_1 = a_2 \neq a_3$ $\alpha = \beta = \gamma = 90°$	$d_{hkl} = \dfrac{1}{\sqrt{\dfrac{h^2 + k^2}{a_1^2} + \dfrac{l^2}{a_3^2}}}$
orthorhombisch $a_1 \neq a_2 \neq a_3$ $\alpha = \beta = \gamma = 90°$	$d_{hkl} = \dfrac{1}{\sqrt{\dfrac{h^2}{a_1^2} + \dfrac{k^2}{a_2^2} + \dfrac{l^2}{a_3^2}}}$
hexagonal $a_1 = a_2 \neq a_3$ $\alpha = \beta = 90°,$ $\gamma = 120°$	$d_{hkl} = \dfrac{1}{\sqrt{\dfrac{4 \cdot (h^2 + h \cdot k + h^2)}{3 \cdot a_2^2} + \dfrac{l^2}{a_3^2}}}$
rhomboedrisch $a_1 = a_2 = a_3$ $\alpha = \beta = \gamma \neq 90°$	$d_{hkl} = \dfrac{1}{\sqrt{\dfrac{h^2}{a_1^2} + \left(-\dfrac{h \cdot \cot\alpha}{a_1} + \dfrac{k}{a_1 \cdot \sin\alpha}\right)^2 + \left(\dfrac{C}{a_1 \cdot \sin\varepsilon}\right)^2 + \dfrac{l^2}{a_1^2}}}$ mit $\cos\varepsilon = \cot\alpha \cdot \sqrt{2 \cdot (1 - \cos\alpha)}$ und $C = h \cdot \left(\cot\alpha \cdot \sqrt{\cos^2\varepsilon - \cos^2\alpha} - \cos^2\alpha\right) - k \cdot \dfrac{\sqrt{\sin^2\varepsilon - \sin^2\alpha}}{\sin\alpha}$
monoklin $a_1 \neq a_2 \neq a_3$ $\alpha = \gamma = 90°,$ β beliebig	$d_{hkl} = \dfrac{1}{\sqrt{\dfrac{h^2}{a_1^2} + \dfrac{k^2}{a_2^2} + \left(-\dfrac{h \cdot \cot\beta}{a_1} + \dfrac{l}{a_3 \cdot \sin\beta}\right)^2}}$
triklin $a_1 = a_2 = a_3$ $\alpha = \beta = \gamma \neq 90°$	$d_{hkl} = \dfrac{1}{\sqrt{\dfrac{h^2}{a_1^2} + C_{hk}^2 + C_{hkl}^2}}$ mit $C_{hk} = -\dfrac{h \cdot \cot\gamma}{a_1} + \dfrac{k}{a_2 \cdot \sin\gamma}$ und $C_{hkl} =$ $\dfrac{h \cdot \cot\gamma \cdot \sqrt{\cos^2\varepsilon - \cos^2\beta} - \cos\beta}{a_1 \cdot \sin\varepsilon} - \dfrac{k \cdot \sqrt{\cos^2\varepsilon - \cos^2\beta}}{a_1 \cdot \sin\gamma \cdot \sin\varepsilon} + \dfrac{l}{a_3 \cdot \sin\alpha}$ sowie $\cos\varepsilon = \dfrac{\sqrt{\cos^2\alpha - 2 \cdot \cos\alpha \cdot \cos\beta \cdot \cos\gamma + \cos^2\beta}}{\sin\gamma}$

5.3   Feinbereichs- und Feinstrahlbeugung

Wir wollen uns nun wieder der Praxis am Elektronenmikroskop zuwenden. Zunächst soll erläutert werden, was an den Linsen geändert werden muss, wenn wir das Beugungsmuster einer kristallinen Probe auf dem Beobachtungsschirm sehen wollen. Bisher sahen wir ein Bild der Probe, erzeugt durch eine mehrstufige Abbildung. Die Brennweiten der Projektivlinsen waren so abgestimmt, dass die reelle Zwischenbildebene des Objektivs auf dem Schirm zu sehen ist. Aus Abschn. 5.1 wissen wir, dass Beugungsmaxima unter ganz bestimmten Winkeln zu beobachten sind. Wenn wir die Ausbreitungsrichtung der Welle (den Wellenzahlvektor) für eine geometrisch-optische Betrachtung als „Strahl" interpretieren, wird ein Beugungsmaximum durch ein Bündel von Strahlen repräsentiert, die parallel zueinander in die Objektivlinse einfallen. Derartige parallele Strahlen werden in der bildseitigen Brennebene des Objektivs vereinigt (vgl. Abschn. 2.7.2), erzeugen dort also einen hellen Beugungsreflex. Die Abb. 5.7 soll das verdeutlichen. Um das Beugungsbild zu sehen, muss die Brennweite des Projektivlinsensystems so eingestellt werden, dass die bildseitige Objektivbrennebene (winkelselektive Ebene) auf dem Beobachtungsschirm abgebildet wird. Oft erfolgt dieses Umstellen durch Hinzuschalten einer zusätzlichen Beugungslinse, der Experimentator hat lediglich den entsprechenden Beugungsknopf (englisch: „Diffraction") auf dem Bedienfeld zu drücken. Zwei Fragen sind noch zu beantworten:

• Welche Voraussetzungen müssen erfüllt sein, damit wir scharfe Reflexe sehen?
• Wie wird aus dem Abstand eines Beugungsreflexes vom Zentrum (d. h. vom Reflex der ungebeugten Welle) der Beugungswinkel ermittelt?

Die Voraussetzung für scharfe Reflexe haben wir stillschweigend bereits in Abb. 5.7 eingezeichnet: Die kristalline Probe wird mit einer ebenen Welle bestrahlt, d. h. wir beleuchten parallel. Diese parallele Beleuchtung wird durch geeignete Erregung der Kondensor-2-Linse (d. h. durch Betätigen des „Intensity"-Knopfes – vgl. Abschn. 2.7.1) eingestellt.

Für die Ermittlung der Netzebenenabstände nach dem Braggschen Gesetz ist der Beugungswinkel θ maßgebend. Fällt ein paralleles Strahlenbündel unter einem Winkel θ zur optischen Achse in das Objektiv mit der Brennweite f_{Obj} ein, so schneiden sich die Strahlen in der bildseitigen Brennebene im Abstand $r_f = \theta \cdot f_{Obj}$

Abb. 5.7 Objektivumgebung bei Feinbereichsbeugung mit paralleler Beleuchtung.
a) Schnitt entlang der optischen Achse.
b) Perspektivische Darstellung

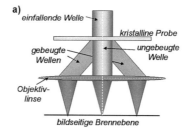
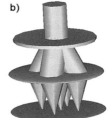

von der optischen Achse (vgl. Abb. 2.19). Das Projektivlinsensystem vergrößert diesen Abstand zusätzlich um M_{Pro}:

$$r = \theta \cdot f_{\text{Obj}} \cdot M_{\text{Pro}} \quad \text{bzw.} \quad \theta = \frac{r}{f_{\text{Obj}} \cdot M_{\text{Pro}}} \tag{5.9}$$

Den Abstand r vom zentralen Reflex (der die Position der ungebeugten Welle angibt) messen wir im Beugungsbild auf dem Schirm, der Fotoplatte oder beim Kamerabild auf dem Monitor. Wenn wir sehr präzise messen, finden wir, dass wegen des Öffnungsfehlers der Objektivlinse die Messwerte systematisch nach unten von den theoretisch erwarteten abweichen und zwar umso mehr, je größer der Beugungswinkel ist.

In der Praxis wird das Produkt aus Objektivbrennweite und Vergrößerung durch die Projektivlinsen als *Kameralänge L* bezeichnet:

$$\theta = \frac{r}{L} \tag{5.10}$$

bzw. für zusammengehörige Reflexabstände und Beugungswinkel:

$$\theta_{hkl} = \frac{r_{hkl}}{L} \tag{5.11}$$

Befänden sich keine Linsen zwischen Probe und Beobachtungsschirm, wäre L der Abstand zwischen den beiden (vgl. Abb. 5.8).

Wenn Objektivbrennweite und Projektivvergrößerung bekannt sind, kann daraus die Kameralänge berechnet werden. Sie wird auch auf dem Mikroskopmonitor nach Umschalten auf Beugung angezeigt. Wir sehen aber auch, dass die Kameralänge von der Brennweiteneinstellung des Objektivs abhängt und somit u. U. variieren kann. Der Praktiker geht deshalb einen anderen Weg: Er misst die Kameralänge anhand des Beugungsdiagramms einer bekannten Substanz. In diesem Zusammenhang lohnt sich ein Blick zurück auf die präzisierte *Grundgleichung für die Elektronenbeugung* (5.7). Wir setzen n = 1 (1. Beugungsmaximum) und berücksichtigen Gl. (5.11):

$$\lambda = d_{hkl} \cdot \frac{r_{hkl}}{L} \quad \text{bzw.} \quad \lambda \cdot L = d_{hkl} \cdot r_{hkl} \tag{5.12}$$

Abb. 5.8 Erläuterung des Begriffs *Kameralänge L*. Bei der Elektronenbeugung im TEM ist $\theta \ll 1$

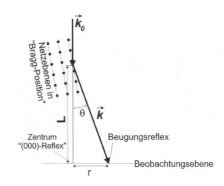

Wichtig ist also nicht die Kameralänge allein, sondern das Produkt aus Kameralänge und Wellenlänge. Natürlich könnten wir die Wellenlänge aus der Beschleunigungsspannung berechnen, aber wenn wir sowieso an einem Standard messen, können wir auch gleich das Produkt bestimmen und damit evtl. Unsicherheiten der Beschleunigungsspannungsangabe ausschließen. Das Produkt $\lambda \cdot L$ wird auch als *Gerätekonstante* bezeichnet und oft in $\mathring{A} \cdot mm$ angegeben. Auf die praktische Ausführung einer solchen Kalibrierungsmessung kommen wir später im Abschn. 5.4 zurück.

Bisher haben wir von der „parallelen Beleuchtung" der Probe gesprochen. Ein Vorteil der Elektronenbeugung im Transmissionselektronenmikroskop ist aber gerade, dass wir besonders kleine Bereiche der Probe auswählen können. Wie geht das? Am einfachsten vorstellbar ist es, nur einen kleinen Teil der Probe zu bestrahlen. Dazu müssen wir das Strahlenbündel mit dem Kondensor 2 zusammenziehen, d. h. die Probe wird nicht mehr parallel beleuchtet, die Reflexe werden unscharf.

Wollen wir bei paralleler Beleuchtung nur einen Teil der Probe bestrahlen, so brauchen wir entweder eine dritte Kondensorlinse oder (und das ist zurzeit der üblichere Weg) eine Gesichtsfeldblende, mit der wir die Größe des beleuchteten Probenbereichs begrenzen.

Naheliegend wäre es, den Halter für diese Blende unmittelbar über der Probe anzuordnen. Die Blendenbohrung sollte kleiner als $1\,\mu m$ sein, um solch kleine Bereiche auch auswählen zu können. Beides ist in der Praxis nicht oder nur schwer zu realisieren. Zur Einstellung der euzentrischen Höhe wird die Probe längs der optischen Achse bewegt, der Blendenhalter müsste mitbewegt werden. Auch Bohrungen von $1\,\mu m$ Durchmesser sind schwer zu beherrschen, denken wir nur an evtl. Verschmutzungen.

Der bessere Weg ist, die Blende in der ersten reellen Zwischenbildebene anzuordnen. Auch hier wirkt sie als *Gesichtsfeldblende,* es ist mehr Platz und die Blendenbohrung wird mit dem Objektiv rückwärts auf die Probe verkleinert. Bei einer angenommenen Objektivvergrößerung von 100 genügt also ein Lochdurchmesser von $0,1\,mm$, um Details von $1\,\mu m$ Größe auszuwählen. Von dieser Auswahl eines „feinen Bereichs" rührt auch die Bezeichnung dieser Methode her:

Feinbereichsbeugung (englisch: „Selected Area Electron Diffraction" – SAED).

Sie wurde bereits 1936 von H. Boersch[12] [12] vorgeschlagen.

Leider sinkt mit abnehmendem Blendendurchmesser auch die Gesamtintensität der Elektronen in der Beobachtungsebene, das Beugungsmuster ist dann schwer erkennbar und eine gezielte Orientierung einer bestimmten kristallografischen Richtung zum Elektronenstrahl fast unmöglich. Hinzu kommt, dass aufgrund der Abbil-

---

[12]Hans Boersch, deutscher Physiker, 1909–1986.

dungsfehler und der Toleranzen bei der Justage der elektronenoptischen Einheiten zueinander das Gesichtsfeld auf der Probe beim Umschalten zwischen Abbildung und Beugung um mehr als 10 nm verschoben sein kann. Bei Auswahl von Bereichen unter ca. 50 nm Größe wäre also die Zuordnung des beugenden Bereiches zum Bild der Probe nicht mehr sicher. Aus diesen Gründen liegt im Allgemeinen die untere Grenze des auswählbaren Bereiches bei der Feinbereichsbeugung bei etwa 50 nm.

Feinbereichsbeugung ist sowohl an polykristallinem Gefüge (Ringdiagramme) als auch an einzelnen Kristallen (Punktdiagramme) möglich. Punktdiagramme sind aber nur zu beobachten, wenn der Kristall größer als der mit der Blende ausgewählte Bereich ist und durch die gesamte Probendicke reicht, d. h. wenn nur ein einzelner Kristall erfasst wird. Es gibt auch Zwischenstadien, deren Aussehen von dem Verhältnis aus der Größe des erfassten Probenbereiches und der Kristallitgröße, d. h. der Anzahl n der zum Beugungsbild beitragenden Kristallite abhängt. Ist diese Zahl groß (n ≫ 10) und sind alle Kristallorientierungen statistisch gleichverteilt, so entstehen Ringdiagramme mit in sich geschlossenen Ringen. Symmetrisch verteilte Intensitätsfluktuationen auf einzelnen Ringen weisen auf kristallografische Vorzugsorientierungen (Texturen) hin (vgl. Abschn. 6.3). Die Ringe sind umso schärfer, je größer die einzelnen Kristallite sind, d. h. aus der Ringbreite kann auf die (mittlere) Kristallitgröße geschlossen werden.

Bei Verringerung von n sind die Ringe nicht mehr geschlossen und lösen sich in Einzelreflexe auf. Liegt n zwischen 2 und 10, so ist mit mehreren überlagerten Punktdiagrammen zu rechnen, was die Auswertung erschweren kann.

Was können wir tun, um auch „echte Nanostrukturen" mit Hilfe der Elektronenbeugung untersuchen zu können? Wir können auf die parallele Beleuchtung verzichten und das Strahlenbündel auf der Probe zu einem Spot zusammenziehen *(Feinstrahlbeugung)*. Die Größe dieses Spots kann durch die Brennweite der Kondensorlinse 1 beeinflusst werden („Spot Size"). Anstelle der scharfen Beugungsreflexe erhalten wir Beugungsscheibchen, deren Durchmesser von der Bestrahlungsapertur β (Konvergenzwinkel) abhängt. Der Konvergenzwinkel wird durch die Kondensor-2-Blende bestimmt (vgl. Abb. 2.17).

Wir stellen uns zunächst einen sehr kleinen Konvergenzwinkel von nur wenigen Millirad vor (s. Abb. 5.9). In diesem Fall sind die Abweichungen der Einfallsrichtungen vom Braggwinkel kleiner als der Anregungsfehler bei der Elektronenbeugung (darauf kommen wir später zurück → Abschn. 10.5.2), d. h. wenn der Konvergenzwinkel hinreichend klein ist, sind die Positionen der Beugungsreflexe durch die Zentren der Beugungsscheibchen gegeben und das Beugungsbild wird wie ein Punktdiagramm bei der Feinbereichsbeugung ausgewertet. Das Verfahren wird auch als Nanobeugung (englisch: „nano Beam Electron Diffraction" – nBED) bezeichnet. Ringdiagramme wären bei dieser Methode nicht sinnvoll, da durch die konvergente Beleuchtung gerade nur ein Kristallit getroffen werden soll. Wenn die Kristallite kleiner als die Probendicke sind, gibt es ein Problem mit übereinanderliegenden Kristalliten: In der Projektionsebene treffen wir scheinbar nur einen Kristall, in Wirklichkeit aber mehrere mit unterschiedlicher Kristallorientierung oder/und Phasen. Wir erhalten also mehrere überlagerte Punktdiagramme, was die Auswertung des Beugungsmusters sehr erschwert und oft unmöglich macht (s. o.).

Abb. 5.9 Objektivumgebung bei Feinstrahlbeugung mit kleinem Konvergenzwinkel. a) Schnitt entlang der optischen Achse. b) Perspektivische Darstellung

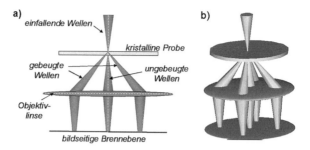

Was passiert, wenn wir größere Konvergenzwinkel benutzen, d. h. eine größere Kondensor-2-Blende einsetzen? Zur Beantwortung dieser Frage schauen wir auf Abb. 5.10. Zunächst beobachten wir ein sehr viel größeres zentrales Beugungsscheibchen. Das Besondere ist, dass dieses Beugungsscheibchen nunmehr eine innere Struktur aufweist. Der Grund ist folgender:

Wir bieten dem Kristallgitter einen Kegel sehr unterschiedlicher Elektroneneinfallsrichtungen an. Eine davon (sie ist in Abb. 5.10a mit * gekennzeichnet) erfüllt für eine Netzebenenrichtung gerade die Bragg-Gleichung, d. h. es entsteht ein intensitätsreiches Beugungsmaximum.

Die mit * gekennzeichnete Gerade repräsentiert eine Ebene, die senkrecht auf der Papierebene in Abb. 5.10a steht. Diese Gerade ist die Schnittlinie der Zeichenebene mit der Ebene, in der alle die Elektronenstrahlen liegen, die das Braggsche Gesetz erfüllen (vgl. Abb. 5.10b). Demzufolge sehen wir auf dem Beobachtungsschirm ein Linienpaar: Eine dunkle Linie in der geradlinigen Fortsetzung der „Bragg-Richtung" und eine helle Linie in einem Abstand, der dem Bragg-Winkel θ entspricht. Diese Linien werden als Kikuchi[13] -Linien (oder -bänder) bezeichnet [13]. Wir kommen später im Abschn. 5.5 genauer darauf zurück.

Abb. 5.10 Objektivumgebung bei Feinstrahlbeugung mit großem Konvergenzwinkel. a) Schnitt entlang der optischen Achse. b) Perspektivische Darstellung

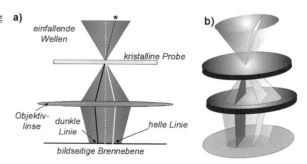

---

[13]Seishi Kikuchi, japanischer Physiker, 1902–1974, entdeckte und erklärte 1928 die beschriebenen Bänder.

5.4 Was können wir aus den Feinbereichs-Beugungsmustern lernen?

Nun ist es an der Zeit zu überlegen, welche werkstoffwissenschaftlich relevanten Ergebnisse die Elektronenbeugung liefert. Dazu kommen wir zur Feinbereichsbeugung zurück und behandeln zunächst die Ringdiagramme, die bei Elektronenbeugung an polykristallinen Gefügen entstehen, wenn sehr viele kleine Kristallite an der Beugung teilnehmen und deren Orientierungen statistisch gleichverteilt sind.

5.4.1 Radien in Ringdiagrammen

Jede Werkstoffphase besitzt in der Aufeinanderfolge der möglichen Netzebenenabstände eine Art „Fingerabdruck", der durch die Kristallstruktur vorgegeben ist und nach den Gleichungen in Tab. 5.5 berechnet werden kann. Nach dem Braggschen Gesetz (5.12) können wir aus den Ringradien r_{hkl} die Netzebenenabstände d_{hkl} und damit die Fingerabdrücke der Phasen berechnen, wenn die Gerätekonstante $\lambda \cdot L$ bekannt ist.

Wir wollen uns deshalb zunächst mit der *Bestimmung der Gerätekonstante* befassen. Notwendig ist ein elektronentransparentes Präparat einer bekannten Substanz, deren Kristallgitter auch in diesem extrem dünnen Zustand nicht oder zumindest nur sehr wenig verformt ist. Oft wird eine Probe benutzt, die kleine, etwa 10 nm bis 20 nm große Goldinseln auf einem dünnen Kohlenstofffilm enthält. Derartige Präparate können als Testobjekte für die Elektronenmikroskopie von Lieferfirmen für elektronenmikroskopisches Zubehör gekauft werden. Abb. 5.11 zeigt das Elektronenbeugungsdiagramm einer solchen Probe.

Auf Fotos können die Ringradien mit einem Lineal oder fotometrisch gemessen werden. Beim Messen von Abständen in vergrößerten Bildern muss die Vergrößerung bekannt sein, um aus den Messwerten die Abstände in der Probe berechnen zu können. Die Gerätekonstante kann als Maß für die Vergrößerung bei Beugungsbildern verstanden werden, d. h. ihr Wert ist nur für eine Einstellung einschließlich evtl. fotografischer Nachvergrößerung gültig.

Bei Benutzung einer CCD-Kamera ist es vorteilhaft, in das Bild ein Polarkoordinatensystem s, φ zu legen und mit einem Computerprogramm die Pixelhelligkeiten I_{Pix} in Abhängigkeit von s für $\varphi = 0 \ldots 2\pi$ azimutal aufzusummieren:

$$I(s) = \int\limits_0^{2\pi} I_{\text{Pix}}(s, \varphi) \, d\varphi \qquad (5.13)$$

Wir bezeichnen die radiale Koordinate mit s, um darauf hinzuweisen, dass es sich dabei um den Betrag des Streuvektors handelt und nennen die Kurve $I(s)$ bei Ringdiagrammen „radiale Helligkeitsverteilung". Auf diese Weise erhalten wir aus Abb. 5.11 die Abb. 5.12.

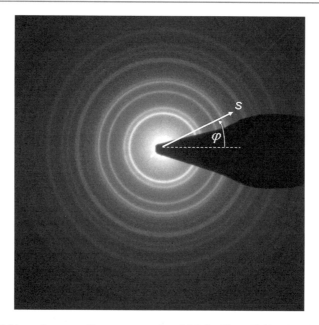

Abb. 5.11 Elektronenbeugungsdiagramm von einer feinkristallinen Goldprobe mit überlagertem Polarkoordinatensystem. Der zentrale (000)-Reflex ist oft so hell, dass er bei der Aufnahme alles überstrahlt, evtl. auch die CCD-Kamera beschädigt. Deshalb wird vor der Aufnahme des Bildes oberhalb des Beobachtungsschirms bzw. der Kamera eine kleine Spitze („Beam Stopper") eingefahren, die diesen hellen Spot abdeckt. Diese Spitze ist im Bild von rechts eingeschoben worden

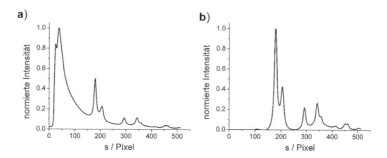

Abb. 5.12 Radiale Helligkeitsverteilung für das Beugungs-Ringdiagramm von Gold, extrahiert aus Abb. 5.11 (Pixelgröße: 24 μm, Kameralänge: 380 mm, Beschleunigungsspannung: 300 kV, d. h. Wellenlänge $\lambda = 1,97$ pm). a) Mit Untergrund. b) Nach Untergrundabzug. Normierte Intensität: maximale Intensität gleich 1 gesetzt

Aus der untergrundkorrigierten Abb. 5.12b können wir die Abfolge von Ringradien ablesen (in Pixel): 179, 206, 292, 342, 357, 413, 450, 461. Gold hat ein kubisch-flächenzentriertes Gitter (Raumgruppe 225 mit der Basisposition 0,0,0). Um die theoretische Abfolge der Ringradien zu bestimmen, benutzen wir die Kombination aus Gitterkonstante und Gerätekonstante zunächst als Proportionalitätsfaktor und setzen sie gleich 1/179, dem Kehrwert des ersten Messwertes. Um die Ringradien zu

Tab. 5.6 Gegenüberstellung der gemessenen „Fingerabdrücke" für die Abfolge der Ringradien in Abb. 5.11 mit den Erwartungen für eine kubisch primitive Elementarzelle

h	k	l	$h^2 + k^2 + l^2$	$179 \cdot \sqrt{h^2 + k^2 + l^2}$	s_{gemessen}/Pixel
1	0	0	1	179	179
1	1	0	2	253	206
1	1	1	3	310	292
2	0	0	4	358	342
2	1	0	5	400	357
2	1	1	6	438	413
2	2	0	8	506	450
2	2	1	9	537	461

erhalten, müssen wir die Abstände in den beteiligten Netzebenenscharen *(hkl)* beachten; die Rechenvorschrift für das kubische Gitter ist in Tab. 5.5 aufgeschrieben. Bei Variation der *h, k, l* erhalten wir die in Tab. 5.6 gelistete Abfolge von Ringradien.

Wir ersehen daraus, dass die berechneten und die gemessenen Abfolgen völlig verschieden sind. Wo liegt der Fehler?

Wir haben die innere Struktur der Elementarzelle, nämlich die Flächenzentrierung, außer Acht gelassen. Bevor wir die Bestimmung der Gerätekonstante fortsetzen können, müssen wir über den Einfluss der inneren Packung der Elementarzelle nachdenken. In Abb. 5.11 sehen wir, dass die Intensitäten der Beugungsringe sehr unterschiedlich sind. Wodurch kommen diese unterschiedlichen Intensitäten zustande? Auch dieser Frage wollen wir uns in den nächsten Abschnitten widmen.

5.4.2 Auslöschungsregeln

In Abb. 5.13 sind zwei kubische Elementarzellen dargestellt. In der primitiven Zelle (Teilbild a) sind nur die Ecken des Würfels von Atomen besetzt, d. h. die Elementarzelle enthält nur ein Atom. (Die restlichen sieben gezeichneten Atome gehören jeweils zu einer anderen, angrenzenden Elementarzelle.)

Für das 1. Beugungsmaximum (n = 1, kleinster möglicher Beugungswinkel) gilt mit dem Netzebenenabstand *d* der primitiven Elementarzelle nach dem Braggschen Gesetz (5.6)

$$\theta_{\text{prim}} = \frac{\lambda}{d} \, . \tag{5.14}$$

In der flächenzentrierten Elementarzelle (Abb. 5.13b) sind zusätzliche Atome im Schnittpunkt der Flächendiagonalen eingeschoben, der Abstand der reflektierenden Netzebenen verkürzt sich auf die Hälfte. Für den kleinsten Beugungswinkel gilt

$$\theta_{\text{fz}} = \frac{\lambda}{d/2} = \frac{2 \cdot \lambda}{d} \, , \tag{5.15}$$

Abb. 5.13 Beugung an einer
a) primitiven
b) flächenzentrierten
Elementarzelle

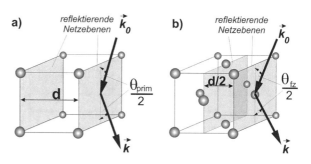

d.h. der erste Beugungsreflex erscheint, verglichen mit dem der primitiven Zelle, in doppeltem Abstand. Der erste Reflex der primitiven Zelle ist „ausgelöscht".

Wie können wir solche Auslöschungsregeln allgemein berechnen? Dazu müssen wir uns überlegen, wodurch die Intensitäten der Beugungsreflexe bestimmt werden. Bisher haben wir nur die Beugungswinkel berechnet. Wir müssen unser Modell von den reflektierenden Netzebenen präzisieren. Wir haben nicht nur zwei sondern eine Vielzahl von Wellen, die an den Gitteratomen gestreut werden und sich überlagern (→ Abschn. 10.5.2).

> *Die Intensität der Beugungsreflexe wird durch das Streuvermögen der einzelnen Atome in den Netzebenen und die atomare Besetzungsdichte der Netzebenen bestimmt. Diese Einflüsse werden im Strukturfaktor zusammengefasst.*

Er ist netzebenenspezifisch und hat deshalb den Index *hkl,* der die für den Beugungseffekt verantwortliche Netzebenenschar *(hkl)* kennzeichnet. In → Abschn. 10.5.2 wird gezeigt, dass für den Strukturfaktor

$$F_{hkl} = \sum_j f_j \cdot \exp\left(-2\pi i \left(x_j \cdot h + y_j \cdot k + z_j \cdot l\right)\right) \qquad (5.16)$$

(f_j: Atomformamplitude für Atom *j, i:* imaginäre Einheit, x_j, y_j, z_j: Koordinaten des Atoms *j* innerhalb der Elementarzelle) gilt.

Wir kommen zurück auf das Problem aus Abschn. 5.4.1 und wollen überlegen, welche Strukturfaktoren für die flächenzentrierte Gold-Zelle gelten. Darin gibt es vier Goldatome mit der Atomformamplitude f_{Au} auf den Plätzen

j	x_j	y_j	z_j	j	x_j	y_j	z_j
1	0	0	0	3	0,5	0	0,5
2	0	0,5	0,5	4	0,5	0,5	0

Tab. 5.7 Strukturfaktoren für die flächenzentrierte Elementarzelle ($h,k,l = 0...2$)

h	k	l	$\exp(-\pi i(k+l))$	$\exp(-\pi i(h+l))$	$\exp(-\pi i(h+k))$	f_{hkl}/f_{Au}
1	0	0	1	-1	-1	$1+1-1-1 = 0$
1	1	0	-1	-1	1	$1-1-1+1 = 0$
1	1	1	1	1	1	$1+1+1+1 = 4$
2	0	0	1	1	1	$1+1+1+1 = 4$
2	1	0	-1	1	-1	$1-1+1-1 = 0$
2	1	1	1	-1	-1	$1+1-1-1 = 0$
2	2	0	1	1	1	$1+1+1+1 = 4$
2	2	1	-1	-1	1	$1-1-1+1 = 0$
2	2	2	1	1	1	$1+1+1+1 = 4$

Mit diesen Atompositionen folgt aus (5.16):

$$F_{hkl} = f_{Au} \cdot \left(e^0 + e^{-2\pi i\left(\frac{k}{2}+\frac{l}{2}\right)} + e^{-2\pi i\left(\frac{h}{2}+\frac{l}{2}\right)} + e^{-2\pi i\left(\frac{h}{2}+\frac{k}{2}\right)} \right)$$

$$F_{hkl} = f_{Au} \cdot \left(1 + e^{-\pi i(k+l)} + e^{-\pi i(h+l)} + e^{-\pi i(h+k)} \right). \tag{5.17}$$

Für die weitere Auswertung berücksichtigen wir die Eulersche[14] Formel

$$\exp(-i \cdot \varphi) = \cos\varphi - i \cdot \sin\varphi \tag{5.18}$$

sowie

$$\cos(n \cdot 2\pi) = 1, \quad \sin(n \cdot 2\pi) = 0,$$

$$\cos\left((n+\frac{1}{2}) \cdot 2\pi\right) = -1, \quad \sin\left((n+\frac{1}{2}) \cdot 2\pi\right) = 0 \tag{5.19}$$

(n: ganze Zahl).

Die Summen ($k+l$), ($h+l$) und ($h+k$) müssen gerade Zahlen ergeben, damit der Strukturfaktor von Null verschieden ist. Diese Forderung ist erfüllt, wenn die h, k, l alle gerade oder alle ungerade sind. Dies ist die Auslöschungsregel für das (allseitig) flächenzentrierte Gitter mit nur einer Atomsorte (Tab. 5.7).

Mit diesem Wissen können wir die Tab. 5.6 korrigieren und erhalten Tab. 5.8.

Wir sehen eine sehr gute Übereinstimmung von gemessenem und berechnetem Muster. Damit können wir mit Hilfe der Gitterkonstante von Gold ($d = 0,4078$ nm $= 4,078$ Å) die Gerätekonstante bestimmen. Gut geeignet ist dafür eine grafische Lösung, bei der wir die reziproken Netzebenenabstände über den zugehörigen Pixelabständen auftragen (s. Abb. 5.14).

---

[14]Leonhard Euler, schweizer Mathematiker, 1707–1783.

Tab. 5.8 Gegenüberstellung der gemessenen „Fingerabdrücke" für die Abfolge der Ringradien in Abb. 5.11 mit den Erwartungen für eine kubisch-flächenzentrierte Elementarzelle

h	k	l	$h^2 + k^2 + l^2$	$\frac{179}{\sqrt{3}} \cdot \sqrt{h^2 + k^2 + l^2}$	s_{gemessen}/Pixel
1	1	1	3	179	179
2	0	0	4	207	206
2	2	0	8	292	292
3	1	1	11	343	342
2	2	2	12	358	357
4	0	0	16	413	413
3	3	1	19	451	450
4	2	0	20	462	461

Abb. 5.14 Gemessene Ringradien (Pixel) über den reziproken Netzebenenabständen. Die für die Messpunkte verantwortlichen Netzebenen sind in Form ihrer Millerschen Indizes *(hkl)* angetragen. Die Ausgleichsgerade hat einen Anstieg *m* = 42,09 Pixel· nm

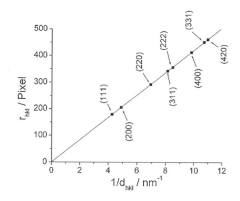

Für den Anstieg *m* der Kurve gilt (vgl. Gl. (5.12)):

$$m = \frac{r_{hkl}}{1/d_{hkl}} = d_{hkl} \cdot r_{hkl} = \lambda \cdot L , \qquad (5.20)$$

der zunächst die ungebräuchliche Maßeinheit Pixel · nm hat. Für eine „echte" Längeneinheit muss die Pixelgröße berücksichtigt werden. Die Pixelgröße war 24 μm, d. h. $\lambda \cdot L$ = 1010 μm·nm, umgewandelt in eine gebräuchlichere Maßeinheit: $\lambda \cdot L$ = 10,10 Å · mm. Auf dem Computerbildschirm sind die Pixel größer, beispielsweise 0,26 mm. Die Gerätekonstante wäre dann 109,4 Å · mm.

Wir sehen das Dilemma: Die Gerätekonstante hängt von der Pixelgröße ab. Ähnlich wie bei vergrößerten Bildern wäre ein Maßstabsbalken auf dem Beugungsbild vorteilhaft. Seine Länge ändert sich mit der Pixelgröße und er bleibt korrekt. Da die Abstände der Beugungsreflexe proportional zu den reziproken Netzebenenabständen sind, steht auch der Maßstabsbalken für eine reziproke Längeneinheit, hat aber selbst natürlich eine reale Länge (Pixelanzahl). Wir geben einen reziproken Abstand $1/d$ vor und berechnen daraus mit Kenntnis von $\lambda \cdot L$ die zugehörige Länge r_B des

Abb. 5.15 Elektronenbeugungsdiagramm von einer
feinkristallinen Goldprobe
mit eingezeichnetem
Maßstabsbalken. Die
Maßzahl ist 5, die
Maßeinheit $\mathrm{nm}^{-1} = 1/\mathrm{nm}$,
d. h. die angezeigte Größe ist
$5\,\mathrm{nm}^{-1}$

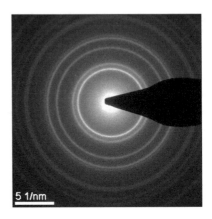

Maßstabsbalkens in Pixeln:

$$r_B = \frac{1}{d} \cdot m \, . \tag{5.21}$$

In unserem Fall wäre ein Maßstabsbalken, der einen reziproken Abstand von $5\,\mathrm{nm}^{-1}$ repräsentiert, 210,4 Pixel lang. Damit können reziproke Längen direkt im Beugungs-bild gemessen werden (s. Abb. 5.15).

Zum Abschluss dieses Abschnitts stellen wir in Tab. 5.9 die Auslöschungsregeln für die in Tab. 5.3 aufgelisteten Packungsarten zusammen.

5.4.3 Intensitäten der Beugungsreflexe

Im kinematischen Modell ($\rightarrow$ Abschn. 10.5.2) wird die Intensität der Beugungsre-flexe durch zwei Einflussfaktoren bestimmt, den bereits aus dem vorhergehenden Abschnitt bekannten Strukturfaktor F_{hkl} und den Gitterfaktor G. Im Strukturfak-tor sind die Auswirkungen der Atomanordnung innerhalb der Elementarzelle auf die Beugungsreflexe erfasst, im Gitterfaktor diejenigen des gesamten Kristalls. Die Intensität I der Elektronenwellen ist proportional zum Produkt aus den Betragsqua-draten von Struktur- und Gitterfaktor (vgl. auch Gl. (10.170), (10.171) und (10.172) im $\rightarrow$ Abschn. 10.5.2). Mit $\boldsymbol{k}$ als Wellenzahlvektor (kennzeichnet die Richtung der gebeugten Welle) gilt:

$$I(\boldsymbol{k}) \sim F_{hkl}^2 \cdot G^2 \qquad \text{mit}$$

$$F_{hkl}^2 = \left(\sum_j f_j \cdot \exp\left(-2\pi i (h \cdot x_j + k \cdot y_j + l \cdot z_j) \right) \right)^2 \qquad \text{und}$$

$$G^2 = \frac{1}{V_{EZ}^2} \cdot \frac{\sin^2(\pi \cdot u_1 \cdot M_1)}{(\pi \cdot M_1 \cdot u_1)^2} \cdot \frac{\sin^2(\pi \cdot u_2 \cdot M_2)}{(\pi \cdot M_2 \cdot u_2)^2} \cdot \frac{\sin^2(\pi \cdot u_3 \cdot M_3)}{(\pi \cdot M_3 \cdot u_3)^2} \tag{5.22}$$

mit h, k, l als Millersche Indizes der beugenden Netzebenen, x_j, y_j, z_j als Koor-dinaten des Atoms j innerhalb der Elementarzelle sowie V_{EZ} als Volumen der

Tab. 5.9 Auslöschungsregeln

Nr.	Packungsart	Atomzahl	Atompositionen	Auslöschung, wenn
1	primitiv (Raumgruppen P...)	1	0,0,0	keine Auslöschung
2	raumzentriert (Raumgruppen I...)	2	0,0,0 1/2,1/2,1/2	$\sum(h+k+l)$ ungeradzahlig
3	flächenzentriert allseitig (Raumgruppen F...)	4	0,0,0 1/2,1/2,0 1/2,0,1/2 1/2,1/2,0	h,k,l geradzahlig und ungeradzahlig gemischt
4	basisflächenzentriert (Basifläche C ist Grundfläche, Raumgruppen C...)	2	0,0,0 1/2,1/2,0	$\sum(h+k)$ ungeradzahlig
5	Diamantgitter (Raumgruppen F...)	8	0,0,0 1/2,1/2,0 1/2,0,1/2 0,1/2,1/2 1/3,1/4,1/4 3/4,3/4,1/4 3/4,1/4,3/4 1/4,3/4,3/4	wie Nr. 3, zusätzlich, wenn $(h+k+l)/2$, $(3h+3k+l)/2$, $(3h+k+3l)/2$ und $(h+3k+3l)/2$ alle ungeradzahlig
6	hexagonal dichteste Kugelpackung (Raumgruppen R...)	2	2/3,1/3,1/4 1/3,2/3,3/4	$h=k$, l ungeradzahlig

Elementarzelle. M_1, M_2, M_3 kennzeichnen als Zahl der Elementarzellen in $\boldsymbol{a_1}$-, $\boldsymbol{a_2}$- und $\boldsymbol{a_3}$-Richtung zusammen mit V_{EZ} die Kristallgröße. u_1, u_2 und u_3 sind die Komponenten des Anregungsfehlers

$$\boldsymbol{u} = u_1 \cdot \boldsymbol{b_1} + u_2 \cdot \boldsymbol{b_2} + u_3 \cdot \boldsymbol{b_3}\,, \tag{5.23}$$

für die

$$u_1 = \frac{1}{M_1}, \quad u_2 = \frac{1}{M_2}, \quad u_3 = \frac{1}{M_3} \tag{5.24}$$

gilt. Bei der Berechnung des Strukturfaktors spielt das Streuvermögen der Atome eine Rolle. Dies wird in der Atomformamplitude f_j berücksichtigt (Beispiel s. Abb. 5.16).

Wir sehen, dass die Atomformamplituden nicht nur elementspezifisch sind sondern auch vom Betrag des Streuvektors abhängen. Das bedeutet, dass die Intensität der Beugungsreflexe mit wachsendem Beugungswinkel abnimmt.

Der Gitterfaktor bestimmt die Form der Beugungsreflexe. Ist der Kristall in einer kristallografischen Richtung besonders dünn (d. h. plättchenförmig), dann sind strichförmig verzerrte Reflexe zu erwarten. Bei Ringdiagrammen, d. h. einer Vielzahl von Kristallen mit unterschiedlichen kristallografischen Orientierungen im Beugungsbereich, bestimmt die Kristallgröße die Schärfe der Ringe: Je größer die Kristalle, umso schärfer die Ringe. Bei Punktdiagrammen kann der größere Anregungsfehler bei kleineren Kristallen zu zusätzlichen Reflexen führen.

Abb. 5.16 Atomformam-
plituden für Silizium und
Silber in Abhängigkeit vom
Betrag des Streuvektors
$s = \mid \boldsymbol{k} - \boldsymbol{k_0} \mid$ nach [14]

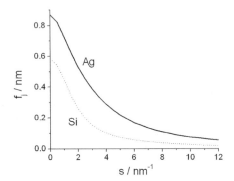

Schließlich gibt es Gefüge, bei denen viele Kristalle zum Beugungsbild beitragen, deren Orientierungen aber nicht statistisch gleichverteilt sind sondern eine Vorzugsorientierung aufweisen. Dies wird als Textur bezeichnet. Je nach Lage der Vorzugsorientierung zur Elektronenstrahlrichtung äußert sich eine Textur entweder als periodische Helligkeitsschwankung auf einzelnen Ringen oder Ringe, die nach den Regeln für die vorliegende Packungsart nicht ausgelöscht sein sollten, fehlen, weil die für diese Ringe verantwortlichen Netzebenenorientierungen in der Probe nicht vorhanden sind (vgl. Abschn. 6.3).

5.4.4 Positionen der Beugungsreflexe in Punktdiagrammen

Nach Einführung des reziproken Gitters ist mit der Ewald[15]-Konstruktion ($\rightarrow$ Abschn. 10.5.1) die Vorschrift für die Berechnung der Positionen der Beugungsreflexe von einem Einkristall gegeben.

Die Abstände der Reflexe vom Zentrum lassen sich mit dem Braggschen Gesetz (z. B. (5.12)) aus den Netzebenenabständen berechnen. Die Formeln dafür sind in Tab. 5.5 zusammengestellt. Bereits aus Abb. 5.1 ist ersichtlich:

> *Die Beugungsreflexe (und damit auch die reziproken Gittervektoren) stehen stets senkrecht auf den für sie verantwortlichen Netzebenen.*

Der Winkel ξ zwischen zwei Beugungsreflexen ist also derselbe wie der zwischen den beugenden Netzebenen (h_1, k_1, l_1) und (h_2, k_2, l_2) und damit auch zwischen den zu diesen Netzebenen gehörenden reziproken Gittervektoren. Wir müssen die reziproken Gittervektoren berechnen und dann mithilfe des Skalarproduktes den Winkel zwischen zwei von ihnen bestimmen.

---

[15]Paul Peter Ewald, deutscher Physiker, 1888–1985.

Abb. 5.17 Indizierung eines punktförmigen Beugungsmusters: Die Indizes der Beugungsreflexe sind diejenigen der beugenden Netzebenen. Die Schnittlinie aller beugenden Netzebenen wird als Zonenachse bezeichnet

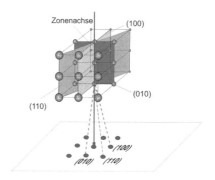

Für das kubische System ist die Rechnung einfach, weil die Netzebenennormalen die gleiche Indizierung *(hkl)* wie die Netzebenen selbst haben. Für die anderen Kristallsysteme bedienen wir uns der Transformationen in ein orthogonales System, wie wir es bereits zur Herleitung der Formeln in Tab. 5.5 getan haben und wie es im → Abschn. 10.5.1 beschrieben ist.

Wir benötigen einen Bezugsreflex mit der Indizierung (h_1, k_1, l_1) und können mit Hilfe der Formeln in Tab. 5.10 bei Kenntnis der Elementarzelle (Achsenlängen und Achsenwinkel) den Winkel ξ zu jedem anderen Reflex (h_2, k_2, l_2) berechnen. In einem Polarkoordinatensystem ist mit Abstands- und Winkelangabe die Position des Beugungsreflexes eindeutig bestimmt.

5.4.5   Indizierung der Beugungsreflexe

Mit Kenntnis der vorhergehenden Abschnitte des Kap. 5 ist es einfach, die Frage nach der Indizierung der Beugungsreflexe zu beantworten:

> *Die Beugungsreflexe haben die gleiche Indizierung wie die sie hervorrufenden Netzebenen*

(vgl. Abb. 5.17).

Wir wollen an einem Beispiel demonstrieren, wie die Indizierung eines Punktdiagramms praktisch vorgenommen werden kann. Wir benutzen dafür ein Beugungsmuster von Silizium (Abb. 5.18).

Zuerst ist zu überlegen, welche Beugungsreflexe von Silizium zu den Abständen s_1, s_2 und s_3 passen. Silizium ist kubisch mit Diamantstruktur, d. h. ein Reflex *(hkl)* erscheint nur, wenn die *h, k, l* entweder alle gerade oder alle ungerade sind. Aus dieser Menge von Indizes scheiden zusätzlich diejenigen aus, für die $(h + k + l)/2$, $(3h + 3k + l)/2$, $(2h + k + 2l)/2$ und $(h + 3k + 3l)/2$ alle ganzzahlig und ungerade sind (vgl. Tab. 5.9).

Tab. 5.10 Formeln zur Berechnung des Winkels ξ zwischen zwei Punktreflexen h_1, k_1, l_1 und h_2, k_2, l_2 im Beugungsbild

$$\text{Skalarprodukt: } \cos \xi = \frac{\boldsymbol{B_1} \cdot \boldsymbol{B_2}}{B_1 \cdot B_2}$$

Kristallsystem	Winkelberechnung
primitiv $a_1 = a_2 = a_3$ $\alpha = \beta = \gamma = 90°$	$\boldsymbol{B_1} \cdot \boldsymbol{B_2} = h_1 \cdot h_2 + k_1 \cdot k_2 + l_1 \cdot l_2$ $B_1 = \sqrt{h_1^2 + k_1^2 + l_1^2}$ $B_2 = \sqrt{h_2^2 + k_2^2 + l_2^2}$
tetragonal $a_1 = a_2 \neq a_3$ $\alpha = \beta = \gamma = 90°$	$\boldsymbol{B_1} \cdot \boldsymbol{B_2} = h_1 \cdot h_2 + k_1 \cdot k_2 + \left(\dfrac{a_1}{a_3}\right)^2 \cdot l_1 \cdot l_2$ $B_1 = \sqrt{k_1^2 + k_1^2 + \left(\dfrac{a_1}{a_3}\right)^2 \cdot l_1^2}$ $B_2 = \sqrt{k_2^2 + k_2^2 + \left(\dfrac{a_1}{a_3}\right)^2 \cdot l_2^2}$
orthorhombisch $a_1 \neq a_2 \neq a_3$ $\alpha = \beta = \gamma = 90°$	$\boldsymbol{B_1} \cdot \boldsymbol{B_2} = h_1 \cdot h_2 + \left(\dfrac{a_1}{a_2}\right)^2 \cdot k_1 \cdot k_2 + \left(\dfrac{a_1}{a_3}\right)^2 \cdot l_1 \cdot l_2$ $B_1 = \sqrt{h_1^2 + \left(\dfrac{a_1}{a_2}\right)^2 \cdot k_1^2 + \left(\dfrac{a_1}{a_3}\right)^2 \cdot l_1^2}$ $B_2 = \sqrt{h_2^2 + \left(\dfrac{a_1}{a_2}\right)^2 \cdot k_2^2 + \left(\dfrac{a_1}{a_3}\right)^2 \cdot l_2^2}$
hexagonal $a_1 = a_2 \neq a_3$ $\alpha = \beta = 90°$ $\gamma = 120°$	$\boldsymbol{B_1} \cdot \boldsymbol{B_2} = h_1 \cdot h_2 + \frac{1}{2}(h_1 \cdot k_2 + h_2 \cdot k_1) + k_1 \cdot k_2 + 3\left(\dfrac{a_1}{a_2}\right)^2 \cdot l_1 \cdot l_2$ $B_1 = \sqrt{h_1^2 + h_1 \cdot k_1 + k_1^2 + 3\left(\dfrac{a_1}{a_3}\right)^2 \cdot l_1^2}$ $B_2 = \sqrt{h_2^2 + h_2 \cdot k_2 + k_2^2 + 3\left(\dfrac{a_1}{a_3}\right)^2 \cdot l_2^2}$
rhomboedrisch $a_1 = a_2 = a_3$ $\alpha = \beta = \gamma \neq 120°$	$\boldsymbol{B_1} \cdot \boldsymbol{B_2} = h_1 \cdot h_2 + F_1(h_1, h_2, k_1, k_2) + F_2(h_1, h_2, k_1, k_2, l_1, l_2)$ mit $F_1(h_1, h_2, k_1, k_2) = h_1 \cdot h_2 \cdot \cot^2 \alpha - \ldots$ $\qquad\qquad -(h_1 \cdot k_2 + h_2 \cdot k_1) \dfrac{\cot \alpha}{\sin \alpha} + \dfrac{k_1 \cdot k_2}{\sin^2 \alpha}$ und $\sin^2 \varepsilon \cdot F_2(h_1, h_2, k_1, k_2, l_1, l_2) = \ldots$ $\quad = h_1 \cdot h_2 \cdot \left(\dfrac{\cos \alpha}{2 \cdot \cos \frac{\alpha}{2}}\right)^2 + k_1 \cdot k_2 \cdot \left(\cot \alpha \cdot \tan \frac{\alpha}{2}\right)^2 + l_1 \cdot l_2 + \ldots$ $\quad +(h_1 \cdot k_2 + h_2 \cdot k_1) \dfrac{\cos \alpha \cdot \cot \alpha \cdot \tan \frac{\alpha}{2}}{2 \cdot \cos \frac{\alpha}{2}} - \ldots$ $\quad -(h_1 \cdot l_2 + h_2 \cdot l_1) \dfrac{\cos \alpha}{2 \cdot \cos \frac{\alpha}{2}} - (k_1 \cdot l_2 + k_2 \cdot l_1) \cdot \cot \alpha \cdot \tan \frac{\alpha}{2}$ $B_1 = \sqrt{h_1^2 + F_3(h_1, k_1) + F_4(h_1, k_1, l_1)}$ $B_2 = \sqrt{h_2^2 + F_3(h_2, k_2) + F_4(h_2, k_2, l_2)}$ mit

Tab. 5.10 (Fortsetzung)

	Skalarprodukt: $\cos \xi = \dfrac{\boldsymbol{B_1} \cdot \boldsymbol{B_2}}{B_1 \cdot B_2}$
	$F_3(h,k) = h^2 \cdot \cot^2 \alpha - 2 \cdot h \cdot k \cdot \dfrac{\cot \alpha}{\sin \alpha} + \dfrac{k^2}{\sin^2 \alpha}$ und $\sin^2 \varepsilon \cdot F_4(h,k,l) = h^2 \cdot \left(\dfrac{\cos \alpha}{2 \cdot \cos \frac{\alpha}{2}} \right)^2 + \dots$ $+ k^2 \cdot \left(\cot \alpha \cdot \tan \tfrac{\alpha}{2} \right)^2 + l^2 + h \cdot k \cdot \dfrac{\cos \alpha \cdot \cot \alpha \cdot \tan \frac{\alpha}{2}}{\cos \frac{\alpha}{2}} - \dots$ $- h \cdot l \cdot \dfrac{\cos \alpha}{\cos \frac{\alpha}{2}} - 2 \cdot k \cdot l \cdot \cot \alpha \cdot \tan \tfrac{\alpha}{2}$ sowie $\cos \varepsilon = \cot \alpha \cdot \sqrt{2 \cdot (1 - \cos \alpha)}$
monoklin $a_1 \neq a_2 \neq a_3$ $\alpha = \gamma = 90°$ β beliebig	$\boldsymbol{B_1} \cdot \boldsymbol{B_2} = \dfrac{h_1 \cdot h_2}{a_1^2 \cdot \sin^2 \beta} + \dfrac{k_1 \cdot k_2}{a_2^2} - \dots$ $\qquad\qquad - \dfrac{(h_1 \cdot l_2 + h_2 \cdot l_1) \cdot \cos \beta}{a_1 \cdot a_3 \cdot \sin^2 \beta} + \dfrac{l_1 \cdot l_2}{a_3^2 \cdot \sin^2 \beta}$ $B_1 = \sqrt{F_5 \cdot (h_1, k_1, l_1)}, \quad B_2 = \sqrt{F_5 \cdot (h_2, k_2, l_2)}$ mit $F_5(h,k,l) = \dfrac{h^2}{a_1^2 \cdot \sin^2 \beta} + \dfrac{k^2}{a_2^2} - \dfrac{2 \cdot h \cdot l \cdot \cos \beta}{a_1 \cdot a_3 \cdot \sin^2 \beta} + \dfrac{l^2}{a_3^2 \cdot \sin^2 \beta}$
triklin $a_1 \neq a_2 \neq a_3$ $\alpha \neq \beta \neq \gamma$	$\boldsymbol{B_1} \cdot \boldsymbol{B_2} = h_1 \cdot h_2 \cdot b_{1x}^2 + \dots$ $\quad + (h_1 \cdot b_{1y} + k_1 \cdot b_{2y}) \cdot (h_2 \cdot b_{1y} + k_2 \cdot b_{2y}) + \dots$ $\quad + (h_1 \cdot b_{1z} + k_1 \cdot b_{2z} + l_1 \cdot b_{3z}) \cdot (h_2 \cdot b_{1z} + k_2 \cdot b_{2z} + l_2 \cdot b_{3z})$ $B_1 = \sqrt{A_1^2 + B_1^2 + C_1^2} \quad \text{und} \quad B_2 = \sqrt{A_2^2 + B_2^2 + C_2^2}$ mit $A_i = h_i \cdot b_{1x}, \quad B_i = h_i \cdot b_{1y} + k_i \cdot b_{2y}$ $C_i = h_i \cdot b_{1z} + k_i \cdot b_{2z} + l_i \cdot b_{3z} \qquad\qquad (i = 1, 2)$ und $b_{1x} = \dfrac{1}{a_1}, \ b_{1y} = \dfrac{-\cot \gamma}{a_1}, \ b_{1z} = \dfrac{\cot \gamma \cdot \sqrt{\cos^2 \varepsilon - \cos^2 \beta} - \cos \beta}{a_1 \cdot \sin \beta}$ $b_{2y} = \dfrac{1}{a_2 \cdot \sin \gamma}, \ b_{2z} = \dfrac{-\sqrt{\cos^2 \varepsilon - \cos^2 \beta}}{a_2} \cdot \sin \gamma \cdot \sin \varepsilon$ $b_{3z} = \dfrac{1}{a_3 \cdot \sin \varepsilon}$ sowie $\cos \varepsilon = \dfrac{\sqrt{\cos^2 \alpha - 2 \cdot \cos \alpha \cdot \cos \beta \cdot \cos \gamma + \cos^2 \beta}}{\sin \gamma}$

Abb. 5.18 Punktdiagramm
von Silizium (gemessenes
Beugungsmuster).
Reflexabstände:
$s_1 = 5{,}13\ \text{nm}^{-1}$
$s_2 = 5{,}11\ \text{nm}^{-1}$
$s_3 = 7{,}21\ \text{nm}^{-1}$ Winkel
zwischen s_1 und s_2: $89{,}9°$,
Winkel zwischen s_2 und s_3:
$45{,}0°$

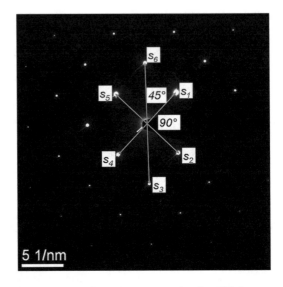

Die Achsenlänge in der Elementarzelle (Gitterkonstante) ist für Silizium $a_1 = 0{,}543\ \text{nm}$. Aus Tab. 5.5 nehmen wir die Formel

$$\frac{1}{d_{hkl}} = \frac{\sqrt{h^2 + k^2 + l^2}}{a_1} \tag{5.25}$$

für das kubische Kristallsystem. Damit sind u. a. die in Tab. 5.11 aufgelisteten reziproken Netzebenenabstände möglich.

Die gemessenen reziproken Abstände weichen um weniger als 2 % von den berechneten für (220) und (400) ab. Dies ist eine zulässige Toleranz bei der Feinbereichsbeugung. Wir müssen noch die Winkel zwischen verschiedenen Reflexen berechnen und solche Indizierungen auswählen, für deren Winkel 90° bzw. 45° gilt. Die notwendige Formel für die Winkelberechnung entnehmen wir der Tab. 5.10:

$$\cos \xi = \frac{h_1 \cdot h_2 + k_1 \cdot k_2 + l_1 \cdot l_2}{\sqrt{\left(h_1^2 + k_1^2 + l_1^2\right) \cdot \left(h_2^2 + k_2^2 + l_2^2\right)}} . \tag{5.26}$$

Tab. 5.11 Reziproke Netzebenenabstände in Silizium

(111), (11$\bar{1}$), (1$\bar{1}$1), ($\bar{1}$11), (1$\bar{1}\bar{1}$), ($\bar{1}$1$\bar{1}$), ($\bar{1}\bar{1}$1), ($\bar{1}\bar{1}\bar{1}$)	$\dfrac{1}{d_{hkl}} = 3{,}19\ \text{nm}^{-1}$
(220), (202), (022), ($\bar{2}$20), ($2\bar{2}$0), ($\bar{2}\bar{2}$0), (20$\bar{2}$), ($\bar{2}$02), ($\bar{2}$0$\bar{2}$), (02$\bar{2}$), (0$\bar{2}$2), (0$\bar{2}\bar{2}$)	$\dfrac{1}{d_{hkl}} = 5{,}21\ \text{nm}^{-1}$
(400), (040), (004), ($\bar{4}$00), (0$\bar{4}$0), (00$\bar{4}$)	$\dfrac{1}{d_{hkl}} = 7{,}37\ \text{nm}^{-1}$

Bei einen Winkel $\xi = 90°$ gilt

$$\cos \sphericalangle(s_1, s_2) = 0\,,$$

d. h.

$$h_1 \cdot h_2 + k_1 \cdot k_2 + l_1 \cdot l_2 = 0:$$

Da s_1 und s_2 beide etwa gleich $5{,}21\,\mathrm{nm}^{-1}$ sind, müssen wir die Indizes aus der zweiten Zeile von Tab. 5.11 nutzen. Ein Index ist jeweils Null; um obige Forderung zu erfüllen, muss gelten:

$$h_1 \cdot h_2 = -k_1 \cdot k_2 \text{ oder } h_1 \cdot h_2 = -l_1 \cdot l_2 \text{ oder } k_1 \cdot k_2 = -l_1 \cdot l_2\,.$$

Dies ist erfüllt für die Reflexpaare

$$(220) \text{ oder } (\overline{2}\overline{2}0) \text{ und } (2\overline{2}0) \text{ oder } \overline{2}20)\,,$$
$$(202) \text{ oder } (\overline{2}0\overline{2}) \text{ und } (20\overline{2}) \text{ oder } (\overline{2}02)\,,$$
$$(022) \text{ oder } (0\overline{2}\overline{2}) \text{ und } (02\overline{2}) \text{ oder } (0\overline{2}2)\,.$$

Wir benutzen (willkürlich) das erste Paar und indizieren s_1 mit (220) und s_2 mit $(\overline{2}20)$. Der Winkel zu s_3 beträgt $45°$, d. h.

$$\cos \sphericalangle(s_2, s_3) = \frac{2 \cdot (-h_2 + k_2)}{\sqrt{(4+4) \cdot (h_2^2 + k_2^2)}} = \frac{-h_2 + k_2}{\sqrt{2} \cdot \sqrt{h_2^2 + k_2^2}} = \frac{1}{\sqrt{2}}\,. \qquad (5.27)$$

Für $h_2 = -4$ und $k_2 = 0$ ist diese Forderung offensichtlich erfüllt. Damit sind die drei ausgewählten Reflexe indiziert, die gegenüberliegenden sind Spiegelungen davon. Es bietet sich an, für solche Auswertungen ein Computerprogramm zu benutzen, mit dem reziproke Netzebenenabstände und Winkel zwischen Reflexen berechnet werden können (z. B. ELDISCA [15]). Das Ergebnis ist ein vollständig indiziertes Beugungsdiagramm (s. Abb. 5.19).

Das Punktmuster hängt von der *Zonenachse* ab. Wir wollen abschließend die Zonenachse für die in den Abb. 5.18 und 5.19 gezeigten Muster bestimmen. Wir kennen die Indizierung von mindestens zwei Beugungsreflexen: Beispielsweise (220) und $(\overline{2}20)$.

Die Komponenten der Zonenachse im Kristallachsensystem sind ($\rightarrow$ Abschn. 10.5.1):

$$[(k_1 \cdot l_2 - k_2 \cdot l_1)(h_2 \cdot l_1 - h_1 \cdot l_2)(h_1 \cdot k_2 - h_2 \cdot k_1)]\,, \qquad (5.28)$$

Abb. 5.19 Berechnetes und
vollständig indiziertes
Beugungsdiagramm von
Silizium, Zonenachse [001]

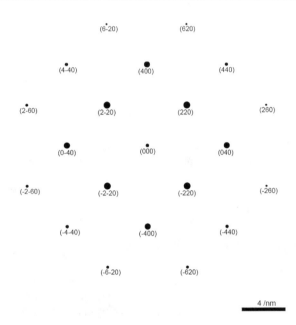

d. h. in unserem Fall [008] bzw. nach Kürzen der gemeinsamen Vielfachen aller
Indizes [001].

Nützliche Übersichten über indizierte Beugungsdiagramme gebräuchlicher
Zonenachsen für die dichtest gepackten Kristallsysteme sind beispielsweise in [16]
zu finden.

5.4.6 Doppelbeugung

Bei Punktdiagrammen von Silizium fällt auf, dass bei manchen Zonenachsen Beugungsreflexe, die nach den kinematischen Auslöschungsregeln (vgl. Tab. 5.9) eigentlich verboten sind, im Beugungsmuster auftauchen.

Für die Verletzung der kinematischen Auslöschungsregeln sind dynamische
Effekte, wie die Wechselwirkung der gebeugten Wellen untereinander und mit dem
Kristallgitter, verantwortlich. Die Doppelbeugung kann hierfür eine plausible Erklärung liefern. Um sie zu verstehen, betrachten wir in Abb. 5.20a zunächst ein reziprokes Gitter mit den eingezeichneten Wellenzahlvektoren k_0 der einfallenden Welle
und k_1 der gebeugten Welle, die für den Beugungsreflex 1 (z. B. (100)) verantwortlich ist. Der Wellenzahlvektor k_1 wird ein zweites Mal um den Winkel θ gebeugt
und bekommt dadurch die Richtung von k_2.

Abb. 5.20 Doppelbeugung im reziproken Gittermodell mit durch den Anregungsfehler bedingten entarteten Gitterpunkten

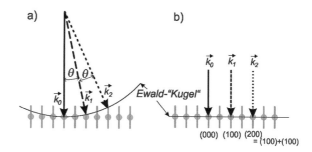

Bei hinreichend großem zulässigem Anregungsfehler passiert es, dass auch dieser Wellzahlenvektor bei doppeltem Braggwinkel θ noch einen geweiteten reziproken Gitter-„Punkt" trifft und damit einen Beugungsreflex hervorruft. Dies ist der Sachverhalt der Doppelbeugung. Wegen der kurzen Elektronenwellenlänge und der damit verbundenen geringen Krümmung der Ewald-Kugel tritt Doppelbeugung bei Elektronenbeugung vergleichsweise häufig auf. Beispielsweise kann der (200)-Reflex deshalb auf zwei verschiedene Arten entstehen:

- durch Beugung an den d_{200}-Ebenen,
- durch Doppelbeugung an den d_{100}-Ebenen.

Betrachten wir die Ewaldsche Kugelschale näherungsweise als Ebene, so können die Doppelbeugungsreflexe durch einfache lineare Kombination benachbarter Primärreflexe („Hauptreflexe") berechnet werden (s. Abb. 5.20b).

Wir wollen dies am Beispiel des Punktdiagramms von Silizium mit Zonenachse [110] genauer erläutern und betrachten dazu Abb. 5.21. Silizium ist kubisch mit Diamantstruktur. Neben den Auslöschungsregeln für das flächenzentrierte Gitter (die *(hkl)* dürfen nicht gemischt gerade und ungerade sein) gilt noch, dass $(h + k + l)/2$, $(3h + 3k + l)/2$, $(3h + k + 3l)/2$ und $(h + 3k + 3l)/2$ alle gerade sein müssen (vgl. Tab. 5.9 und Abschn. 5.4.5).

Dies erklärt, weshalb in Abb. 5.21a die (im einfachen flächenzentrierten Gitter erlaubten) Reflexe (002), (00$\bar{2}$), ($\bar{2}$22), 2$\bar{2}$2, ($\bar{2}$2$\bar{2}$ und 2$\bar{2}$2) fehlen. In Abb. 5.21b ist als Beispiel die Konstruktion des Doppelbeugungsreflexes (00$\bar{2}$) gezeigt: Es ist die Linearkombination aus den Primärreflexen ($\bar{1}$1$\bar{1}$) und (1$\bar{1}$$\bar{1}$). Der Doppelbeugungsreflex (2$\bar{2}$2) entsteht dann beispielsweise aus der Kombination von (1$\bar{1}$3) und (1$\bar{1}$$\bar{1}$).

Wir sehen, dass auch kinematisch erlaubte Primärreflexe höherer Ordnung als Doppelbeugungsreflexe darstellbar sind, z. B. (2$\bar{2}$0) = (1$\bar{1}$1) + 1$\bar{1}$$\bar{1}$). Diese sind allerdings in der Regel von den intensitätsreicheren Primärreflexen überdeckt und führen lediglich zu geringfügiger Veränderung der Reflexintensitäten.

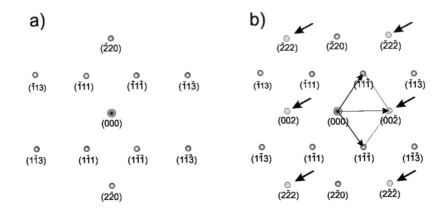

a)

(2̄20)

(1̄13) (1̄11) (1̄1̄1) (1̄1̄3)

(000)

(11̄3) (11̄1) (11̄1̄) (11̄3̄)

(22̄0)

b)

(2̄22) (2̄20) (2̄22̄)

(1̄13) (1̄11) (1̄11̄) (1̄13̄)

(002) (000) (002̄)

(11̄3) (11̄1) (11̄1̄) (11̄3̄)

(22̄2) (22̄0) (22̄2̄)

Abb. 5.21 Doppelbeugung an Silizium, Zonenachse [110]. a) Indiziertes Beugungsbild unter Berücksichtigung der kinematischen Auslöschungsregeln. b) Indiziertes Beugungsbild mit Doppelbeugungsreflexen (durch Pfeile markiert)

5.5   Kikuchi- und HOLZ-Linien

Erinnern wir uns: Zur Scharfstellung des Beugungsbildes wird bei der Feinbereichsbeugung eine parallele Beleuchtung der Probe eingestellt, d. h. dem Kristallgitter wird nur eine einzige Einfallsrichtung angeboten.

Wir wollen nun auf die Feinstrahlbeugung mit großem Konvergenzwinkel zurückkommen, d. h. wir bieten dem Kristallgitter eine Vielfalt unterschiedlicher Einfallsrichtungen an. Wir nehmen an, dass die Symmetrieachse des Strahlenkegels parallel zur Netzebene *(hkl)* im Kristall verläuft (vgl. Abb. 5.22).

Abb. 5.22 Schema zur Erklärung der Kikuchi-Linien

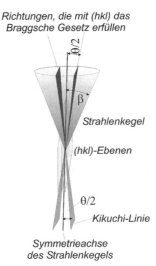

Richtungen, die mit (hkl) das Braggsche Gesetz erfüllen

θ/2

β

Strahlenkegel

(hkl)-Ebenen

θ/2

Kikuchi-Linie

Symmetrieachse des Strahlenkegels

Abb. 5.23 Schnitt durch die
Mitte des Strahlenkegels zur
Veranschaulichung der
Intensitätsbilanz der
Kikuchi-Linien
(Erläuterungen im Text)

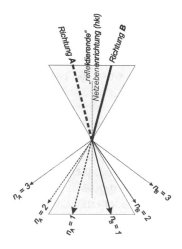

Die Netzebenen *(hkl)* suchen sich aus der Richtungsvielfalt diejenigen Richtungen aus, für die das Braggsche Gesetz erfüllt ist. Es sind Ebenen, die innerhalb des Strahlenkegels parallel zu den Netzebenen *(hkl)* verlaufen. Sie sind in Abb. 5.22 schwarz eingezeichnet.

Wir wollen uns die Intensitätsbilanz überlegen (vgl. Abb. 5.23): Die in Richtung A einfallende Welle wird an der Netzebenenschar *(hkl)* gebeugt. Gezeichnet sind die drei ersten Beugungsmaxima $n_A = 1, 2$ und 3 mit den Intensitäten I_{A1}, I_{A2} und I_{A3}. Um diese wird die Intensität I_A der durchgehende Welle A verringert. Andererseits erhöht sich ihre Intensität um den Beitrag I_{B1} vom ersten Beugungsmaximum der Welle B. Die Refexionsbedingungen sind für beide Welle A und B gleich, demzufolge sind auch die Beiträge I_{A1} und I_{B1} gleich:

$$I_{AD} = I_A - I_{A1} - I_{A2} - I_{A3} + I_{B1} = I_A - (I_{A2} + I_{A3}). \qquad (5.29)$$

Insgesamt bleibt ein Intensitätsdefizit gegenüber der Umgebung, für die die Bragg-Bedingung nicht erfüllt ist. Die Kikuchi-Linien sind dunkle Linien.

Nach Reflexion an der Netzebene *(hkl)* haben „Bragg-Ebenen" den Winkelab-stand $\theta/2$ (θ: Braggwinkel) von der Symmetrieachse des Strahlenkegels. Die rezi-proken Gittervektoren stehen senkrecht auf den gleichindizierten Netzebenen. Ihre Länge charakterisiert den zugehörigen Braggwinkel, d. h. ihre halbe Länge den hal-ben Braggwinkel. Damit haben wir eine einfache Möglichkeit gefunden, zu einem Punktdiagramm das erwartete Kikuchi-Muster zu konstruieren. Als Beispiel benut-zen wir das aus Abb. 5.19 bekannte Silizium-Punktdiagramm mit der Zonenachse [001] und beschränken uns dabei auf die inneren, intensitätsreichen Reflexe. In Abb. 5.24a ist die Verfahrensweise anhand des (040)-Reflexes demonstriert: Die (040)-Kikuchi-Linie ist die Mittelsenkrechte der Verbindungslinie zwischen dem (000)- und dem (040)-Reflex. Dementsprechend sind die weiteren Kikuchi-Linien in Abb. 5.24b ergänzt worden. Die Intensitäten der Kikuchi-Linien entsprechen denen der zu ihrer Konstruktion dienenden Punktreflexe.

Die Kikuchi-Linien in dieser Form entstehen nur dann, wenn die durch den Bragg-winkel geforderten Einfallsrichtungen innerhalb des Strahlenkegels auch zur Verfü-gung stehen, d. h. der halbe Öffnungswinkel des Strahlenkegels (Bestrahlungsapertur bzw. Konvergenzwinkel β) muss größer sein als der halbe Braggwinkel: $\beta > \theta/2$.

Was passiert aber, wenn die Netzebenen *(hkl)* gegen die Symmetrieachse des Strahlenkegels geneigt sind (s. Abb. 5.25). Praktisch bedeutet dies, dass wir den Kris-tall um einen Winkel τ (wenige mrad) aus seiner voreingestellten Zonenachse (z. B. [001]) herauskippen. Wir erkennen, dass dann der Symmetriepunkt des Kikuchi-Musters (Pol) auswandert. Die Richtung der Wanderung hängt davon ab, um welche kristallografische Achse gekippt wird. Für unser Beispiel in Abb. 5.24 verschiebt sich das Muster horizontal, wenn um die Kristallachse a_1 und vertikal, wenn um die Kristallachse a_2 gekippt wird. Die Größe der Verschiebung ist proportional zum Winkel τ. Wird der weiter erhöht, so sind zwei Fälle möglich:

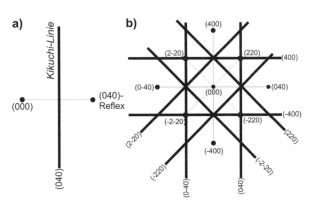

Abb. 5.24 Konstruktion eines Kikuchi-Linien-Musters für Silizium, Zonenachse [001]. a) Konstruktion der (040)-Linie aus dem (040)-Reflex. b) Komplettes Kikuchi-Muster für die inneren Reflexe

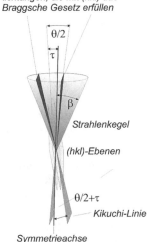

Abb. 5.25 Veränderung des Kikuchi-Linien-Musters bei geringer Kippung des Kristalls

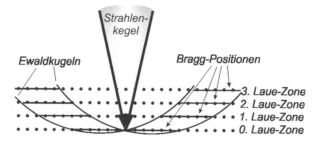

Abb. 5.26 Konvergente Beleuchtung und reziprokes Gitter (ebener Schnitt)

1. Der halbe Braggwinkel liegt nur noch einseitig innerhalb des Strahlenkegels. In der geraden Fortsetzung der Bragg-orientierten Ebene fehlt die gebeugte Intensität und es entsteht eine dunkle Linie parallel zur hellen Linie im Winkelabstand θ von ihr. Dieser Umstand wurde im Abschn. 5.3 als allgemeiner Fall bei Feinstrahlbeugung mit großem Konvergenzwinkel geschildert.
2. Eine andere („niedrig indizierte") Netzebenenschar gelangt in die Nähe der Bragg-Position. Es entsteht ein neuer Pol, der zunächst nicht im Zentrum liegt, aber durch weiteres Kippen um die „richtigen" Kristallachsen dorthin geschoben werden kann. Das bedeutet andererseits, dass es durch Zentrierung des Kikuchi-Musters möglich ist, im Elektronenmikroskop eine niedrig indizierte Zonenachse sehr genau einzustellen (vgl. Abb. 7.6b).

Wir wollen uns den Sachverhalt mit dem reziproken Gittermodell veranschaulichen (s. Abb. 5.26). In der Schnittdarstellung sind vom Strahlenkegel die grenzwertigen Einfallsrichtungen mit den zugehörigen Ewaldkugeln gezeichnet. Wir sehen, dass zwischen den beiden Kugeln ein Bereich existiert, der Beugungsreflexe („Bragg-Positionen" von Netzebenen) einschließt, die zum Linienmuster beitragen können. Insbesondere sehen wir auch, dass sich dieser Bereich über mehrere Ebenen des reziproken Gitters erstreckt. Diese Ebenen werden „Laue-Zonen" genannt. Im Englischen heißt die 0. Laue-Zone: Zero Order Laue Zone („ZOLZ"), die 1. Laue-Zone: First Order Laue Zone („FOLZ") und allgemein die Laue-Zone höherer Ordnung: High Order Laue Zone („HOLZ"). Wir ersehen aus Abb. 5.26 auch, dass die HOLZ-Linien bei vergleichsweise großen Beugungswinkeln erscheinen, die evtl. außerhalb des Beobachtungsbereiches liegen. Wir wissen aber, dass das Beugungsmuster durch geringfügiges Kippen der Probe auf dem Beobachtungsschirm verschoben werden kann. In der Praxis wird die Probe um wenige mrad aus der niedrigindizierten Achse herausgekippt, d. h. es wird eine höher indizierte Zonenachse eingestellt. In der Regel sind dann keine Linienpaare wie bei den Kikuchi-Mustern, sondern nur einzelne Linien zu sehen (vgl. Abb. 5.27). Da die Beugungswinkel für die HOLZ-Linien vergleichsweise groß sind, haben selbst geringfügige Änderungen der Gitterkonstanten einen messbaren Einfluss auf das Linienmuster. So ist es prinzipiell möglich, anhand solcher Muster die Gitterkonstanten mit einer Genauigkeit von besser als 0,01 % in Bereichen von wenigen Nanometern zu bestimmen. Allerdings sind wir dabei auf einkristalline Bereiche mit kleinen mechanischen Spannungsgradienten ange-

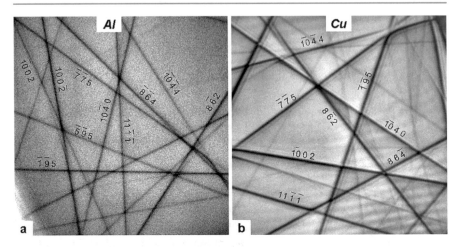

Abb. 5.27 HOLZ-Linien-Muster von a) Aluminium b) Kupfer. Zonenachse: nahe [136]. Insbesondere bei Kupfer sind Linienverbiegungen zu sehen (rechts oben), die mit dem kinematischen Modell nicht erklärt werden können. *(Aufnahmen: M. Hofmann)*

wiesen. Auch die Auswertung der Messungen kann problematisch sein. Wir sehen in Abb. 5.27b an Kreuzungspunkten mehrerer Linien Linienverbiegungen, die durch die Wechselwirkung der Elektronenwellen untereinander zustande kommen. Solche Wechselwirkungen bleiben im kinematischen Modell unberücksichtigt, ebenso die Wechselwirkungen der gebeugten Wellen mit dem Kristallgitter. Folglich ist das kinematische Modell insbesondere bei Gittern mit schwereren Elementen zu unpräzise, um die o. g. Genauigkeit bei der Auswertung erreichen zu können. Wir benötigen ein Modell, welches die gegenseitige Beeinflussung der gebeugten Wellen und des Kristallgitters berücksichtigt: Das dynamische Modell, das aber ungleich rechenintensiver und schwerer verständlich ist. Es erfordert die Lösung der Schrödinger[16]-Gleichung (das ist die Grundgleichung für Materiewellen → Abschn. 10.1.1) im Kristallpotential [17]. Neben der bereits erwähnten HOLZ-Linienverbiegung führt dies zu weiteren Konsequenzen:

- Die Elektronenwellenlänge hängt vom Kristallpotential und damit auch von der Richtung im Kristallgitter ab. Ein positives Kristallpotential verkürzt die Wellenlänge. Die Ewald-Konstruktion (→ Abschn. 10.5.1) ist dann keine Kugel mit konstantem Radius mehr, sondern ihr Radius ist kristallrichtungsabhängig. Die exakten Reflexpositionen sind damit gegenüber der kinematischen Näherung geringfügig verschoben. Bei der Auswertung von Feinbereichs-Beugungsdiagrammen spielt dies i. A. keine Rolle, wohl aber bei der genauen Gitterkonstantenmessung mit Hilfe von HOLZ-Linienmustern.
- Vielfachstreuung der Elektronenwellen innerhalb des Kristallgitters ist möglich. Die Intensität oszilliert zwischen gebeugten und nichtgebeugten Wellen während

---

[16]Erwin Schrödinger, österreichischer Physiker, 1887–1961, Nobelpreis für Physik 1933.

ihres Durchgangs durch den Kristall. Damit hängt die Reflexintensität von der Probendicke ab.

- Es ist möglich, den Einfluss dynamischer Effekte und denjenigen des Anregungsfehlers auf das Beugungsbild zu reduzieren, indem die Ewald-Kugel nicht festgehalten wird sondern „taumelt". Damit wird eine Vielzahl reziproker Gitterpunkte im zeitlichen Mittel in gleicher Weise getroffen, was gleichbedeutend mit identischen Anregungsbedingungen für alle Beugungsreflexe ist. Praktisch wird dies durch eine Präzessionsbewegung des Elektronenstrahls vor der Probe bewerkstelligt, die nach der Probe wieder ausgeglichen werden muss („Precessing Electron Diffraction" – PED [18]).

- Das (genauere) dynamische Modell ermöglicht weitere Schlussfolgerungen: Die (hier nicht näher erläuterte) Intensitätsverteilung in den Beugungsscheibchen bei der konvergenten Beugung (englisch: „Convergent Beam Electron Diffraction" – CBED) wird maßgeblich durch die Streueigenschaften des Gitters beeinflusst. Damit hat man prinzipiell Zugriff auf die Messung der elektronischen Struktur, z. B. der Elektronendichte, des Festkörpers [19].

5.6   Amorphe Proben

Wir kehren zurück zur Feinbereichsbeugung, d. h. zur parallelen Beleuchtung. Das beobachtete Beugungsdiagramm hängt in starkem Maße von der Größe der Kristallite ab. Bei Kristalliten, die der Größe des ausgewählten Bereiches entsprechen, werden Punktdiagramme beobachtet. Bei Verkleinerung der Kristallite entstehen Ringdiagramme, deren scharfe Maxima schließlich in diffuse Ringe übergehen.

Wir wollen uns hier dem letzten Fall genauer widmen und damit Charakterisierungsmöglichkeiten für sogenannte amorphe Substanzen aufzeigen. Dabei ist zu beachten, dass vom Standpunkt der Charakterisierung her der Übergang zwischen dem feinkristallinen und dem amorphen Zustand fließend ist und das Messergebnis stark vom Verfahren abhängt. Der Begriff „röntgenamorph" für Materialien mit Kristallitgrößen unter 5 nm deutet auf diesen Umstand hin.

Das Messergebnis, nämlich die Abhängigkeit der Intensität vom Streuwinkel, soll hierbei als Streukurve bezeichnet werden (entspricht der radialen Helligkeitsverteilung bei Ringdiagrammen – vgl. Abschn. 5.4.1). Die Atome sind die Streuzentren für die einfallenden Strahlelektronen. Entscheidend für das Aussehen der Streukurve sind demzufolge die Atomart und die Atomanordnung. In unserer Modellvorstellung wollen wir uns auf den Einfluss der Atomanordnung beschränken.

Kristalle zeichnen sich durch die periodische Anordnung der Atome aus. Die Folge ist, dass nur diskrete Abstände auftreten (wenn man von Wärmebewegungen absieht) und die Abstände richtungsabhängig sind (vgl. Abb. 5.28a). Die Verteilung der Atome ρ hängt von Abstand r und den Winkeln δ und η ab:

$$\rho = \rho(r, \delta, \eta),\tag{5.30}$$

sie ist richtungsanisotrop.

Abb. 5.28 Atomanordnung in kristallinem a) und amorphem b) Festkörper

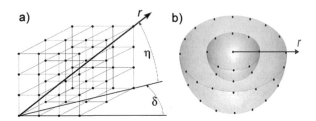

Wird die periodische Anordnung aufgelöst, was durch Temperaturerhöhung über den Schmelzpunkt, durch anders geartete Kraftfelder in der Atomumgebung oder auch durch besondere Bedingungen beim Erstarren des Festkörpers erreicht werden kann, so verschwindet neben den scharfen Abständen in der Verteilungsfunktion insbesondere auch deren Richtungsanisotropie (s. Abb. 5.28b). Nunmehr gilt:

$$\rho = \rho(r) \,. \tag{5.31}$$

Trotzdem existieren selbstverständlich nach wie vor zwischenatomare entfernungsabhängige Kräfte, so dass Vorzugsabstände der Atome und damit Modulationen der Dichteverteilung auch nach Auflösung des Kristallgitters zu erwarten sind.

> *Die im Kristall vorhandene Fernordnung geht bei amorphen Substanzen verloren und wird durch eine Nahordnung ersetzt.*

Abb. 5.29 zeigt ein Beugungsbild von einer dünnen amorphen Probe.

Um dieses Messergebnis auswerten zu können, müssen wir verstehen, wie es zustande kommt. Die Streukurve $I(s)$ ist das Resultat der Überlagerung aller an der Atomanordnung gestreuten Wellen. Für die Intensität gilt

$$I(s) \sim |\Psi(s)|^2 \quad \text{mit} \quad \Psi(s) = \sum_{m=1}^{N} \sum_{n=1}^{N} f_m \cdot f_n \cdot \frac{\sin(2\pi \cdot s \cdot r_{mn})}{2\pi \cdot s \cdot r_{mn}} \tag{5.32}$$

f_m, f_n: Streuquerschnitte (Atomformamplituden) der Streuzentren m bzw. n,

$s = |\boldsymbol{k} - \boldsymbol{k_0}|$: Betrag des Streuvektors, d. i. die Differenz der Wellenzahlvektoren der gestreuten und der einfallenden Welle,

r_{mn}: Betrag des Abstandsvektors zwischen den Streuzentren m und n.

(vgl. $\rightarrow$ Abschn. 10.5.3)

Bei Annahme einer einheitlichen Atomsorte kann aus der untergrundkorrigierten Streukurve $I(s)$ die Verteilungsfunktion $\rho(r)$ berechnet werden:

$$\rho(r) = \frac{2}{r} \int\limits_{0}^{\infty} I(s) \cdot s \cdot \sin(2\pi \cdot s \cdot r) \cdot ds \tag{5.33}$$

$\rho(r)$ wird auch als radiale Dichtefunktion bezeichnet.

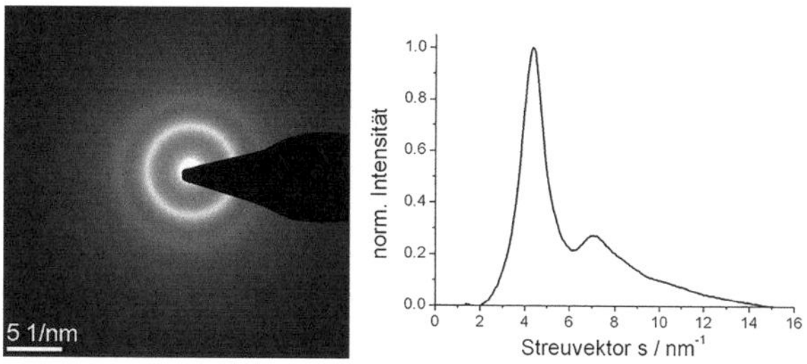

Abb. 5.29 Beugungsbild von einem amorphen Film und daraus extrahierte radiale Helligkeitsverteilung nach Untergrundabzug (Streukurve)

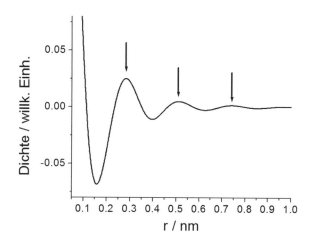

Abb. 5.30 Radiale Dichtefunktion für die in Abb. 5.29 gezeigte Streukurve von einer amorphen Probe. Die die durch Pfeile gekennzeichneten Maxima der Dichteverteilung liegen bei 0,28 nm, 0,51 nm und 0,74 nm

Bei der numerischen Lösung des Integrals hängt die obere Integrationsgrenze vom maximalen Streuwinkel ab, der bei der Messung erfasst wurde. Infolge seiner Endlichkeit können insbesondere bei kleinen Radien r Oszillationen der Funktion $\rho(r)$ auftreten, die dem Rechenverfahren anzulasten und nicht probentypisch sind. Um dies zu vermeiden, wird die Funktion $I(s)$ oft mit einer Dämpfungsfunktion multipliziert. Das Ergebnis einer solchen Rechnung für unser Beispiel aus Abb. 5.29 ist in Abb. 5.30 zu sehen und zeigt anhand der Maxima bevorzugte Atomabstände im amorphen Material.

5.7 Übersicht über Elektronenbeugungsmethoden

Im Kap. 5 war eine Vielzahl unterschiedlicher Begriffe zu lesen, die Einfluss auf das Aussehen des Elektronenbeugungsmusters haben. Es hängt einmal ab von der Kristallstruktur der Probe, zum Anderen von der Geräteeinstellung. Daraus resultieren unterschiedliche Elektronenbeugungsmethoden, die mit ihren Resultaten als Übersicht in Abb. 5.31 zusammengestellt sind.

Biografische Angaben in den Fußnoten aus https://www.wikipedia.de

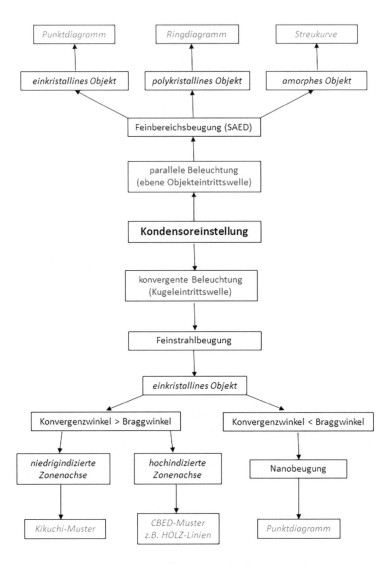

Abb. 5.31 Elektronenbeugungsmethoden: Einfluss von Kondensoreinstellung und Probenstruktur

Literatur

1. Ewald, P.P.: Die Entdeckung der Röntgeninterferenzen vor zwanzig Jahren und zu Sir William Braggs siebzigstem Geburtstag. Naturwissenschaften **29**, 527–530 (1932)
2. Friedrich, W.: Erinnerungen an die Entdeckung der Interferenzerscheinungen bei Röntgenstrahlen. Naturwissenschaften **36**, 354–356 (1949)

3. Schulze, G.E.R.: M. v. Laue und die Geschichte der Röntgenfeinstrukturuntersuchung. Krist. Techn. **8**, 527–543 (1973)

4. Davisson, C., Germer, L.H.: The scattering of electrons by a single crystal of nickel. Nature **119**, 558–560 (1927)

5. Bragg, W.L.: The specular reflection of X-rays. Nature **90**, 410 (1912)

6. Bragg, W.H., Bragg, W.L.: The reflections of X-rays by crystals. Proc. Royal Soc. London **88**, 428–438 (1913)

7. Hahn, T. (Hrsg.): International Tables for Crystallography, vol. A, Space-Group Symmetry. Kluwer, Dordrecht (1996)

8. Villars, P., Calvert, L.D.: Pearson's Handbook of Cryst. Data for Intermetallic Phases, ASM Intern (1991)

9. http://icsd.fiz-karlsruhe.de/icsd/

10. Otte, H.M., Crocker, A.G.: Crystallographic formulae for hexagonal lattices. Phys. Stat. Sol. **9**, 441–450 (1965)

11. Nicholas, J.: The simplicity of miller-bravais indexing. Acta Crystallogr. **21**, 880–881 (1966)

12. Boersch, H.: Über das primäre und sekundäre Bild im Elektronenmikroskop, Ann. d. Phys. **26**, 631–644 (1936) und **27**, 75–80 (1936)

13. Kikuchi, S.: Japan. J. Phys. 5 (1928), 83 und Phys. Z. 31 (1930), 777, zitiert in: Möllenstedt, G.: My early work on convergent-beam electron diffraction. Phys. Stat. Sol. (a) **116**, 13–22 (1989)

14. [5.14] Doyle, P.A., Turner, P.S.: Relativistic Hartree-Fock X-ray and electron scattering factors. Acta Crystallogr. A **24**, 390–397 (1968)

15. Thomas, J., Gemming, T.: ELDISCA C# – a new version of the program for identifying electron diffraction patterns. In: Luysberg, M., Tillmann, K., Weirich, T. (Hrsg.) EMC 2008, Aachen, Bd. 1, S. 231–232. Springer, Berlin (2008)

16. Williams, D.B., Carter, C.B.: Transmission Electron Microscopy, S. 299 ff. Springer, New York (2009)

17. von Laue, M.: Materiewellen und ihre Interferenzen. Akad. Verl.-Ges. Geest & Portig, Leipzig (1948)

18. Vincent, R., Midgley, P.A.: Double conical beam-rocking system for measurement of integrated electron diffraction intensities. Ultramicroscopy **53**, 271–282 (1994)

19. Deininger, C., Mayer, J., Rühle, M.: Determination of the charge-density distribution of crystals by energy-filtered CBED. Optik **99**, 135–140 (1995)

Warum sehen wir Kontraste im Bild?

6

Ziel

Wenn wir im Gedankenexperiment mit einem weißen Stift zwei Punkte auf ein weißes Blatt Papier zeichnen, werden wir diese Punkte nicht sehen können. Der weiße Stift liefert keinen Kontrast. Auch im Elektronenmikroskop benötigen wir nicht nur ein hohes Auflösungsvermögen sondern auch einen Bildkontrast. Dieser ist das Ergebnis der Wechselwirkung zwischen den Strahlelektronen (Primärelektronen) und der durchstrahlten Probe. Anders als in der Lichtmikroskopie, wo die Schwächung der Amplitude der Lichtwelle eine wesentliche Kontrastursache ist, spielt die Absorption von Elektronen in der Probe in der Transmissionselektronenmikroskopie nur eine untergeordnete Rolle. Hier ist die unterschiedliche Streuung (Ablenkung) der Elektronen in verschiedenen Probenbereichen die dominierende Ursache für den Kontrast. Später werden wir sehen, dass insbesondere bei sehr hohen Vergrößerungen auch Phasenschiebungen der Elektronenwelle für den Kontrast verantwortlich sein können.

6.1 Elastische Streuung der Elektronen in der Probe

Wir stellen uns vor, dass die Strahlelektronen beim Durchgang durch die Probe nur mit den Atomkernen wechselwirken. Wegen der extrem unterschiedlichen Massen von Atomkern und Elektron (die Masse eines Protons ist 1836-mal größer als die Masse eines Elektrons) wird die Lage des Kerns nicht verändert, ähnlich wie beim Stoß einer Billardkugel mit dem Rand des Billardtisches. Wir sprechen demzufolge von einer elastischen Wechselwirkung, der Betrag der Geschwindigkeit und damit die Energie des Elektrons ändern sich dabei nicht.

Für die Wahrscheinlichkeit, mit der die Elektronen durch Coulomb[1]-Wechselwirkung mit einem Atomkern um den Winkel θ abgelenkt und in das durch θ gekennzeichnete Raumwinkelsegment $d\Omega$ gestreut werden, gilt (vgl. Abb. 6.1 –

---

[1]Charles Augustin de Coulomb, französischer Physiker, 1736–1806.

© Der/die Autor(en), exklusiv lizenziert an Springer-Verlag GmbH, DE, ein Teil von Springer Nature 2023
J. Thomas und T. Gemming, *Analytische Transmissionselektronenmikroskopie*,
https://doi.org/10.1007/978-3-662-66723-1_6

Abb. 6.1 Zur Erläuterung
des differentiellen
Wirkungsquerschnitts

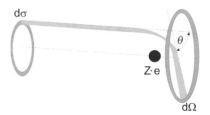

differentieller Rutherfordscher[2] Streuquerschnitt → Abschn. 10.5.4):

$$\frac{d\sigma}{d\Omega} = \left(\frac{1}{4\pi \cdot \varepsilon_0} \cdot \frac{Z \cdot \mathrm{e}^2}{4 \cdot E_0^2} \right)^2 \cdot \frac{1}{\sin^4 \frac{\theta}{2}} \qquad (6.1)$$

(ε_0: Influenzkonstante, Z: Ordnungszahl, e: Elementarladung, E_0: Primärelektronenenergie).

Dabei vernachlässigen wir die teilweise Abschirmung des elektrischen Potentials
des Atomkerns durch die Elektronenhülle. Die Gesamtstreuung der Elektronen wird
auch durch die Dichte der Atome in der Probe beeinflusst. Für die Anzahl N von
Atomen im Volumen V gilt:

$$N = \mathrm{N_A} \cdot \rho \cdot V \qquad (6.2)$$

($\mathrm{N_A}$: Avogadro[3]-Konstante, ρ: Dichte).

Das Streuvermögen eines einzelnen Atoms wird durch den Streuquerschnitt
beschrieben. Wir interessieren uns für alle Elektronen, deren Streuwinkel größer
als ein angenommener Akzeptanzwinkel α ist. Aus Gl. (6.1) folgt nach Integration
(→ Abschn. 10.5.5):

$$\sigma(\alpha) = \left(\frac{Z \cdot \mathrm{e}^2}{8 \cdot \varepsilon_0 \cdot E_0} \right)^2 \cdot \frac{1}{\pi \cdot \tan \frac{\alpha}{2}} \cdot \qquad (6.3)$$

Selbstverständlich hängt die Stärke der Streuung auch von der Probendicke ab. Wie
in → Abschn. 10.5.5 gezeigt wird, können wir für die Zahl N_E von Elektronen, die
nach Zurücklegen einer Strecke s innerhalb der Probe um weniger als den Winkel α
abgelenkt werden,

$$N_E = N_{E,0} \cdot \exp(-s/\Lambda_{el}) \qquad (6.4)$$

schreiben. $N_{E,0}$ ist die Zahl der in die Probe einfallenden Elektronen, Λ_{el} ist eine statistische Größe, die als *mittlere freie Weglänge für die elastische Streuung* bezeichnet
wird. Für sie gilt mit unserem einfachen Modell:

$$\Lambda_{el} = \left(\frac{8 \cdot \varepsilon_0 \cdot E_0}{Z \cdot \mathrm{e}^2} \right)^2 \cdot \frac{\pi \cdot \tan^2 \frac{\alpha}{2}}{\mathrm{N_A} \cdot \rho} \cdot \qquad (6.5)$$

---

[2]Ernest Rutherford, neuseeländisch/englischer Physiker, 1871–1937, Nobelpreis für Chemie 1908.
[3]Amedeo Avogadro, italienischer Mathematiker und Physiker, 1776–1856.

6.2 Streuabsorptions- und Beugungskontrast

Um das unterschiedliche Streuvermögen in einen Bildkontrast umzusetzen, müssen die stärker gestreuten Elektronen aus dem Strahlengang entfernt werden. Dies geschieht mit einer Blende, deren Radius den Akzeptanzwinkel bestimmen soll. Diese Blende muss demzufolge in einer winkelselektiven Ebene, d. h. in der bildseitigen Brennebene der Objektivlinse angeordnet werden (Objektivblende – vgl. Abschn. 2.7.2 und Abb. 6.2). Wegen ihrer kontrastverstärkenden Wirkung wird sie auch als Kontrastblende bezeichnet.

Ihre Wirkungsweise ist aus Abb. 6.2 ersichtlich: Schwach gestreute Elektronen bewegen sich nahezu parallel zur optischen Achse. Sie treffen sich in der bildseitigen Brennebene nahe dem Brennpunkt und werden durch die Kontrastblende hindurch gelassen. Stärker gestreute Elektronen treffen auf die Blende, werden damit aus dem Strahlengang entfernt und tragen nicht zur Bildhelligkeit bei. Die stärker streuenden Probenbereiche erscheinen im Bild dunkel.

Wir wollen nun mit Hilfe der Formeln (6.4) und (6.5) abschätzen, welcher Kontrast im Falle von kleinen, wenige 10 nm großen Goldinseln auf einer Kohlefolie zu erwarten ist. Wir definieren den Kontrast K_{1-2} zwischen zwei Bildbereichen 1 und 2 durch die Helligkeiten H_1 und H_2 in diesen Bildbereichen, teilen die Helligkeitsdifferenz $H_1 - H_2$ durch die mittlere Bildhelligkeit $(H_1 + H_2)/2$ und setzen das Maximum auf eins:

$$K_{1-2} = \left| \frac{H_1 - H_2}{H_1 + H_2} \right| \tag{6.6}$$

Für die Bildhelligkeit ist die Anzahl der pro Zeit und Fläche einfallenden Elektronen verantwortlich. Mit (6.4) können wir schreiben:

$$\begin{aligned} H_1 &= H_{\mathrm{Au}} = N_{\mathrm{E},0} \cdot \exp(-s_{\mathrm{Au}}/\Lambda_{\mathrm{el,Au}}) \\ H_2 &= H_{\mathrm{C}} = N_{\mathrm{E},0} \cdot \exp(-s_{\mathrm{C}}/\Lambda_{\mathrm{el,C}}) \end{aligned} \tag{6.7}$$

bzw.

$$K_{\mathrm{Au-C}} = \left| \frac{\exp(-s_{\mathrm{Au}}/\Lambda_{\mathrm{el,Au}}) - \exp(-s_{\mathrm{C}}/\Lambda_{\mathrm{el,C}})}{\exp(-s_{\mathrm{Au}}/\Lambda_{\mathrm{el,Au}}) + \exp(-s_{\mathrm{C}}/\Lambda_{\mathrm{el,C}})} \right| . \tag{6.8}$$

Abb. 6.2 Anordnung und Wirkungsweise der Kontrastblende

Abb. 6.3 Erwarteter
Kontrast im
elektronenmikroskopischen
Bild von Goldinseln auf
Kohlefolie bei einer
Primärenergie von 200 keV
und zwei verschiedenen
Kontrastblendendurchmes-
sern d in Abhängigkeit von
der Probendicke s

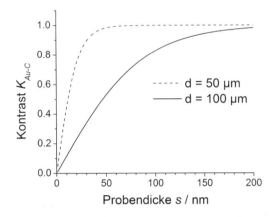

Abb. 6.4 Transmissionselektronenmikroskopisches Bild
von einer Kohlefolie mit
Goldinseln ($E_0 = 200$ keV,
Kontrastblendendurchmes-
ser: 100 μm). In den zwei
weiß gerahmten Rechtecken
wurde die mittlere
Bildhelligkeit gemessen: Sie
beträgt im oberen Rechteck
(Gold) 82 und im unteren
(Kohlenstoff) 175. Daraus
folgt nach Gl. (6.6) ein
Kontrast von 0,36

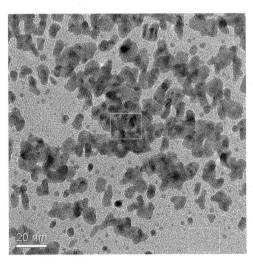

Zur Vereinfachung setzen wir für die Probendicken $s_{Au} = s_C = s$ und berechnen
den Kontrast K_{Au-C} in Abhängigkeit von der Probendicke s bei zwei Kontrastblen-
dendurchmessern d (s. Abb. 6.3). Für den Akzeptanzwinkel α gilt (vgl. Abb. 2.18):

$$\alpha = \frac{d}{2 \cdot f} \approx \frac{d}{2\,mm} \tag{6.9}$$

Für einen Vergleich mit dem experimentellen Ergebnis ziehen wir das elektronenmikroskopische Bild Abb. 6.4 von Goldinseln auf Kohlefolie heran. Der daraus ermit-
telte Kontrast zwischen Kohlefolie und Gold von 0,36 wird nach Abb. 6.3 bei einer
Probendicke von 30 nm erreicht, was durchaus plausibel erscheint.

Diese Übereinstimmung zeigt, dass unser einfaches Modell zur Erklärung dieses Kontrastes geeignet ist. Wir können daraus ableiten, welche Maßnahmen zur
Kontrastverstärkung ohne Veränderung der Probe ergriffen werden können: Verrin-

Abb. 6.5 Transmissionselektronenmikroskopisches Bild
von einer dünnen
polykristallinen
Ni/NiO-Schicht. Die Körner
(Kristallite) sind aufgrund
des Beugungskontrastes
deutlich zu unterscheiden

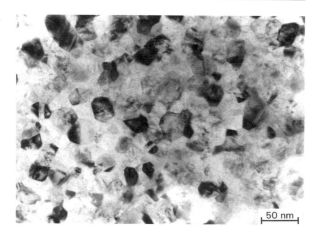

gerung der Beschleunigungsspannung (d. h. der Primärelektronenenergie E_0) und
Verkleinerung des Kontrastblendendurchmessers.

Der Name für den beschriebenen Kontrastmechanismus fasst dessen zwei
physikalische Ursachen zusammen:

> *Streuabsorptionskontrast: Unterschiedliche Streuung der Elektronen in der
> Probe und Absorption der stark gestreuten Elektronen an der Kontrastblende.*

Im Englischen ist der Name „Mass thickness contrast" (Massendickekontrast)
gebräuchlich.

Bei kristallinen Proben kann eine unterschiedliche Ablenkung der Elektronen
auch infolge Beugung bewirkt werden (vgl. Kap. 5). Wir stellen uns dazu eine poly-
kristalline Probe vor, bei der die Kristallite (Körner) unterschiedlich orientiert sind
und deren Kristallgitter damit verschiedene Winkel mit der Elektroneneinfallsrichtung bilden. Erfüllt der Winkel zwischen einer Netzebenenschar und der Elektroneneinfallsrichtung gerade die Bragg[4]-Bedingung (5.6), so entstehen intensitätsreiche
Beugungsmaxima. Die dahin gestreuten Elektronen werden von der Kontrastblende
aus dem Strahlengang entfernt, die in „Bragg-Lage" befindlichen Kristallite erscheinen im Bild dunkler (s. Abb. 6.5).

> *Wir sprechen vom Beugungskontrast. Er ist orientierungsabhängig und ermög-
> licht die Unterscheidung einzelner Kristallite im elektronenmikroskopischen
> Bild.*

---

[4]William Henry Bragg und William Lawrence Bragg: australisch/englische Physiker (Vater und
Sohn), 1862–1942 bzw. 1890–1971, Nobelpreis für Physik 1915.

Wegen des bei der Elektronenbeugung zulässigen Anregungsfehlers muss die Bragg-Bedingung nicht exakt erfüllt sein, um Beugungsreflexe zu erhalten (vgl. Abschn. 5.4.3 sowie → Abschn. 10.5.2). Somit existiert auch für die Bragg-Lage eine Toleranz, die von der Korngröße abhängt. Die abgebeugte Intensität sinkt allerdings mit zunehmender Abweichung von der Bragg-Lage. Die Folge ist, dass Beugungskontrastbilder von polykristallinen Kornstrukturen keine reinen Schwarz-Weiß-Aufnahmen sind sondern auch Grautöne enthalten. Zu den Grautönen tragen ebenfalls Körner bei, die in Elektronenstrahlrichtung übereinander liegen und unterschiedliche Orientierungen aufweisen.

Im Unterschied zum Streuabsorptionskontrast ist der Beugungskontrast orientierungsabhängig, d. h. er ändert sich beim Kippen der Probe. Damit ist es für den Experimentator möglich, zwischen beiden Kontrastarten zu unterscheiden: Er muss die Probenbühne kippen (dies ist bei allen Transmissionselektronenmikroskopen mit allen Probenhaltern zumindest um eine Achse möglich). Ändert sich dabei der Kontrast, so handelt es sich um Beugungskontrast und damit um eine kristalline Probe.

6.3   Hell- und Dunkelfeldabbildung

Bisher sind wir davon ausgegangen, dass die Kontrastblende mittig zur optischen Achse zentriert ist, das heißt, dass sie die nicht oder wenig gestreuten Elektronen hindurchlässt. Dieser Fall wird als

Hellfeldabbildung

bezeichnet. Die Abb. 6.4 und 6.5 sind solche Hellfeldbilder.

Was geschieht aber, wenn wir die Blende zur Seite schieben und auf diese Weise die wenig gestreuten Elektronen aus dem Strahlengang entfernen? Dafür passiert zumindest ein Teil der stärker gestreuten Elektronen die Blende und führt zur

Dunkelfeldabbildung.

Bei einer nichtkristallinen Probe erhalten wir den inversen Kontrast und somit keinen Erkenntnisgewinn.

Anders ist der Sachverhalt bei kristallinen Proben. Wir nehmen zunächst an, dass in einer dünnen Schicht alle Kornorientierungen mit gleicher Wahrscheinlichkeit auftreten, oder mit anderen Worten: Es gibt keine Vorzugsorientierung. In Abb. 6.6a ist das zu erwartende Hellfeldbild schematisch dargestellt. Verschieben wir in unserem Rechenmodell die Kontrastblende an zwei unterschiedliche Stellen, so entstehen die Dunkelfeldbilder 6.6b und 6.6c.

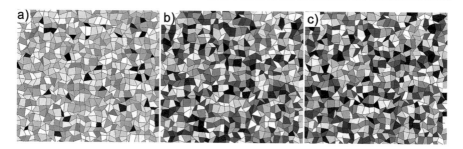

Abb. 6.6 Berechnete Hell- und Dunkelfeldbilder einer polykristallinen Schicht ohne Vorzugsorientierung der Körner. a) Hellfeldbild, mittlere Helligkeit: 165. b) Dunkelfeldbild 1, mittlere Helligkeit: 126, c) Dunkelfeldbild 2, mittlere Helligkeit: 124

Wie erwartet ist die mittlere Helligkeit in den Dunkelfeldbildern signifikant niedriger als im Hellfeldbild; sie unterscheidet sich kaum in den beiden Dunkelfeldbildern. Das ändert sich, wenn die Körner eine Vorzugsorientierung *(Textur)* aufweisen.

Unter dieser Voraussetzung wurden die Bilder in Abb. 6.7 berechnet. Die Kontrastblendeneinstellung bei den Dunkelfeldbildern ist die gleiche wie in Abb. 6.6. Im Gegensatz zu Abb. 6.6 unterscheiden sich hier die mittleren Helligkeiten der beiden Dunkelfeldbilder deutlich. Mit der Kontrastblende können im Beugungsbild auch einzelne Reflexe ausgewählt werden. Im zugehörigen Dunkelfeldbild erscheinen dann diejenigen Körner hell, die für den ausgewählten Reflex verantwortlich sind. Bei statistisch gleichverteilten Orientierungen sind im Mittel etwa gleich viele Körner hell, unabhängig vom ausgewählten Reflex (s. Abb. 6.6b und c).

Anders ist es bei texturierten Schichten. Wird hier ein Reflex ausgewählt, für den die vorzugsorientierten Körner verantwortlich sind, so wird im Dunkelfeldbild eine größere Anzahl Körner hell erscheinen als wenn ein Reflex gewählt wird, der zu Kornorientierungen gehört, die mit geringer Wahrscheinlichkeit auftreten (vgl. Abb. 6.7b und c). Die Texturen wirken sich auch direkt auf das Beugungsbild aus, wie das einfache Beispiel in Abb. 6.8 zeigt. In diesem Beispiel setzen wir kubische Kristalle voraus, deren [001]-Achsen ausnahmslos nach oben zeigen und die nur wenige Grad um diese Achse gedreht sein können (Abb. 6.8a). Die Beugungsintensitäten sind demzufolge nicht gleichmäßig auf den Ringen verteilt sondern auf symmetrisch angeordnete azimutale Bereiche konzentriert (Abb. 6.8c).

Wir können uns eine weniger stark texturierte Schicht vorstellen; Die Ausrichtung der Kristalle sei nach wie vor [001], allerdings ist der azimutale Drehwinkel um diese Achse gleichverteilt. In diesem Fall fehlen im Ringdiagramm alle Reflexe mit der Indizierung (kh0), weil diese Netzebenen aufgrund der Vorzugsorientierung nicht in die Bragg-Position gelangen können. Zur Information sind in Abb. 6.9 Ringdiagramme für ein kubisches Gitter mit verschiedener Packungsart und die primitive Variante mit [001]-Textur zusammengestellt. Wir sehen signifikante Unterschiede, d. h. anhand des Beugungsbildes kann zwischen diesen Varianten unterschieden werden.

Wird die Kontrastblende zur Dunkelfeldabbildung auf eine Position mit hoher Intensität im Beugungsbild gesetzt, so werden besonders viele Körner hell erschei-

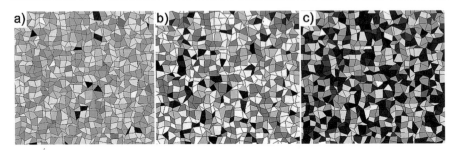

Abb. 6.7 Berechnete Hell- und Dunkelfeldbilder einer polykristallinen Schicht mit Vorzugsorientierung der Körner. a) Hellfeldbild, mittlere Helligkeit: 160. b) Dunkelfeldbild 1, mittlere Helligkeit: 149. c) Dunkelfeldbild 2, mittlere Helligkeit: 99

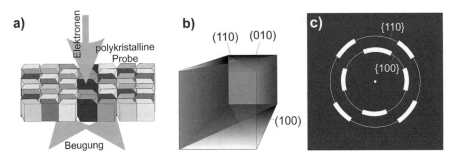

Abb. 6.8 Schicht mit ⟨011⟩ – Vorzugsorientierung. a) Skizze einer texturierten Schicht. b) Lage der beugenden Netzebenen. c) Beugungsbild dieser Schicht (schematisch)

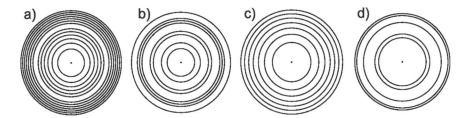

Abb. 6.9 Ringdiagramme vom kubischen Gitter a) primitive Zelle b) primtive Zelle mit [001]-Textur c) raumzentrierte Zelle. d) flächenzentrierte Zelle

nen. Bei systematischer Verschiebung der Kontrastblende innerhalb des Beugungsbildes können in polykristallinen Gefügen mit der Dunkelfeldabbildung Texturen erkannt und charakterisiert werden. Es ist allerdings experimentell schwierig, die Blende mechanisch mit der nötigen Genauigkeit und Reproduzierbarkeit an die vorgesehenen Stellen zu schieben.

Alternativ kann der gleiche Effekt wie beim Verschieben der Kontrastblende auch durch Kippen des Elektronenstrahls erreicht werden (vgl. Abb. 6.10). Es ist wichtig, dass der Punkt, um den der Elektronenstrahl gekippt wird, exakt in der Probenebene (Objektebene) liegt. Anderenfalls wird infolge des Kippens eine andere Probenstelle beleuchtet. Wir erinnern uns: Die Höheneinstellung dieses Kipppunktes („Pi-

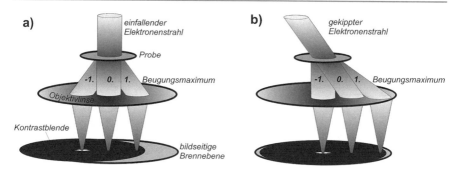

Abb. 6.10 Zwei Möglichkeiten, den $(-1.)$-Beugungsreflex zur Dunkelfeldabbildung zu verwenden. a) Verschieben der Kontrastblende. b) Kippen des Elektronenstrahls

vot Point") war Teil der Kontrolle des Justagezustandes des Mikroskops, wie es im Abschn. 4.3 beschrieben ist. Die Strahlkippung erfolgt mit Hilfe elektromagnetischer Ablenksysteme.

Neben der höheren Präzision bei der Einstellung hat dieses Verfahren noch zwei weitere Vorteile:

1. Wie aus Abb. 6.10b ersichtlich ist, bleibt die Kontrastblende bei der Kipp-Methode weiterhin konzentrisch zur optischen Achse justiert, d. h. auch für die Dunkelfeldabbildung werden achsennahe Strahlen benutzt, die Abbildungsfehler damit minimiert.
2. Durch geeignete Ansteuerung der Strahlkippungssysteme ist es möglich, den Elektronenstrahl auf einem Kegelmantel zu führen, wobei die Kegelspitze in der Objektebene liegt *(Conical Darkfield)*. Dies ist der gleiche Effekt, wie wenn die Kontrastblende auf einem Ring geführt wird (was mechanisch kaum möglich ist). Der Ringradius ist durch den Kegelwinkel der Strahlführung bestimmt.

Damit eröffnet sich eine weitere Möglichkeit der Phasenanalyse. Wir nehmen an, dass sich die beiden Werkstoffphasen eines Phasengemisches kristallografisch derart unterscheiden, dass einzelne Ringe des Beugungsdiagramms nur einer Phase zugeordnet und mit der Kontrastblende selektiert werden können. Dies ist zum einen eine Frage der kristallografischen Struktur und zum anderen eine Frage der Größe der Kontrastblende. Für ein Gemisch von Nickel und Nickeloxid ist das möglich. Beide bilden kubische Phasen mit Gitterkonstanten von 0,35 nm bzw. 0,42 nm. Damit kann der innerste Ring des Beugungsdiagramms dem NiO mit der größeren Gitterkonstante zugeordnet werden (vgl. Abb. 6.11). Durch Einstellung eines Kegelwinkels von 8 mrad wurde dieser Ring mit der Kontrastblende selektiert und ein Dunkelfeldbild bei konischer Strahlführung erzeugt (Abb. 6.11b). In diesem Dunkelfeldbild erscheinen die NiO-Kristallite hell.

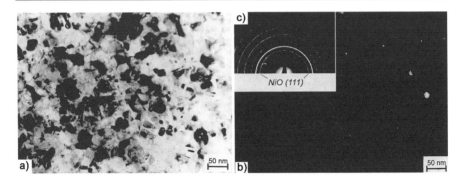

Abb. 6.11 Phasenanalyse von Ni/NiO durch Dunkelfeldabbildung (Conical Darkfield); Kontrastblende: 50 µm. a) Hellfeldbild. b) Dunkelfeldbild mit eingesetztem Beugungsbild (c)

6.4　Was können wir aus Beugungskontrasten lernen?

Wir haben gesehen, dass die Eigenschaften der Netzebenen entscheidend für das Beugungsergebnis sind. Die zwei bestimmenden Wesensmerkmale sind

- das Orientierungsverhältnis zwischen Netzebenen und einfallendem Elektronenstrahl,
- das Streuvermögen (die „Durchlässigkeit") der Netzebenen für Elektronen.

Beide bestimmen den Beugungskontrast.

> *Der Beugungskontrast ist die Grundlage für viele elektronenmikroskopische Untersuchungen zur Gitterstruktur der Probe.*

Mit anderen Worten: Alle Abweichungen, die zu lokalen Veränderungen der beiden o. g. Wesensmerkmale führen, rufen Beugungskontraste hervor. Mit einigen solcher Abweichungen von der idealen Gitterstruktur und ihren Auswirkungen auf das elektronenmikroskopische Bild wollen wir uns im Folgenden beschäftigen.

6.4.1　Biegekonturen, Versetzungen und semikohärente Ausscheidungen

In diesem Abschnitt betrachten wir Veränderungen des Orientierungsverhältnisses. Dies war bereits Ursache des Kontrastes zwischen unterschiedlich orientierten Kristalliten in einem polykristallinen Gefüge.

　　Was passiert aber, wenn derart lokal begrenzte Orientierungsänderungen durch Kristallbaufehler innerhalb eines Kristalls auftreten?

Mit einigen solcher Abweichungen von der idealen Gitterstruktur und ihren Auswirkungen auf das elektronenmikroskopische Bild wollen wir uns hier beschäftigen.

Als Erstes stellen wir uns einen auf eine Dicke von weniger als 100 nm präparierten Einkristall als Probe vor. Es ist nicht verwunderlich, wenn dieser wahrhaft „hauchdünne" Kristall verbogen ist (vgl. Abb. 6.12).

Die Netzebenen, von denen in Abb. 6.12 nur diejenigen nahe der Bragg-Lage skizziert sind, folgen dieser Verbiegung des Kristalls, d. h. ihre Orientierung schwankt etwas. Folglich gibt es kleine Probenbereiche mit Netzebenen, deren Winkel zum Elektronenstrahl exakt dem Bragg-Winkel entspricht. Der Teil des Elektronenstrahls, der diesen Bereich trifft, wird demzufolge mit höherer Intensität in die durch den Bragg-Winkel vorgegebene Richtung gestreut, seine Intensität in Durchgangsrichtung ist reduziert.

Die gestreute Intensität wird durch die Kontrastblende aus dem Strahlengang entfernt, die in Bragg-Lage befindlichen Probenbereiche erscheinen im Bild dunkel. In Abb. 6.12 ist dies durch die dunkle Linie in der Bildebene illustriert. Wie bereits im Abschn. 6.2 erwähnt, muss in Wirklichkeit die Bragg-Bedingung wegen des zulässigen Anregungsfehlers bei der Elektronenbeugung nur näherungsweise erfüllt sein. Deshalb beobachten wir keine scharfen sondern „verwaschene" *Biegekonturen* (englisch: „bending contours").

Außerdem ist nicht zu erwarten, dass die durch die elektronenmikroskopische Präparation eingebrachten mechanischen Spannungen lediglich zu einer Krümmung des Kristalls in einer Ebene führen. Wir müssen vielmehr mit Verdrehungen des Kristalls rechnen, die gekrümmte Biegekonturen zur Folge haben. Werden Probe oder Elektronenstrahl gekippt, so geraten andere Probenbereiche in die Bragg-Lage. Im Bild wandern die Biegekonturen über die Probe (s. Abb. 6.13). Der im Hellfeldmodus abgebildete Silizium-Kristall wurde gedimpelt und mit Argon-Ionen bis zum Durchbruch ionengedünnt (vgl. Abschn. 3.3). Links unten ist in den Bildern ein Stück des Lochrandes zu sehen (Streuabsorptionskontrast). An dessen Form ist zu erkennen, dass es sich tatsächlich um die gleiche Probenstelle handelt, nur die Biegekonturen haben sich infolge der Kippung innerhalb der Probe verschoben.

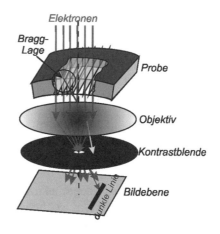

Abb. 6.12 Ursache der Biegekonturen: Gekrümmte Probe mit unterschiedlichen Winkeln zwischen Netzebenen und einfallendem Elektronenstrahl. Ergebnis: Dunkle Linie in der Bildebene

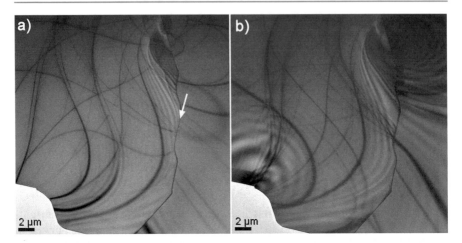

Abb. 6.13 Biegekonturen in einem gedünnten Silizium-Kristall. Vor Aufnahme von Bild b) wurde der Kristall um 2° gegenüber dem Zustand in Bild a) gekippt. Der Kristall ist gerissen, die Risslinie (Pfeil) verschiebt sich bei Kippung nicht

Abb. 6.14 Entstehung des Beugungskontrastes an einer Stufenversetzung. In der Skizze ist nur der Probenbereich dargestellt, die Anordnung von Objektiv und Kontrastblende sind wie in Abb. 6.12 dargestellt

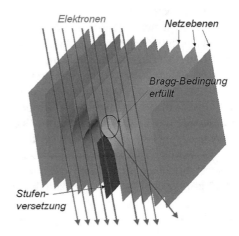

Versetzungen sind eine andere Möglichkeit, lokale Gitterverzerrungen hervorzurufen. Bei einer Stufenversetzung ist eine zusätzliche Netzebene in das Gitter eingeschoben (vgl. Abb. 6.14). In der Umgebung des Versetzungskerns (hier beginnt die eingeschobene Netzebene) relaxieren die Atome, was zu einer Krümmung der Netzebenen führt. Es passiert das Gleiche wie bei den Biegekonturen: Bei geeigneter Elektroneneinstrahlrichtung gerät ein Teil der gekrümmten Netzebenen in Bragg-Lage, die an dieser Stelle einfallenden Elektronen werden verstärkt gestreut und im Bild entsteht eine dunkle Linie, die die gleiche Richtung wie die eingeschobene Netzebene hat.

Im Unterschied zu den Biegekonturen ist die Gitterverzerrung aber auf den Bereich um den Versetzungskern beschränkt, d. h. beim Kippen der Probe wandert die dunkle Linie nicht, sondern sie verschwindet bei hinreichend großem Kippwin-

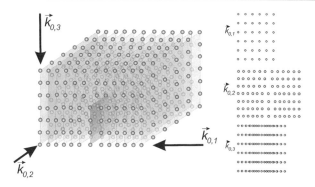

Abb. 6.15 Atomanordnung bei einer Stufenversetzung in verschiedenen Projektionen: Richtungen 1 und 2: keine Verzerrung, d. h. keine unterschiedlichen Netzebenenorientierungen bezüglich der Einfallsrichtung. Richtung 3: Verschiebungen der Atome in Projektionsrichtung sichtbar, d. h. Variation der Netzebenenorientierung

kel. Dies ermöglicht es dem Experimentator, zwischen Versetzungslinie und Biegekontur zu unterscheiden und unterstreicht, wie wichtig es ist, dass die Probe beim Mikroskopieren gekippt werden kann.

Bei der Stufenversetzung tritt die Gitterverzerrung nur längs einer Linie auf und beschränkt sich auf eine Netzebenenschar. Dies führt einerseits dazu, dass die Sichtbarkeit der Versetzungslinie von der Beobachtungsrichtung abhängt, ermöglicht aber andererseits die Lagebestimmung der Versetzung. Wir wollen uns dies anhand der Skizze in Abb. 6.15 veranschaulichen.

Wir erkennen, dass die Versetzungslinie im Hellfeldbild bei der Elektroneneinfallsrichtung $k_{0,3}$ mit hohem Bildkontrast als dunkle Linie zu sehen sein wird. Für die weitere Diskussion nehmen wir an, es handele sich um einen kubischen Kristall und die drei Einfallsrichtungen stimmen (bis auf das Vorzeichen) mit den Kristallrichtungen [100], [010] und [001] überein. In unserem Fall sind die (100)-Ebenen gekrümmt. Zur kristallografischen Beschreibung der Versetzung dient der Burgers[5]-Vektor. Seine Richtung und sein Betrag werden durch einen „Burgers-Umlauf" bestimmt, wie das für unser Beispiel in Abb. 6.16 erläutert ist. Wir schauen dazu auf die Gitterprojektion in $k_{0,2}$-Richtung und greifen die Stelle um den Versetzungskern heraus.

Wir erkennen, dass der Burgers-Vektor senkrecht auf der Versetzungslinie steht (hier Kristallrichtung [100]). Dies ist das Kennzeichen einer Stufenversetzung. Wir sehen außerdem, dass für die Skalarprodukte der drei Einfallsrichtungen mit dem Burgers-Vektor gilt:

$$k_{0,1} \cdot b \neq 0, \ k_{0,2} \cdot b = 0, \ k_{0,3} \cdot b = 0, \quad \text{denn}$$
$$k_{0,i} \cdot b = \left|k_{0,i}\right| \cdot |b| \cdot \cos \sphericalangle(k_{0,i}, b) \quad (i = 1, 2, 3). \tag{6.10}$$

---

[5]Johannes Martinus Burgers, niederländischer Physiker, 1895–1981.

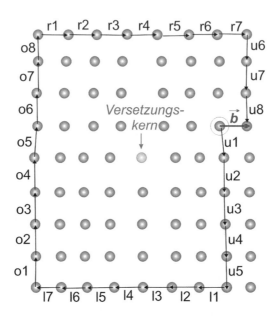

Abb. 6.16 Burgers-Umlauf um den Versetzungskern zur Erläuterung des Burgers-Vektors. Ausgangspunkt ist das schwarz umrandete Atom. Von dort gehen wir fünf Atome nach unten (Pfeile
mit u1–u5 gekennzeichnet). Dann sieben Atome nach links (l1–l7), acht Atome nach oben (o1–o8)
und wieder sieben Atome nach rechts (r1–r7). Da wir die gleiche Anzahl Atome nach unten wie
nach oben gehen müssen, fehlen drei Schritte nach unten. Dies wird nachgeholt (u6–u8) und wir
landen beim Nachbar des Ausgangsatoms. Die Lücke wird ausgehend vom Ausgangsatom durch
den Burgers-Vektor **b** geschlossen

Nehmen wir Dunkelfeldbilder „im Lichte" des (010)- bzw. des (001)-Reflexes auf, so
bleibt die Versetzungslinie in diesen Bildern unsichtbar. Das Kreuzprodukt aus diesen beiden Reflexrichtungen liefert die Richtung des Burgers-Vektors: [100]. Dies ist
die Grundlage für die Bestimmung von Burgers-Vektoren mit Hilfe von transmissionselektronenmikroskopischen Abbildungen. In der Praxis sind dabei drei wichtige
Dinge zu beachten:

1. Die Probe muss während der mikroskopischen Beobachtung in geeignete kristallografische Richtungen orientiert werden können. Der Einsatz eines Doppelkipp-
   halters ist deshalb bei solchen Untersuchungen zwingend erforderlich.
2. Vor dem Einzeichnen des Burgers-Vektors in das elektronenmikroskopische Bild
   ist eine evtl. Bilddrehung zwischen Beugungs- und Abbildungsmodus mit Hilfe
   dazu geeigneter Objekte (z. B. orthorhombische α-MoO$_3$-Nadeln, deren Achsen die kristallografische [001]-Richtung haben, und die kommerziell verfügbar
   sind) zu kontrollieren und in der Zeichnung zu korrigieren. Wir erinnern uns: Die
   Elektronen laufen auf Schraubenbahnen durch die magnetischen Linsen. Beim
   Umschalten von Abbildung auf Beugung werden die Projektivlinsen unterschiedlich erregt (Abbildung der Zwischenbildebene bzw. der bildseitigen Brennebene

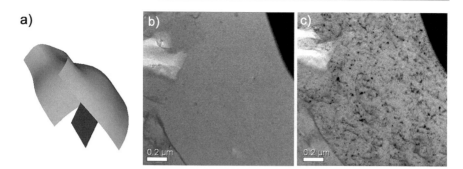

Abb. 6.17 Abbildung von Versetzungen im TEM. a) Krümmung der Netzebenen am Ende einer Stufenversetzung. b) TEM-Hellfeldbild von Al: keine Versetzungen sichtbar. c) Gleiche Probenstelle, aber Probe um 8° gekippt: Versetzungslinien und -enden sichtbar

des Objektivs), was zu der erwähnten Bilddrehung führen kann. In modernen Elektronenmikroskopen wird diese Bilddrehung in der Regel durch geeignetes Zusammenspiel der Projektivlinsen kompensiert. Doch das sollte man kontrollieren!

3. Im Abschn. 6.3 hatten wir erläutert, dass Dunkelfeldbilder vorteilhafterweise durch Kippung des Elektronenstrahls erzeugt werden sollten. Dies ist bei Versetzungsuntersuchungen zu überdenken, weil die Einfallsrichtung eine entscheidende Rolle spielt und diese beim Kippen verändert wird. Unter Umständen muss für die Dunkelfeldabbildung die Kontrastblende verschoben werden, es sei denn, die Strahlkippung ist beabsichtigt (*„Weak-Beam-Technik"* – s. z. B. [1]).

Die Stufenversetzung, bei der die Versetzungslinie nahezu parallel zur Probenoberfläche verläuft, diente uns zur Erläuterung des Prinzips der Kontrastentstehung. Es gibt weitere Versetzungskonfigurationen: Die Schraubenversetzung, bei der der Burgers-Vektor parallel zur Versetzungslinie verläuft, und Versetzungen, bei denen die Versetzungslinie gegen die Probenoberfläche geneigt ist und innerhalb der Probe endet.

Der letzte Fall führt zu Krümmungen mehrerer Netzebenenscharen, so dass diese Enden der Versetzungslinien bei mehreren Elektroneneinfallsrichtungen zu sehen sind. Sie dominieren deshalb häufig in Bildern, die ohne Auswahl einer speziellen Elektroneneinfallsrichtung aufgenommen worden sind (vgl. Abb. 6.17).

Schließlich wollen wir eine dritte Möglichkeit der Entstehung lokaler Gitterverzerrungen diskutieren: *semikohärente Ausscheidungen.* Darunter wollen wir Partikel verstehen, die in eine Matrix eingelagert sind und deren kristallografische Struktur und Gitterkonstanten denjenigen der Matrix sehr ähnlich sind. Abb. 6.18 zeigt eine Skizze, der die Annahme zugrunde liegt, dass die Gitterkonstante des Partikels kleiner als die der umgebenden Matrix ist. Typisch für semikohärente Ausscheidungen ist ein kaffeebohnenartiger Kontrast im elektronenmikroskopischen Bild (s. Abb. 6.18c). Voraussetzung ist selbstverständlich eine geeignete Einstrahlrichtung wie bei allen Untersuchungen, die den Beugungskontrast ausnutzen.

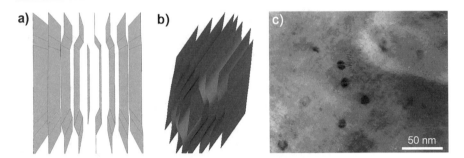

Abb. 6.18 Abbildung semikohärenter Ausscheidungen im TEM. a) Netzebenenanpassung durch Verzerrung und Einschub (Stufenversetzung). b) Perspektivische Darstellung der Verzerrungen. c) TEM-Bild von 20 nm großen Kupfer-Partikeln in einer Blei-Matrix

6.4.2 Dickenkonturen, Stapelfehler und Zwillinge

Wir wollen uns nun mit Kontrastphänomenen in transmissionselektronenmikroskopischen Bildern von kristallinen Proben beschäftigen, die nicht allein durch Verzerrungen von Netzebenen und den damit verbundenen lokal begrenzten Bragg-Lagen erklärt werden können sondern durch lokale Änderungen des Streuverhaltens zustande kommen. Wir betrachten Abb. 6.19. Sie zeigt die Kornstruktur innerhalb einer abgedünnten Kupferschicht. Neben zahlreichen Kontrasten durch lokale Verzerrungen der Netzebenen sehen wir am Rand eines Korns dunkle Streifen, deren Ursache wir verstehen wollen.

Dazu erinnern wir uns an die Beugung der Elektronenwelle im Kristallgitter. Bei den Überlegungen zum Braggschen Gesetz (Abschn. 5.1) waren wir von einer partiellen Reflexion der Elektronenwelle an der Netzebenenschar ausgegangen und hatten danach nicht weiter verfolgt, was noch mit dem gebeugten Wellenanteil im Kristall passieren kann. Um die Streifen in Abb. 6.19 erklären zu können, müssen wir unser Modell erweitern und betrachten dazu Abb. 6.20.

Wir gehen von einem Kristall aus, dessen Dicke am Rand keilförmig ansteigt (Abb. 6.20a). Die im Ausschnitt skizzierten Netzebenen bilden mit der Elektroneneinfallswelle den Bragg-Winkel θ, d. h. der Kristall befindet sich in exakter Bragg-Lage. In unserem einfachen Modell soll das Streuvermögen der Netzebenen gleich sein und die gesamte Intensität der Elektronenwelle an einer Netzebene reflektiert werden. Sie erreicht dann die benachbarte Netzebene und wird wieder in die ursprüngliche Richtung umgelenkt (vgl. Abb. 6.20b). Infolge der Vielfachreflexion pendelt die Intensität periodisch zwischen der durchgehenden und der gestreuten Welle. Die Länge der Periode wird als *Extinktionslänge* L_{ext} bezeichnet. Wir erkennen, dass die Probendicke bestimmt, ob die durchgehende oder die gestreute Welle die intensitätsreichere nach Verlassen der Probe ist. Offenbar ist im Probendickenintervall ($i = 0, 1, 2, ..$)

$$i \cdot L_{\mathrm{ext}} \le t < \left(i + \frac{1}{2}\right) \cdot L_{\mathrm{ext}} \tag{6.11}$$

Abb. 6.19 Dickenkonturen am Rand eines Korns in einer dünnen Kupferschicht (s. Pfeil)

die gestreute Welle intensitätsreicher, und im Dickenintervall

$$\left(i + \frac{1}{2}\right) \cdot L_{\text{ext}} \leq t < (i + 1) \cdot L_{\text{ext}} \tag{6.12}$$

ist hingegen die durchgehende Welle diejenige mit der größeren Intensität. Die gestreute Intensität wird durch die Kontrastblende aus dem Strahlengang entfernt und wir erhalten im Bild helle und dunkle Streifen, die als *Dickenkonturen* bezeichnet werden.

Nach Abb. 6.20b gilt für kleine Bragg-Winkel θ:

$$\frac{L_{\text{ext}}}{2} = \frac{2 \cdot d}{\theta} \tag{6.13}$$

und nach dem Braggschen Gesetz (5.6) für n = 1 (erste Beugungsordnung) mit der Elektronenwellenlänge λ

$$L_{\text{ext}} = \frac{4 \cdot d^2}{\lambda} \tag{6.14}$$

Die Netzebenenabstände sind orientierungsabhängig. Wir schreiben deshalb statt d besser d_{hkl}. Damit ist auch die Extinktionslänge orientierungsabhängig:

$$L_{\text{ext}} = \frac{4 \cdot d_{hkl}^2}{\lambda} \tag{6.15}$$

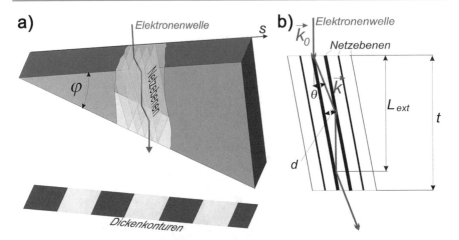

Abb. 6.20 Zur Erläuterung von Dickenkonturen. a) Kristalline Probe mit keilförmig ansteigender Dicke in exakter Bragg-Lage: Elektronenwelle pendelt zwischen reflektierenden Netzebenen. b) Bragg-Winkel θ, Netzebenenabstand d, Extinktionslänge L_{ext} und Probendicke t

Nach diesem einfachen geometrischen Modell erhalten wir beispielsweise für die (111)-Netzebenenschar von Kupfer (Gitterkonstante: 0,362 nm, d. h. d_{111} = 0,209 nm) und 300 keV-Elektronen (λ = 0,00197 nm) eine Extinktionslänge von 89 nm. In unserem Modell haben wir das Streuvermögen der Netzebenen (Strukturfaktor und Volumen der Elementarzelle) außer Acht gelassen, welches die Extinktionslänge ebenfalls beeinflusst. Formel (6.15) liefert demzufolge nur die Größenordnung der Extinktionslänge.

Durch Zählen der dunklen Streifen ist es möglich, die Dicke des Kristalls abzuschätzen: Wir multiplizieren die Streifenzahl mit der Extinktionslänge. Da die Elektronenwelle in Wirklichkeit nur teilweise von den Netzebenen reflektiert wird, „verwaschen" die Dickenkonturen mit zunehmender Probendicke.

In diesem Abschnitt sind wir bis hierher von einem ungestörten Gitter ausgegangen. Was passiert aber, wenn in den Netzebenen Unregelmäßigkeiten auftreten und dadurch deren Streuvermögen lokal verändert ist?

Stapelfehler sind typische Vertreter solcher Störungen. Zur Erklärung des Stapelfehlers nehmen wir an, dass nur eine Atomsorte vorliegt und die Atome „auf Lücke" gestapelt sind (vgl. Abb. 6.21a). An der mit „Stapelfehler" gekennzeichneten Stelle ist diese Anordnung gestört, die Atome sind nicht auf Lücke gestapelt. Im dreidimensionalen Fall entstehen dadurch Änderungen in der atomaren Besetzung der Netzebenen (s. Abb. 6.21b). Die Folge dieser Veränderung ist ein verändertes Streuvermögen. Nach dem Braggschen Modell bedeutet dies ein lokal verändertes Reflexionsvermögen. An diesen Stellen passiert ein größerer Anteil der Wellenintensität die Netzebene ohne reflektiert zu werden. Wir vereinfachen das, indem wir annehmen, dass an den Stellen geringerer Besetzungsdichte die Reflexion vollkommen unterbleibt und die gesamte Intensität durch die Netzebene hindurchtritt.

Anhand von Abb. 6.22 wird die Auswirkung auf den Bildkontrast im Elektronenmikroskop erläutert. Der Stapelfehler betrifft nicht eine Netzebene allein sondern

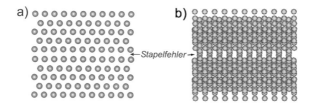

Abb. 6.21 Stapelfehler führen zur lokalen Veränderung der Besetzungsdichte der Netzebenen. a) Entstehung des Stapelfehlers. b) Perspektivische Darstellung eines Stapelfehlers

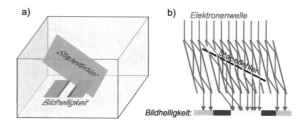

Abb. 6.22 Zur Erläuterung des Stapelfehlerkontrastes. a) Eine Stapelfehlerebene liegt schräg in einem Kristall. b) Durch das veränderte (blau gezeichnet) Reflexionsverhalten im Bereich des Stapelfehlers fluktuiert die Elektronendichte hinter der Probe und erzeugt helle und dunkle Streifen im Bild

setzt sich über mehrere fort. Die von der abweichenden Stapelung betroffenen Stellen liegen in einer Ebene. Im Abb. 6.22a ist veranschaulicht, wie diese in der Probe liegen soll. Die ausgewählte Netzebenenschar ist in Bragg-Lage, d. h. wir haben optimale Beugungsbedingungen. Die Proben ist gleichmäßig dick. Im Normalfall (d. h. ohne Stapelfehler) ergibt sich infolge des gleichen Brechungsverhaltens im Kristall eine uniforme Bildhelligkeit ohne jegliche Kontraste. Das ändert sich durch den Stapelfehler. Je nach dessen Position entlang der Netzebene wird die Elektronendichte hinter der Probe umverteilt (vgl. Abb. 6.22b). Dies bleibt auch gültig, wenn wir bedenken, dass die abgebeugte Intensität von der Kontrastblende aus dem Strahlengang entfernt wird.

Wir sehen, dass der Stapelfehler im Bild helle und dunkle Streifen hervorruft, die zur Projektion der Stapelfehlerebene auf die Objektaustrittsebene ausgerichtet sind. Wir erkennen auch, dass derartiger Stapelfehlerkontrast an die Ausrichtung des Kristalls gebunden ist (Netzebenen in Bragg-Lage). Unterschiedliche Netzebenenscharen haben unterschiedliche Beugungswinkel zur Folge, d. h. der gleiche Stapelfehler kann bei Variation der Elektroneneinfallsrichtung unterschiedliche Kontraste erzeugen.

Die mit dem Stapelfehler verbundenen Verschiebungen der Atome bewirken eine Veränderung der Gesamtenergie des Systems; die Differenz wird als Stapelfehlerenergie bezeichnet. Aufgrund der zwischenatomaren Kräfte sind einige wenige Stapelfehlerkonfigurationen bevorzugt.

Wir wollen nun zwei der verschiedenen Möglichkeiten der Stapelung von atomaren Schichten betrachten (s. Abb. 6.23). Die beiden Möglichkeiten (1) und (2)

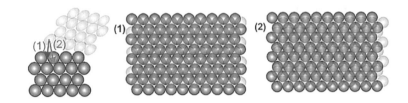

Abb. 6.23 Zwei mögliche Stapelungen atomarer Schichten „auf Lücke"

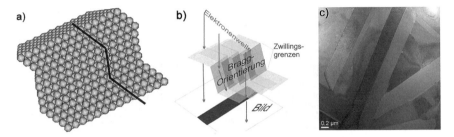

Abb. 6.24 Zwillinge durch Stapelfehler. a) Perspektivische Skizze. b) Erläuterung des resultierenden Beugungskontrastes. c) Elektronenmikroskopisches Hellfeldbild von Zwillingen in einer Bi-Te-Legierung

unterscheiden sich seitlich um einen halben Atomabstand und in der Höhe um $\sqrt{3}/6$ Atomabstände. Wenn innerhalb des Kristalls von der Stapelvariante (1) auf die Variante (2) umgeschaltet wird, entstehen gespiegelte Netzebenen.

Ein Beispiel ist in Abb. 6.24a durch die schwarze Linie hervorgehoben. Diese gespiegelten Netzebenen sind typisch für Kristallzwillinge, die Spiegelebenen werden als Zwillingsebenen bezeichnet.

Wir hatten im vorhergehenden Abschnitt diskutiert, welchen Einfluss die Kristallorientierung auf den Kontrast des elektronenmikroskopischen Bildes hat. Wenn der Kristall so zur einfallenden Elektronenwelle orientiert wird, dass der mittlere Netzebenenbereich in Abb. 6.24b in Bragg-Lage kommt, dann wird nach dem Ausblenden der stark gestreuten Intensitäten dieser Teil des Zwillings im Bild dunkel erscheinen (vgl. Abb. 6.24b und c). Auch hier ändern sich die Kontraste beim Kippen der Probe.

6.5   Moiré-Muster

Wir wollen nun den Fall betrachten, dass zwei Kristalle in Elektroneneinfallsrichtung (wird auch als Projektionsrichtung bezeichnet) übereinanderliegen. Die Netzebenen repräsentieren periodische Strukturen, deren Überlagerung zusätzliche Streifen, sogenannte „Moiré-Muster[6]" zur Folge hat. In Abb. 6.25 sind drei mögliche Varianten skizziert.

---

[6]vom französischen „moirer": marmorieren.

Abb. 6.25 Moiré-Muster durch Überlagerung von Kristallen. a) Verdrehung mit gleichen Netzebenenabständen. b) Ohne Verdrehung mit unterschiedlichen Netzebenenabständen. c) Mit Verdrehung bei unterschiedlichen Netzebenenabständen

Die Streifenabstände h können mit Hilfe der Formeln

$$h = \frac{d}{2 \cdot \sin \frac{\delta}{2}} \tag{6.16}$$

aus dem Netzebenenabstand d und dem Drehwinkel δ im Fall von Abb. 6.25a,

$$h = \frac{d_1 \cdot d_2}{|d_1 - d_2|} \tag{6.17}$$

aus den beiden Netzebenenabständen d_1 und d_2 im Fall von Abb. 6.25b und

$$h = \frac{d_1 \cdot d_2}{\sqrt{d_1^2 + d_2^2 - 2 \cdot d_1 \cdot d_2 \cdot \cos \delta}} \tag{6.18}$$

aus Netzebenenabständen und Drehwinkel im Fall von Abb. 6.25c berechnet werden ($\rightarrow$ Abschn. 10.6.2).

Abb. 6.26 Moiré-Streifen (weiße Markierung) durch Überlagerung zweier TiN-Kristalle in Projektionsrichtung im transmissionselektronenmikroskopischen Bild

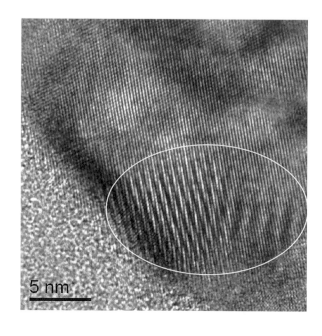

5 nm

Die elektronenmikroskopische Abb. 10.26 zeigt ein praktisches Beispiel für die Moiré-Streifen. Sie dürfen nicht mit evtl. größeren Netzebenenabständen verwechselt werden.

Für die Beugung bedeuten die übereinanderliegenden Kristalle, dass starke Beugungsintensitäten des ersten Kristalls beim Durchlaufen des zweiten Kristalls zusätzliche Reflexe erzeugen können. Prinzipiell ist dies auch innerhalb eines einzelnen dickeren Kristalls möglich. Dieses Phänomen wird als Doppelbeugung bezeichnet; das betreffende Beugungsmuster kann als Linearkombination der einzelnen Beugungsbilder verstanden werden (vgl. Abschn. 5.4.6).

6.6   Magnetische Domänen: Lorentzmikroskopie

Nach der Diskussion der Kontrastentstehung durch die Orientierungsabhängigkeit der Elektronenwelleninterferenzen wollen wir zum Teilchenmodell zurückkehren und überlegen, wie die Elektronen in einer ferromagnetischen Probe abgelenkt werden und wie diese Ablenkung für Kontraste im elektronenmikroskopischen Bild sorgen kann. Die ferromagnetische Probe besteht aus Domänen („Weisssche[7] Bezirke"), innerhalb derer die magnetischen Momente der Atome (Elementarmagnete) gleichgerichtet sind. Die einzelnen Domänen sind durch Bloch[8]-Wände voneinander getrennt. Innerhalb einer Blochwand dreht die Magnetisierungsrichtung. Benachbarte Domänen haben häufig antiparallel ausgerichtete Magnetisierungen.

Ein Ausschnitt aus einer solchen ferromagnetischen Probe mit antiparallel ausgerichteten Domänen ist in Abb. 6.27 gezeichnet. Die Elektronen folgen beim Durchgang durch die Probe der Lorentzkraft[9] (Gl. (2.4))

$$F = -e \cdot v \times B \tag{2.4}$$

mit der Elementarladung e, der Elektronengeschwindigkeit v und der magnetischen Induktion B. Diese Formel war uns bereits im Abschn. 2.2 begegnet, wo die Funktion rotationssymmetrischer Magnetfelder als Elektronenlinsen erläutert wurde. Von dort ist uns auch bekannt, welche Richtung die Lorentzkraft hat. Die magnetische Induktion hat die gleiche Richtung wie die Magnetisierung. Dies ist in Abb. 6.27 berücksichtigt.

Die Ablenkung der Elektronen in der Probe hat in der Ebene 1 unterhalb der Probe eine Modulation der Elektronendichte zur Folge: Im Bereich der Blochwände, die Domänen mit der Magnetisierung nach hinten auf der linken Seite und solche mit der Magnetisierung nach vorn auf der rechten Seite trennen, ist die Elektronendichte geringer. Dies ist durch dunkle Streifen in Ebene 1 gekennzeichnet. Blochwände zwischen Domänen mit nach vorn gerichteter Magnetisierung links und nach hinten

---

[7]Pierre-Ernest Weiss, französischer Physiker, 1865–1940.
[8]Felix Bloch, schweizer Physiker, 1905–1983, Nobelpreis für Physik 1952.
[9]Hendrik Antoon Lorentz, niederländischer Mathematiker und Physiker, 1853–1928, Nobelpreis für Physik 1902.

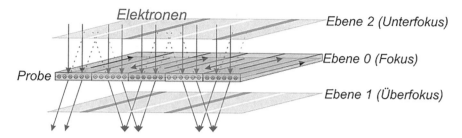

Abb. 6.27 Elektronendichte in verschiedenen Ebenen nach Ablenkung in antiparallel ausgerichteten magnetischen Domänen innerhalb einer ferromagnetischen Probe. Die schwarzen Pfeile kennzeichnen die Magnetisierungsrichtung

gerichteter Magnetisierung rechts haben eine erhöhte Elektronendichte zur Folge, was durch helle Streifen symbolisiert wird. In der Probenebene 0 tritt diese Modulation der Elektronendichte nicht auf.

Wir wissen bereits, dass im Elektronenmikroskop durch Veränderung der Projektivbrennweite verschiedene Ebenen auf dem Leuchtschirm abgebildet werden können. So ist es möglich, sowohl die Probenebene 0 (was der exakten Fokussierung entspricht) als auch die Ebene 1 (was als Überfokussierung bezeichnet wird) auf dem Leuchtschirm abzubilden. Im ersten Fall sind die Domänengrenzen nicht sichtbar, im zweiten Fall erzeugen die unterschiedlichen Elektronendichten einen Kontrast, die Domänengrenzen heben sich im Bild als dunkle und helle Linien heraus.

Die Variation der Linsenbrennweite hat eine weitere Konsequenz. Wir können auch die Ebene 2 oberhalb der Probe abbilden. Die rückwärtigen Verlängerungen der Elektronen-Ablenkungsrichtungen führen zu einer Umkehr des Kontrastes in dieser Ebene, d. h. bei Erhöhung des Linsenstromes vom Unterfokus zum Überfokus sehen wir zunächst die Domänenwände als helle und dunkle Linien, im scharfen Bild werden sie unsichtbar und tauchen schließlich mit umgekehrtem Kontrast als dunkle und helle Linien wieder auf.

Bei der praktischen Ausführung dieser Lorentzmikroskopie gibt es ein schwerwiegendes Problem: Normalerweise befindet sich die Probe inmitten des sehr starken Objektiv-Magnetfeldes. Die Magnetisierungen richten sich nach dem äußeren Magnetfeld aus, die Blochwände verschwinden. Um dies zu vermeiden, ist eine spezielle Objektivlinse (Lorentzlinse) notwendig, bei der das Magnetfeld in Probenumgebung deutlich abgeschwächt ist. Unglücklicherweise wird dadurch bei rotationssymmetrischen Linsen der Öffnungsfehler vergrößert, so dass dies bei derartigen Linsen zur Verschlechterung des Auflösungsvermögens führt. Das Problem ist weniger dramatisch, wenn ein Öffnungsfehlerkorrektiv zur Verfügung steht.

Eine andere Möglichkeit besteht darin, die konventionelle Objektivlinse vollkommen auszuschalten oder zumindest mit drastisch reduziertem Spulenstrom zu betreiben. Dies ist einfach zu bewerkstelligen, indem im geringen Vergrößerungsbereich (englisch: „Low Magnification") gearbeitet wird. Die (geringere) Vergrößerung wird dann im Wesentlichen mit den Projektivlinsen erreicht, was auch dramatische Konsequenzen für das Auflösungsvermögen hat. Der Vorteil ist, dass man magnetische

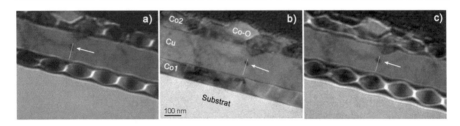

Abb. 6.28 Lorentzmikroskopie an einem Querschnittspräparat von einem Co/Cu/Co-Schichtstapel.
a) Unterfokus. b) Fokus. c) Überfokus. Der Pfeil kennzeichnet die gleiche Probenstelle

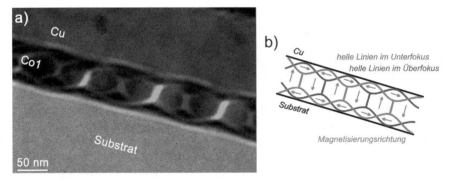

Abb. 6.29 Erklärung des Bildkontrastes in Abb. 6.28. a) Überlagerung der grün (Unterfokus) und
rot (Überfokus) kolorierten Abb. 6.28a und c. b) Skizze zur Erklärung der Magnetisierungsrichtungen in den Domänen

Strukturen auch ohne zusätzliche Lorentzlinse bzw. ohne öffnungsfehlerkorrigierte
Objektivlinse abbilden kann.

Die elektronenmikroskopischen Bilder von magnetischen Domänen in einem
nanoskaligen Kobalt-Balken in Abb. 6.28 wurden im „Low-Mag"-Betrieb des Objektivs aufgenommen [2]. Die Probengeometrie ist Folge der Querschnittspräparation
eines Co/Cu/Co-Schichtstapels auf Silizium-Substrat.

Die obere Kobalt-Schicht (Co2) ist teilweise oxidiert und nicht ferromagnetisch.
Die Co-Schicht auf dem Substrat (Co1) zeigt das erwartete Verhalten: Die Domänengrenzen sind im fokussierten Abb. 6.28b unsichtbar. Beim Übergang von Unterfokus
zu Überfokus kehrt sich der Kontrast um. Unter Zugrundelegung des in Abb. 6.27
skizzierten Sachverhaltes können aus den elektronenmikroskopischen Bildern die
Magnetisierungsrichtungen festgelegt werden, die zu den beobachteten Bildkontras-
ten führen (s. Abb. 6.29).

Biografische Angaben in den Fußnoten aus https://www.wikipedia.de

Literatur

1. Williams, D.B., Carter, C.B.: Transmission Electron Microscopy A Textbook for Materials Science, 463 ff. Springer, New York (2009)
2. Brückner, W., Thomas, J., Hertel, R., Schäfer, R., Schneider, C.M.: Magnetic domains in a textured Co nanowire. J. Magn. Magn. Mater. **283**, 82–88 (2004)

Wir erhöhen die Vergrößerung

7

Ziel

Wir wollen uns nun mit der Abbildung von Strukturen beschäftigen, deren Größen im Bereich der Auflösungsgrenze des Transmissionselektronenmikroskops liegen. Die Atomabstände in den Kristallgittern sind in dieser Größenordnung. Auch die Untersuchung von Korngrenzen und anderen Grenzflächen auf atomarer Skala gehört dazu. Wir wollen aber auch die Effekte bedenken, die bei der hochvergrößerten und hochaufgelösten Abbildung amorpher Materialien auftreten.

7.1 Abbildung von Atomsäulen in Kristallgittern: Phasenkontrast

Wir wollen mit einem Beispiel beginnen. Dazu betrachten wir die Elementarzelle eines Siliziumkristalls aus verschiedenen Richtungen. Silizium bildet ein Diamantgitter, welches durch die Raumgruppe 227 ($Fd\overline{m}3$) mit der Basis-Atomposition 0,25; 0,25; 0,25 beschrieben wird. Wir stellen uns dazu zwei kubisch flächenzentrierte Gitter vor, wobei das zweite um ein Viertel auf der Raumdiagonale des ersten verschoben ist (vgl. Abb. 7.1a). Die Gitterkonstante beträgt 0,543 nm. Bei der beliebigen Blickrichtung auf das Kristallgitter in Abb. 7.1b können wir keinerlei Ordnung erkennen. Die Atome überlappen sich in Projektionsrichtung, einzelne Atomsäulen sind nicht zu erkennen.

Dies ändert sich, wenn wir den Kristall drehen und beispielsweise in Richtung einer Würfelkante der Elementarzelle auf den Kristall schauen, wie dies in Abb. 7.2a gezeigt ist. Das elektronenmikroskopische Bild (HRTEM-Bild, aus dem Englischen: „High Resolution TEM", d. h. Hochauflösungs-TEM) in Abb. 7.2b entspricht genau der Gitterprojektion entlang der Würfelachse der Si-Elementarzelle (vgl. Abb. 7.2c).

Aus Kap. 5 wissen wir, dass die Würfelachsen kristallografisch mit [100], [010] oder [001] bezeichnet werden. Im kubischen Kristall sind diese Achsen gleichberechtigt, zusammenfassend schreibt man dafür ⟨100⟩. Wir sehen, dass die Indizes dieser Richtung kleine Zahlen sind. Solche niedrig indizierten Richtungen sind für

---

J. Thomas und T. Gemming, *Analytische Transmissionselektronenmikroskopie*, https://doi.org/10.1007/978-3-662-66723-1_7

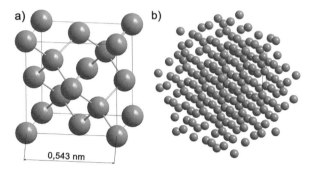

Abb. 7.1 Kristallstruktur von Silizium (Diamantgitter). a) Eine Elementarzelle. b) Nach Verviel-
fältigung der Elementarzelle in beliebiger Blickrichtung auf den Kristall

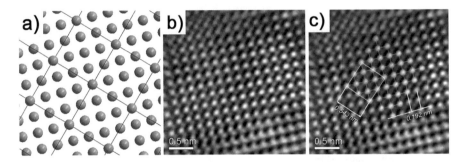

Abb. 7.2 Interpretation eines hochaufgelösten elektronenmikroskopischen Bildes von Silizium.
a) Siliziumgitter in [100]-Richtung. b) HRTEM-Bild von Si. c) HRTEM-Bild mit überlagerter
Elementarzelle von Si in [100]-Projektion

die Abbildung vorteilhaft, weil in diesem Fall die projizierten Atomabstände vergleichsweise groß sind.

Wir wollen nun überlegen, wieso wir die Atomsäulen im transmissionselektronenmikroskopischen Bild sehen können, welcher Kontrastmechanismus dafür verantwortlich ist. Aus Kap. 6 sind uns zwei Kontrastarten bekannt: Streuabsorptions-
und Beugungskontrast.

*Streuabsorptionskontrast erfordert unterschiedliche Massendicken, verbunden
mit Kontrastverstärkung durch die Kontrastblende. Beugungskontrast benötigt
unterschiedliche Orientierungen des Kristallgitters gegen die Richtung des
einfallenden Elektronenstrahls oder lokale Differenzen im Streuvermögen.*

Bei der Abbildung des Siliziumkristalls ist keine der beiden Voraussetzungen erfüllt.
Und es kommt noch schlimmer: Eine Verkleinerung der Kontrastblende führt nicht
zur Kontrasterhöhung; im Gegenteil, bei Unterschreiten einer bestimmten Blendengröße sind überhaupt keine Atomsäulen mehr zu sehen. Es muss also noch einen

weiteren Kontrastmechanismus geben, der insbesondere bei der Hochauflösungsabbildung im Transmissionselektronenmikroskop von Bedeutung ist.

Um diesen Kontrastmechanismus zu verstehen, erinnern wir uns an den Wellencharakter der Elektronen und bedenken die Wechselwirkung der Elektronenwelle mit den periodisch angeordneten Atomen im Kristallgitter. Aus der Schrödinger[1]-Gleichung ($\rightarrow$ Abschn. 10.1.1) folgt, dass die Wellenlänge λ_{Kr} der Elektronenwelle innerhalb eines Potentials Φ nach

$$\lambda_{Kr} = \frac{h}{\sqrt{p^2 + 2 \cdot m \cdot e \cdot \Phi}} \tag{7.1}$$

(h: Plancksches[2] Wirkungsquantum, p: Impuls des Elektrons, m: Elektronenmasse, e: Elementarladung) berechnet werden kann. In nichtrelativistischer Näherung gilt für den Zusammenhang zwischen Impuls p, Energie E und Beschleunigungsspannung U_B:

$$p^2 = 2 \cdot m \cdot E = 2 \cdot m \cdot e \cdot U_B \tag{7.2}$$

d. h. mit Berücksichtigung der Ortsabhängigkeit des Potentials im periodischen Kristallgitter (vgl. Abb. 7.3):

$$\lambda_{Kr} = \frac{h}{\sqrt{2 \cdot m \cdot e \cdot (U_B + \Phi(x, y, z))}} \cdot \tag{7.3}$$

Außerhalb des Kristalls ($\Phi = 0$) beträgt die Wellenlänge in klassischer Näherung

$$\lambda = \frac{h}{\sqrt{2 \cdot m \cdot e \cdot U_B}} \cdot \tag{7.4}$$

Im Kristall (positives Potential) verkürzt sich demnach die Wellenlänge, was innerhalb einer Kristallschicht der Dicke dz eine Phasenschiebung $d\phi$ zur Folge hat:

$$d\phi = 2 \cdot \pi \cdot \left(\frac{dz}{\lambda_{Kr}} - \frac{dz}{\lambda} \right) = 2 \cdot \pi \cdot \frac{dz}{\lambda} \cdot \left(\frac{\lambda}{\lambda_{Kr}} - 1 \right) \cdot \tag{7.5}$$

Mit (7.3) und (7.4) folgt daraus

$$d\phi = 2 \cdot \pi \cdot \frac{dz}{\lambda} \cdot \left(\sqrt{\frac{2 \cdot m \cdot e \cdot (U_B + \Phi(x, y, z))}{2 \cdot m \cdot e \cdot U_B}} - 1 \right)$$
$$= 2 \cdot \pi \cdot \frac{dz}{\lambda} \cdot \left(\sqrt{1 + \frac{\Phi(x, y, z)}{U_B}} - 1 \right) \cdot \tag{7.6}$$

---

[1]Erwin Schrödinger, österreichischer Physiker, 1887–1961, Nobelpreis für Physik 1933.
[2]Max Planck, deutscher Physiker, 1858–1947, Nobelpreis für Physik 1918, gilt als Begründer der Quantenphysik.

Abb. 7.3 Veranschaulichung
des Gitterpotentials.
a) Festlegung des
Koordinatensystems.
b) Schema des
Kristallpotentials in der
$x - y$–Ebene

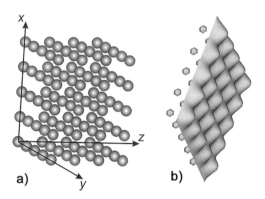

a)   b)

Bei den gebräuchlichen Beschleunigungsspannungen im Transmissionselektronenmikroskop ist $U_B \gg \Phi(x, y, z)$ und damit

$$\frac{\Phi(x, y, z)}{U_B} \ll 1. \tag{7.7}$$

Wir entwickeln den Wurzelausdruck in (7.6) in eine Taylor-Reihe bei

$$\frac{\Phi(x, y, z)}{U_B} = 0, \tag{7.8}$$

brechen diese nach dem zweiten Glied ab und erhalten

$$d\phi = 2\pi \cdot \frac{dz}{\lambda} \cdot \left(1 + \frac{1}{2}\frac{\Phi(x, y, z)}{U_B} - 1\right) = \frac{\pi}{\lambda \cdot U_B} \cdot \Phi(x, y, z) \cdot dz. \tag{7.9}$$

Die Phasenschiebung ϕ bei einer Probe der Dicke t erhalten wir durch Integration:

$$\phi = \frac{\pi}{\lambda \cdot U_B} \int_0^t \Phi(x, y, z) \cdot dz. \tag{7.10}$$

Unter der Voraussetzung, dass das Potential nur von x und y abhängt und längs z
konstant bleibt, gilt

$$\phi(x, y) = \frac{\pi \cdot t}{\lambda \cdot U_B} \cdot \Phi(x, y), \tag{7.11}$$

d. h. die Phasenschiebung spiegelt die Periodizität des Kristallgitters wider. Die in den
Kristall einfallende ebene Elektronenwelle wird mit der Periodizität des Kristallgitters phasenmoduliert (s. Abb. 7.4). Diese Phasenmodulation ist der Objektaustrittswelle eingeprägt.

Wie können wir diese Phasenmodulation sichtbar machen? Das Aufzeichnungs-
medium, Leuchtschirm, Fotoplatte oder CCD-Kamera, registriert nur Änderungen
der Amplitude der Welle, nicht deren Phase. Aus Kap. 1 ist uns bekannt, dass das Bild

Abb. 7.4 Phasenmodulation durch das Kristallpotential beim Durchgang einer einfallenden ebenen Elektronenwelle durch ein Kristallgitter

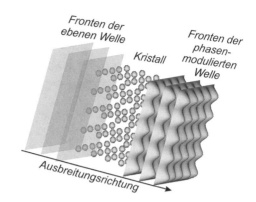

als Interferenzfigur der in die Linse einfallenden Wellen verstanden werden kann. Zur Bildentstehung benötigen wir mindestens eine zweite (gebeugte) Welle. Die gebeugte Welle erfährt auch eine Phasenmodulation, die aber wegen der geänderten Richtung im Kristall eine andere ist als die der durchgehenden Welle.

Vereinfachend nehmen wir in unserem Modell an, dass die gebeugte Welle eine ebene Welle ist und lassen die Phasenverschiebung von $\pi/2$ der gestreuten Welle während des Streuvorgangs außer Acht.

Wenn es gelingt, dieser zweiten Welle eine Phasenschiebung zuzuweisen, die bei Interferenz mit der phasenmodulierten Welle gerade die Maxima der Phasenschiebung verstärkt, dann wird aus der Phasenmodulation eine Amplitudenmodulation, d. h. an den Positionen der Atomsäulen ist die Bildhelligkeit anders als an den Orten der Zwischenräume (vgl. Abb. 7.5). Das Ergebnis der Interferenz hängt von der Phasendifferenz zwischen phasenmodulierter und ebener Welle ab. Fällt die ebene Welle mit den Tälern der phasenmodulierten zusammen, so tritt an diesen Positionen maximale Verstärkung und hohe Amplitude auf; diese Positionen erscheinen im elektronenmikroskopischen Bild hell. Fällt die ebene Welle hingegen mit den Gipfeln der modulierten zusammen, erscheinen die Gipfel hell. Je nach Größe der zusätzlichen Phasenschiebung der gebeugten Welle können die Orte der Atomsäulen oder auch gerade die Zwischenräume zwischen ihnen die höhere Bildhelligkeit aufweisen. Nach Gl. (7.11) hängt die Phasenschiebung innerhalb der Objektaustrittswelle von der Probendicke t ab, d. h. auch die Probendicke beeinflusst den Phasenkontrast.

In Wirklichkeit überlagern sich zwei unterschiedlich modulierte Wellen, was am Prinzip nichts ändert, das Verständnis allerdings erschwert.

> *Da die direkte Wechselwirkung der Elektronenwelle mit dem Kristall eine (zunächst unsichtbare) Phasenmodulation hervorruft, wird dieser Kontrastmechanismus als Phasenkontrast bezeichnet.*

In der elektronenmikroskopischen Praxis erfordert die Abbildung von Kristallgittern eine sehr dünne (< 50 nm) Probe, die möglichst frei von amorphen Deckschichten und durch die Präparation evtl. erzeugten Gitterdefekten sein sollte (vgl.

Abb. 7.5 Umwandlung der
Phasenmodulation in eine
Amplitudenmodulation
durch Interferenz der
Objektaustrittswelle mit
einer ebenen Welle.
a) Wellenfront der
Austrittswelle.
b) Wellenfront der ebenen
Welle. Interferenz beider
Wellen: c) Phasenschiebung
führt zu maximaler
Amplitude an Stellen der
„Gipfel" der Wellenfront der
Austrittswelle.
d) Phasenschiebung führt zu
maximaler Amplitude an
Stellen der „Täler" der
Wellenfront der
Austrittswelle

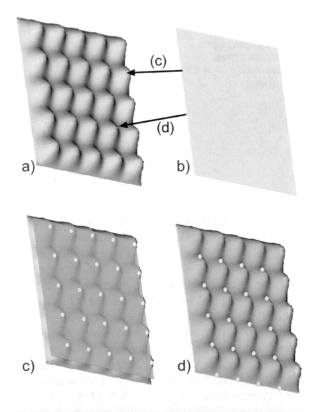

Abb. 7.6 Beugungsmuster
von Si bei niedrig indizierter
Einfallsrichtung
(Zonenachse [111]). a)
Parallele Beleuchtung. b)
Konvergente Beleuchtung
mit Kikuchi-Muster

Abschn. 3.4.2). Die niedrig indizierte Einfallsrichtung wird vorzugsweise im Beugungsmodus bei konvergenter Beleuchtung eingestellt. Dazu wird durch systematisches Kippen ein Pol des Kikuchi[3]-Musters in die Mitte des Leuchtschirms gebracht
(s. Abb. 7.6 und vgl. Abschn. 5.5). Selbstverständlich ist für derartige Untersuchungen ein Doppelkipphalter erforderlich.

---

[3]Seishi Kikuchi, japanischer Physiker, 1902–1974.

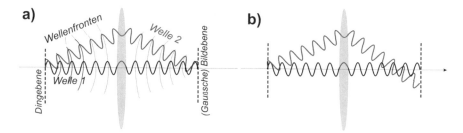

Abb. 7.7 Welleninterferenz nach Durchgang durch eine Linse bei a) idealer Abbildung (keine Phasenschiebung in der Gaußschen Bildebene). b) Wellen treffen nicht in der Gaußschen Bildebene aufeinander (Phasenschiebung durch die Linse verursacht)

7.2 Kontrastübertragung durch die Objektivlinse

Die Frage ist nun, wie eine geeignete Phasenschiebung der gebeugten Welle erreicht werden kann. Wir erinnern uns: Eine ideale optische Abbildung durch die Linse wird erreicht, wenn sich im Bildraum alle Wellen ohne zusätzliche Phasenschiebung durch die Linse überlagern. Wir wollen aber gerade eine Phasenschiebung für die gebeugte Welle erzielen, d. h. wir müssen die Linse anders benutzen als es für die ideale Abbildung notwendig wäre.

In Abb. 7.7a ist der Strahlengang für die Objektivlinse bei idealer Abbildung gezeichnet. In diesem Fall sind die optischen Weglängen für die durch die Linsenmitte laufende Welle 1 und die gebeugte Welle 2 gleich, in der Gaußschen[4] Bildebene tritt zwischen beiden keine Phasenschiebung auf. Bei Abweichung vom idealen Strahlengang sind die optischen Weglängen für beide Wellen unterschiedlich, im Schnittpunkt tritt eine Phasendifferenz auf. Diese Abweichung kann durch den Öffnungsfehler der Linse, aber auch durch Defokussierung verursacht sein. Da die Brennweite vom Experimentator geändert werden kann, ist es damit möglich, die für die Umwandlung der Phasenmodulation in eine Amplitudenmodulation notwendige Phasenschiebung zwischen durchgehender und gebeugter Welle einzustellen und das Kristallgitter sichtbar zu machen.

Wir wollen diese Möglichkeit mithilfe einer Bildsimulation unter Benutzung der für diese Zwecke sehr gebräuchlichen Software JEMS von P. Stadelmann [1] demonstrieren (vgl. Abb. 7.8). Dazu dient ein Kupfer-Kristall, den wir genau senkrecht von oben (kristallografische [001]-Richtung) betrachten.

Das projizierte Potential (Abb. 7.8b) spiegelt exakt die Positionen der Kupferatome wider. Bei einer Defokussierung von 79 nm erscheinen genau diese Positionen im berechneten Hochauflösungsbild hell (Abb. 7.8c), bei einer Defokussierung von 99 nm demgegenüber dunkel (Abb. 7.8d).

Neben der einstellbaren Linsenbrennweite (Defokus Δf, d. h. Abweichung der eingestellten Brennweite von derjenigen für Fokussierung in der Gaußschen Bildebene) und dem Öffnungsfehler (gekennzeichnet durch die Öffnungsfehlerkon-

---

[4]Carl Friedrich Gauß, deutscher Mathematiker und Physiker, 1777–1855.

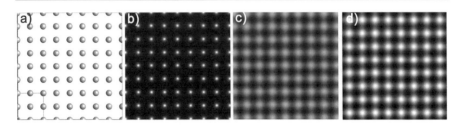

Abb. 7.8 Einfluss der Fokussierung auf den Phasenkontrast. a) Cu-Gitter in [001]-Projektion (4 × 4 Elementarzellen). b) Projiziertes Potential. c) Berechnetes HRTEM-Bild (U_B = 300 kV, C_S = 1,2 mm, C_C = 2 mm, ΔE = 1 eV, t = 11 nm, Defokus Δf = 79 nm) d) wie c, aber Δf = 99 nm

stante C_S) hat allerdings auch der Winkel θ der gebeugten Welle gegen die optische Achse einen Einfluss auf die Phasenschiebung ϕ durch die Linse:

$$\phi = \phi(\theta, C_S, \Delta f)\,. \tag{7.12}$$

Im $\rightarrow$ Abschn. 10.6.3 wird dies mathematisch abgehandelt. Wir wollen hier den Sachverhalt plausibel erklären.

Wird für einen bestimmten Beugungswinkel θ die Phasenschiebung ϕ so eingestellt, dass im Bild der Gangunterschied zwischen durchgehender und gebeugter Welle ein ganzzahliges Vielfaches der Elektronenwellenlänge λ beträgt, tritt Verstärkung, d. h. hohe Bildhelligkeit, ein. Bei einem Gangunterschied gleich dem ungeradzahligen Vielfachen von $\lambda/2$ erfolgt Auslöschung, d. h. geringe Bildhelligkeit. Aus dem Braggschen[5] Gesetz (5.6) folgt, dass der Winkel θ umgekehrt proportional zum Netzebenenabstand d ist.

Diese Aussage verallgemeinern wir: Der Winkel θ ist umgekehrt proportional zum Abstand d zweier abzubildender Objektdetails, was wir auch als *Strukturgröße* interpretieren können:

$$\theta \sim \frac{1}{d}\,. \tag{7.13}$$

Der Term $1/d$ (reziproke Länge) wird auch als *Raumfrequenz q* bezeichnet (mitunter wird dafür auch $2\pi/d$ benutzt). Die Phasenschiebung ϕ hängt demzufolge von der Raumfrequenz ab:

$$\phi = \phi(q, C_S, \Delta f)\,. \tag{7.14}$$

Welche Konsequenzen hat das für die Abbildung? Wir nehmen an, dass für einen herausgegriffenen Detailabstand d_1 bei gegebenem Öffnungsfehler ein Fokus gewählt wird, der diese beiden Details im Bild infolge konstruktiver Interferenz von durchgehender und gebeugter Welle mit großer Helligkeit, d. h. mit gutem Kontrast, darstellt. Bei anderem Detailabstand d_2 ändert sich der Beugungswinkel θ und damit auch die Phasenschiebung ϕ. Die Bedingung für maximale Verstärkung bei der Interferenz ist

---

[5]William Henry Bragg und William Lawrence Bragg: australisch/englische Physiker (Vater und Sohn), 1862–1942 bzw. 1890–1971, Nobelpreis für Physik 1915.

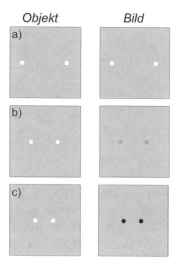

Abb. 7.9 Kontrastübertragung in Abhängigkeit vom Detailabstand: a) Bei Phasenschiebung, die zu maximaler Verstärkung führt. b) Zwischenstadium. c) Bei Phasenschiebung, die zur Auslöschung führt

nicht mehr erfüllt, der Kontrast für diese Details ist geringer. Das andere Extrem ist eine abstandsbedingte Phasenschiebung, die bei Interferenz zur Auslöschung führt. Mit anderen Worten: Der Bildkontrast hängt von der Größe der abzubildenden Strukturen ab. Diese dramatische Konsequenz ist in Abb. 7.9 veranschaulicht.

Variierende Abstände zwischen den Bilddetails führen zu vollkommen unterschiedlichen Kontrastverhältnissen. Ohne genaues Verständnis dieser Zusammenhänge wird die Bildinterpretation zweifelhaft:

„Glaube erst was du siehst, wenn du verstanden hast, warum du es siehst!"

7.3   Wellenoptische Deutung des Auflösungsvermögens

Die im vorherigen Abschnitt beschriebene Abhängigkeit des Bildkontrastes vom abgebildeten Abstand (d.h. von der Raumfrequenz) wird für die anschauliche Erläuterung in einer oft guten Näherung durch die lineare Phasenkontrastübertragungsfunktion *CTF* beschrieben. Mit Kenntnis der Kontrastübertragungsfunktion (→ Abschn. 10.6.3)

$$CTF(q) = \sin\left(\frac{\pi}{2}\left(C_S \cdot \lambda^3 \cdot q^4 - 2 \cdot \Delta f \cdot \lambda \cdot q^2\right)\right) \cdot \exp\left(-\pi^2 \cdot C_C^2 \cdot \left(\frac{\Delta E}{E_0}\right)^2 \cdot \lambda^2 \cdot q^4\right) \quad (7.15)$$

Abb. 7.10 Kontrastübertragungs
für $E_0 = 300$ keV,
$\Delta E = 0,7$ eV (Schottky-
Feldemissionskathode),
$C_S = 1,2$ mm,
$C_C = 1,5$ mm, $\Delta f = 58$ nm
(Scherzer-Fokus)

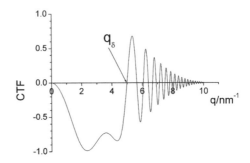

(q: Raumfrequenz, C_S: Öffnungsfehlerkonstante, λ: Elektronenwellenlänge, Δf:
Defokus, d. h. Differenz der aktuellen Brennweite zu derjenigen für Fokussierung
in der Gaußschen Bildebene, C_C: Farbfehlerkonstante, ΔE: Energiebreite der Elektronen, E_0: Primärelektronenenergie) wollen wir uns erneut mit der Definition des
Auflösungsvermögens beschäftigen.

Das Argument der Sinusfunktion zeigt, dass der Einfluss des Öffnungsfehlers
durch geeignete Defokussierung gemindert werden kann. Die beste Kontrastübertra-
gungseigenschaft, d. h. die höchste Raumfrequenz, bis zu der die Bilder einfach zu
interpretieren sind, wird bei einer geringfügigen Defokussierung erhalten. Diese
Überlegung führt zum *Scherzer[6]-Fokus* ($\rightarrow$ Abschn. 10.6.4)

$$\Delta f_{\text{Sch}} = 1,2 \cdot \sqrt{C_S \cdot \lambda} \, . \tag{7.16}$$

Ein Beispiel für die Kontrastübertragungsfunktion ist in Abb. 7.10 zu sehen. Raumfrequenzen bis q_δ werden ohne Kontrastumkehr übertragen, bis dahin treten keine
Probleme bei der Bildinterpretation wegen der oszillierenden Kontrastübertragungsfunktion auf. Allerdings werden auch höhere Raumfrequenzen übertragen, wenn
auch mit variierendem Kontrast. Es gibt deshalb zwei unterschiedliche Raumfrequenzen, die als Grenzen definiert werden.

Der Kehrwert von q_δ wird als *Punktauflösung* bezeichnet:

$$\delta_P = \frac{1}{q_\delta} \, . \tag{7.17}$$

Nach Gl. (7.15) gilt für die erste Nullstelle:

$$C_S \cdot \lambda^3 \cdot q_\delta^4 = 2 \cdot \Delta f \cdot \lambda \cdot q_\delta^4$$

$$q_\delta = \sqrt{\frac{2 \cdot \Delta f}{C_S \cdot \lambda^2}} \tag{7.18}$$

---

[6]Otto Scherzer, deutscher Physiker und Elektronenoptiker, 1909–1982.

und bei Benutzen des Scherzer-Fokus (7.16):

$$q_\delta = \sqrt{\frac{2 \cdot 1{,}2 \cdot \sqrt{C_S \cdot \lambda}}{C_S \cdot \lambda^2}} = \sqrt{2{,}4 \cdot \sqrt{\frac{C_S \cdot \lambda}{C_S^2 \cdot \lambda^4}}} = \frac{\sqrt{2{,}4}}{\sqrt[4]{C_S \cdot \lambda^3}} \ , \tag{7.19}$$

d. h. für das Punktauflösungsvermögen

$$\delta_P = 0{,}645 \cdot \sqrt[4]{C_S \cdot \lambda^3} \ . \tag{7.20}$$

Der Radikand stimmt mit dem aus Formel (2.18) überein, der Faktor vor der Wurzel ist bei der wellenoptischen Betrachtungsweise kleiner (0,645 statt 0,9). Für die in Abb. 7.10 genannten Parameter folgt eine Punktauflösung von 0,20 nm.

Der zweite Grenzwert ist diejenige Raumfrequenz, die unter Einbeziehung der Oszillationen noch übertragen wird. Dafür ist die Dämpfung verantwortlich. Bei der Festlegung dieses Grenzwertes herrscht eine gewisse Willkür. Wie üblich benutzen wir dafür die Raumfrequenz, bei der die Amplitude der Kontrastübertragungsfunktion auf $1/e^2 \approx 0{,}135$ gesunken ist. Der Kehrwert dieser Raumfrequenz wird als *Informationslimit* bezeichnet und berechnet nach

$$\delta_{\text{lim}} = 1{,}49 \cdot \sqrt{C_C \cdot \left(\frac{\Delta E}{E_0}\right) \cdot \lambda} \tag{7.21}$$

($\rightarrow$ Abschn. 10.6.3). Das Informationslimit für den Parametersatz von Abb. 7.10 beträgt demnach 0,12 nm.

Die hier beschriebene Näherung enthält alle wesentlichen Überlegungen zur Kontrastübertragung. Für eine realitätsnähere, korrekte Beschreibung wird diese Näherung um die Überlagerung aller mit unterschiedlichem Wellenzahlvektor auftretenden Wellen mit ihren Phasenmodulationen ergänzt. Das Ergebnis der Überlagerung wird durch einen Transmissions-Kreuzkoeffizienten beschrieben. Rechenprogramme zur HRTEM-Bildsimulation können dies berücksichtigen, eine anschauliche Erläuterung ist schwerlich möglich.

7.4   Periodische Helligkeitsverteilung in Bildern: Fourieranalyse

Bei der Abbildung sehr kleiner Strukturen im Bereich des Auflösungsvermögens des Transmissionselektronenmikroskops spielt offenbar die Raumfrequenz eine bedeutende Rolle für den Bildkontrast. Der Begriff „Frequenz" erinnert an die harmonische Analyse von Schwingungsvorgängen, d. h. die Darstellung beliebiger periodischer Zeitfunktionen mit einer Schwingungsdauer T durch eine Summe von Sinus- und Kosinusfunktionen mit unterschiedlichen Vorfaktoren A_k und B_k sowie Vielfachen einer Grundfrequenz $\omega = 2\pi/T$ im Argument der trigonometrischen Funktionen:

$$f(t) = A_0 + \sum_{k=1}^{n} A_k \cdot \cos(k \cdot \omega \cdot t) + \sum_{k=1}^{n} B_k \cdot \sin(k \cdot \omega \cdot t) \ . \tag{7.22}$$

Die Vorfaktoren werden als Fourierkoeffizienten[7] bezeichnet. Sie wichten die Sinus- und Kosinusfunktionen für unterschiedliche Frequenzen und vermitteln damit Informationen über bevorzugt auftretende Periodizitäten. Wenn wir die Zeit t durch den Ort x und die Frequenz $\omega = 2\pi/T$ durch die Raumfrequenz $q = 1/d$ ersetzen, erhalten wir

$$f(x) = A_0 + \sum_{k=1}^{n} A_k \cdot \cos(2\pi \cdot k \cdot q \cdot x) + \sum_{k=1}^{n} B_k \cdot \sin(2\pi \cdot k \cdot q \cdot x) \ , \tag{7.23}$$

d. h. die Fourierkoeffizienten geben an, welche periodischen Abstände (gekennzeichnet durch Vielfache einer Basisraumfrequenz) dominieren.

Mit anderen Worten: Die Fourieranalyse (bzw. -transformation) liefert Informationen über auftretende Periodizitäten, in einem Bild sind dies Helligkeitsschwankungen, z. B. in Form von parallelen Streifen oder Gittern.

Bei digitalisierten Bildern wird eine numerische Methode benutzt, mit deren Hilfe ermittelt wird, welche sinus- bzw. kosinusförmige Schablone unterschiedlicher Periodenlänge die im Bild vorhandene Helligkeitsmodulation am besten beschreibt. Wir wollen diese Methode zunächst an einer einzelnen Bildzeile erklären. In Abb. 7.11 ist die periodische Helligkeitsmodulation einer Bildzeile durch das Quadrat einer Kosinusfunktion dargestellt. Darüber sind als Schablonen Kosinusfunktionen mit unterschiedlichen Periodenlängen gelegt. Offenbar stimmt die Periodenlänge der Variante in Abb. 7.11c mit derjenigen der Helligkeitsmodulation überein. Der *Übereinstimmungsparameter S* für eine Raumfrequenz q wird nach

$$S(q) = \sum_{k} I(x_k) \cdot \cos(2\pi \cdot q \cdot x_k) \tag{7.24}$$

errechnet. Für die Raumfrequenz mit optimaler Übereinstimmung erreicht S ein Maximum. Damit ist die numerische Fourieranalyse möglich. Das Ergebnis wird in einem Bild mit S als Helligkeitswert dargestellt (s. Abb. 7.12). Zur besseren Sichtbarkeit ist die Bildzeile in senkrechter Richtung auseinander gezogen. Wir erkennen die umgekehrte Proportionalität: Je größer die Periodenlänge in der Bildzeile, desto kleiner der Abstand der Helligkeitsmaxima in der Fouriertransformierten.

Wir übertragen dies auf ein (zweidimensionales) Bild. Das Bild habe N_x Pixel in horizontaler und N_y Pixel in senkrechter Richtung. Die Helligkeit des Pixels an der

---

[7]Joseph Fourier, französischer Mathematiker, 1768–1830.

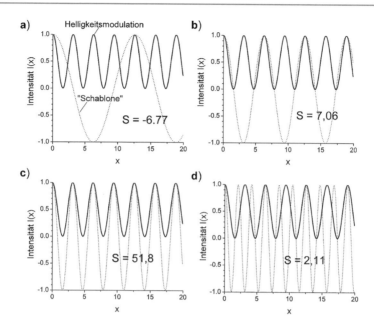

Abb. 7.11 Beschreibung einer periodischen Helligkeitsmodulation einer Bildzeile durch Kosinus-funktionen unterschiedlicher Periodenlänge (bzw. Raumfrequenz) mit zugehörigem „Übereinstim-mungsparameter" S. Die beste Übereinstimmung wird in Bildteil c) erreicht

Abb. 7.12 Bildzeilen mit Helligkeitsmodulation unterschiedlicher Periodenlänge mit zugehörigen Fouriertransformierten (FT)

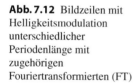 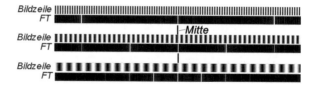

Stelle (x, y) sei $I(x, y)$. Die Helligkeit des Pixels (q_x, q_y) im fouriertransformierten Bild kann dann nach

$$I(q_x, q_y) = \sum_{x=0}^{N_x-1} \sum_{y=0}^{N_x-1} I(x.y) \cdot \cos(2\pi \cdot q_x \cdot x) \cdot \cos(2\pi \cdot q_y \cdot y) \qquad (7.25)$$

berechnet werden. q_x und q_y sind Raumfrequenzen, d. h. reziproke Längen.

Anstelle der Kosinus- kann auch die Sinusfunktion oder eine Kombination aus beiden in Form einer komplexen Funktion

$$\exp(2\pi \cdot i \cdot q \cdot x) = \cos(2\pi \cdot i \cdot q \cdot x) + i \cdot \sin(2\pi \cdot i \cdot q \cdot x) \qquad (7.26)$$

benutzt werden. Im letzteren Fall sind die Ergebnisse der Fouriertransformation komplexe Zahlen, im Bild wird deren Betrag als Helligkeit angezeigt. Ein derartiges

Abb. 7.13 Fouriertransformation eines Bildes mit
quadratischem Gitter.
a) Originalbild.
b) Fouriertransformiertes
Bild

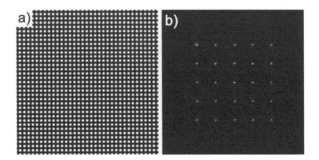

Bild wird auch als *Powerspektrum* bezeichnet. Abb. 7.13 zeigt das Ergebnis der Transformation eines Gitterbildes mit quadratischen Maschen nach Formel (7.25).

Zurück zum Elektronenmikroskop: Periodische Atomanordnungen in kristallinen Proben haben Beugungsmuster zur Folge, die in der bildseitigen Brennebene der Objektivlinse beobachtet werden können. Nach dem Braggschen Gesetz ist der Abstand eines Beugungsreflexes vom Zentrum bei kleinen Beugungswinkeln umgekehrt proportional zum Netzebenenabstand, d. h. direkt proportional zur Raumfrequenz. Das Beugungsbild kann demzufolge auch als Analyse der in der Probe auftretenden periodischen Netzebenenabstände interpretiert werden. Die Fouriertransformation des abbildungsfehlerfreien elektronenmikroskopischen Netzebenenbildes einer kristallinen Probe liefert also die gleiche Information wie das Beugungsbild dieser Probe.

7.5   Streuabsorptions- und Phasenkontrast

Mit der Fouriertransformation und ihrer Inversion haben wir eine Methode gefunden, um die Auswirkungen der Kontrastblende auf das elektronenmikroskopische Bild zu studieren. Die Kontrastblende ist in der bildseitigen Brennebene des Objektivs angeordnet (vgl. Abschn. 6.2), in der auch das Beugungsbild zu beobachten ist. Wir erkennen die Analogie: Ein mathematisches Filter im fouriertransformierten Bild hat die gleiche Wirkung wie die Kontrastblende. Nach Anwendung dieses Filters und anschließender Rücktransformation in den Ortsraum erhalten wir das Analogon zum elektronenmikroskopischen Bild (s. Abb. 7.14).

Abb. 7.14a stellt das Ausgangsbild dar, im Elektronenmikroskop entspräche das der Probe. Es könnte sich dabei um vier unregelmäßig geformte Kristallite auf einer amorphen Trägerfolie handeln. In den Kristalliten ist die periodische Atomanordnung modelliert. Die Fouriertransformierte dieses Bildes (Abb. 7.14b) zeigt die strenge Periodizität der Helligkeitsmodulation innerhalb der Kristallite. Nach Filterung im Fourierraum gemäß Abb. 7.14d und Rücktransformation sehen wir in Abb. 7.14c keine Atomsäulen mehr sondern nur noch die Form der Kristallite. Auf das Elektronenmikroskop übertragen bedeutet dies, dass die an den Atomsäulen gebeugten Wellen durch die Kontrastblende ausgeblendet werden, eine Interferenz mit ihnen wird unmöglich, die Information über die kleinen Strukturen in der Probe geht verlo-

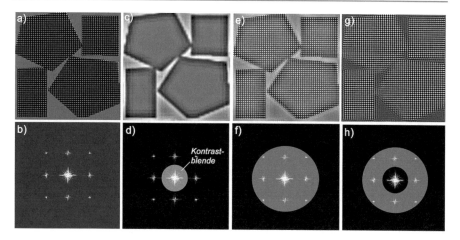

Abb. 7.14 Einfluss der Kontrastblende auf Streuabsorptions- und Phasenkontrast (Erläuterungen im Text)

ren. Nur die kleinen Raumfrequenzen werden übertragen, Streuabsorptionskontrast ist sichtbar.

Bei größerer Kontrastblende werden auch gebeugte Wellen durch die Kontrastblende hindurchgelassen, Interferenz ist möglich und im Bild sind sowohl die Umrisse der Kristallite als auch die Atomsäulen im Innern zu sehen (Abb. 7.14e und f). Benötigt wird also eine Mindestgröße der Kontrastblende, um atomare Auflösung zu erreichen.

Schließlich wollen wir noch einen Fall betrachten, der im Elektronenmikroskop nicht so einfach einzustellen ist, aber (und hier liegt ein Vorteil unseres mathematischen Filters) zum Verständnis der Problematik beitragen kann: Wir stellen uns eine Ringblende vor, die gerade die kleinen Raumfrequenzen ausblendet (Abb. 7.14g und h). Wir erkennen die Atomsäulen mit sehr gutem Kontrast, während die Ränder der Kristallite nur durch den Beginn der Atomsäulen markiert sind.

In der Kontrastübertragungsfunktion äußert sich der Einfluss der Kontrastblende im Abschneiden hoher Raumfrequenzen. „Abschneiden" bedeutet, dass diese Raumfrequenzen nicht übertragen werden, die dazugehörigen Strukturgrößen sind im elektronenmikroskopischen Bild nicht sichtbar. In Abb. 7.15 ist ein Beispiel gezeichnet. Die größte übertragene Raumfrequenz folgt aus dem Radius der Kontrastblende. Er beträgt $r_{KB} = 17{,}5\,\mu\text{m}$. Bei einer angenommenen Objektivbrennweite von $f = 1{,}5\,\text{mm}$ erhält man für den (halben) Öffnungswinkel durch die Kontrastblende:

$$\theta_{KB} = \frac{r_{KB}}{f} = 0{,}012 \, \text{rad} = 12 \, \text{mrad} \; . \tag{7.27}$$

Die größte übertragene Raumfrequenz ist damit

$$q_{KB} = \frac{\theta_{KB}}{\lambda} = \frac{0{,}012}{1{,}97 \cdot 10^{-3}\,\text{nm}} = 6{,}1 \, \text{nm}^{-1} \; . \tag{7.28}$$

Abb. 7.15 Kontrastübertragungs
für $E_0 = 300$ keV,
$\Delta E = 0,7$ eV (Schottky-
Feldemissionskathode),
$C_S = 1,2$ mm,
$C_C = 1,5$ mm, $\Delta f = 58$ nm
(Scherzer-Fokus) sowie
Einsatz einer Kontrastblende
mit 35 µm Durchmesser

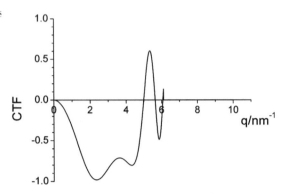

Dieses Abschneiden hat den Nachteil, dass das Informationslimit nicht erreicht wird, andererseits oszilliert die Kontrastübertragungsfunktion viel weniger, d. h. unter Umständen wird die Bildinterpretation einfacher.

Da die gebeugten Wellen von kleinen Strukturen, z. B. den Netzebenen eines Kristalls, größere Winkel mit der optischen Achse des Objektivs einschließen als diejenigen von gröberen Strukturen, die sich durch Streuabsorptionskontrast darstellen, sind die gebeugten Wellen dem Einfluss des Öffnungsfehlers stärker unterworfen. Dies hat eine Verschiebung des Netzebenenbildes gegenüber dem Streuabsorptionsbild, eine sogenannte *Delokalisation* zur Folge ($\rightarrow$ Abschn. 10.6.5). Diese Delokalisation δ_D hängt vom Öffnungsfehler (Öffnungsfehlerkonstante C_S), der Defokussierung Δf, der Elektronenwellenlänge λ und der Raumfrequenz q ab [2]:

$$\delta_D = \lambda \cdot q \cdot (C_S \cdot \lambda^2 \cdot q^2 + \Delta f) \, . \tag{7.29}$$

Sie kann einige Nanometer betragen und erschwert es beispielsweise, im Bild die Grenze zwischen amorphen und kristallinen Probenbereichen festzulegen.

7.6 Kontrast bei amorphen Proben

Im Abschn. 5.6 hatten wir beschrieben, dass die Atome im amorphen Material nicht gitterartig angeordnet sind, wie das von Kristallen bekannt ist. Es gibt keine Fernordnung und auch nicht die damit verbundene Richtungsanisotropie. Trotzdem ist die Anordnung der Atome im amorphen Material nicht vollkommen zufällig: Es existiert eine Nahordnung in Form wahrscheinlichster nächster Nachbarabstände. Aus Abschn. 5.6 wissen wir auch, dass diese Nahordnung durch Entfaltung von Streukurven, die im Beugungsmodus mit dem Transmissionselektronenmikroskop gemessen werden, charakterisiert werden kann.

Leichtsinnigerweise könnte man annehmen, dass diese Vorzugsabstände in einem Transmissionselektronenmikroskop mit hohem Auflösungsvermögen bei hoher Vergrößerung auch abgebildet werden können. Wir wollen diskutieren, warum diese Vermutung falsch ist. Dazu betrachten wir Abb. 7.16. In beiden Teilbildern ist dieselbe

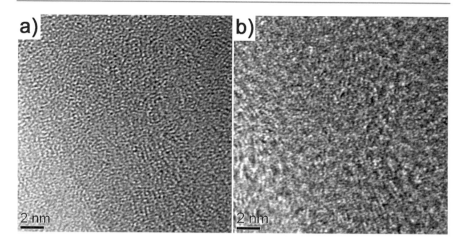

Abb. 7.16 Elektronenmikroskopische Bilder von einer dünnen amorphen Siliziumschicht (Parameter: $E_0 = 300$ keV, $C_S = 1,2$ mm, $C_C = 1,5$ mm, $\Delta E \approx 1$ eV (Schottky-Feldemissionskathode). a) Fokussiert. b) Defokussiert

Probenstelle zu sehen. Dennoch sind die Bildeindrücke vollkommen verschieden: Im rechten Abb. 7.16b erscheinen die Strukturen größer als im linken Abb. 7.16a, obwohl zwischen beiden Bildern nur die Fokussierung geändert wurde.

Offenbar sehen wir keine Strukturen der Probe sondern die Eigenschaft des Abbildungssystems. Um dies genauer zu verstehen, überlegen wir, welche Bilder von Strukturen in der amorphen Schicht überhaupt zu erwarten sind, und erinnern uns an die Kontrastübertragung durch die Objektivlinse. Wenn wir im Gedankenexperiment durch die dünne amorphe Schicht schauen, sehen wir lediglich die Projektion der räumlichen Atompositionen in der Abbildungsebene. Im Raum bewirken die Vorzugsabstände periodische Atomdichteschwankungen, in der Projektion mitteln sich diese Dichteschwankungen heraus. Wir erwarten keinen Kontrast im elektronenmikroskopischen Bild. Für die Kontrastübertragungsfunktion bedeutet dies, dass eine breite Vielfalt von Raumfrequenzen anfällt, die durch die Objektivlinse in unterschiedlicher Weise übertragen werden (vgl. Abb. 7.17).

Die Abb. 7.17 wurde gänzlich ohne ein Elektronenmikroskop geschaffen. Mithilfe eines Bildbearbeitungsprogramms wurde ein Bild mit statistischem („weißem") Rauschen (Abb. 7.17a) erzeugt. Das Bild zeigt keinerlei Kontraste, die von Strukturen in der amorphen Schicht herrühren könnten und entspricht damit vollkommen unserer Erwartungshaltung an ein elektronenmikroskopisches Bild von einer solchen Schicht. Da keine periodischen Kontraste in diesem Bild vorhanden sind, gibt es in seiner Fouriertransformierten 7.17b keine markanten Helligkeitsmaxima. In Abb. 7.17c ist die Kontrastübertragungsfunktion für die in 7.16 angegebenen Mikroskopparameter bei eingestelltem Scherzer-Fokus gezeichnet. Darin sind die ersten drei mit gleichem (negativem) Kontrast übertragenen Raumfrequenzbereiche grau unterlegt. Im fouriertransformierten Bild entspricht der Abstand von der Bildmitte der Raumfrequenz. Die Oszillation der Kontrastübertragungsfunktion kann demnach als Folge von ringförmigen mathematischen Filtern im fouriertransformierten Bild

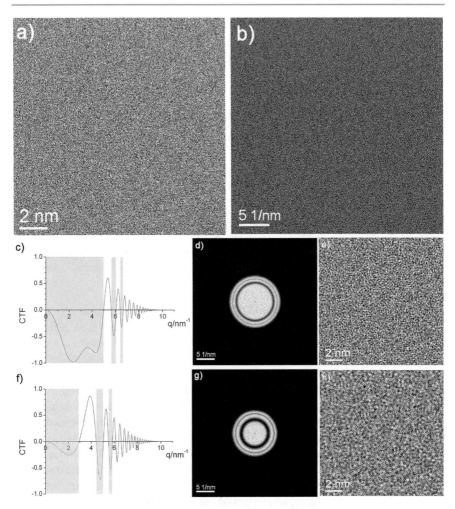

Abb. 7.17 Simulation hochvergrößerter Bilder von dünnen amorphen Schichten zur Demonstration des Einflusses der Kontrastübertragungsfunktion. a) Mit Computer erzeugtes, verrauschtes Bild. b) Fouriertransformation von Bild a. c) Kontrastübertragungsfunktion für die in Abb. 7.15 angegebenen Parameter bei Scherzer-Fokus ($\Delta f = 58$ nm). d) Anwendung der in der Kontrastübertragungsfunktion grau eingezeichneten Fenster („Filter") auf das fouriertransformierte Bild b. e) Rücktransformation der gefilterten Fouriertransformierten in den Ortsraum. f)–h) Wiederholung für Defokus $\Delta f = 20$ nm

realisiert werden. In den Abb. 7.17d (für $\Delta f = 58$ nm) und g (für $\Delta f = 20$ nm) sind drei dieser Ringfilter auf das fouriertransformierte Bild angewendet worden. Die Rücktransformation in den Ortsraum liefert das zu erwartende elektronenmikroskopische Bild.

Wir erkennen, dass das defokussierte Abb. 7.17h tatsächlich gröbere (Schein)-strukturen zeigt als das Abb. 7.17e im Scherzer-Fokus. Die Ursache liegt in der Filterung durch die Kontrastübertragungsfunktion. Ähnlich wie im verrauschten Ausgangsbild treten in der amorphen Probe alle möglichen Atomabstände in Projektionsrichtung auf. Aus dieser Vielfalt filtert die Objektivlinse einige heraus und stellt sie im Bild kontrastreich dar. Beschrieben wird dieses Verhalten durch die Kontrastübertragungsfunktion. Im elektronenmikroskopischen Bild von amorphen Proben sehen wir also keine amorphen Strukturen sondern ein Abbild der Kontrastübertragungsfunktion.

Oft werden elektronenmikroskopische Hochauflösungsbilder zur Rauschminderung fouriergefiltert. Dabei muss streng darauf geachtet werden, dass nicht untypische Bilddetails als typisch herausgehoben werden.

7.7 Messung des Auflösungsvermögens

Bis in die 1970-er Jahre wurden zur Messung des Auflösungsvermögens spezielle Präparate benutzt, die subnanometer-große Schwermetall-Partikel enthielten und somit einen für die fotografische Registrierung ausreichenden Kontrast lieferten. Da die Vergrößerung der damaligen Transmissionselektronenmikroskope auf etwa 100.000-fach begrenzt war, mussten die Bilder fotografisch bis zu 10-fach nachvergrößert werden. Um auszuschließen, dass die dunklen Punkte im vergrößerten Bild vom Plattenkorn herrühren, wurden zwei Bilder unter gleichen Bedingungen (Defokus) auf zwei verschiedenen Fotoplatten aufgenommen. Kleine Abstände zwischen dunklen Punkten galten nur dann als signifikant für das Auflösungsvermögen, wenn sie auf beiden Platten nachgewiesen werden konnten. Zudem mussten die Abstände in verschiedenen Richtungen auftreten, um den Einfluss des Astigmatismus auszuschließen.

Später wurden Netzebenenabbildungen, beispielsweise von kleinen Gold-Kristallen, zum Nachweis des Auflösungsvermögens genutzt. Damit waren nur diskrete Werte nachweisbar, nämlich die ausgewählten Netzebenenabstände, bei Gold z. B. die (111)-Abstände von 0,235 nm. Der nachgewiesene Abstand konnte auch gerade in ein Maximum des Powerspektrums fallen, so dass eher das Informationslimit als die Punktauflösung nachgewiesen wurde.

Heute wird das Informationslimit durch Auswertung von Youngschen Interferenzmustern *(Young[8] fringes)* experimentell bestimmt. Als Probe dient eine dünne amorphe Folie oder der amorphe Rand eines abgedünnten Kristalls. Während der Bildaufnahme wird die Probe mit einem Ruck um wenige Nanometer in der Probene-

---

[8]Thomas Young, englischer Universalgelehrter, 1773–1829.

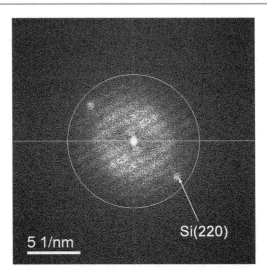

Abb. 7.18 Youngsches Interferenzmuster (amorpher Rand einer abgedünnten Si-Probe) zur Demonstration der Messung des Informationslimits. Der Kreis markiert eine Raumfrequenz von $6{,}7\,\mathrm{nm}^{-1}$. Der Si(220)-Reflex liegt bei $5{,}2\,\mathrm{nm}^{-1}$

bene verschoben, was in der Regel durch geeignete Ablenkung des Elektronenstrahls simuliert wird („Image Shift"). Alternativ können auch zwei Bilder aufgenommen und anschließend überlagert (addiert) werden, wobei die Probenposition zwischen den beiden Bildern geringfügig geändert wird.

Dieses resultierende Bild wird fouriertransformiert. Wir erkennen Streifen, deren Kontrast zum Bildrand hin abnimmt (Abb. 7.18). Die Objektverschiebung erzeugt eine zusätzliche periodische Helligkeitsmodulation in Verschiebungsrichtung, die in der Fouriertransformierten durch die Streifen dokumentiert ist. Alle Abstände, die im Bild vorhanden sind, werden mit verschoben, allerdings sinkt ihr Kontrast aufgrund der Dämpfung der Kontrastübertragungsfunktion zu kleineren Abständen (d. h. zu größeren Raumfrequenzen) hin. Abstände, die nicht mehr im Bild dargestellt sind, rufen auch keine Helligkeitsmodulation hervor, für die zugehörigen Raumfrequenzen treten keine Interferenzmuster mehr auf.

Als Informationslimit gilt der Kehrwert der Raumfrequenz, bis zu der die Youngschen Interferenzmuster reichen. In Abb. 7.18 ist diese Grenze durch einen weißen Ring markiert. Das Informationslimit liegt nach dieser Messung bei 0,15 nm.

Diese Methode ist einfach in ihrer Anwendung und wird beispielsweise beim Nachweis der Qualitätsparameter eines Mikroskops benutzt. Kritikpunkt ist, dass dabei nicht zwischen verschiedenen Einflussfaktoren auf den Kontrast der Interferenzmuster unterschieden wird. Neben dem eigentlichen Informationslimit wirken sich darauf beispielsweise Probendrift, Probendicke und elektronische Instabilitäten aus [3].

7.8   Korrektur der Abbildungsfehler

Astigmatismus, Öffnungs- und Farbfehler haben eines gemeinsam: Elektronen, die außeraxial durch das Linsenfeld treten, werden „falsch" abgelenkt. Dies hat Auswirkungen auf die Kontrastübertragungsfunktion, die sich nach den Überlegungen des Abschn. 7.6 in der Fouriertransformierten des elektronenmikroskopischen Bildes von einer dünnen amorphen Folie widerspiegeln. Infolge der Oszillationen der Kontrastübertragungsfunktionen werden die Raumfrequenzen mit unterschiedlicher Effizienz übertragen. Die Intensität interpretieren wir als Quadrat der Kontrastübertragungsfunktion. Außerdem lassen wir die Funktion „um die optische Achse rotieren", d. h. wir erhalten im Powerspektrum zusätzlich eine azimutale Information über die Kontrastübertragungsfunktion (vgl. Abb. 7.19).

7.8.1   Astigmatismus

Beim (axialen) Astigmatismus besteht zwischen den Brennweiten in zwei zueinander senkrechten Ebenen eine Differenz (s. Abschn. 2.3), d. h. die Kontrastübertragungsfunktion in senkrechter Richtung (Azimut 90°) ist eine andere als in waagerechter Richtung (Azimut 0°). Die Helligkeitsmaxima im Powerspektrum haben dann bei beiden Azimuten unterschiedliche Abstände vom Zentrum, die Ringe werden verzerrt. Damit können bizarre Muster entstehen, bei geeignetem Defokus sind es nahezu Ellipsen (s. Abb. 7.20).

Das Korrektiv für den Astigmatismus muss diese Brennweitendifferenz ausgleichen, d. h. es muss die Elektronen in der Ebene mit kürzerer Brennweite von der optischen Achse weg und in der Ebene mit längerer Brennweite zur optischen Achse hin lenken. Ein Quadrupol ist dazu geeignet (vgl. Abb. 7.21). Die Erweiterung zu einem

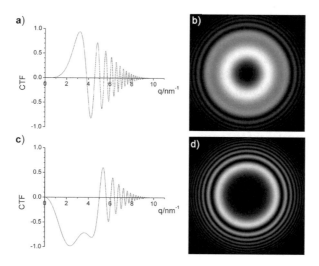

Abb. 7.19 Kontrastübertragungsfunktionen und Powerspektren für Defokus $\Delta f = 0$ (a und b) sowie $\Delta f = 58$ nm (Scherzer-Fokus für $U_B = 300$ kV und $C_S = 1,2$ mm (c und d)

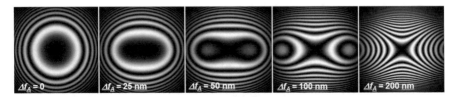

Abb. 7.20 Berechnete Powerspektren für verschiedene astigmatische Brennweitendifferenzen Δf_A (U_B = 300 kV, ΔE = 1 eV, Defokus Δf = -20 nm, C_S = 1,2 mm, C_C = 1,5 mm)

Abb. 7.21 Potentiale und Elektronenbahnen im Quadrupol. a) Potential in der x-y-Mittelebene mit Kennzeichnung der Elektrodenpotentiale (die vier sind dem Betrag nach gleich groß). b) Potential in der x-z-Ebene. c) Potential in der y-z-Ebene. d) Elektronenbahnen in der x-z-Ebene. e) Elektronenbahnen in der y-z-Ebene

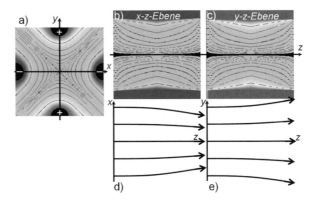

Oktupol ermöglicht die Drehung des elektrischen Feldes und die Verschiebung des Sattelpunktes in x-y-Richtung. Prinzip und Wirkungsweise sind in → Abschn. 10.4 genauer beschrieben. In der Praxis wird zur Astigmatismus-Korrektur eine dünne amorphe Folie als Probe benötigt. Oft genügt auch ein schmaler amorpher Rand oder Bereich auf dem zu untersuchenden Objekt.

Bei geeignetem Defokus (einige Ringe müssen zu sehen sein) wird das elektronenmikroskopische Bild mit einer CCD-Kamera aufgenommen und synchron zur Bildaufnahme fouriertransformiert (vgl. Abb. 7.22). Der (Objektiv-)Stigmator (Korrektiv für den Astigmatismus) wird so eingestellt, dass die Ringe kreisförmig sind (s. Abb. 7.22e). Zweckmäßigerweise beginnt man die Korrektur im starken Unterfokus (viele Ringe) und verfeinert dann unter Annäherung an den Fokus (s. z. B. auch [4]).

7.8.2 Öffnungsfehler (sphärische Aberration)

Der Öffnungsfehler äußert sich dadurch, dass Elektronen in außeraxialen Bereichen durch das rotationssymmetrische Linsenfeld zu stark abgelenkt werden (vgl. Abschn. 2.3). Zur Korrektur ist ein Multipol erforderlich, der die Elektronen ähnlich wie bei der Korrektur des Astigmatismus in der kurzbrennweitigen Ebene nach außen zieht. Allerdings muss dies für alle Azimute geschehen. Nach H. Rose [5] ist dazu ein Hexapol geeignet, der allerdings astigmatische Zwischenbilder erzeugt. Zu deren Korrektur dient ein weiterer Hexapol. Grundsätzlich bestehen Korrektoren für den Öffnungsfehler („C_S-Korrektoren" [6]) aus Multipolpaaren und Übertragungs-

Abb. 7.22 Kontrastübertragungsfunktionen und Power-Spektren bei Astigmatismus. a) Kontrastübertragungsfunktion im waagerechten Schnitt ($\Delta f = 140$ nm). b) Kontrastübertragungsfunktion im senkrechten Schnitt ($\Delta f = 0$): c) Resultierendes, berechnetes Powerspektrum. d) Fouriertransformiertes gemessenes Bild einer amorphen Si-Folie mit Astigmatismus. e) Wie d) nach Astigmatismus-Korrektur

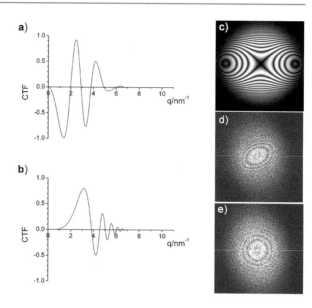

Abb. 7.23 Potentiale und Elektronenbahnen im Hexapol. a) Potential in der x-y-Mittelebene mit Kennzeichnung der Elektrodenpotentiale (die vier sind dem Betrag nach gleich groß). b) Potential in der x-z-Ebene. c) Potential in der y-z-Ebene. d) Elektronenbahnen in der x-z-Ebene. e) Elektronenbahnen in der y-z-Ebene

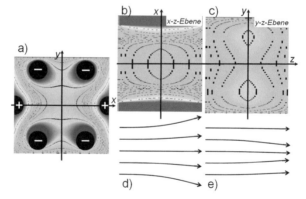

linsen, die dafür sorgen, dass die Zwischenbildebenen „an den richtigen Stellen" entstehen.

Wir wollen die Arbeitsweise eines Hexapols mit einem vereinfachten Modell erklären (→ Abschn. 10.4). Abb. 7.23 zeigt einen symmetrischen Hexapol, bei dem die beiden oberen und die beiden unteren Elektroden negatives Potential ($-U_0$) haben, die beiden seitlichen Elektroden positives Potential ($+U_0$). Dem Betrag nach sind die Potentiale gleich groß.

Wir sehen in der x-z-Ebene den vom Quadrupol bekannten Zerstreuungseffekt. In der y-z-Ebene ist der Sammeleffekt insbesondere für die weiter außen liegenden Elektronenbahnen geringer, so dass bei gekreuzten Hexapolen ein Zerstreuungseffekt übrig bleibt. Wir idealisieren das Ganze, indem wir annehmen, dass der Sammeleffekt völlig entfällt und können uns damit ein vereinfachtes Korrektiv für den Öffnungsfehler vorstellen (s. Abb. 7.24). Wir sehen, dass durch den Zerstreuungseffekt

Abb. 7.24 Vereinfachtes
Schema eines
Öffnungsfehler-Korrektivs.
Gestrichelte Linien:
achsennaher Strahlengang
ohne Öffnungsfehler.
Durchgezogene dicke
Linien: achsenferner
Strahlengang mit
Öffnungsfehler. a)
Ausgeschaltete Hexapole. b)
x-z-Ebene. c) y-z-Ebene

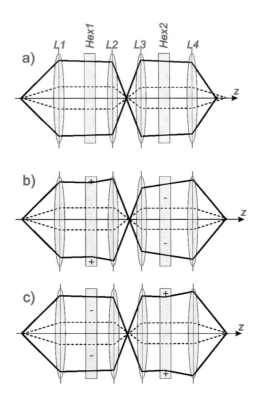

des Hexapols der Öffnungsfehler korrigiert wird. Die Brennweite ist für achsennahe
und achsenferne Strahlen gleich. Es ist leicht vorstellbar, dass durch stärkere Erregung der Hexapole eine Überkompensation erreicht werden kann. Die achsenfernen
Strahlen werden dann weniger stark gebrochen als die achsennahen. Dies käme
einem negativen Öffnungsfehler gleich. Das Korrektiv könnte dann als „Brille" für
eine öffnungsfehlerbehaftete konventionelle rotationssymmetrische Linse dienen.

Zur Messung des Öffnungsfehlers bedient man sich des Zemlin-Tableaus [7].
Ähnlich wie beim Astigmatismus wird eine dünne amorphe Folie als Probe benutzt,
die jetzt allerdings unter verschiedenen Kippwinkeln η durchstrahlt wird. Der Kipppunkt muss exakt in der Objektebene liegen, er war während der Justagekontrolle
eingestellt worden (vgl. Abschn. 4.3.4). Dadurch wird in der Kontrastübertragungsfunktion ein zusätzlicher Winkel η überlagert:

$$CTF(q) = \sin\left(\frac{\pi}{2}\left(C_S \cdot \left(\lambda^3 \cdot q^4 + \frac{\eta^4}{\lambda}\right) - 2 \cdot \Delta f \cdot \lambda \cdot q^2\right)\right) \cdot$$
$$\cdot \exp\left(-\pi^2 \cdot C_C^2 \cdot \left(\frac{\Delta E}{E_0}\right)^2 \cdot \lambda^2 \cdot q^4\right) \quad . \tag{7.30}$$

Wir vernachlässigen hierbei den Einfluss des Kippwinkels auf den Dämpfungsterm.

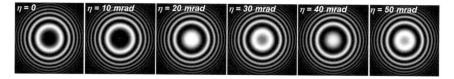

Abb. 7.25 Serie von Powerspektren bei ansteigendem Kippwinkel η. Parameter: $U_B = 300$ kV, $\Delta E = 1$ eV, $C_S = 0,75$ mm, $C_C = 1,5$ mm, $\Delta f = -75$ nm, $\Delta f_A = 0$

Abb. 7.26 Mithilfe von Gl. (7.30) berechnetes Zemlin-Tableau. Parameter: $U_B = 300$ kV, $\Delta E = 1$ eV, $C_C = 1,5$ mm, $\Delta f = -75$ nm, $\Delta f_A = 0$, $C_S = 0,75$ mm (horizontal), $C_S = 0,5$ mm (vertikal), $\eta = 15$ mrad (äußerer Bildring)

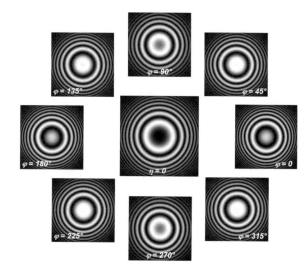

In Abb. 7.25 sind die mithilfe von Gl. (7.30) berechneten Powerspektren bei ansteigendem Kippwinkel zu sehen.

Wenn wir bei festgehaltenem Kippwinkel den Azimut der Kippung variieren, erhalten wir ein Zemlin-Tableau (s. Abb. 7.26). Wir sehen, dass durch das Kippen in verschiedene azimutale Richtungen darin auch azimutale Unterschiede in der Öffnungsfehlerkonstanten erkennbar sind. Bei erfolgreicher Korrektur des Öffnungsfehlers sehen alle Powerspektren unabhängig von Kippwinkel und Azimut gleich aus.

In einem realen Hexapol-Öffnungsfehlerkorrektiv existiert eine Vielzahl von Justagemöglichkeiten und der unerfahrene Nutzer hat keine Chance zu erfolgreicher Korrektur. Moderne Geräte sind mit einer Software ausgerüstet, die die Powerspektren auswertet und geeignete Einstellmaßnahmen ergreift. Häufig sind mehrere Durchläufe mit steigendem Kippwinkel erforderlich, zur Erhöhung ihrer Effektivität ist ein gezieltes Eingreifen des erfahrenen Nutzers förderlich.

Die Korrektur des Öffnungsfehlers verbessert die Punktauflösung und verschiebt damit die naiv zu interpretierenden Bilder zu kleineren Strukturen. Durch die mögliche Variation der Öffnungsfehlerkonstante ergibt sich eine weitere Möglichkeit, den Kontrast bestimmter subnanoskaliger Strukturen, insbesondere darin enthaltener einzelner Atomsorten, zu erhöhen („Kontrast-Tuning" [8]).

Abb. 7.27 Bewegung von Elektronen in (homogenen) Feldern. a) Magnetfeld. b) Gekreuztes magnetisches und elektrisches Feld (Wien-Filter).

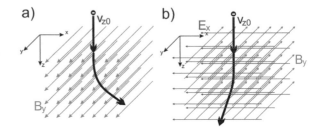

Um den Öffnungsfehler rotationssymmetrischer magnetischer Linsen klein zu halten, sind starke Magnetfelder und damit verbunden kurze Brennweiten notwendig. Die Probe befindet sich inmitten des starken Magnetfeldes (vgl. Abschn. 2.2) und die Untersuchung magnetischer Proben oder die gezielte in situ-Magnetisierung werden schwierig oder unmöglich. Diese Situation entspannt sich durch das Öffnungsfehler-Korrektiv. Die Probenumgebung kann weiträumiger gestaltet werden, umfangreichere in situ-Untersuchungen werden möglich.

Nach Korrektur des Öffnungsfehlers können achsenfernere Strahlen in den Abbildungsprozess einbezogen werden. Damit beeinflussen weitere Abbildungsfehler wie Koma und Verzeichnung die Bildqualität. Auch deren Korrektur ist durch (allerdings kompliziertere) Systeme aus Multipolen möglich.

7.8.3 Farbfehler (chromatische Aberration)

Der Farbfehler entsteht dadurch, dass die Brechkraft der Linse durch Instabilitäten bei deren elektrischer Versorgung schwankt und außerdem von der Geschwindigkeit, d. h. der Wellenlänge der Elektronen, abhängt. Wir gehen davon aus, dass elektrische Instabilitäten soweit beherrscht werden, dass sie gegenüber den Schwankungen der Wellenlänge vernachlässigt werden können. Letztere entstehen durch Schwankungen der Beschleunigungsspannung, durch die endliche Energiebreite der aus der Kathode austretenden Elektronen, den Boersch[9]-Effekt (s. Abschn. 2.5) und nicht zuletzt durch inelastische Wechselwirkung der Strahlelektronen mit der Probe.

Um die Möglichkeit der Korrektur zu verstehen, benutzen wir ein stark vereinfachtes Modell: Wir überlegen, welche Bahnkurve Elektronen der Geschwindigkeit v_{z0} in einem homogenen Magnetfeld der Induktion B_y (s. Abb. 7.27a) beschreiben.

Auf das in z-Richtung in das Magnetfeld einfallende Elektron wirkt die Lorentzkraft[10] (vgl. Gl. (2.4))

$$F_L = -e \cdot v \times B \qquad (7.31)$$

---

[9] Hans Boersch, deutscher Physiker, 1909–1986.
[10] Hendrik Antoon Lorentz, niederländischer Mathematiker und Physiker, 1853–1928, Nobelpreis für Physik 1902.

bzw. unter Berücksichtigung der in Abb. 7.27 gekennzeichneten Richtungen:

$$\boldsymbol{F_L} = -\mathrm{e} \cdot v_{z0} \cdot B_y \cdot \boldsymbol{e_z} \times \boldsymbol{e_y} = \mathrm{e} \cdot v_{z0} \cdot B_y \cdot \boldsymbol{e_x} = F_{Lx} \cdot \boldsymbol{e_x} \quad . \tag{7.32}$$

Eingesetzt in die Bewegungsgleichung folgt damit für die x-Komponente von Beschleunigung und Geschwindigkeit sowie für x selbst:

$$a_x = \frac{F_{Lx}}{m_0} = \frac{\mathrm{e}}{m_0} \cdot v_{z0} \cdot B_y$$

$$v_x = \int a_x \cdot dt = \frac{\mathrm{e}}{m_0} \cdot v_{z0} \cdot B_y \cdot t + v_{x0} = \frac{\mathrm{e}}{m_0} \cdot v_{z0} \cdot B_y \cdot t \tag{7.33}$$

$$x = \int v_x \cdot dt = \frac{1}{2} \cdot \frac{\mathrm{e}}{m_0} \cdot v_{z0} \cdot B_y \cdot t^2 + x_0 = \frac{1}{2} \cdot \frac{\mathrm{e}}{m_0} \cdot v_{z0} \cdot B_y \cdot t^2$$

(e/m_0: spezifische Ladung des Elektrons). Für die z-Komponente gilt:

$$a_z = 0$$
$$v_z = v_{z0} \tag{7.34}$$
$$z = v_{z0} \cdot t$$

Dies eingesetzt in Gl. (7.33) liefert die gesuchte Gleichung $x(z)$ für die Bahnkurve

$$x = \frac{1}{2} \cdot \frac{\mathrm{e}}{m_0} \cdot \frac{B_y}{v_{z0}} \cdot z^2 \quad . \tag{7.35}$$

Daraus folgt für den Ablenkwinkel:

$$\tan\alpha = \frac{dx}{dz} = \frac{\mathrm{e}}{m_0} \cdot \frac{B_y}{v_{z0}} \cdot z \quad , \tag{7.36}$$

d. h. langsamere Elektronen (größere Wellenlänge) werden stärker abgelenkt als schnellere Elektronen.

Zur Korrektur dieser geschwindigkeitsabhängigen Ablenkung benötigen wir eine Gegenkraft, die genau die Ablenkung der Elektronen mit der Sollgeschwindigkeit v_{z0} ausgleicht, d. h. diese Elektronen werden am Ende nicht abgelenkt. Für alle anderen Elektronen bleibt es bei einer resultierende Ablenkung. Die Gegenkraft zur Lorentzkraft wird durch ein elektrisches Feld E_x erzeugt (Wien[11]-Filter – vgl. Abb. 7.27b). Damit erhalten wir für die Gesamtkraft, die das Elektron erfährt:

$$\begin{aligned} \boldsymbol{F} = \boldsymbol{F_L} + \boldsymbol{F_E} &= -\mathrm{e} \cdot v_{z0} \cdot B_y \cdot \boldsymbol{e_z} \times (-\boldsymbol{e_y}) + \mathrm{e} \cdot E_x \cdot \boldsymbol{e_x} \\ &= \mathrm{e} \cdot \left(-v_{z0} \cdot B_y + E_x \right) \cdot \boldsymbol{e_x} = F_x \cdot \boldsymbol{e_x} \end{aligned} \tag{7.37}$$

---

[11] Wilhelm Wien: deutscher Physiker, 1864–1928, Nobelpreis für Physik 1911.

bzw. für die Bahnkurve

$$x = \frac{1}{2} \cdot \frac{e}{m_0} \cdot \left(-\frac{B_y}{v_{z0}} + \frac{E_x}{v_{z0}^2} \right) \cdot z^2 \tag{7.38}$$

und für den Ablenkwinkel

$$\tan \alpha = \frac{e}{m_0} \cdot \left(-\frac{B_y}{v_{z0}} + \frac{E_x}{v_{z0}^2} \right) \cdot z \, , \tag{7.39}$$

d. h. Elektronen mit der Geschwindigkeit

$$v_{z0} = \frac{E_x}{B_y} \tag{7.40}$$

werden nicht abgelenkt. Sind die Elektronen schneller ($v_z > v_{z0}$), so erhalten wir

$$\tan \alpha = \frac{e}{m_0} \cdot \left(-\frac{E_x}{v_{z0} \cdot v_z} + \frac{E_x}{v_z^2} \right) \cdot z < 0 \, , \tag{7.41}$$

sind sie dagegen langsamer ($v_z > v_{z0}$), so gilt

$$\tan \alpha > 0 \, . \tag{7.42}$$

Mit gekreuzten magnetischen und elektrischen Feldern (Wien-Filter) ist es also möglich, die unterschiedliche Brechung von Elektronen unterschiedlicher Wellenlänge zu korrigieren. In Wirklichkeit ist der Korrektor für den Farbfehler wesentlich komplizierter aufgebaut. Das Grundprinzip der gekreuzten Felder ist erhalten, sie werden in Form von alternierend angeordneten elektrischen und magnetischen Dipolen in komplexen Quadrupol- und Oktupolsystemen realisiert [5]. Die elektronische Stabilität muss extremen Anforderungen genügen [9].

Die Korrektur der Abbildungsfehler benötigt ein Messverfahren zur Messung der Fehlerkonstanten. Die Grundlage dafür sind Zemlin-Tableaus. Wegen des mit deren Auswertung verbundenen erheblichen Rechenaufwandes sind dazu leistungsfähige Computer erforderlich. Dies ist einer der Gründe, weshalb derartige Korrektoren erst ab etwa dem Jahre 2000 kommerziell erhältlich sind (Übersicht s. z. B. [10]).

7.9   Öffnungsfehlerkorrektur in der Praxis

Voraussetzung für die Nutzung des Öffnungsfehlerkorrektors ist die ordnungsgemäße Justage des Mikroskops wie sie in Abschn. 4.3 beschrieben wurde. Besondere Sorgfalt sollte dabei dem Rotationszentrum und den Kipppunkten für die Objektbeleuchtung gelten. Zur eigentlichen Einstellung des Objektivs mit Öffnungsfehlerkorrektor wird als Objekt eine dünne (< 30 nm) amorphe Folie aus Kohlenstoff oder Germanium auf einem Stützgitter benutzt.

Abb. 7.28 Praktisches Beispiel für ein Zemlin-Tableau. (Nach [11])

Die weiteren Arbeiten sollten bei fest eingestelltem Objektivstrom vorgenommen werden, d. h. das Scharfstellen des Bildes erfolgt durch Verschieben der Probe in z-Richtung. Die Vorjustage (Rotationszentrum und Kipppunkte) erfolgt wie gewohnt durch direktes Beobachten des vergrößerten Bildes der Probe.

Die folgenden Aufnahmen von fouriertransformierten Bildern der amorphen Folie erfolgen im leichten Unterfokus. Die Justage des Öffnungsfehlerkorrektivs beginnt mit der Einstellung des Unterfokus und der Korrektur des zweizähligen Astimatismus wie in Abschn. 7.8.1 beschrieben.

Für die Einstellung des Öffnungsfehlerkorrektivs wird ein Zemlin-Tableau (vgl. Abschn. 7.8.2 und Abb. 7.28) unter verschiedenen Kippwinkeln aufgenommen. Vorher ist sicherzustellen, dass die Fouriertransformierte bei allen Kippwinkeln guten Kontrast hat. Evtl. müssen die Kipppunkte nachgestellt werden. Weiter wird i. A. eine Software genutzt, die anhand der fouriertransformierten Bilder von der amorphen Folie im Zemlin-Tableau den aktuellen Zustand beurteilt und geeignet korrigiert. Die einzelnen Änderungsschritte und deren Zwischenergebnisse werden angezeigt. Bei einiger Erfahrung ist es dem Operator möglich, manuell einzugreifen und dadurch die Justageroutine abzukürzen. Neben dem Öffnungsfehler werden auch höherzähliger Astigmatismus und Koma korrigiert.

Das Ergebnis der Korrektorjustage wird in Form einer Phasenplatte dokumentiert (vgl. Abb. 7.29). Darin ist die Abhängigkeit der Phasenschiebung vom Einfallswinkel durch das Objektiv dargestellt. Für das konventionelle rotationssymmetrische Objektiv ist diese Phasenschiebung ϕ als Funktion des Einfallswinkels θ durch die Gl. (10.283) gegeben. Für eine Defokussierung $\Delta f = 0$ folgt daraus mit der Elektronenwellenlänge λ und der Öffnungsfehlerkonstante C_S:

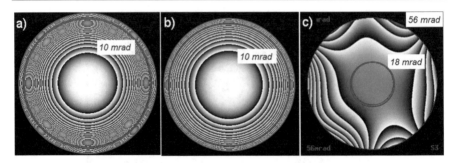

Abb. 7.29 Phasenplatten bei $E_0 = 300\,\text{keV}$. a) Konventionelles rotationssymmetrisches Objektiv mit $C_S = 2\,\text{mm}$. b) Konventionelles rotationssymmetrisches Objektiv mit $C_S = 1\,\text{mm}$. c) Objektiv mit Öffnungsfehler-Korrektor. (Nach [11])

$$\phi(\theta) = \frac{\pi \cdot C_S}{2 \cdot \lambda}. \tag{7.43}$$

Damit wurden die beiden Phasenplatten in Abb. 7.29a und b berechnet. Phasenschiebungen um volle Wellenlängen (d. h. um 2π) verändern die Interferenz nicht, d. h. die Ringe in der Phasenplatte rühren von dieser Periodizität her. Öffnungsfehlerfreie Abbildung durch das Objektiv ist bei gleichbleibender Phasenschiebung gegeben. Die Abbildung der Phasenplatte ermöglicht es uns zu beurteilen, bis zu welchem Eintrittswinkel der Öffnungsfehler keine Rolle spielt.

In den Teilbildern von Abb. 7.29 sind einige rote Ringe eingezeichnet, die die angegebenen Eintrittswinkel repräsentieren. Für die Teilbilder a und b sind dies 10 mrad. Wir sehen, dass der erste Ringradius bei der konventionellen Linse mit $C_S = 2\,\text{mm}$ bei etwa 3 mrad und mit $C_S = 1\,\text{mm}$ bei etwa 5 mrad liegt. Bis zu diesen Winkeln spielt der Öffnungsfehler bei der konventionellen Linse keine Rolle. Wesentlich günstiger gestaltet sich dies bei Nutzung eines Öffnungsfehler-Korrektors: Hier kann gemäß Abb. 7.29c von einer Öffnungsfehlerkorrektur bis zu einem Eintrittswinkel von 18 mrad ausgegangen werden. Bei 300 keV-Elektronen ($\lambda = 0{,}00197\,\text{nm}$) entspräche dies einer Strukturgröße von ca. 0,11 nm.

Um die praktische Konsequenz der Öffnungsfehlerkorrektur zu demonstrieren, erinnern wir uns an den Silizium-Kristall, den wir schon eingangs des Kap. 7 für erste HRTEM-Aufnahmen genutzt hatten. Allerdings ist der Kristall jetzt anders orientiert: Anstelle der [100]-Richtung blicken wir in [110]-Richtung auf das Kristallgitter. In dieser Projektion sehen wir Paare eng benachbarter Atome, sogenannte „Dumbells", die einen Abstand von lediglich 0,136 nm voneinander haben. Sie werden im öffnungsfehlerkorrigierten Mikroskop problemlos aufgelöst. (vgl. Abb. 7.30).

Manchmal ist es wünschenswert, den Öffnungsfehler nicht auf null zu korrigieren, sondern einen bestimmten (positiven oder negativen) Wert einzustellen (vgl. Abschn. 7.8.2). Dies ermöglicht eine Bildkontrastverstärkung bei gleichzeitigem Vermeiden von Delokalisation.

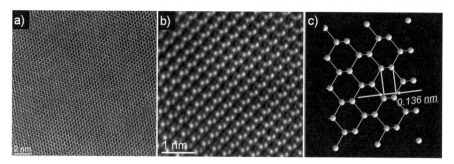

Abb. 7.30 HRTEM-Abbildung eines Si-Kristalls nach Öffnungsfehlerkorrektur. a) Übersicht. b) Vergrößerter Ausschnitt zeigt Si-Dumbells. c) Si-Kristall in [110]-Projektionsrichtung

Abb. 7.31 Andocken von Hydroxylapatit (HAP) am Kollagen. a) 3x3x3 HAP-Elementarzellen mit Blickrichtung [100]. b) TEM-Bild mit Kollagenrand. Im kleinen rechteckigen Ausschnitt ist ein berechnetes Bild eingesetzt. Die (002)-Ebenen von HAP dominieren (vgl. [12])

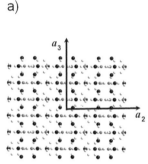

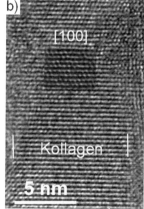

7.10 Interpretation hochaufgelöster Bilder

Was kann man tun, um hochaufgelöste Bilder mit Raumfrequenzen im oszillierenden Bereich der Kontrastübertragungsfunktion zu interpretieren?

Die naheliegende Möglichkeit ist es, durch Einsatz von Korrektoren für die Abbildungsfehler die Punktauflösungsgrenze zu größeren Raumfrequenzen zu verschieben und die interessanten Strukturgrößen aus dem oszillierenden Bereich herauszuschieben. Allerdings bleibt das Problem der Kontrastinterpretation bei unterschiedlichem Defokus im Grundsatz bestehen. Häufig geht es darum, durch TEM-Aufnahmen mit atomarer Auflösung eine Hypothese bzgl. der Ankopplung verschiedener Strukturen aneinander zu bestätigen oder zu widerlegen. Wir wollen dies an einem Beispiel demonstrieren: der Ankopplung von Hydroxlapatit (hexagonales Calciumphosphat) an Kollagen im Knochen. Eine Hypothese besagt, dass dies über Wasserstoffbrücken und geteilte Einheitszellen von Octacalciumphosphat geschieht [12]. Im Ergebnis liegt die a_3-Achse der hexagonalen Zelle parallel zur Kollagenachse. In Abb. 7.31a sehen wir die (vereinfachte) Strukturhypothese und ein TEM-Bild mit atomarer Auflösung. In Abb. 7.31b schauen wir in Richtung a_1 auf den HAP-Kristall mit darunter liegendem Kollagen und sehen die erwarteten HAP(002)-Ebenen.

Prinzipiell gibt es drei Möglichkeiten der Bildinterpretation:

1. Man geht von einer Atomanordnung aus, die aus thermodynamischen oder anderen Überlegungen resultiert, erzeugt daraus eine „Superzelle" mit periodischen Anschlüssen (d. h. die Atomanordnungen an den Rändern der Superzelle stimmen überein) und berechnet unter Berücksichtigung der Kontrastübertragungsfunktion das resultierende Bild. Leider gibt es dabei mindestens zwei Parameter, die gewöhnlich nicht hinreichend genau bekannt sind: Die Probendicke und die Defokussierung. Deshalb werden diese beiden Parameter variiert und eine Matrix von Bildern berechnet [13]. Der Vergleich mit dem gemessenen Bild zeigt, ob die angenommene Atomanordnung dazu geeignet ist, das elektronenmikroskopische Bild zu erklären. Evtl. muss die Superzelle verändert werden, um ans Ziel zu gelangen. Dieses „trial-and-error"-Verfahren ist u. U. sehr zeitaufwändig.
2. Im Mikroskop wird eine Serie von Bildern bei schrittweise geänderter Fokussierung aufgenommen. Daraus kann die Kontrastübertragungsfunktion und damit die Austrittswellenfunktion rekonstruiert werden („Fokusserienrekonstruktion", „Exit wave reconstruction" [14], [15]). Das Problem dabei liegt in der mangelnden Stabilität der Probe. Deren Drift in der Probenebene kann rechnerisch korrigiert werden, nicht aber deren evtl. Verformung. Unkontrollierte Probenbewegung in z-Richtung (optische Achse) verändert den Defokus-Wert, so dass die Defokus-Schrittweite oft nicht hinreichend genau bekannt ist.
3. Man rechnet „rückwärts", d. h. man rekonstruiert aus dem Bild die Elektronenaustrittswelle aus der Probe (dem Objekt). Dabei wird der Einfluss der Abbildungsfehler rechnerisch korrigiert. Da die Welle durch Amplitude und Phase gekennzeichnet ist, im Bild aber normalerweise nur die Amplitudeninformation aufgezeichnet ist, muss die Phaseninformation zusätzlich registriert werden. Dies geschieht durch Interferenz der Objektwelle mit einer Referenzwelle und Aufzeichnung des Interferenzmusters. Die Referenzwelle wird durch Elektronen gebildet, die nicht durch die Probe gehen (z. B. durch das Loch in einer abgedünnten Probe oder am Rand einer FIB-Lamelle vorbei). In Höhe der Feinbereichsblende befindet sich ein dünner Draht auf positivem elektrischen Potential, der Objektwelle und Referenzwelle zueinander ablenkt und überlagert („Holografie" [16]). Mithilfe der Holografie können nicht nur Hochauflösungsbilder interpretiert, sondern beispielsweise auch elektrische und magnetische Felder in der Probe oder am Rand derselben gemessen werden.

Biografische Angaben in den Fußnoten aus https://www.wikipedia.de

Literatur

1. Stadelmann, P.: EMS – a software package for electron diffraction analysis and HREM image simulation in materials science. Ultramicroscopy **21**, 131–146 (1987), benutzte Java-EMS-Version: 6.6201U2011
2. Williams, D.B., Carter, C.B.: Transmission Electron Microscopy A Textbook for Materials Science, S. 498. Springer, New York (2009)

3. Barthel, J., Thust, A.: Quantification of the information limit of tranmission electron micros-copes. Phys. Rev. Lett. **101**, 200801-1–200801-4 (2008)
4. Möbus, G., Phillipp, F., Gemming, T., Schweinfest, R., Rühle, M.: Quantitative diffractometry at 0.1 nm resolution for testing lenses and recording media of a high-voltage atomic resolution microscope. J. Electron Microsc. **46**(5), 381–395 (1997)
5. Rose, H.: Correction of aberrations, a promising means for improving the spatial and energy resolution of energy-filtering electron microscopes. Ultramicroscopy **56**, 11–25 (1994)
6. Haider, M., Uhlemann, S., Schwan, E., Rose, H., Kabius, B., Urban, K.: Electron microscopy image enhanced. Nature **392**, 768–769 (1998)
7. Zemlin, F., Weiss, K., Schiske, P., Kunath, W., Herrmann, K.-H.: Coma-free alignment of high resolution electron microscopes with the aid of optical diffractograms. Ultramicroscopy **3**, 49–60 (1978)
8. Urban, K., Jia, C.-L., Houben, L., Lentzen, M., Mi, S.-B., Tillmann, K.: Negative spherical aberration ultra-high resolution imaging in corrected transmission electron microscopy. Phil. Trans. R. Soc. A **367**, 3735–3753 (2009)
9. Haider, M., Müller, H., Uhlemann, S., Zach, J., Loebau, U., Hoeschen, R.: Prerequisites for a C_C/C_S-corrected ultrahigh-resolution TEM. Ultramicroscopy **108**, 167–178 (2008)
10. Hosokawa, F., Sawada, H., Kondo, Y., Takayanagi, K., Suenaga, K.: Development of C_S and C_C correctors for transmission electron microscopy. Microscopy **62**(1), 23–41 (2013)
11. Hartel, P.: Instruction Manual CETCOR, Spherical Aberration Corrector for Transmission Electron Microscopes, Version 2.1.5, Sept. (2005)
12. Thomas, J., Worch, H., Kruppke, B., Gemming, T.: Contribution to understand the biomine-ralzation of bones. J. Bone Miner. Metab. **38**, 456–468 (2020)
13. Möbus, G., Schweinfest, R., Gemming, T., Wagner, T., Rühle, M.: Iterative structure retrie-val techniques in HREM: a comparative study and a modular program package. J. Microsc. **190**(1/2), 109–130 (1998)
14. Thust, A., Lentzen, M., Urban, K.: Non-linear reconstruction of the exit plane wave func-tion from periodic high-resolution electron microscopy images. Ultramicroscopy **53**, 101–120 (1994)
15. Thust, A., Coene, W.M.J., Op de Beek, M., Van Dyck, D.: Focal-series reconstruction in HRTEM: simulation studies on non-periodic objects. Ultramicroscopy **64**, 211–230 (1996)
16. Lichte, H., Lehmann, M.: Electron holography – basics and applications. Rep. Prog. Phys. **71**, 1–46 (2008)

Wir schalten um auf Rastertransmissionselektronenmikroskopie

8

Ziel

Bei analytischen Untersuchungen im Transmissionselektronenmikroskop ist im Interesse einer hohen räumlichen Auflösung ein nanoskaliges Anregungsgebiet erwünscht. Die Elektronenoptik des Beleuchtungssystems eines TEM (Kondensorsystem und Teil des Objektivfeldes vor dem Objekt) ist in der Lage, den Elektronenstrahl sehr fein zu fokussieren und damit Elektronensondendurchmesser von weniger als 0,1 nm in der Probenebene zu erzeugen. Ablenksysteme ermöglichen das Rastern dieser feinen Elektronensonde auf der Probe, analog zu dem aus der konventionellen Rasterelektronenmikroskopie bekannten Verfahren. Ähnlich wie beim Namen *„Transmission Electron Microscope oder Microscopy – TEM"* hat sich auch für diese Methode ein Kürzel eingebürgert, dessen Ursprung in der englischen Bezeichnung liegt: *„STEM"*. Es steht für *„Scanning Transmission Electron Microscope oder Microscopy"*.

Die Unterschiede zwischen der Rastertransmissionselektronenmikroskopie und der konventionellen Rasterelektronenmikroskopie liegen zum einen in der erreichbaren Kleinheit der Sonde: Aufgrund der günstigen elektronenoptischen Bedingungen im TEM (sehr kleiner Arbeitsabstand) gelingt es, die o. g. kleinen Sondendurchmesser im Ångström-Bereich zu erzielen. Zum anderen beruht aufgrund der Durchstrahlbarkeit der Probe der Kontrastmechanismus auf den gleichen Prinzipien wie bei der konventionellen („Ruhebild"-) Transmissionselektronenmikroskopie: Wenig gestreute Elektronen gelangen in den Detektor, stark gestreute Elektronen nicht *(STEM-Hellfeldbild)* oder umgekehrt *(STEM-Dunkelfeldbild)*. Die elektronentransparenten Proben haben einen entscheidenden Vorteil: Im Gegensatz zu den kompakten Objekten im konventionellen Rastermikroskop bildet sich in den dünnen Folien

J. Thomas und T. Gemming, *Analytische Transmissionselektronenmikroskopie*,
https://doi.org/10.1007/978-3-662-66723-1_8

kein größeres Anregungsgebiet (sogenannte „Anregungsbirne") aus. Damit gelingt es, auch im STEM-Verfahren eine Auflösung von besser als 0,1 nm zu erreichen[1].

8.1   Was ändert sich elektronenoptisch?

Auf den ersten Blick erscheint es sehr einfach, den Elektronenstrahl auf die Probe zu fokussieren und zeilenweise über die Probe zu führen: Wir stellen die Brennweite des Kondensors 2 (im Falle eines Doppelkondensors) auf konvergente Beleuchtung ein, so wie wir es bereits bei der Feinstrahlbeugung (vgl. Abschn. 2.7.1 und 5.3) kennengelernt haben. Zum Rastern schwenkt ein Ablenksystem den Elektronenstrahl in zwei senkrechten Richtungen. Bei dieser Verfahrensweise treten zwei Probleme auf:

1. Die Kondensor-2-Linse ist eine langbrennweitige Linse. Ihr Öffnungsfehler ist dementsprechend groß (vgl. Abschn. 2.3). Wir werden später im Abschn. 8.2 sehen, dass es damit nicht gelingt, eine Elektronensonde von weniger als einigen Nanometer im Durchmesser zu erreichen.
2. Der konvergente Elektronenstrahl muss unabhängig von der Position auf der Probe die gleiche Einstrahlrichtung haben (s. Abb. 8.1). Einfaches Ablenken in zwei senkrechten Richtungen erfüllt diese Forderung nicht.

Um den Ausweg aufzuzeigen, müssen wir unser Modell von der Objektivlinse verändern. Bisher sind wir von einer einzigen Spule zur Erzeugung des Objektiv-Magnetfeldes ausgegangen. Wir wissen, dass sich die Probe innerhalb des Polschuhs befindet. Mit mehreren Spulen kann der Feldteil vor (d. h. oberhalb) der Probe getrennt von dem nach (d. h. unterhalb) der Probe eingestellt werden. Nach unserem neuen Modell besteht die Objektivlinse aus zwei Teilen: einem „Objektiv-Vorfeld" und einem „Objektiv-Nachfeld". Die Probe befindet sich zwischen beiden, d. h. unmittelbar hinter dem Vorfeld. Damit können beide o. g. Probleme beseitigt werden.

Wir benutzen das Vorfeld als zusätzliche Kondensorlinse, was in der Regel als *Nanoprobe-Mode* bezeichnet wird. Wegen des sehr geringen Arbeitsabstandes (Distanz zwischen letzter Kondensorlinse und Probe) hat das Vorfeld eine kurze Brennweite und damit einen geringen Öffnungsfehler. Die parallele Verschiebung des konvergenten Elektronenstrahls beim Abrastern der Probe wird möglich, wenn der Kipppunkt des Ablenksystems exakt im dingseitigen Brennpunkt des Objektiv-Vorfeldes liegt (vgl. Abb. 8.2). Wir erinnern uns: *Brennpunktstrahlen verlaufen im Bildraum parallel zur optischen Achse.*

---

[1]Das Prinzip des Rasterelektronenmikroskops wurde 1938 von M. von Ardenne veröffentlicht [1]. Die STEM-Variante einschließlich der für hohe Auflösung notwendigen Feldemissionskathode wurde 1968 von A. Crewe vorgeschlagen [2]. Überblick über die STEM-Entwicklung s. S. J. Pennycook [3].

Abb. 8.1 Parallele Einstrahlrichtung des konvergenten Elektronenbündels als Voraussetzung für den STEM-Betrieb des Transmissionselektronenmikroskops

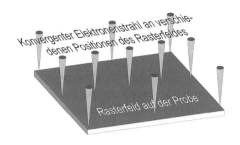

Abb. 8.2 Schematische Darstellung des Strahlenganges im Beleuchtungssystem einschließlich Objektiv-Vorfeld beim STEM-Betrieb

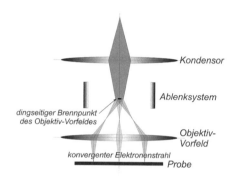

Da der Kontrast hauptsächlich durch unterschiedliche Streuung der Elektronen innerhalb der Probe entsteht, muss dafür gesorgt werden, dass wenig und stark gestreute Elektronen nach Passieren der Probe räumlich voneinander getrennt sind, um deren Selektion mit einem elektronenempfindlichen Detektor zu ermöglichen. Dies ist in der bildseitigen Brennebene des Objektivs, nach unserem Modell vom zweigeteilten Objektiv in der bildseitigen Brennebene des Objektiv-Nachfeldes, der Fall (vgl. Abschn. 2.7.2). In der Regel befindet sich der Detektor für das STEM-Signal in Höhe des Beobachtungsschirms. Um die bildseitige Brennebene des Objektivs in diese Höhe abzubilden, ist auf den Beugungsmodus umzuschalten. Damit sind die *elektronenoptischen Voraussetzungen für STEM-Abbildungen* gegeben:

- *Beleuchtungssystem im Nanoprobe-Modus,*
- *Abbildungssystem im Beugungsmodus.*

Da es sich bei der rastertransmissionselektronenmikroskopischen Abbildung um keine „echte" optische Abbildung handelt sondern eine elektronische Signalverarbeitung involviert ist, spielt das Signal-Rausch-Verhältnis eine wesentliche Rolle. Bei der Vorbereitung des Mikroskops auf den STEM-Betrieb ist deshalb großer Wert auf gute Justage der Elektronenkanone zu legen (vgl. Abschn. 4.3). Es ist zweckmäßig, deren Justagezustand im Nanoprobe-Mode vor Umschalten auf STEM zu prüfen und gegebenenfalls zu korrigieren.

8.2   Auflösungsvermögen oder: Wie klein kann die Elektronensonde werden?

Die im STEM-Betrieb notwendige kleine Elektronensonde wird durch mehrstufige Verkleinerung des cross-over der Elektronenkanone erzeugt. Unabhängig von der konkreten Art und Anordnung der Verkleinerungslinsen sind einige grundsätzliche Dinge zu beachten, mit denen wir uns hier beschäftigen wollen.

Das Auflösungsvermögen im STEM-Betrieb kann nicht besser sein als der Durchmesser der Elektronensonde auf der Probe.

Angenommen, der verkleinerte Durchmesser des cross-over in der Probenebene sei d_{co}. Wegen der Erhaltung des Richtstrahlwertes

$$R = \frac{j}{\Omega} \qquad (8.1)$$

(j: Stromdichte, Ω: Raumwinkel, in den emittiert wird) längs des Strahlenganges ohne Blenden (vgl. Abschn. 2.6) gilt unter Annahme eines kreisförmigen Sondenquerschnitts und dem Strahlstrom I_P in der Probenebene die Beziehung

$$R = \frac{4 \cdot I_P}{\pi \cdot d_{\mathrm{co}}^2} \cdot \frac{1}{\pi \cdot \alpha^2} \qquad (8.2)$$

(α: Strahlapertur, d.h. halber Öffnungswinkel). Daraus folgt für den Sondendurchmesser

$$d_{\mathrm{co}} = \sqrt{\frac{4 \cdot I_P}{R \cdot \pi^2 \cdot \alpha^2}} = \frac{2}{\pi \cdot \alpha} \cdot \sqrt{\frac{I_P}{R}} \ . \qquad (8.3)$$

Diese Formel hat eine weitreichende Bedeutung: Es gibt einen Zusammenhang zwischen dem Sondendurchmesser und dem Strahlstrom, d.h. je kleiner der Strahlstrom ist, desto kleiner kann auch die Sonde werden (s. Abb. 8.3a). Um ein ausreichendes Signal-Rausch-Verhältnis zu erreichen, ist ein Mindeststrahlstrom notwendig, der dann häufig die Kleinheit der Sonde begrenzt (Abb. 8.3b).

Wir erkennen die dramatischen Unterschiede zwischen den Kathodenarten. Angenommen, zur STEM-Abbildung ist ein Strahlstrom von 10 pA erforderlich, dann ist mit einer Schottky[2]-Feldemissionskathode ein Sondendurchmesser von etwa 0,1 nm möglich, bei einer LaB$_6$-Kathode sind es ca. 1 nm und bei einer einfachen Wolfram-Haarnadelkathode 10 nm. Für analytische Messungen sind höhere Strahlströme nötig. 0,5 nA werden bei der Schottky-Feldemissionskathode bei einem Sondendurchmesser von 0,5 nm erreicht, bei der LaB$_6$-Kathode sind es 4,7 nm und bei der

---

[2]Walter Schottky, deutscher Physiker, 1886–1976.

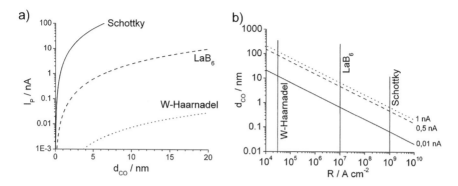

Abb. 8.3 Auswirkungen des Richtstrahlwertes auf Strahlstrom und minimalen Sondendurchmesser im STEM-Modus, berechnet für $\alpha = 10$ mrad. a) Strahlstrom und Sondendurchmesser für drei Ri chtstrahlwerte, die typisch für die angegebenen Kathoden sind. b) Richtstrahlwert und Sondendurchmesser für drei verschiedene Sondenströme

Wolfram-Haarnadelkathode 86 nm. Analytik im Bereich weniger Nanometer („echter Nanometerbereich") ist nur mit einem Elektronenmikroskop möglich, das mit einer Feldemissionskathode ausgerüstet ist.

Wir weisen darauf hin, dass es hier um kleine Sonden im Nanometerbereich geht. Bei großflächiger Bestrahlung der Probe im Mikrometerbereich, wie es bei moderaten Vergrößerungen im TEM-Betrieb üblich ist, spielt der Richtstrahlwert nur eine untergeordnete Rolle. Dort benötigt man ein helles Bild, d. h. einen hohen Strahlstrom. Der ist am ehesten mit einer LaB_6-Kathode zu erreichen.

So wie das Auflösungsvermögen des Transmissionselektronenmikroskops wird auch die elektronenoptische Verkleinerung durch Abbildungsfehler beeinträchtigt. Wir wollen den Einfluss von Beugungs-, Öffnungs- und Farbfehler sowie Astigmatismus betrachten (vgl. auch Abschn. 2.3).

Für den Durchmesser des Beugungsfehlerscheibchens gilt mit λ als Elektronenwellenlänge unter der Voraussetzung sehr kleiner Aperturen α:

$$d_B = 1{,}22 \cdot \frac{\lambda}{\alpha} \tag{8.4}$$

und für den Durchmesser des Öffnungsfehlerscheibchens bei Fokussierung auf die Gaußsche[3] Bildebene mit C_S als Öffnungsfehlerkonstante:

$$d_S = 2 \cdot C_S \cdot \alpha^3 \quad . \tag{8.5}$$

---

[3]Carl Friedrich Gauß, deutscher Mathematiker und Physiker, 1777–1855.

Die Gaußsche Bildebene ist allerdings nicht die optimale Einstellung für den kleinsten Sondendurchmesser. Wie im → Abschn. 10.7 gezeigt wird, gilt für den Radius in einer anderen Ebene, die Ebene der kleinsten Verwirrung genannt wird:

$$r_S = \frac{1}{4} \cdot C_S \cdot \alpha^3 \, , \text{ d. h. } d_S = \frac{1}{2} \cdot C_S \cdot \alpha^3 \; . \tag{8.6}$$

Analog gilt für den Sondendurchmesser in der Ebene der kleinsten Verwirrung bei Sondenverbreiterung durch den Farbfehler:

$$r_C = \frac{1}{2} \cdot C_C \cdot \left(\frac{\Delta E}{E_0}\right) \cdot \alpha \, , \text{ d. h. } d_C = C_C \cdot \left(\frac{\Delta E}{E_0}\right) \cdot \alpha \tag{8.7}$$

(ΔE: Energiebreite der Elektronen, E_0: Primärelektronenenergie). Für den Astigmatismus gilt

$$r_A = \frac{1}{2} \cdot \Delta f_A \cdot \alpha \, , \text{ d. h. } d_A = \Delta f_A \cdot \alpha \tag{8.8}$$

mit Δf_A als astigmatischer Brennweitendifferenz.

Für die Abschätzung der erreichbaren Sondengröße d addieren wir die Quadrate der Einflussfaktoren. Dabei vernachlässigen wir, dass die Ebenen der kleinsten Verwirrung für die einzelnen Fehler an unterschiedlichen Positionen liegen können:

$$d^2 = d_{\text{co}}^2 + d_B^2 + d_S^2 + d_C^2 + d_A^2 \; . \tag{8.9}$$

Unter Berücksichtigung der Gln. (8.4) bis (8.8) folgt:

$$d^2 = \frac{1}{\alpha^2} \cdot \left(\frac{4 \cdot I_P}{\pi^2 \cdot R} + 1{,}5 \cdot \lambda^2\right) + \frac{C_S^2 \cdot \alpha^6}{4} + \left(C_C^2 \cdot \left(\frac{\Delta E}{E_0}\right)^2 + (\Delta f_A)^2\right) \cdot \alpha^2 \; . \tag{8.10}$$

Ohne Öffnungs-, Farbfehler und Astigmatismus könnte demnach der Sondendurchmesser durch Vergrößerung der Apertur α theoretisch unbegrenzt verkleinert werden. In der Praxis steht dem allerdings die Tatsache entgegen, dass die Linsenfelder und Ablenksysteme nur in Nähe der optischen Achse funktionieren, d. h. aus diesen Gründen eine Begrenzung der Apertur auf 50 mrad …100 mrad notwendig ist.

Mit den drei Fehlern erkennen wir in Gl. (8.10) eine gegensätzliche Abhängigkeit der Einzelterme von der Apertur: Im ersten Term steht α im Nenner, im zweiten und dritten im Zähler. Daraus folgt eine optimale Apertur, bei der der Sondendurchmesser minimal wird (→ Abschn. 10.7):

$$\alpha_{\text{opt}} = \sqrt[4]{\frac{2}{3 \cdot C_S} \left(\sqrt{\left(\frac{K_{CA}}{C_S}\right)^2 + \frac{12 \cdot I_P}{\pi^2 \cdot R} + 4{,}5 \cdot \lambda^2} - \frac{K_{CA}}{C_S}\right)} \tag{8.11}$$

$$\text{mit } K_{CA} = C_C^2 \cdot \left(\frac{\Delta E}{E_0}\right)^2 + (\Delta f_A)^2 \; .$$

Wenn durch hinreichend kleine Energiebreite der Elektronen (Feldemissionskathode, evtl. mit Monochromator) und Korrektur des Astigmatismus der Öffnungsfehler dominiert, vereinfacht sich Gl. (8.11) zu

$$\alpha_{\text{opt}} = \sqrt[8]{\frac{2}{C_S^2} \cdot \left(\frac{8 \cdot I_P}{3 \cdot \pi^2 \cdot R} + \lambda^2 \right)} \qquad (8.12)$$

und der minimale Sondendurchmesser beträgt

$$d = \sqrt[8]{C_S^2 \cdot \left(\frac{16 \cdot I_P}{3 \cdot \pi^2 \cdot R} + 2 \cdot \lambda^2 \right)^3}. \qquad (8.13)$$

In modernen Geräten ist eine Korrektur des Öffnungsfehlers durch Multipole auch im Kondensorsystem möglich (vgl. Abschn. 7.8.2). O. L. Krivanek und Mitarbeiter entwickelten ein Öffnungsfehlerkorrektiv speziell für STEM-Geräte ohne Ruhebild-TEM-Modus [4].

Bei dominierendem Farbfehler und Astigmatismus entfällt der Term mit der sechsten Potenz der Apertur in (8.10). Die optimale Apertur ist in diesem Fall:

$$\alpha_{\text{opt}} = \sqrt[4]{\frac{1}{K_{CA}} \cdot \left(\frac{4 \cdot I_P}{\pi^2 \cdot R} + 1,5 \cdot \lambda^2 \right)} \qquad (8.14)$$

und der minimale Sondendurchmesser

$$d = \sqrt[4]{4 \cdot K_{CA} \cdot \left(\frac{4 \cdot I_P}{\pi^2 \cdot R} + 1,5 \cdot \lambda^2 \right)}. \qquad (8.15)$$

In Abb. 8.4 sind diese Zusammenhänge an einem Beispiel veranschaulicht. Da Nanoanalytik nur mit einer Feldemissionskathode möglich ist, beschränken wir uns dabei auf die Schottky-Kathode. Wir erkennen den Vorteil der Öffnungsfehlerkorrektur auch für die Analytik: Bei einem angenommenen Mindeststrahlstrom von 0,5 nA beträgt bei einer Öffnungsfehlerkonstanten von 1,6 mm der minimale Sondendurchmesser 0,76 nm, mit Öffnungsfehlerkorrektur (hier: $C_S = 10\,\mu$m) hingegen 0,23 nm.

Die Verkleinerung des cross over wird durch die Stärke des Kondensors 1 bestimmt („Spot Size"). Dessen Wahl richtet sich zunächst nach der Größe der abzubildenden Strukturen. Will man atomare Auflösung erreichen, so muss die Elektronensonde kleiner sein als die Atomabstände (vorausgesetzt, die Abbildungsfehler lassen dies überhaupt zu). Wir wissen inzwischen, dass mit kleiner werdender Sonde der Strahlstrom sinkt, sich damit also das Signal-Rausch-Verhältnis verschlechtert.

Die Wahl der Spot-Größe ist die Suche nach einem guten Kompromiss zwischen der Kleinheit der Elektronensonde und einem ausreichenden Signal-Rausch-Verhältnis.

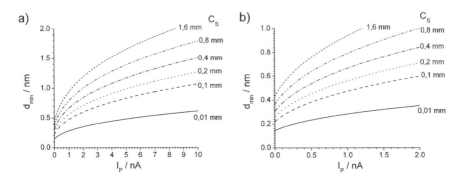

Abb. 8.4 Zusammenhang zwischen minimalem Sondendurchmesser d_{min} und Strahlstrom I_P bei verschiedenen Öffnungsfehlerkonstanten C_S. Parameter: $E_0 = 300\,\mathrm{keV}$, $\Delta E = 0{,}7\,\mathrm{eV}$, $C_C = 1{,}5\,\mathrm{mm}$, $R = 109\,\mathrm{A/cm^2}$, $\Delta f_A = 0$. a) Überblick. b) Für hochauflösende Abbildung und Nanoanalytik interessanter Ausschnitt

Selbstverständlich kann man das Signal-Rausch-Verhältnis auch durch Verlängerung der Messzeit, d. h. durch eine längere Verweilzeit der Elektronensonde auf einem Rasterpunkt, verbessern. Damit dauert der gesamte Bildaufbau länger. Bei Nanostrukturen kann dies wegen der Probendrift zum Problem werden, folglich müssen wir bei unserem Kompromiss auch noch die Stabilität der Probe berücksichtigen. Hilfreich ist die Erhöhung des Richtstrahlwertes. Unter Beibehaltung des Schottky-Prinzips ist es üblich, die bei der Kathodenherstellung auftretende Exemplarstreuung zu nutzen und besonders geeignete Kathoden für den Einsatz in STEM-Geräten auszuwählen. Natürlich hat das seinen Preis.

8.3   Schärfe und Vergrößerung des STEM-Bildes

Ziel des Scharfstellens im STEM-Betrieb ist es, die Elektronensonde durch geeignete Einstellung der Brennweiten von Kondensorlinsen und Objektiv-Vorfeld so klein wie möglich zu machen, d. h. den cross-over in die Probenebene abzubilden. Im Allgemeinen ist die Güte dieser Einstellung an der Schärfe des Rasterbildes zu erkennen.

Die Bildvergrößerung ist gleich dem Verhältnis aus der Größe des Rasterfeldes auf dem Monitor und derjenigen des Rasterfeldes auf der Probe. Eine Vergrößerungsänderung erfordert lediglich eine andere Ablenkamplitude der Elektronensonde auf der Probe, die elektronenoptische Verkleinerung der Sonde bleibt dieselbe. Es empfiehlt sich deshalb, bei möglichst hohen Vergrößerungen scharf zu stellen. Doch Vorsicht: Erinnern wir uns an die förderliche Vergrößerung (s. Abschn. 1.4). Bei einer (mit Spot Size eingestellten) Sondengröße von 1 nm beträgt die förderliche Vergrößerung ca. 100.000. Bei höheren Vergrößerungen ist es ohne Verkleinerung der Sonde unmöglich, ein wirklich scharfes Bild zu erhalten!

Zur Korrektur des Astigmatismus wird die Brennweite des Objektiv-Vorfeldes periodisch verändert. Astigmatismus äußert sich dabei als Vorzugsrichtung im Bild, die bei der periodischen Änderung um 90° (zweizähliger Astigmatismus) umklappt.

Bei kohärenter Beleuchtung, d. h. im Falle einer Feldemissionskathode, gibt es noch ein anderes Kriterium zur Beurteilung der Güte der Scharfstellung: das Ronchigramm[4] Dieses ist das vergrößerte Beugungsscheibchen nullter Ordnung bei konvergenter Beleuchtung. Wenn die Elektronensonde eine amorphe Probenstelle durchstrahlt, ähnelt dieses Ronchigramm dem Powerspektrum eines hochvergrößerten TEM-Bildes von einer amorphen Folie. Bei exakter Scharfstellung erreichen die im Ronchigramm sichtbaren Ringe ihren maximalen Durchmesser, bei astigmatischer Abbildung sind sie elliptisch verzerrt.

Schließlich müssen wir noch beachten, dass das Auflösungsvermögen eines digitalen Bildes durch die Zahl der Pixel, d. h. durch die Zahl der Rasterpunkte im abgebildeten Bereich, bestimmt wird. Die optimale Pixelzahl ist erreicht, wenn die Schrittweite der Elektronensonde auf der Probe gleich ihrem Durchmesser ist.

8.4   Kontrast im rastertransmissionselektronenmikroskopischen Bild

Grundlage für den Bildkontrast ist wie bei der transmissionselektronenmikroskopischen Abbildung die Wechselwirkung der Strahlelektronen mit der Probe. Anders als beim konventionellen Rasterelektronenmikroskop ist unsere Probe elektronentransparent. Wir hatten bereits früher (s. Abschn. 6.1) die mittlere freie Weglänge Λ_{el} für die elastische Streuung als statistische Größe eingeführt, die das Streuvermögen eines Materials mit der Dichte ρ und der Ordnungszahl Z bei einer Primärelektronenenergie E_0 in Abhängigkeit vom Streuwinkel α kennzeichnet. Bei kleinen Streuwinkeln $\alpha \ll 1$ ist $\tan \frac{\alpha}{2} \approx \frac{\alpha}{2}$ und es gilt:

$$\Lambda_{el} = \frac{16 \cdot \pi \cdot \varepsilon_0^2}{e^4} \cdot \frac{E_0^2 \cdot \alpha^2}{Z^2 \cdot N_A \cdot \rho} \tag{8.16}$$

(ε_0: Influenzkonstante, e: Elementarladung, N_A: Avogadro[5]-Konstante).

In Abb. 8.5 sind die Ergebnisse von Monte-Carlo-Simulationen nach einem Modell von D. C. Joy [5] dargestellt, die das unterschiedliche Streuvermögen von Kohlenstoff (Abb. 8.5a) und Gold (Abb. 8.5b) demonstrieren.

Die Konsequenz für die rastertransmissionselektronenmikroskopische Abbildung ist in Abb. 8.5c dargestellt: Der linke Teil der Probe besteht aus Material geringer Ordnungszahl, beispielsweise aus Kohlenstoff. Die Streuung ist gering, der Elektronenstrahl wird nur wenig aufgeweitet. Im Zentrum der bildseitigen Brennebene des Objektiv-Nachfeldes entsteht ein kleines Intensitätsscheibchen, welches durch

---

[4]Vasco Ronchi, italienischer Physiker (Optik), 1897–1988.
[5]Amedeo Avogadro, italienischer Mathematiker und Physiker, 1776–1856.

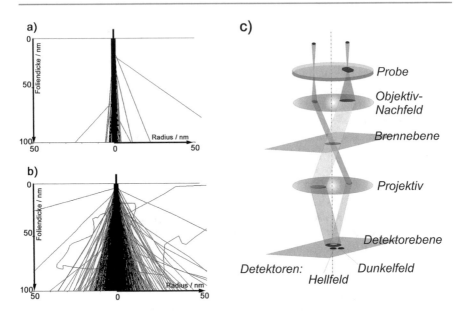

Abb. 8.5 Kontrast im STEM-Bild. a) Streuung von 200 keV-Elektronen in einer 100 nm dicken C-Folie. b) Dasselbe, aber in Au-Folie im gleichen Abszissen- und Ordinatenmaßstab. c) Schematische Darstellung des Strahlengangs unterhalb der Probe

die Projektivlinsen in das Zentrum der Endbildebene abgebildet wird. Dort befindet sich ein elektronenempfindlicher (Hellfeld)-Detektor, dessen Eintrittsblende etwa die Größe des Intensitätsscheibchens hat. Er nimmt die gesamte Intensität des wenig gestreuten Elektronenstrahls auf und erzeugt auf dem Monitor helle Bildpunkte. Die Größe des „Hellfeldscheibchens" wird durch den Durchmesser der Kondensor-2-Blende bestimmt. Diese Blende muss auf die Größe der Detektoreintrittsöffnung abgestimmt sein. Daneben ist ein gleichartiger (Dunkelfeld-)Detektor angeordnet, der in diesem Fall nur ein geringes Helligkeitssignal empfängt. Im rechten Teil der Probe befindet sich ein Material hoher Ordnungszahl, beispielsweise Gold. Es streut mehr, der Elektronenstrahl wird deutlich stärker aufgeweitet. Im Zentrum der bildseitigen Brennebene entsteht ein größeres Intensitätsscheibchen, welches wiederum in die Endbildebene abgebildet wird. Der Hellfelddetektor erfasst nun allerdings nur einen Teil der Intensität, die Bildpunkte von diesem Probenbereich sind dunkler als vom wenig streuenden Teil der Probe. Demgegenüber erreicht das größere Intensitätsscheibchen auch den Dunkelfelddetektor, er liefert ein höheres Signal als vorher.

Wir wollen diesen Sachverhalt quantitativ untermauern. Gemäß der Definition der mittleren freien Weglänge Λ_{el} für die elastische Streuung (vgl. Gl. (6.4)) gilt für das Verhältnis der in einen Winkel kleiner als α_G abgelenkten Elektronen bei einer Probendicke t und zwei verschiedenen Materialien 1 und 2:

$$\frac{N_{E1}}{N_{E2}} = \frac{\exp\left(-t/\Lambda_{el,1}\right)}{\exp\left(-t/\Lambda_{el,2}\right)} = \exp\left(t \cdot \left(\frac{1}{\Lambda_{el,2}} - \frac{1}{\Lambda_{el,1}}\right)\right) \qquad (8.17)$$

und unter Berücksichtigung von Gl. (8.16):

$$\frac{N_{E1}}{N_{E2}} = \exp\left(\frac{t \cdot e^4}{16 \cdot \pi \cdot \varepsilon_0^2 \cdot E_0^2 \cdot \alpha_G^2} \cdot \left(Z_2^2 \cdot N_{A2} \cdot \rho_2 - Z_1^2 \cdot N_{A1} \cdot \rho_1\right)\right) . \quad (8.18)$$

Daraus folgt die zugeschnittene Größengleichung

$$\frac{N_{E1}}{N_{E2}} = \exp\left(0{,}00392 \cdot \frac{t/\text{nm}}{\alpha_G^2 \cdot (E_0/\text{keV})^2} \cdot \Delta K_{\text{Mat}12}\right)$$

$$\text{mit} \quad \Delta K_{\text{Mat}12} = Z_2^2 \cdot \frac{\rho_2/(\text{g} \cdot \text{cm}^{-3})}{M_{r2}} - Z_1^2 \cdot \frac{\rho_1/(\text{g} \cdot \text{cm}^{-3})}{M_{r1}} . \quad (8.19)$$

Das Verhältnis hängt demnach von folgenden Parametern ab: Probendicke t, Akzeptanzwinkel α_G sowie Materialeigenschaften, die durch die Ordnungszahl Z, die Dichte ρ und das Atom- bzw. Molekulargewicht M_r repräsentiert sind.

Für unseren bereits diskutierten Fall Kohlenstoff (Material 1) und Gold (Material 2) ist das Ergebnis in Abb. 8.6a dargestellt. Es demonstriert die Benutzung des Hellfelddetektors. Das Verhältnis der Zahl der an Kohlenstoff zu derjenigen der an Gold gestreuten Elektronen steigt mit kleiner werdendem Akzeptanzwinkel α_G an, d. h. der Kontrast wird umso besser, je kleiner die Detektoreintrittsblende ist. Gleichzeitig sinkt allerdings auch die Intensität, so dass der Verkleinerung dieser Blende Grenzen gesetzt sind. In der Praxis liegt der Akzeptanzwinkel des Hellfelddetektors bei 5 mrad ... 10 mrad.

Für die Dunkelfeldabbildung werden die stärker gestreuten Elektronen als Helligkeitssignal genutzt. Für das Verhältnis der in Material 1 bzw. 2 gestreuten Elektronen mit einem Streuwinkel größer als α_G gilt

$$\frac{N_{E1}}{N_{E2}} = \frac{1 - \exp(-t/\Lambda_{\text{el},1})}{1 - \exp(-t/\Lambda_{\text{el},2})} . \quad (8.20)$$

In diesem Fall steigt der Kontrast mit wachsendem Winkel (s. Abb. 8.6b).

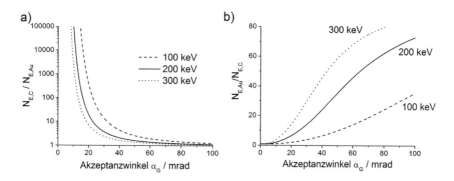

Abb. 8.6 Verhältnis der Elektronenzahlen innerhalb a) und außerhalb b) eines Streuwinkels α_G bei Streuung in Kohlenstoff und Gold. Parameter: Probendicke $t = 100$ nm, Kohlenstoff: $Z = 6$, $M_r = 12$, $\rho = 2{,}26$ g/cm^3; Gold: $Z = 79$, $M_r = 197$, $\rho = 19{,}3$ g/cm^3

8.5   Spezialfall: Weitwinkel-Dunkelfeld-Ringdetektor

Der bisher beschriebene Dunkelfelddetektor hat einen gravierenden Nachteil: Er erfasst nur einen kleinen azimutalen Anteil der stark gestreuten Elektronen. Besser ist ein ringförmiger Detektor, der in der Regel oberhalb des Beobachtungsleuchtschirms angebracht ist. Da STEM-Hellfelddetektor und EEL-Spektrometereintrittsöffnung in der Regel miteinander konkurrieren und deshalb nicht gleichzeitig benutzt werden können, ermöglicht die Position oberhalb beider die simultane Registrierung von STEM-Dunkelfeldsignal und EEL-Spektrum. Die englische Bezeichnung für diesen Detektor lautet: „High Angle Annular Darkfield Detector". Daraus leitet sich die übliche Bezeichnung *HAADF-Detektor* ab. Mit diesem können auch stark gestreute Elektronen mit guter Effizienz nachgewiesen werden. Deren Streuwinkelbereich wird durch die Kameralänge L (vgl. Abschn. 5.3, Abb. 5.8) beeinflusst (s. Abb. 8.7). Wir ersehen daraus, dass mit dem Ringdetektor Winkel von über 200 mrad erfasst werden können, was für den Kontrast im STEM-Dunkelfeldbild vorteilhaft ist. Durch geeignete Abstimmung von Kameralänge und Bestrahlungsapertur (Kondensor-2-Blende) ist das Intensitätsscheibchen der nicht gestreuten Elektronen so klein zu halten, dass es den Ringdetektor nicht erreicht.

Abb. 8.8b zeigt ein Beispiel für ein STEM-Bild, welches mit einem HAADF-Detektor erhalten wurde und einzelne Atomsäulen erkennen lässt. Die Gegenüberstellung mit dem im konventionellen *Ruhebild-Modus* aufgenommenen Bild (Abb. 8.8a) demonstriert die Vorteile der STEM-Abbildung: Die gute Übereinstimmung mit der eingesetzten Elementarzelle zeigt, dass die Atomsäulen eindeutig als helle Punkte zu lokalisieren sind. Die Kontrastabhängigkeit von der Probendicke und vom Fokus ist drastisch reduziert, d. h. die Bildinterpretation ist einfacher.

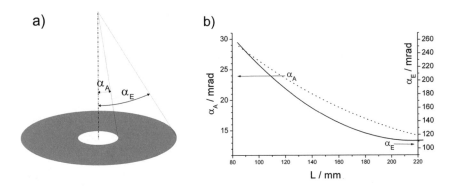

Abb. 8.7 Weitwinkel-Dunkelfeld-Ringdetektor. a) Schema mit Winkelbezeichnungen. b) Beispiel für die Abhängigkeit des vom Detektor erfassten Winkelbereichs von der Kameralänge

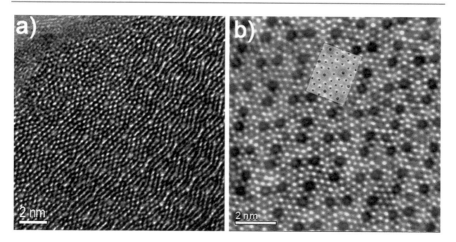

Abb. 8.8 Elektronenmikroskopische Abbildung von Cs(Nb,W)5O14 in [001]-Richtung. a) Hochauflösungsbild, aufgenommen im „normalen Ruhebild-Modus", d. h. konventionelle TEM-Abbildung. b) STEM-HAADF-Bild mit eingesetzter Elementarzelle (in der Elementarzelle sind die Atompositionen als dunkle Punkte gekennzeichnet)

Biografische Angaben in den Fußnoten aus https://www.wikipedia.de

Literatur

1. von Ardenne, M.: Das Elektronen-Rastermikroskop. Theoretische Grundlagen, Zeitschrift für Physik **109**(9–10), 553–572 (1938)
2. Crewe, A.V., Wall, J., Welter, L.M.: A High-Resolution Scanning Transmission Electron Microscope. J. Appl. Phys. **39**(13), 5861–5868 (1968)
3. Pennycook, S.J.: Seeing the atoms more clearly: STEM imaging from the Crewe era to today. Ultramicroscopy **123**, 28–37 (2012)
4. Krivanek, O.L., Dellby, N., Lupimi, A.R.: Towards sub-Å electron beams. Ultramicroscopy **78**, 1–11 (1999)
5. Joy, D.C.: Monte Carlo Modeling for Electron Microscopy and Microanalysis. Oxford University Press, New York, Oxford (1995)

Wir nutzen die analytischen Möglichkeiten

9

ZIEL

Bei allen bisher beschriebenen Abbildungsvarianten und Kontrastphänomenen wurde im Transmissionselektronenmikroskop die elastische Streuung der Elektronen im Festkörper, d. h. die Wechselwirkung ohne Energieverlust, ausgenutzt. Inelastische Streuprozesse, d. h. solche, bei denen die Strahlelektronen Energie verlieren, waren unerwünscht. Sie führen zu Änderungen der Elektronenwellenlänge und damit zu Auflösungsverlust durch chromatische Aberration und zu stärkerem Untergrund in den Beugungsbildern. Andererseits sind inelastische Wechselwirkungen häufig elementspezifisch, d. h. ihre Ergebnisse hängen davon ab, welchem Element das wechselwirkende Atom angehört. Damit wird eine chemische Analyse im Nanometerbereich möglich. Wir werden den inelastischen Streuprozess erläutern, die zu dessen praktischer Nutzung erforderlichen Spektrometer und Verfahren beschreiben und schließlich einige Beispiele anführen.

9.1 Analytische Signale als Folge inelastischer Wechselwirkung

Bisher haben wir lediglich die Coulombsche[1] Wechselwirkung zwischen den Atomkernen der Probe und den Strahlelektronen berücksichtigt, wobei kein Energieübertrag vom Strahlelektron an das Atom stattfindet (elastische Streuung). Um zu verstehen, welche Möglichkeiten des Energieübertrags an die Elektronenhülle bestehen (inelastische Streuung), benötigen wir ein Modell, welches die Eigenschaften der Elektronenhülle erfasst. Für das Strahlelektron ist die Konsequenz klar: Es verliert Energie. Die Elektronenhülle verändert ihren energetischen Zustand und emittiert u. a. Röntgenstrahlung. Elektronenenergie-Verluste und die Energie der charakteristischen Röntgenstrahlung werden im analytischen Transmissionselektronenmikroskop gemessen und zur chemischen Analyse ausgenutzt. Deshalb beschränken

---

[1]Charles Augustin de Coulomb, französischer Physiker, 1736–1806

© Der/die Autor(en), exklusiv lizenziert an Springer-Verlag GmbH, DE, ein Teil von Springer Nature 2023
J. Thomas und T. Gemming, *Analytische Transmissionselektronenmikroskopie*,
https://doi.org/10.1007/978-3-662-66723-1_9

wir uns auf diese beiden Sachverhalte. Zur plausiblen Erklärung legen wir unterschiedliche Atommodelle zugrunde. Für die Röntgenemission genügt das Rutherford[2]-Bohrsche[3] Modell. Für die Erörterung der Energieverluste müssen wir dieses Modell um bindungsspezifische Details erweitern.

9.1.1 Emission von Röntgenstrahlung

Aus der Elektrodynamik (Maxwellsche[4] Gleichungen) wissen wir, dass beschleunigte elektrische Ladungen veränderliche Magnetfelder erzeugen und diese wiederum veränderliche elektrische Felder verursachen. Diese periodisch wechselnden Felder sind bekannt als elektromagnetische Wellen, welche bei der Beschleunigung von Elektronen entstehen. Wir erinnern uns an die Bewegung von Elektronen im Coulombschen Kraftfeld eines Atomkerns (→ Abschn. 10.5.4): Die Elektronen werden abgelenkt, d. h. ihre Geschwindigkeitsrichtung ändert sich. Jede Geschwindigkeitsänderung erfordert eine Beschleunigung; auch diese Richtungsänderung, so dass die Ablenkung der Elektronen mit der Emission von elektromagnetischer Strahlung verbunden ist. Diese Strahlung breitet sich mit Lichtgeschwindigkeit c aus, ihre Energie E bestimmt die Wellenlänge λ (→ Abschn. 10.1):

$$E = h \cdot \frac{\omega}{2 \cdot \pi} = h \cdot \frac{c}{\lambda} \qquad (9.1)$$

(h: Plancksches[5] Wirkungsquantum).

Liegt die Wellenlänge zwischen 0,05 nm und 10 nm, wird die elektromagnetische Strahlung als Röntgenstrahlung[6] (bzw. -welle) bezeichnet.

Die darin enthaltene Energie wird dem abgelenkten Elektron entzogen, d. h. das Elektron wird abgebremst. Man spricht deshalb von *Bremsstrahlung*.

Die Wellenlängen dieser Bremsstrahlung bilden ein Kontinuum, ihre Energie kann allerdings höchstens gleich der Primärenergie E_0 der Strahlelektronen sein. Wegen der umgekehrten Proportionalität von Energie und Wellenlänge gibt es demzufolge eine untere, kurzwellige Grenze λ_{min} dieser Bremsstrahlung:

$$\lambda_{min} = \frac{h \cdot c}{E_0} . \qquad (9.2)$$

---

[2]Ernest Rutherford, neuseeländisch/englischer Physiker, 1871–1937, Nobelpreis für Chemie 1908
[3]Niels Bohr, dänischer Physiker, 1885–1962, Nobelpreis für Physik 1922
[4]James Clerk Maxwell, schottischer Physiker, 1831–1879
[5]Max Planck, deutscher Physiker, 1858–1947, Nobelpreis für Physik 1918, gilt als Begründer der Quantenphysik
[6]Wilhelm Conrad Röntgen, deutscher Physiker, 1845–1923, Nobelpreis für Physik 1901 (erster Physik-Nobelpreis)

Abb. 9.1 Bremsstrahlungsuntergrund nach Formel
(9.3). a) Anstieg mit
wachsender Primärenergie.
b) Anstieg mit wachsender
Ordnungszahl

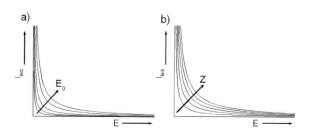

Die Wahrscheinlichkeit für die Entstehung der Bremsstrahlung *(Streuquerschnitt)* ist energieabhängig. Ihre Intensität wird näherungsweise durch die Kramerssche[7] Formel [1]

$$I_{\text{BrS}}(E) = C(I_P, t) \cdot Z \cdot \left(\frac{E_0}{E} - 1\right) \tag{9.3}$$

beschrieben (*C:* Parameter, der u. a. den Primärelektronenstrom I_P und die Proben-dicke *t* berücksichtigt, *Z:* Ordnungszahl). Wir sehen, dass die Intensität der Brems-strahlung mit der Ordnungszahl zunimmt und mit wachsender Energie hyperbolisch abnimmt (s. Abb. 9.1). Bei der Messung kommt der Wirkungsgrad (Effizienz) des Detektors hinzu, der ebenfalls energieabhängig ist und bei kleinen Röntgenenergien sinkt.

Die Bremsstrahlung liefert keine elementspezifischen Signale, sie beeinflusst aber den Untergrund im Röntgenspektrum (d. i. die Intensität der Röntgenstrahlung in Abhängigkeit von ihrer Energie bzw. Wellenlänge) und kann die quantitative Aus-wertung der Spektren vor allem im niederenergetischen Bereich erschweren.

Die inelastische Wechselwirkung zwischen Strahlelektronen und den Atomen der Probe kann allerdings noch eine andere Konsequenz haben: Veränderungen in der Elektronenhülle des Atoms. Zu deren Verständnis müssen wir uns etwas genauer mit dieser Hülle befassen und benutzen dazu das Rutherford-Bohrsche Modell. Aus-gangspunkt ist die Vorstellung, dass die (einfach) negativ geladenen Elektronen den positiv geladenen Kern umkreisen, wobei die Zahl der Elektronen mit der Zahl der (einfach) positiv geladenen Protonen im Kern übereinstimmt und der Ordnungszahl im Periodensystem der Elemente entspricht. Insgesamt ist das Atom elektrisch neu-tral. Die Coulomb-Kraft wirkt als Radialkraft und hält die Elektronen auf ihrer Bahn. Diese Vorstellung ist mit zwei Problemen verbunden:

1. Wieso treibt die Coulomb-Kraft die positiv geladenen Protonen im Kern nicht auseinander?
2. Eingangs hatten wir darauf hingewiesen, dass beschleunigte Ladungsträger elek-tromagnetische Strahlung aussenden. Elektronen auf einer Kreisbahn sind aber beschleunigte Ladungsträger. Sie müssten demzufolge abgebremst werden und schließlich in den Kern stürzen.

---

[7]Hendrik Anthony Kramers, niederländischer Physiker, 1894 – 1952

Das erste Problem wird mit der Vorstellung gelöst, dass die Protonen nicht nur die positive Ladung mitbringen, sondern auch *Gluonen,* d. h. eine Art Kitt, der die Protonen zusammenhält. Mit wachsender Ordnungszahl wächst die elektrische Abstoßungskraft, es werden mehr Gluonen benötigt als die Protonen allein liefern können. Dieses Dilemma wird beseitigt, indem zusätzliche Teilchen ohne Ladung aber mit Gluonen, die Neutronen, in den Kern eingebaut werden.

Zur Lösung des zweiten Problems erinnern wir uns an den Wellencharakter der Elektronen. Wir nehmen an, dass sich das Elektron auf einer Kreisbahn um den Kern bewegt. Wegen seines Wellencharakters muss der Umfang der Kreisbahn ein ganzzahliges Vielfaches der Wellenlänge λ des Elektrons betragen, andernfalls löscht sich die Welle und damit das Elektron durch Interferenz selbst aus:

$$2 \cdot \pi \cdot r = n \cdot \lambda \qquad (9.4)$$

(r: Bahnradius, n: ganze Zahl). Die Radialkraft ist gleich der Coulomb-Kraft (v: Geschwindigkeit, m_0: Elektronenmasse, e: Elementarladung, ε_0: Influenzkonstante, Z: Ordnungszahl):

$$m_0 \cdot \frac{v^2}{r} = \frac{1}{4 \cdot \pi \cdot \varepsilon_0} \cdot \frac{Z \cdot e^2}{r^2} \cdot \qquad (9.5)$$

Mit

$$E = \frac{m_0}{2} \cdot v^2 \qquad (9.6)$$

als (kinetische) Elektronenenergie folgt daraus

$$E = \frac{1}{8 \cdot \pi \cdot \varepsilon_0} \cdot \frac{Z \cdot e^2}{r} \qquad (9.7)$$

und mit Berücksichtigung der de Broglie[8]-Formel (1.10) in nichtrelativistischer Näherung

$$\lambda = \frac{h}{\sqrt{2 \cdot m_0 \cdot E}} \qquad (9.8)$$

(h: Plancksches Wirkungsquantum) sowie von Gl. (9.4):

$$E_n = \frac{1}{n^2} \cdot \frac{m_0}{8} \cdot \left(\frac{Z \cdot e^2}{\varepsilon_0 \cdot h} \right)^2 \cdot \qquad (9.9)$$

Da n eine ganze Zahl ist, sind die durch Gl. (9.9) vorgegebenen Energiewerte (bzw. -niveaus) diskret. Den Index *n* bei E ergänzen wir, um auf diesen Umstand hinzuweisen.

Um Missverständnissen vorzubeugen möchten wir betonen, dass es sich bei E_n um die kinetische Energie des Elektrons handelt. Diese ist umso größer je kleiner der

---

[8]Louis de Broglie, französischer Physiker, 1892–1987, Nobelpreis für Physik 1929

Bahnradius ist. Für die potentielle Energie (das *Potential*) gilt im elektrostatischen Kraftfeld:

$$W_P(r) = -\frac{Z \cdot e^2}{4 \cdot \pi \cdot \varepsilon_0} \cdot \int\limits_{r_e}^{\infty} \frac{dr}{r^2} = -\frac{Z \cdot e^2}{8 \cdot \pi \cdot \varepsilon_0} \cdot \frac{1}{r_e}, \qquad (9.10)$$

d. h. wegen des negativen Vorzeichens wird sie mit sinkendem Radius r_e kleiner. Die später folgende Erörterung einzelner Energiezustände bzw. Energieniveaus bezieht sich auf die potentielle Energie.

Der Wellencharakter des Elektrons hat eine weitere Konsequenz: Zwei identische Elektronen, d. h. zwei Elektronen mit exakt gleicher Wellenfunktion würden miteinander interferieren, d. h. sich gegenseitig beeinflussen. Es gibt Möglichkeiten, sich ungleiche, aber sehr ähnliche Bahnen (und damit Wellenfunktionen) vorzustellen: Die Bahnen können elliptisch sein, sie können in verschiedenen Richtungen durchlaufen werden und zusätzlich können sich die Elektronen selbst links- oder rechtsherum drehen *(Spin)*. Ähnliche Energieniveaus werden zu Schalen zusammengefasst. Die verschiedenen Möglichkeiten werden durch vier Quantenzahlen beschrieben:

Die Hauptquantenzahl n kennzeichnet den Bahnradius (bzw. die große Halbachse einer elliptischen Bahn) und damit die Schale (n = 1: K-Schale, n = 2: L-Schale, n = 3: M-Schale usw.); die Nebenquantenzahl l kennzeichnet den Bahndrehimpuls (l = 0, ... , n-1; l = 0: s-Elektronen, l = 1: p-Elektronen, l = 2: d-Elektronen, l = 3: f-Elektronen usw.), die magnetische Quantenzahl m die z-Komponente des Drehimpulses ($m = -l ... + l$) und die Spinquantenzahl s den Eigendrehimpuls des Elektrons ($s = \pm 1/2$).

Die Elektronen müssen sich in mindestens einer dieser Quantenzahlen unterscheiden (Pauli[9]-Prinzip).

Daraus folgt für die Maximalzahl N_n an Elektronen, die eine Schale aufnehmen kann (vgl. auch Tab. 9.1):

$$N_n = 2 \cdot n^2 \qquad (9.11)$$

Die Gesamtdrehimpuls-Quantenzahl ist j = l + s. Strahlungsübergänge sind quantenmechanisch nur erlaubt, wenn $\Delta l = \pm 1$ und $\Delta j = 0, \pm 1$ gilt. Die möglichen Elektronenenergiezustände für die inneren drei Schalen und die zwischen ihnen erlaubten Strahlungsübergänge sind schematisch in Abb. 9.2 dargestellt. Wegen des Pauli-Prinzips sind solche mit der Emission von elektromagnetischer Strahlung verbundenen Übergänge nur möglich, wenn vorher ein Energieniveau auf einer unteren Schale frei geworden ist. Hier kommen wir zur inelastischen Wechselwirkung der

---

[9]Wolfgang Pauli, österreichischer Physiker, 1900–1958, Nobelpreis für Physik 1945

Tab. 9.1 Quantenzahlen für die Besetzung der K- und L-Schale

Bezeichnung der Schale	n	l	Bezeichnung des Elektrons	m	s
K-Schale	1	0	1s	0	+1/2
(2 Elektronen)	1	0	1s	0	−1/2
L-Schale	2	0	2s	0	+1/2
(8-Elektronen)	2	0	2s	0	−1/2
	2	1	2p	−1	+1/2
	2	1	2p	−1	−1/2
	2	1	2p	0	+1/2
	2	1	2p	0	−1/2
	2	1	2p	1	+1/2
	2	1	2p	1	−1/2

Abb. 9.2 Energieniveaus (Termschema) für die ersten drei Schalen K, L und M mit möglichen Strahlungsübergängen

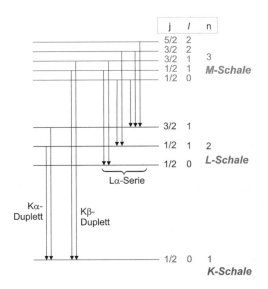

Strahlelektronen mit dem Atom zurück: Das Strahlelektron kann durch entsprechenden Energieübertrag dafür sorgen, dass ein solches *inneres Energieniveau* frei wird, es kann eine innere Schale ionisieren.

Wir nehmen an, dass ein Platz auf der K-Schale (n = 1) frei wird und dieser beim anschließenden Strahlungsübergang mit einem Elektron aus der L-Schale (n = 2) aufgefüllt wird, vernachlässigen die Unterschiede der Energieniveaus innerhalb einer Schale und benutzen Formel (9.9), um die damit verbundene Energiedifferenz abzuschätzen:

$$\Delta E_{n1,n2} = \frac{m_0}{8} \cdot \left(\frac{Z \cdot e^2}{\varepsilon_0 \cdot h} \right)^2 \cdot \left(\frac{1}{n_1^2} - \frac{1}{n_2^2} \right) \tag{9.12}$$

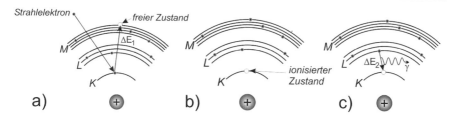

Abb. 9.3 Ablauf der Emission von charakteristischer Röntgenstrahlung. a) Das Strahlelektron (Primärelektron) ionisiert die K-Schale. Das vorher dort befindliche Elektron wird mindestens auf den ersten freien Zustand gehoben (Energiedifferenz ΔE_1). b) Die K-Schale ist ionisiert, d. h. ein Zustand ist frei. c) Ein Elektron der L-Schale füllt den ionisierten Zustand auf (Strahlungsübergang mit Energiedifferenz ΔE_2)

Für Chrom (Z = 24) folgt daraus beispielsweise eine Energiedifferenz von $9,413 \cdot 10^{-16}$ Nm bzw. 5876 eV. Nach Gl. (9.2) entspricht das einer Wellenlänge von 0,211 nm, d. h. die emittierte Strahlung ist Röntgenstrahlung. Da die Differenzen der Energieniveaus elementabhängig sind, ist auch die Energie der auf diese Weise entstehenden Röntgenstrahlung elementabhängig. Sie heißt deshalb im Unterschied zur Bremsstrahlung *charakteristische Röntgenstrahlung*.

9.1.2 Energieverluste der Elektronen

Nachdem wir die charakteristische Röntgenemission als Resultat der Veränderungen in der Elektronenhülle infolge der Wechselwirkung von Primärelektronen mit den Atomen der Probe erläutert haben, wollen wir uns nun der Veränderung der Energie der Primärelektronen als Folge dieses Prozesses widmen. Auf den ersten Blick erscheint dies simpel; die auf die Röntgenquanten übertragene Energie wird dem Strahlelektron entzogen. Für die Bremsstrahlung trifft dies tatsächlich zu. Bei der Emission von charakteristischer Röntgenstrahlung ist diese Aussage allerdings falsch. In Wirklichkeit wird hierbei nur ein Teil des Elektronenenergie-Verlustes auf die Röntgenquanten übertragen (vgl. Abb. 9.3).

Dem Primärelektron werde eine Energie ΔE_1 entzogen. Diese Energie wird benutzt, um die K-Schale zu ionisieren, d. h. ein Elektron von der K-Schale auf den ersten freien oder einen höheren Energiezustand zu befördern oder auch vollkommen aus dem Kraftfeld des Atoms zu entfernen und eine zusätzliche kinetische Energie zu erteilen. Das emittierte Röntgenquant hat demgegenüber nur die Energie ΔE_2, was der Differenz eines bereits besetzten Zustandes und der Energie der K-Schale entspricht. Sie ist kleiner als ΔE_1. Beispielsweise ist für die Ionisation der K-Schale von Sauerstoff mindestens eine Energie von 532 eV notwendig, die O-K-Röntgenlinie hat demgegenüber nur eine Energie von 523 eV.

Die Energieverluste der Strahlelektronen hängen von den Energieniveaus in der Elektronenhülle der Atome ab.

Dafür gibt es weitere als die bis hierher beschriebenen Möglichkeiten. Bisher haben wir immer nur einzelne Atome betrachtet. In unserer Probe sind aber viele Atome enthalten, bei kristallinen Materialien sind sie periodisch und nahe beieinander angeordnet. Dies hat Konsequenzen für die Elektronenhüllen, d. h. wir müssen unser Atommodell ergänzen. In diesem Zusammenhang stellt sich auch die Frage nach den Ursachen der chemischen Bindung. Was kettet die Atome aneinander?

Eigentlich erwarten wir eine Coulombsche Abstoßung, wenn sich die Elektronenhüllen einander annähern, und damit ein Auseinanderdriften der Atome. Dies wird allerdings verhindert, wenn das Überlappen der Elektronenhüllen mit einem Energiegewinn verbunden ist, d. h. wenn die Gesamtenergie des verbundenen Zustandes kleiner ist als die Summe der Einzelenergien im getrennten Zustand. Es ist wie bei einem Schlitten am Rodelhang: Er strebt nach Minimierung seiner potentiellen Energie, die Hangabtriebskraft zieht ihn nach unten und seine potentielle Energie ist im Tal kleiner als auf dem Berg.

Alle Bindungsmöglichkeiten haben dieses Überlappen der Elektronenhüllen gemeinsam. Eine Variante setzt voraus, dass die äußere Schale eines Atoms nur schwach besetzt ist, ein typisches Beispiel ist Natrium mit der Ordnungszahl 11. Seine K-Schale enthält zwei s-Elektronen (Schreibweise: $1s^2$), die L-Schale zwei s-Elektronen und sechs p-Elektronen ($2s^2\ 2p^6$) und die M-Schale ein s-Elektron ($3s^1$ bzw. 3s). Für die Kennzeichnung der gesamten Elektronenkonfiguration ist dafür die Schreibweise $1s^2\ 2s^2\ 2p^6\ 3s$ üblich. Chlor mit der Ordnungszahl 17 hat demgegenüber die Elektronenkonfiguration $1s^2\ 2s^2\ 2p^6\ 3s^2\ 3p^5$. Zur energetisch günstigeren Edelgaskonfiguration fehlt lediglich ein 3p-Elektron. Natrium stiftet dazu sein 3s-Elektron und im Ergebnis entstehen zwei Ionen mit gegensätzlicher Ladung, die sich anziehen *(Ionenbindung)*. Wichtig ist, dass sich dabei die Gesamtenergie vermindert, d. h. es entsteht ein veränderter Energiezustand, der charakteristisch für diese Bindung ist.

Bei einer anderen Überlappungsmöglichkeit gehören einige der Elektronen beiden Atomen an, z. B. beim Wasserstoffmolekül. Ein Wasserstoffatom hat die Elektronenkonfiguration 1s, im Molekül ist sie $1s^2$, was energetisch günstiger ist als zweimal 1s *(kovalente Bindung)*.

Schließlich können wir uns noch eine Konfiguration vorstellen, bei der die äußeren Elektronen nicht mehr lokal gebunden sind, d. h. nicht mehr zu einem einzelnen Atompaar gehören sondern sich frei im Kristallgitter bewegen können *(metallische Bindung)*. Die quantenmechanische Rechnung (Lösung der Schrödinger[10]-Gleichung im periodischen Kristallpotential) zeigt, dass in diesem Fall *Energiebänder* existieren; die darin befindlichen Elektronen sind nicht an einzelne Atomkerne gebunden.

Für eine grafische Darstellung erinnern wir uns daran, dass die Quantenzahlen Energiezustände beschreiben, die u. a. durch unterschiedliche Bahnformen repräsentiert sind. Der Bahndrehimpuls $l = 0$ (s-Elektronen) impliziert nur eine Bahnform (m = 0) und wird deshalb durch eine Kugel dargestellt, deren Orientierung im Raum

---

[10]Erwin Schrödinger, österreichischer Physiker, 1887–1961, Nobelpreis für Physik 1933

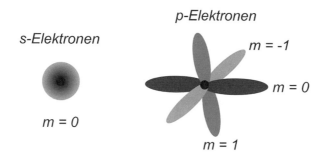

Abb. 9.4 Grafische Darstellung der s- und p-Elektronen. Die skizzierten Bereiche werden als Orte hoher Aufenthaltswahrscheinlichkeit interpretiert und als Orbitale bezeichnet

Abb. 9.5 Grenzfälle von Bindungen. a) s-s σ-Bindung. b) p-p σ-Bindung. c) p-p π-Bindung. (vgl. auch [2])

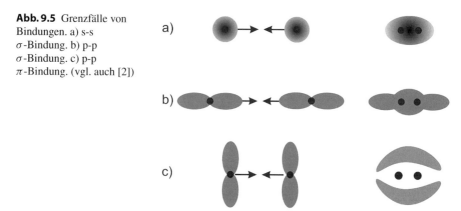

keine Rolle spielt. Bei $l = 1$ (p-Elektronen) existieren drei unterschiedliche Bahnformen (m = -1, 0, 1), die durch Ellipsen symbolisiert werden, die sich in die drei Raumrichtungen erstrecken (s. Abb. 9.4).

In dieser Darstellungsweise lassen sich drei Grenzfälle von Überlappungen konstruieren, die speziellen Bindungsarten entsprechen (s. Abb. 9.5). Es sind auch Mischformen dieser Bindungen denkbar, die als Hybridorbitale bezeichnet werden. Alle diese Bindungen produzieren zusätzliche Energiezustände, in die im Falle unvollständiger Besetzung bei inelastischen Stoßprozessen Elektronen befördert werden können.

In den Energiebändern können sich die Elektronen ähnlich wie ein Gas bewegen, man spricht deshalb auch vom *Elektronengas*. Dieses Gas schwingt bei äußerer Anregung, wie sie bei inelastischer Wechselwirkung stattfindet.

Für eine Plausibilitätserklärung stellen wir uns vor, dass die quasifreien Elektronen im Elektronengas von einem Primärelektron angestoßen und dadurch verschoben werden. Infolge der Ladungsverschiebung entsteht ein elektrisches Feld E und damit eine rücktreibende Kraft

$$F = -\mathrm{e} \cdot E \tag{9.13}$$

(e: Elementarladung). Wir stellen uns die Ladungsverschiebung entlang einer Achse *u* vor und entnehmen aus den Maxwellschen Gleichungen:

$$E = \frac{\rho}{\varepsilon \cdot \varepsilon_0} \cdot u \qquad (9.14)$$

(ρ: Ladungsdichte, ε_0: Influenzkonstante, ε: Dielektrizitätszahl) und erhalten mit

$$\rho = \frac{Q}{V} = \frac{n \cdot e \cdot V}{V} = n \cdot e \qquad (9.15)$$

(*Q:* Ladung, *n:* Zahl der Elektronen im Volumen *V*) die Bewegungsgleichung

$$\ddot{u} + \frac{n \cdot e^2}{m_0 \cdot \varepsilon \cdot \varepsilon_0} \cdot u = 0 \qquad (9.16)$$

(m_0: Elektronenmasse), d. h. die Gleichung einer harmonischen Schwingung mit der Eigenfrequenz

$$\omega_P = e \cdot \sqrt{\frac{n}{m_0 \cdot \varepsilon \cdot \varepsilon_0}} \, , \qquad (9.17)$$

was einer Energie

$$E_P = \frac{h}{2\pi} \cdot \omega_P \qquad (9.18)$$

(h: Plancksches Wirkungsquantum) und damit zusätzlichen Möglichkeiten für Energieverluste entspricht. Diese Eigenschwingungen des Elektronengases werden als *Plasmonen* bezeichnet. Die Ladungsverteilung ist an der Oberfläche des Festkörpers anders als im Volumen, deshalb wird zwischen Oberflächen- und Volumenplasmonen unterschieden. Die Plasmonenenergien sind kleiner als 50 eV.

Im Festkörpermodell werden die Bindungen zwischen den Atomen manchmal durch mechanische Federn symbolisiert. Trotz der extrem unterschiedlichen Massen von Elektronen und Atomkernen ist es möglich, dass Strahlelektronen Energie auf diese „Federkonstruktion" übertragen und diese zu schwingen beginnt. Die Eigenfrequenzen dieser Schwingungen werden als *Phononen* bezeichnet. Wegen ihrer kleinen Energie ($<0{,}1$ eV) spielen sie in der analytischen Transmissionselektronenmikroskopie keine Rolle.

9.2   Energiedispersive Spektroskopie charakteristischer Röntgenstrahlung (EDXS)

Aus Abschn. 9.1.1 wissen wir, dass Atome bei Strahlungsübergängen zwischen inneren Schalen charakteristische Röntgenstrahlung aussenden, deren Energie von der Ordnungszahl, d. h. vom Element, abhängt. Wir wollen uns nun der Praxis zuwenden und erläutern, wie die Energie dieser Röntgenstrahlung gemessen wird, wie die Spektren aussehen, welche Artefakte auftreten können und welche Schlussfolgerungen aus den Röntgenspektren gezogen werden können.

Abb. 9.6 Schematische
Darstellung der Bandstruktur
eines Halbleiters

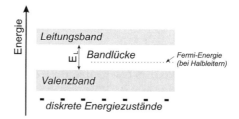

9.2.1   Röntgenspektren und Röntgenspektrometer

Da Energie und Wellenlänge von Röntgenstrahlung umgekehrt proportional sind (vgl. Gl. (9.1)), kann die Röntgenenergie über deren Wellenlänge gemessen werden. Aus Kap. 5 wissen wir, dass der Bragg[11]-Winkel von der Wellenlänge abhängt. Mit einem Kristall bekannter Gitterkonstante ist es möglich, die Wellenlänge durch Messung des Bragg-Winkels zu bestimmen (wellenlängendispersives Spektrometer – englisch: „Wavelength Dispersive X-ray Spectrometer" – WDXS). Allerdings müssen bei der Messung der Einfallswinkel der Röntgenstrahlung in den Kristall und der Ausfallswinkel aus dem Kristall gleich groß sein (die Summe aus beiden ist der Bragg-Winkel), so dass der Kristall zur Messung auf einer Kreisbahn bewegt werden muss (Rowland[12]-Kreis). Die dazu notwendige Vorrichtung passt geometrisch kaum an ein Transmissionselektronenmikroskop, so dass derartige Spektrometer dem Rasterelektronenmikroskop vorbehalten sind und in der Praxis der analytischen Transmissionselektronenmikroskopie keine Rolle spielen.

Es gibt aber noch eine andere Möglichkeit der Energiemessung. Um diese zu verstehen, drehen wir in Gedanken den Prozess der Röntgenemission um. Wir stellen uns vor, dass ein Röntgenquant ein Elektron von einem besetzten Energiezustand in einen unbesetzten Zustand befördert, ähnlich wie dies als Voraussetzung für die Röntgenemission durch das Strahlelektron geschieht. Bei Halbleitern erfolgt die Verschiebung der Elektronen vorzugsweise zwischen Energiebändern. Die beiden oberen Bänder werden als Valenz- und Leitungsband bezeichnet. Bei einem undotierten Halbleiter ist das Valenzband bei sehr niedrigen Temperaturen vollständig besetzt, das Leitungsband hingegen unbesetzt (vgl. Abb. 9.6). Die Elektronen können sich deshalb nicht frei bewegen, der elektrische Widerstand ist sehr hoch. Die Energielücke zwischen Valenz- und Leitungsband ist bei Halbleitern vergleichsweise klein, bei Silizium beispielsweise beträgt sie etwa $1,2\,\mathrm{eV}$. Bei höheren Temperaturen gelangen Elektronen in das Leitungsband, deshalb sinkt bei Halbleitern der elektrische Widerstand mit wachsender Temperatur.

Auch ein Röntgenquant mit der Energie E_{RQ} kann Elektronen in das Leitungsband befördern *(innerer Photoeffekt)*. Dazu muss pro Elektron eine Energie E_L aufgebracht werden, die mindestens der Größe der Bandlücke entspricht, d. h. die

---

[11]William Henry Bragg und William Lawrence Bragg: australisch/englische Physiker (Vater und Sohn), 1862–1942 bzw. 1890–1971, Nobelpreis für Physik 1915
[12]Henry Augustus Rowland, amerikanischer Physiker, 1848–1901

Höchstzahl N_{max} der *Leitfähigkeitselektronen* ist

$$N_{max} = \frac{E_{RQ}}{E_L} \, . \tag{9.19}$$

Im Halbleiterkristall wird mit zwei Elektroden ein elektrisches Feld erzeugt; nach dem Eindringen eines Röntgenquants fließt kurzzeitig ein Strom, dessen Stärke von der Zahl der Leitfähigkeitselektronen, d. h. von der Energie des Röntgenquants abhängt. Damit wird es möglich, die Röntgenenergie direkt zu messen (*energiedispersive Röntgenspektroskopie,* englisch: „Energy Dispersive X-ray Spectroscopy" – EDXS).

Allerdings ist der Energieunterschied E_L der Bandlücke nur ein Mindestwert. Die pro Leitfähigkeitselektron benötigte Energie kann variieren, weil innerhalb der Energiebänder unterschiedliche Energiezustände besetzt werden können. Die Besetzung unterliegt einer Wahrscheinlichkeitsverteilung, d. h. es gibt Energiezustände, die bevorzugt eingenommen werden. Damit folgen auch die Zahl der Leitfähigkeitselektronen und die gemessene Energie dieser Wahrscheinlichkeitsverteilung. Eine diskrete Röntgenenergie erscheint im Spektrum nicht als Linie sondern als schmale Gauß[13]-Profil ähnliche Kurve *(Röntgen-Peak).* Die Halbwertsbreite dieser Gauß-Kurve wird als energetisches Auflösungsvermögen des Spektrometers bezeichnet. Es ist begrenzt und hängt von der Röntgenenergie ab. Bei einer Röntgenenergie von 5,9 keV beträgt es etwa 120 eV ... 130 eV.

Diese Energie entspricht dem Kα-Übergang von Mangan. Die Wahl dieser Referenzenergie ist historisch dadurch begründet, dass die intensitätsreichste Linie beim radioaktiven Zerfall des Fe55-Isotops genau diese Energie hat. Es ist deshalb möglich, ein EDX-Spektrometer mit einer Fe55-Quelle ohne Elektronenmikroskop zu testen. Bei niedrigeren Röntgenenergien verbessert sich die Energieauflösung und erreicht für Kohlenstoff (Kα-Linie bei 277 eV) einen Wert von etwa 60 eV.

In Abb. 9.7 ist ein EDX-Spektrum gezeigt. Die Bezeichnung der Röntgen-Peaks im Spektrum leitet sich aus dem Termschema (Abb. 9.2) ab:

> *Der Großbuchstabe (z. B. K) gibt die durch die Strahlelektronen ionisierte Schale an, die durch einen Strahlungsübergang aufgefüllt wird. Der griechische Buchstabe gibt an, aus welcher Schale das Auffüllelektron stammt. α bedeutet Auffüllelektron aus der energetisch nächst höheren Schale, d. h. Kα heißt Auffüllen aus der L-Schale, Kβ aus der M-Schale usw.*

Wir sehen, dass der Untergrund im niederenergetischen Bereich höher ist als im hochenergetischen Bereich. Hier macht sich die Bremsstrahlung bemerkbar.

Bereits bei Raumtemperatur reicht die Wärmeenergie aus, um einige Elektronen in das Leitungsband zu heben, was zu einem geringen Strom zwischen den Detektorelektroden führt und damit den Rauschuntergrund vergrößert. Verunreinigungen des

---

[13]Carl Friedrich Gauß, deutscher Mathematiker und Physiker, 1777–1855

Abb. 9.7 Beispiel für ein energiedispersives Röntgenspektrum (EDXS). a) Komplettes Spektrum im Energiebereich 0–20 keV. b) Ausschnitt aus dem niederenergetischen Bereich (0–4 keV). c) Ausschnitt mit dem Energiebereich 6 keV–10 keV

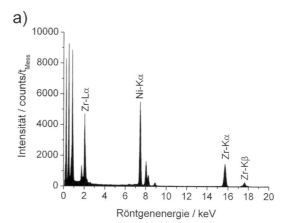

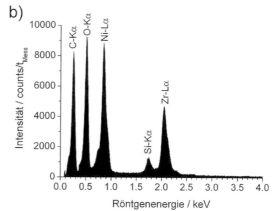

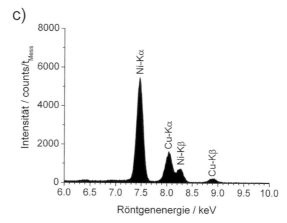

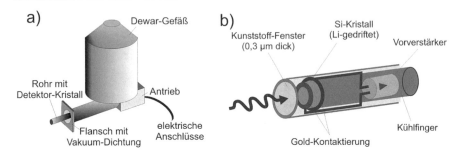

Abb. 9.8 Aufbau eines EDX-Detektors mit Flüssig-Stickstoff-Kühlung. a) Außenansicht. b) Detail: Rohr mit Detektor-Kristall

Halbleiters wirken als Dotierungen und erhöhen ebenfalls den Rauschuntergrund. Der Detektorkristall muss deshalb extrem rein sein und wird mit flüssigem Stickstoff oder mit Peltier[14]-Elementen gekühlt.

– Klassische Detektoren mit Stickstoff-Kühlung

In Abb. 9.8 ist der Aufbau eines EDX-Detektors, der mit flüssigem Stickstoff gekühlt wird (Temperatur: $-196\,°C$), schematisch dargestellt (zur Detektoreffizienz $\rightarrow$ Abschn. 10.8.1). In den Halbleiter-Kristall (in der Regel Silizium) wird Lithium eindiffundiert, welches durch evtl. Verunreinigungen entstehende Ladungsträger kompensiert, so dass eine möglichst breite ladungsträgerfreie Zone entsteht, in der bewegliche Ladungen nur durch eindringende Röntgenquanten erzeugt werden. Das elektrische Feld im Kristall wird durch dünne Goldelektroden erzeugt. Der Si-Kristall ist etwa 3 mm bis 5 mm dick bei einer Querschnittsfläche von $10\,mm^2$ bis $30\,mm^2$. Die Detektoreinheit steckt in einem Rohr, welches in den meisten Fällen zur Röntgenquelle, d. h. zur Mikroskopsäule hin, mit einem dünnen Kunststofffenster druckdicht verschlossen ist und einschließlich eines Vorverstärkers gekühlt wird. Zur Röntgenanalyse wird das Rohr mit dem Kristall in den Polschuh der Objektivlinse hineingeschoben, im zurückgezogenen Zustand verschließt eine kleine Klappe das Rohrende und verhindert, dass energiereiche Rückstreuelektronen das dünne Kunststofffenster vor dem Kristall zerstören. Im Normalbetrieb des Mikroskops, d. h. bei Nutzung des kurzbrennweitigen Objektivs, ist diese Gefahr gering, weil die Rückstreuelektronen vom Linsenfeld gebündelt werden und nicht zum Detektor gelangen. Kritisch wird es, wenn im niedrigen Vergrößerungsbereich mit ausgeschaltetem bzw. stark geschwächtem Objektiv gearbeitet wird. In diesem Fall ist der Detektor vorher unbedingt in seine Ruhestellung außerhalb des Polschuhs zu bringen.

Die Vakua in der Detektorumgebung und in der Mikroskopsäule werden durch das Kunststofffenster voneinander getrennt. Damit wird verhindert, dass der gekühlte Detektor bei Belüftung der Mikroskopsäule vereist. Doch Vorsicht, der dünne Kunststofffilm wird auf der Detektorseite von einem Aluminiumgitter gestützt, um eine

---

[14]Jean Peltier, französischer Physiker, 1785–1845

Druckdifferenz von etwas mehr als 1 bar aufzunehmen. Druck von 1 bar in der Mikroskopsäule ist möglich, Vakuum in der Mikroskopsäule und ein Druck von 1 bar in der Detektorumgebung zerstören das Fenster! Das Vakuum in Detektorumgebung wird durch ein Sorptionsmittel aufrecht erhalten, welches ebenfalls durch den flüssigen Stickstoff im Dewargefäß[15] gekühlt wird. Nach mehrjährigem Betrieb hat das Sorptionsmittel soviel Gas gespeichert, dass beim Erwärmen ein Druck von mehr als 1 bar in der Detektorumgebung entstehen kann. Wird dann das Nachfüllen von flüssigem Stickstoff vergessen, kann dies zur Zerstörung des Fensters führen. Es ist deshalb zu empfehlen, dass im Rahmen der Wartungsarbeiten der Detektorraum alle 2 … 3 Jahre kontrolliert erwärmt und mit einer separaten Pumpe evakuiert wird.

Eine schnell arbeitende Elektronik *(Pulsprozessor)* sorgt dafür, dass die durch Röntgenquanten erzeugten Ladungsträgerwolken abgesaugt, getrennt wahrgenommen und ihrer Stärke folgend in Energiekanäle einsortiert werden. In der Zeit, die für das „Abarbeiten“ der Ladungsträgerwolke gebraucht wird, ist der Detektor nicht arbeitsfähig (Totzeit). Bei hoher Röntgenintensität folgen die Röntgenquanten u. U. so schnell aufeinander, dass deren Trennung unmöglich wird. Die Totzeit steigt an und kann den Detektor vollständig sperren. In diesem Fall muss die Röntgenintensität verringert oder die Elektronik beschleunigt werden. Im zweiten Fall wird die Abarbeitungszeit verkürzt und die Ladungsträgerwolken können dann nicht mehr vollständig abgearbeitet werden. Die Röntgenpeaks werden breiter, d. h. die Energieauflösung wird schlechter und die Energieskale des Spektrums muss neu kalibriert werden. Der Pulsprozessor ist rechnergesteuert, und die Abarbeitungszeiten werden mit der Energiekalibrierung in Kalibrierungsdateien niedergelegt und gespeichert.

– *Silizium-Drift-Detektoren (SDD)*

Die klassischen EDXS-Detektoren haben drei Nachteile:

- Das energetische Auflösungsvermögen ist mit 120 bis 130 eV zu schlecht, um näher als etwa 100 eV beieinander liegende Röntgenpeaks zu trennen.
- Das dünne Kunststofffenster am Detektoreingang absorbiert insbesondere niederenergetische Röntgenstrahlung, so dass die Nachweiseffizienz bei leichten Elementen gering ist.
- Die notwendige ständige Kühlung mit flüssigem Stickstoff ist für den normalen Laborbetrieb eine logistische Herausforderung.

Das energetische Auflösungsvermögen ist durch die Bandstruktur vom Silizium bedingt und kann nicht verbessert werden, wenn die energiedispersive Halbleitermethode beibehalten werden soll.

Die Kühlung mit flüssigem Stickstoff ist notwendig, um die Eigenleitung im Silizium zu unterdrücken und damit den Rauschuntergrund gering zu halten. Alternativ könnte auch die Signalstärke erhöht werden, so dass der Eigenleitungsuntergrund

---

[15] Sir James Dewar, schottischer Physiker, 1842–1923

Abb. 9.9 Halbleiterkristall
mit Elektroden beim
SD-Detektor

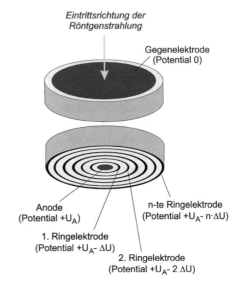

weniger ins Gewicht fiele. Dazu wäre eine Vergrößerung des Siliziumkristalls notwendig, was wiederum zu verlängerten Elektronenpfaden im Halbleiterkristall vom Entstehungsort zur Anode und damit zur Verlangsamung der Erfassung der Ladungsträgerwolke führte.

Der Ausweg ist eine Elektrodenanordnung, deren Potentialverteilung die Elektronen auf „schnellstem Wege" zur Anode bringt. Derartige Überlegungen führten zur Entwicklung der *Silizium-Drift-Detektoren* (SDD – [3], [4]), bei denen der Siliziumkristall auf der Anodenseite mit ringförmigen Elektroden versehen ist (s. Abb. 9.9). Die dünne Gegenelektrode auf der Röntgeneintrittsseite ist geerdet, das Potential der Anode sei $+U_A$, das der Ringelektroden sinkt von Ring zu Ring um ΔU.

Die Potentialverteilung bei einer derartigen Elektrodenanordnung wird in → Abschn. 10.3.3 berechnet. Wir wollen hier lediglich zwei Ergebnisse anführen: Die Verteilung zwischen zwei Flächenelektroden, wie sie im klassischen Detektor gegeben ist, und diejenige zwischen Gegenelektrode und einem System aus Anode und sechs Ringen (vgl. Abb. 9.10).

Wir sehen, dass durch die Ringelektroden die Elektronen der Anode wie durch einen Trichter zugeführt werden und damit einen optimal kurzen Weg zurücklegen. Dadurch werden höhere Röntgenintensitäten beherrschbar und die Kühlung mit flüssigem Stickstoff entfällt, eine mit Peltierelementen auf etwa $-40\,°C$ reicht aus. Diese Temperatur wird nach Einschalten der Kühlung in wenigen Minuten erreicht, so dass im normalen Laborbetrieb die Kühlung nur vor Nutzung des EDXS-Systems eingeschaltet wird und der Detektorkristall ansonsten auf Raumtemperatur bleibt.

Damit besteht keine Vereisungsgefahr und das Kunststofffenster kann entfallen, verbunden mit einer Verbesserung der Nachweiseffizienz leichter Elemente.

Ein Problem kann allerdings besonders beim Einsatz vom SDD in starken Objektiv-Magnetfeldern auftreten, wie sie z. B. in 300-kV-Transmissionselektronenmikroskopen gegeben sind: Die Verformung der Elektronenpfade durch das Mag-

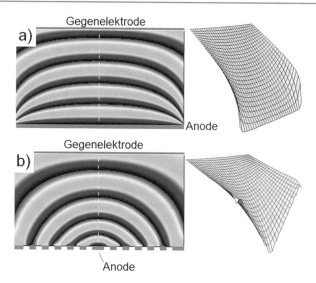

Abb. 9.10 Potentialverteilung im Detektorkristall. a) Klassische Anordnung mit Flächenelektroden. b) SDD-Anordnung mit sechs Ringelektroden ($U_A = 1$ kV, $\Delta U = 120$ V)

netfeld der Objektivlinse. Der Detektorkristall wird im Spektrometerbetrieb nahe an die Probe herangefahren und ragt seitlich in den Polschuh des Objektivs hinein (vgl. Abb. 9.11). Die Radialkomponente des Objektivfeldes sorgt dafür, dass die sich von oben und unten zur Detektoranode bewegten Elektronen durch die Lorentzkraft[16] zur Seite abgelenkt werden. Damit verlängert sich deren Weg und in der eingestellten Verarbeitungszeit werden nicht mehr alle Elektronen erfasst; eine kleinere Röntgenenergie wird vorgetäuscht. Die Röntgenpeaks sind unsymmetrisch mit einer Schulter auf der niederenergetischen Seite. Dagegen hilft die proportionale Vergrößerung von Anoden- und Ringelektrodenpotentialen.

9.2.2 Vergleich der Spektren von verschiedenen Detektoren

Der Vergleich der Spektren von unterschiedlichen Detektoren gleicht einem Gang durch die Entwicklungsgeschichte der energiedispersiven Röntgendetektoren in den letzten 50 Jahren.

In den 70-er und 80-er Jahren des 20. Jahrhunderts wurden die Detektoren vorzugsweise mit Eintrittsfenstern aus Beryllium ausgestattet. Abb. 9.12 zeigt EDX-Spektren von einer 60 nm dicken Mischschicht aus Chrom, Silizium, Aluminium und Sauerstoff auf einem Kupfer-Objektträgernetz, aufgenommen mit Si(Li)-Detektoren.

Beim Spektrum im Teilbild 9.12a war der Detektor mit einem 8 μm dicken Eintrittsfenster aus Beryllium ausgestattet. Wir sehen unterhalb des Aluminiumpeaks

---

[16]Hendrik Antoon Lorentz, niederländischer Mathematiker und Physiker, 1853–1928, Nobelpreis für Physik 1902

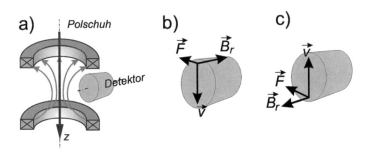

Abb. 9.11 SDD im Feld des Objektivpolschuhs. a) Überblick. b) Lorentzkraft auf Elektronen, die sich im Detektorkristall von oben zur Mitte bewegen. c) Lorentzkraft auf Elektronen, die sich im Detektorkristall von unten zur Mitte bewegen. (*F*: Lorentzkraft, *v*: Geschwindigkeit, *B$_r$*: Radialkomponente der magnetischen Induktion)

Abb. 9.12 EDX-Spektren von einer Cr-Si-Al-O-Mischschicht auf Cu-Objektträgernetz. a) Gemessen mit einem Si(Li)-Detektor mit einem 8 μm dicken Be-Fenster. b) Gemessen mit einem Si(Li)-Detektor mit einem 0,3 μm dicken Polymerfenster. Das Kohlenstoffsignal entstammt der Kohlenwasserstoffkontamination. Beide Spektren wurden im Abstand von einem Monat im gleichen Elektronenmikroskop mit gleichen Strahlparametern und Messzeiten aufgenommen

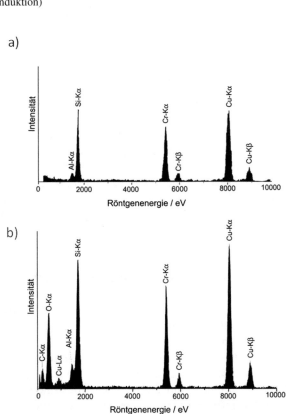

keine Signale mehr. Leichtere Elemente als Aluminium sind nicht nachweisbar, deren niederenergetische Röntgenstrahlung wird vom Fenster absorbiert.

Neben der Weiterentwicklung von Elektronik und Computertechnik lag das Hauptaugenmerk auf der Verringerung der Absorption durch das Eintrittsfenster. Eine wesentliche Verbesserung wurde durch ultradünne Polymerfenster erreicht ($\rightarrow$ Abschn. 10.8.1).

Der Detektor für das Spektrum im Teilbild 9.12b besaß ein 0,3 µm dickes Polymerfenster. Wir sehen Signale bei Röntgenenergien bis unter C-Kα (278 eV). Bei hohen Boranteilen (B-Kα: 183 eV) in der Probe ist auch dessen Nachweis möglich (s. Abb. 9.17).

Beide Spektren sind auf gleiches Untergrundniveau normiert. Die Signale im Spektrum Abb. 9.12b sind signifikant höher als bei 9.12a. Das Verhältnis des Cr-Kα-Signals zum Untergrund liegt im Spektrum a bei etwa 16, im Spektrum b demgegenüber bei etwa 30.

Ein weiterer Entwicklungsschub gelang durch den Einsatz von Silizium-Drift-Detektoren (vgl. Abschn. 9.2.1). Als Probe für den Vergleich zweier Spektren, gemessen mit einem klassischen Si(Li)-Detektor mit ultradünnem Polymer-Eintrittsfenster (Abb. 9.13) bzw. mit einem fensterlosen SDD (Abb. 9.13b) diente eine ca. 50 nm dicke Chrom-Silizium-Schicht auf Molybdän-Trägernetz. Anhand der Ordinatenskalierung sehen wir sofort die höhere Röntgenintensität beim SDD. Darüber hinaus erkennen wir bei genauerem Hinsehen einen Unterschied im Verhältnis der Peakintensitäten von Cr-Lα zu Cr-Kα. Im Falle des Si(Li)-Detektors beträgt es 0,18; für den SDD 0,27. Durch den Wegfall des Fensters erhöht sich die Nachweiseffizienz für niederenergetische Röntgenstrahlung.

9.2.3 Qualitative Interpretation der Röntgenspektren

Die zu Peaks verbreiterten charakteristischen Röntgenlinien sind der für die Interpretation interessante Teil. Sie sind von einem Bremsstrahlungsuntergrund überlagert, der bei den extrem dünnen Proben im Transmissionselektronenmikroskop allerdings deutlich geringer ist als bei EDX-Spektren, die im Rasterelektronenmikroskop registriert werden.

Der Untergrundverlauf im Spektrum wird von der Energieabhängigkeit der Bremsstrahlung (vgl. Abschn. 9.1.1) und der Detektoreffizienz ($\rightarrow$ Abschn. 10.8.1) bestimmt (Beispiel s. Abb. 9.14). Ein zusätzlicher Rauschuntergrund entsteht durch Eigenleitung des Halbleiterkristalls, die von der Reinheit des Kristalls und seiner Temperatur abhängt. Der Bremsstrahlungsuntergrund erreicht sein Maximum bei einer Röntgenenergie von 0,8 keV ... 1,5 keV und wächst mit steigender Ordnungszahl und Schichtdicke.

Zur Identifizierung der Peaks müssen die charakteristischen Röntgenenergien der Elemente bekannt sein. Sie sind als Datenbanken in der Software für die Spektrometer enthalten. Abb. 9.15 vermittelt einen Überblick über die Röntgenenergien. Da mit wachsender Ordnungszahl Schalen mit einer zunehmenden Zahl von Energiezuständen hinzukommen, wird auch die Anzahl der möglichen Röntgenstrahlungs-

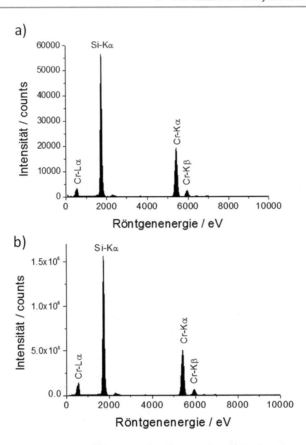

Abb. 9.13 EDX-Spektren von einer Cr-Si-Schicht auf Mo-Objektträgernetz. a) Gemessen mit einem Si(Li)-Detektor mit ultradünnem Polymerfenster. b) Gemessen mit einem fensterlosen SDD. Beide Spektren wurden im Abstand von zwei Monaten im gleichen Elektronenmikroskop mit gleichen Strahlparametern und Messzeiten aufgenommen

übergänge größer (vgl. Abschn. 9.1.1). Es treten Linienserien mit ähnlichen Energien auf. Abb. 9.15 beschränkt sich auf die α-Übergänge.

Aus der Abb. 9.15 erkennen wir ein Problem: Die Überlappung von Röntgenpeaks. Dies soll am Beispiel von Chrom und Sauerstoff demonstriert werden (vgl. Abb. 9.16). Chrom (Z = 24) hat eine K-Linie bei 5,41 keV und eine L-Linie bei 0,57 keV. Die Sauerstoff-K-Linie liegt bei 0,523 keV, d. h. unmittelbar neben der Cr-L-Linie. Das energetische Auflösungsvermögen des Röntgenspektrometers beträgt bei dieser Energie 70 eV–80 eV, d. h. der L-Peak von Chrom und der K-Peak von Sauerstoff können nicht getrennt werden.

Der Vergleich der Linienintensitäten zeigt, dass im Spektrum der Abb. 9.16c Sauerstoff beteiligt sein muss. Wenn das Vergleichsspektrum von reinem Cr unter gleichen Bedingungen aufgenommen worden ist, ist diese Schlussfolgerung zwingend. Liegt allerdings kein Vergleichsspektrum vor, ist Vorsicht angeraten: Das Verhältnis der Intensitäten von Cr-K- und Cr-L-Peak hängt u. a. von der Spektrometereffizienz

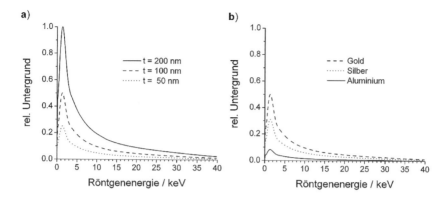

Abb. 9.14 Bremsstrahlungsuntergrund mit Berücksichtigung der Detektoreffizienz in den energie-dispersiven Röntgenspektren bei 200 keV-Strahlelektronen. a) Gold bei drei verschiedenen Probendicken t. b) Für eine Probendicke von 100 nm von drei verschiedenen Elementen. Die Werte sind bezogen auf den Maximalwert für Gold mit einer Schichtdicke von 200 nm

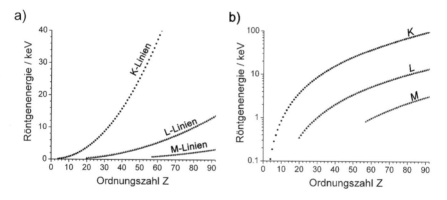

Abb. 9.15 Abhängigkeit der Röntgenenergien von der Ordnungszahl. a) Lineare Darstellung. b) Einfach-logarithmische Darstellung

ab. Diese kann sich ändern, beispielsweise durch Verschmutzung des Detektorfensters. Das Intensitätsverhältnis wird auch durch die Probendicke beeinflusst, wie wir in Abschn. 9.2.4 noch sehen werden.

Außer dieser Peak-Überlappung gibt es zwei Artefakte in den EDX-Spektren, die zu falschen Schüssen bzgl. der angezeigten Elemente führen können: Escape- und Summen-Peaks.

Zur Erklärung des *Escape-Peaks* erinnern wir uns an das Geschehen in der ladungsträgerfreien Zone des Detektorkristalls: Das eindringende Röntgenquant erzeugt freie Ladungsträger und baut dabei seine Energie ab. Es kann aber auch die K-Schale des Siliziums ionisieren (wir nehmen an, dass es sich um einen Siliziumkristall handelt). Das Elektron von der K-Schale wird zum freien Ladungsträger, allerdings ist die dazu verbrauchte Energie gleich der Energie der Absorptionskante von Silizium (1,84 keV), d. h. wesentlich größer als die Bandlücke (1,2 eV). Das

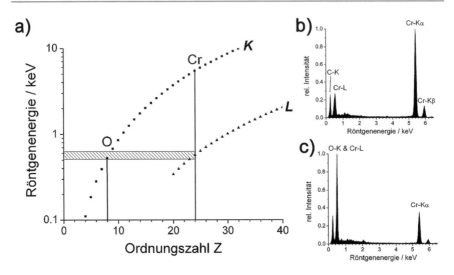

Abb.9.16 Überlappung von Cr-L- und O-K-Peak in energiedispersiven Röntgenspektren. a) Übereinstimmung der beiden Röntgenenergien innerhalb des durch das energetische Auflösungsvermögen des Spektrometers vorgegebenen Fensters. b) EDX-Spektrum von Chrom. c) EDX-Spektrum von Chromoxid

Auffüllen des freien Platzes in der K-Schale ist mit der Emission eines Röntgenquants (Energie 1,74 keV) verbunden, dessen Energie im Kristall durch Erzeugung von Ladungsträgern weiter abgebaut wird. Dies wird verhindert, wenn letzteres Röntgenquant den Kristall verlässt (deshalb „Escape"). Dann fehlt diese Energie und es entsteht ein zusätzlicher Peak im Spektrum, dessen Energie um 1,74 keV kleiner ist als der Bezugspeak. Beispielsweise wird der Cr-Kα-Peak (5,41 keV) begleitet von einem Escape-Peak bei 3,67 keV. Dies ist aber gerade die Kα-Energie von Kalzium (3,69 keV). Unvorsichtigerweise könnte also auf geringe Mengen Kalzium in der Probe geschlossen werden; tatsächlich handelt es sich aber um den Escape-Peak von Chrom. Die Wahrscheinlichkeit für derartige Escape-Peaks hängt u. a. von der Größe des Detektorkristalls ab, sie sollte aber bei der Analyse der Spektren nicht außer Acht gelassen werden.

Summen-Peaks kommen zustande, wenn zwei Röntgenquanten vom gleichen Element zeitgleich in den Kristall eindringen. Zeitgleich bedeutet, dass sie vom Pulsprozessor nicht getrennt wahrgenommen werden können. In diesem Fall entsteht ein Peak mit der doppelten Energie des Bezugspeaks. Die Wahrscheinlichkeit für das Auftreten von Summen-Peaks wächst mit der Intensität der Röntgenstrahlung. In modernen EDX-Spektrometern ist sie gering, weil der Pulsprozessor sehr schnell arbeitet.

Wir wollen noch auf einen Umstand hinweisen, der häufig unterschätzt wird. Trotz rastertransmissionselektronenmikroskopischer Arbeitsweise mit subnanoskaliger Elektronensonde wird vom Detektor Röntgenstrahlung erfasst, die aus der Umgebung des Sondenortes stammt. Die Distanz kann einige Mikrometer betragen und wird hauptsächlich durch elastisch gestreute Elektronen überwunden. Wenn

Abb. 9.17 Nachweis von Bor in Bornitrid (BN) mit einem (Si(Li)-EDX-Spektrometer mit ultradünnem Polymerfenster. BN als feines Pulver auf Si-haltiger C-Stützfolie

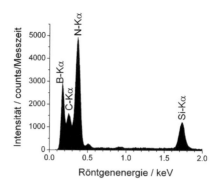

beispielsweise Kupfer in der Probe nachgewiesen werden soll, dürfen Trägernetz oder Halter für die TEM-Lamelle nicht aus Kupfer sein.

> *Der TEM-Probenhalter für EDXS-Analysen ist deshalb auf der zum EDX-Detektor zugewandten Seite mit einem Beryllium-Blech bedeckt oder die gesamte Probenumgebung ist aus Beryllium gefertigt. Die niederenergetische Beryllium-Strahlung (110 eV) wird von den EDX-Detektoren i. A. nicht erfasst („Low-Background-Halter").*

Für die „freie Sicht" des Detektors zur analysierten Probenstelle ist es vorteilhaft, wenn die Probe um $10° \dots 25°$ zum Detektor gekippt wird.

Zum Schluss wollen wir angeben, welche Elemente mittels EDXS nachgewiesen werden können. Die Detektoreffizienz sinkt bei Energien unter 0,15 keV allein durch die begrenzte Transparenz der Goldelektrode auf weniger als 20 % ab (s. Abb. 10.56 und 10.59), so dass Röntgenstrahlung derart geringer Energie praktisch nicht mehr detektierbar ist. Die Kα-Strahlung von Beryllium hat eine Energie von 0,11 keV, die von Bor ist 0,18 keV. Die kritische Grenze liegt zwischen beiden: Beryllium ist nicht nachweisbar, Bor ist es prinzipiell (vgl. Abb. 9.17).

Bei Röntgenenergien oberhalb von etwa 40 keV sinkt die Detektoreffizienz signifikant, in diesem Fall kann jedoch auf die L- und M-Linien ausgewichen werden, so dass bzgl. des Nachweises von Elementen mit hohen Ordnungszahlen keine Beschränkung besteht.

Interessant ist auch, welche untere Nachweisgrenze die energiedispersive Röntgenspektroskopie im Transmissionselektronenmikroskop hat. Dies hängt davon ab, in welchem Umfeld sich das nachzuweisende Element befindet, wie effektiv es charakteristische Röntgenstrahlung emittiert und wie groß die Detektoreffizienz für diese Strahlung ist. Mittelschwere Elemente liefern besonders günstige Verhältnisse, die Nachweisgrenze liegt in diesem Fall bei etwa 2 Atom-%.

Das andere Extrem ist Borkarbid. Da entscheiden bereits Unterschiede von wenigen eV in der Energieauflösung des Detektors, ob der Boranteil überhaupt mit Sicherheit nachgewiesen werden kann. Vorsicht ist geboten bei Benutzung der häufig in der Software eingebauten Möglichkeit der automatischen Peakidentifizierung.

Peaks, die man im Spektrum nicht mit bloßem Auge erkennt, sind auch nicht vorhanden!

Das Signal sollte dreimal höher sein als der Untergrund (Rose-Kriterium [5]).

9.2.4 Quantifizierung von Röntgenspektren

Die Energie der Röntgenquanten spiegelt sich in der Zahl der im Detektorkristall erzeugten freien Ladungsträger und damit in der Höhe des Strompulses wider. Die Intensität der Röntgenstrahlung richtet sich nach der Zahl der Atome, die angeregt werden können, und bestimmt die Zahl der Strompulse *(counts)* während der Messzeit und damit die Größe der Peaks. Das Verhältnis der Peakgrößen I_A und I_B zweier Elemente A und B ist proportional zum Verhältnis der Zahl der Atome N_A und N_B, die angeregt werden. Den Proportionalitätsfaktor nennen wir k_{AB}:

$$\frac{I_A}{I_B} = k_{AB} \cdot \frac{N_A}{N_B} \tag{9.20}$$

Die Elementkonzentration c_A ist gleich dem Quotienten aus der Anzahl der Atome der Sorte A und der Gesamtzahl der Atome. Analoges gilt für die Sorte B:

$$c_A = \frac{N_A}{N_A + N_B}, \quad c_B = \frac{N_B}{N_A + N_B}. \tag{9.21}$$

Im Allgemeinen werden Konzentrationen in Prozent angegeben. Im o. g. Fall sind dies Atomprozent. Auch die Angabe in Gewichts- bzw. Masseprozent ist üblich. Dazu muss die Atomzahl mit der Atommasse M multipliziert werden. Für die Konzentrationsverhältnisse gilt damit:

$$\frac{c_A}{c_B} = \frac{N_A}{N_B} \quad \text{bzw.} \quad \frac{c_{A,M}}{c_{B,M}} = \frac{N_A \cdot M_A}{N_B \cdot M_B} \tag{9.22}$$

($M_{A,B}$: Atomgewichte der Elemente A und B). Wir erhalten demzufolge das Verhältnis der Konzentration von zwei Elementen in der Probe aus dem Verhältnis der Intensitäten der betreffenden Röntgenpeaks:

$$\frac{c_A}{c_B} = \frac{c_{A,M}}{c_{B,M}} \cdot \frac{M_B}{M_A} = \frac{1}{k_{AB}} \cdot \frac{I_A}{I_B}. \tag{9.23}$$

Diese Gleichung wird als „Cliff-Lorimer-Gleichung" bezeichnet, die Proportionalitätsfaktoren sind auch als „Cliff-Lorimer-k-Faktoren" bekannt [6].

Mit der Normierung

$$c_A + c_B = 1 \tag{9.24}$$

folgt aus dem Konzentrationsverhältnis für die einzelnen Konzentrationen:

$$c_A = \frac{c_A/c_B}{1 + c_A/c_B} \quad \text{und} \quad c_B = \frac{1}{1 + c_A/c_B} . \tag{9.25}$$

Sind nicht nur zwei sondern n Elemente beteiligt, wird ein Bezugselement B ausgewählt und die Konzentrationsverhältnisse zu diesem Element werden nach Gl. (9.23) berechnet:

$$\frac{c_1}{c_B}, \frac{c_2}{c_B}, \frac{c_3}{c_B}, \dots, \frac{c_{n-1}}{c_B} . \tag{9.26}$$

Die Normierungsbedingung lautet nun:

$$c_B + \sum_{i=1}^{n-1} c_i = 1 . \tag{9.27}$$

Damit wird als erstes die Konzentration des Bezugselementes ausgerechnet:

$$c_B = \frac{1}{1 + \sum_{l=1}^{n-1} c_i/c_B} . \tag{9.28}$$

Die Bestimmung der restlichen Konzentrationen ist trivial:

$$c_i = \frac{c_i}{c_B} \cdot c_B . \tag{9.29}$$

Wir sehen zwei grundsätzliche Aufgaben, die zur Quantifizierung der Röntgenspektren gelöst werden müssen: Die Bestimmung der Peakintensitäten und die Ermittlung des Proportionalitätsfaktors $1/k_{AB}$.

- Bestimmung der Peakintensitäten

Die Lösung dieser Aufgabe erscheint einfach: Wir bestimmen die Peakflächen im Spektrum. Allerdings müssen wir davon den energieabhängigen Untergrund $U(E)$ abziehen, der durch Bremsstrahlung und Rauschen infolge Eigenleitung im Detektorkristall entsteht und durch die energieabhängige Detektoreffizienz modifiziert wird. Wir bezeichnen das Spektrum als Funktion $S(E)$. Die Spektrenfunktion liegt in Form einer Wertetabelle vor, d. h. als Zahl (counts) in einem Energiebereich von $E - \Delta E/2$ bis $E + \Delta E/2$ für die Energie E. Die Energieintervalle werden auch als „Kanäle"bezeichnet. Die Grenzen i_A und i_E markieren die Kanäle am Beginn und am Ende des Peaks von Element A:

$$I_A = \sum_{i=i_A}^{i_E} (S_i - U_i) \tag{9.30}$$

(vgl. Abb. 9.18).

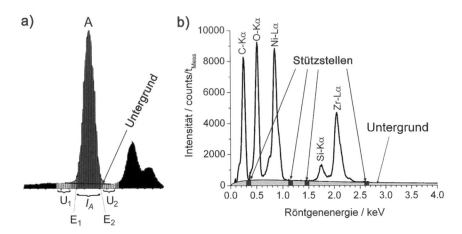

Abb. 9.18 Peakflächenbestimmung und Untergrundapproximation in EDX-Spektren. a) Summation der Kanalinhalte und Untergrundverlauf im höherenergetischen Teil des Spektrums. b) Untergrund im niederenergetischen Teil des Spektrums

Mit Berücksichtigung der Tatsache, dass die Proben extrem dünn sind, ändert sich die Bremsstrahlung bei höheren Energien nahezu linear mit der Energie (vgl. Abb. 9.14). Der Untergrundverlauf kann durch eine Gerade angenähert werden, deren Gleichung aus den Mittelwerten der Intensitäten an zwei Stützstellen U_1 und U_2 außerhalb des Röntgenpeaks bestimmt wird. Problematischer ist die Untergrundapproximation im niederenergetischen Teil des Spektrums. Hier ändern sich sowohl Bremsstrahlung als auch Spektrometereffizienz dramatisch mit der Energie (s. Abb. 9.14). Bei Vernachlässigung des Absorptionskanteneffektes in der Spektrometereffizienz (vgl. $\rightarrow$ Abschn. 10.8.1) kann der Untergrundverlauf durch eine Funktion der Form

$$U(E) = c_1 \cdot \left(\frac{E_0}{E} - 1 \right) \cdot (1 - \exp(-c_2 \cdot E)) \tag{9.31}$$

angenähert werden.

Eine andere Möglichkeit des Untergrundabzugs besteht in der Bildung der zweiten Ableitung der Spektrenfunktion durch ein numerisches Filter und anschließender zweimaliger Integration.

Bisher sind wir davon ausgegangen, dass die Röntgenpeaks voneinander getrennt sind. Dies ist nicht immer der Fall, wie Abb. 9.16 zeigt. Bei derartigen Überlagerungen versagt die einfache Summation der Kanalintensitäten. Die Zuordnung von Intensitäten zu den beteiligten Peaks wird dann durch eine Modellierung der gemessenen Peaks durch Gauß- (oder ähnlich geformte) Kurven vorgenommen. Die Maxima der Gaußkurven werden auf die Nennenergien der beteiligten Peaks gesetzt, für die Halbwertsbreite wird das Energieauflösungsvermögen benutzt. Die Gesamtfläche unter den Gauß-Kurven wird der aufsummierten Fläche im Spektrum durch Variation der Maximalwerte der Gauß-Kurven angepasst. Die einzelnen Peakintensitäten entsprechen dann den Flächen unter den einzelnen Gauß-Kurven.

Mitunter sieht die Spektrometer-Software auch eine experimentelle Ermittlung der Peakform vor. Bei der Installation müssen dann Musterspektren an Standards aufgenommen werden, anhand derer das passendste mathematische Peakform-Modell ausgewählt wird.

- Ermittlung der Proportionalitätsfaktoren $1/k_{AB}$

Die beste Methode ist es, die Proportionalitätsfaktoren durch Messung an Standards bekannter Zusammensetzung experimentell zu bestimmen. Das Verhältnis c_A/c_B vom Standard ist bekannt, das Verhältnis der Peakintensitäten I_A/I_B wird aus dem Spektrum ermittelt und der Proportionalitätsfaktor nach Gl. (9.23) berechnet. Diese Methode hat den Vorteil, dass alle individuellen Merkmale des Spektrometers und der Spektrenauswertung berücksichtigt sind. Sie hat aber auch gravierende Nachteile: Wir benötigen Standards und wir müssen von diesen Standards Proben für das Transmissionselektronenmikroskop präparieren. Dieser Aufwand lohnt sich nur, wenn man sich über längere Zeit mit einem speziellen Materialsystem beschäftigt.

Für die „schnelle" Quantifizierung von Röntgenspektren wird deshalb eine andere Methode bevorzugt, die ohne Standards auskommt: Die Berechnung der Proportionalitätsfaktoren. Das Ganze heißt dann *standardlose Quantifizierung*.

Der Berechnung liegt ein Modell zugrunde, welches die Wahrscheinlichkeiten, mit der die einzelnen Schritte der Röntgenemission und ihres Nachweises eintreten, miteinander multipliziert. Die einzelnen Schritte sind:

- die Ionisation einer inneren Schale (Ionisationswahrscheinlichkeit Q),
- das Auffüllen dieser Schale unter Aussendung eines Röntgenquants (Fluoreszenzausbeute ω) und
- der Nachweis des Röntgenquants im Detektor (Detektoreffizienz D_{eff}).

Für eine bessere Übersicht ist es zweckmäßig, den Proportionalitätsfaktor in der Form

$$\frac{1}{k_{AB}} = \frac{k_A}{k_B} \qquad (9.32)$$

zu schreiben. Unter Berücksichtigung der o. g. Schritte und des Kehrwertes erhalten wir

$$\frac{k_A}{k_B} = \frac{Q_B \cdot \omega_B \cdot D_{\text{eff,B}}}{Q_A \cdot \omega_A \cdot D_{\text{eff,A}}} \, . \qquad (9.33)$$

In der Literatur werden diese Faktoren in der Regel auf Masseprozente bezogen, so dass das Verhältnis der Atomgewichte zu berücksichtigen ist:

$$\left(\frac{k_A}{k_B}\right)_M = \frac{Q_B \cdot \omega_B \cdot D_{\text{eff,B}}}{Q_A \cdot \omega_A \cdot D_{\text{eff,A}}} \cdot \frac{M_B}{M_A} \, . \qquad (9.34)$$

(Ergebnisse s. Abb. 9.19)

Die Röntgenstrahlung wird gleichmäßig (isotrop) in den gesamten Raum emittiert. Der Anteil, der davon vom Detektor erfasst wird, hängt vom Raumwinkel ab,

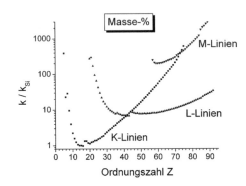

Abb. 9.19 Berechnete Cliff-Lorimer-k-Faktoren, jeweils bezogen auf den Si-Kα-Peak für 300 keV-Elektronen (Rechnung → Abschn. 10.8.2)

den das Detektoreintrittsfenster überdeckt, d. h. von der Geometrie des Detektors und seinem Abstand von der Probe. Auch der Winkel zwischen Probenoberfläche und Detektorachse *(Abnahmewinkel)* spielt eine Rolle. Diese Einflüsse sind element-unabhängig und wirken sich deshalb im Verhältnis zweier Konzentrationen nicht aus.

Die Detektoreffizienz wird in → Abschn. 10.8.1 genauer behandelt. Für die Ionisationswahrscheinlichkeit und die Fluoreszenzausbeute gibt es verschiedene Modelle, die unterschiedliche Näherungen bedeuten (vgl. → Abschn. 10.8.2).

Insofern ist die standardlose Quantifizierung mit systematischen Fehlern belastet, die von der Güte der Modelle abhängen. Häufig gelten die Modelle nur für einen eingeschränkten Bereich von Röntgenenergien. Bei der Quantifizierung mittelschwerer Elemente (Ordnungszahlen 20 … 40) unter Verwendung der K-Linien sind die kleinsten Fehler zu erwarten (relativ etwa 5 %). Die Fehler sind deutlich größer beim Vergleich von K- mit L- bzw. M-Linien. Die in Abb. 9.19 dargestellten k-Faktoren sind auf Masseprozente und die Referenz Si-Kα bezogen, wie es in der Literatur üblich ist.

Abb. 9.19 zeigt auch, dass sich die k-Faktoren von Elementen mit sehr verschiedenen Ordnungszahlen stark unterscheiden.

Es ist deshalb falsch, durch bloßen Vergleich der Peakintensitäten auf Konzentrationsverhältnisse zu schließen!

Je geringer die Effizienz bei Röntgenemission und -nachweis ist, desto größer muss der zugehörige k-Faktor sein, um diese Unterschiede bei der Umrechnung von Intensitäts- in Konzentrationsverhältnisse auszugleichen. Das bedeutet aber auch: Je größer der k-Faktor, desto geringer das Messsignal. Wir sehen aus Abb. 9.19, dass Elemente mit Ordnungszahlen bis etwa 40 am effizientesten anhand der K-Linien zu messen sind. Bei Elementen mit Ordnungszahlen über 40 sind die L-Linienpaare zu bevorzugen. In der Regel sind bei großen Unterschieden in den k-Faktoren der beteiligten Elemente größere systematische Fehler bei der standardlosen Quantifizierung zu erwarten.

- *Absorptionskorrektur*

Für leichte Elemente kann die Absorption der niederenergetischen Röntgenstrahlung in der dünnen Probe das Ergebnis zusätzlich verfälschen ($\rightarrow$ Abschn. 10.8.3). Die Schichtdicke t, bei welcher der systematische Fehler infolge unterschiedlicher Absorption 10 % nicht überschreitet, kann nach

$$t < \frac{0{,}2 \cdot \sin \delta}{\rho \cdot \left| {}^{E_A}(\mu/\rho) - {}^{E_B}(\mu/\rho) \right|} \tag{9.35}$$

(δ: Abnahmewinkel der Röntgenstrahlung, ρ: Probendichte, ${}^{E_A}(\mu/\rho)$ bzw. ${}^{E_B}(\mu/\rho)$: Schwächungskoeffizienten der Probe für Röntgenenergien E_A bzw. E_B (vgl. auch Gl. (10.376)) berechnet werden. Wir wollen für drei Beispiele die Grenzschichtdicke ausrechnen: für CrSi, CrSi$_3$ und CrO.

Die Konzentrationen (in Atomprozent) sind für CrSi: $c_{Cr} = 0{,}5$ und $c_{Si} = 0{,}5$. Wir nehmen näherungsweise an, dass sich Dichte und Schwächungskoeffizienten der Probe aus den Werten für Chrom und Silizium mit den Konzentrationen als Wichtungsfaktoren berechnen lassen:

$$\begin{aligned} \rho_{CrSi} &= c_{Cr} \cdot \rho_{Cr} + c_{Si} \cdot \rho_{Si} \\ &= 0{,}5 \cdot 7{,}19 \text{ g/cm}^3 + 0{,}5 \cdot 2{,}33 \text{ g/cm}^3 = 4{,}76 \text{ g/cm}^3 \ . \end{aligned} \tag{9.36}$$

Für CrSi$_3$ ($c_{Cr} = 0{,}25$, $c_{Si} = 0{,}75$) erhalten wir $\rho_{CrSi_3} = 3{,}54 \text{ g/cm}^3$.

Bei den Schwächungskoeffizienten müssen wir vier Fälle unterscheiden:

1. Die Schwächung der Cr-Kα-Strahlung im Chromanteil der Probe,
2. die Schwächung der Si-Kα-Strahlung im Chromanteil der Probe,
3. die Schwächung der Cr-Kα-Strahlung im Siliziumanteil der Probe und
4. die Schwächung der Si-Kα-Strahlung im Siliziumanteil der Probe.

Wir nehmen an, dass wir die vier Anteile linear überlagern können. Mit der Formel

$$\frac{{}^E(\mu/\rho)_Z}{\text{cm}^2 \cdot \text{g}^{-1}} = C \cdot \left(\frac{12{,}396}{E/\text{keV}} \right)^{\alpha} \cdot Z^{\beta} \tag{9.37}$$

($\to$ Abschn. 10.8.1) und den Parametern aus Tab. 10.4 folgt für die Anteile:

$$(\mu/\rho)_{Cr \to Cr} = 3{,}12 \cdot 10^{-2} \cdot \left(\frac{12{,}396}{5{,}41}\right)^{2{,}66} \cdot 24^{2{,}47} \cdot \frac{cm^2}{g} = 726 \frac{cm^2}{g}$$

$$(\mu/\rho)_{Cr \to Si} = 1{,}38 \cdot 10^{-2} \cdot \left(\frac{12{,}396}{5{,}41}\right)^{2{,}79} \cdot 14^{2{,}73} \cdot \frac{cm^2}{g} = 188 \frac{cm^2}{g}$$

$$(\mu/\rho)_{Si \to Cr} = 9{,}59 \cdot 10^{-4} \cdot \left(\frac{12{,}396}{1{,}74}\right)^{2{,}7} \cdot 24^{2{,}9} \cdot \frac{cm^2}{g} = 1932 \frac{cm^2}{g}$$

$$(\mu/\rho)_{Si \to Si} = 1{,}38 \cdot 10^{-2} \cdot \left(\frac{12{,}396}{1{,}74}\right)^{2{,}79} \cdot 14^{2{,}73} \cdot \frac{cm^2}{g} = 4444 \frac{cm^2}{g} \, .$$

(9.38)

Für CrSi gilt demnach

$$(\mu/\rho)_{Cr \to CrSi} = 0{,}5 \cdot 726 \frac{cm^2}{g} + 0{,}5 \cdot 188 \frac{cm^2}{g} = 457 \frac{cm^2}{g}$$

$$(\mu/\rho)_{Si \to CrSi} = 0{,}5 \cdot 1932 \frac{cm^2}{g} + 0{,}5 \cdot 4444 \frac{cm^2}{g} = 3188 \frac{cm^2}{g}$$

(9.39)

und für CrSi$_3$:

$$(\mu/\rho)_{Cr \to CrSi_3} = 0{,}25 \cdot 726 \frac{cm^2}{g} + 0{,}75 \cdot 188 \frac{cm^2}{g} = 322 \frac{cm^2}{g}$$

$$(\mu/\rho)_{Si \to CrSi_3} = 0{,}25 \cdot 1936 \frac{cm^2}{g} + 0{,}75 \cdot 4444 \frac{cm^2}{g} = 3816 \frac{cm^2}{g}$$

(9.40)

Bei einem Abnahmewinkel $\delta = 20°$ erhalten wir gemäß Gl. (9.35) für die kritischen Schichtdicken im Fall von CrSi

$$t_{CrSi} < \frac{0{,}2 \cdot \sin \delta}{\rho \cdot |(\mu/\rho)_{Cr \to CrSi} - (\mu/\rho)_{Si \to CrSi}|} = \frac{0{,}0684 \cdot cm}{4{,}76 \cdot |457 - 3188|} = 53 \text{ nm} \, .$$

und im Fall von CrSi$_3$:

$$t_{CrSi_3} < \frac{0{,}2 \cdot \sin \delta}{\rho \cdot |(\mu/\rho)_{Cr \to CrSi_3} - (\mu/\rho)_{Si \to CrSi_3}|} = \frac{0{,}0684 \cdot cm}{3{,}54 \cdot |322 - -3816|} = 55 \text{ nm} \, .$$

Für CrO gilt: $c_{Cr} = 0{,}5$ und $c_O = 0{,}5$ und daher mit den o. g. Vereinfachungen

$$\rho_{CrO} = c_{Cr} \cdot \rho_{Cr} + c_O \cdot \rho_O$$
$$= 0{,}5 \cdot 7{,}19 \text{ g/cm}^3 + 0{,}5 \cdot 0{,}0014 \text{ g/cm}^3 = 3{,}6 \text{ g/cm}^3 \, .$$

(9.41)

Für die Schwächungskoeffizienten folgt

$$
\begin{aligned}
(\mu/\rho)_{Cr\to Cr} &= 3{,}12 \cdot 10^{-2} \cdot \left(\frac{12{,}396}{5{,}41}\right)^{2{,}66} \cdot 24^{2{,}47} \cdot \frac{\mathrm{cm}^2}{\mathrm{g}} = 726 \, \frac{\mathrm{cm}^2}{\mathrm{g}} \\
(\mu/\rho)_{Cr\to O} &= 5{,}4 \cdot 10^{-3} \cdot \left(\frac{12{,}396}{5{,}41}\right)^{2{,}79} \cdot 8^{3{,}07} \cdot \frac{\mathrm{cm}^2}{\mathrm{g}} = 36 \, \frac{\mathrm{cm}^2}{\mathrm{g}} \\
(\mu/\rho)_{O\to Cr} &= 9{,}59 \cdot 10^{-4} \cdot \left(\frac{12{,}396}{0{,}523}\right)^{2{,}7} \cdot 24^{2{,}9} \cdot \frac{\mathrm{cm}^2}{\mathrm{g}} = 49698 \, \frac{\mathrm{cm}^2}{\mathrm{g}} \\
(\mu/\rho)_{O\to O} &= 5{,}4 \cdot 10^{-3} \cdot \left(\frac{12{,}396}{0{,}523}\right)^{2{,}92} \cdot 8^{3{,}07} \cdot \frac{\mathrm{cm}^2}{\mathrm{g}} = 33055 \, \frac{\mathrm{cm}^2}{\mathrm{g}} \, .
\end{aligned}
\tag{9.42}
$$

und damit

$$
\begin{aligned}
(\mu/\rho)_{Cr\to CrO} &= 0{,}5 \cdot 726 \, \frac{\mathrm{cm}^2}{\mathrm{g}} + 0{,}5 \cdot 36 \, \frac{\mathrm{cm}^2}{\mathrm{g}} = 381 \, \frac{\mathrm{cm}^2}{\mathrm{g}} \\
(\mu/\rho)_{O\to CrO} &= 0{,}5 \cdot 49698 \, \frac{\mathrm{cm}^2}{\mathrm{g}} + 0{,}5 \cdot 33055 \, \frac{\mathrm{cm}^2}{\mathrm{g}} = 41376 \, \frac{\mathrm{cm}^2}{\mathrm{g}}
\end{aligned}
\tag{9.43}
$$

bzw. für die Grenzschichtdicke:

$$
t_{CrO} < \frac{0{,}2 \cdot \sin\delta}{\rho \cdot |(\mu/\rho)_{Cr\to CrO} - (\mu/\rho)_{O\to CrO}|} = \frac{0{,}0684 \cdot \mathrm{cm}}{3{,}6 \cdot |381 - 41376|} = 5 \, \mathrm{nm} \, .
$$

Bei Probendicken von typischerweise 50 nm ... 100 nm im Transmissionselektronenmikroskop muss bei der Quantifizierung der Röntgenspektren im Fall von Chrom und Silizium mit Fehlern um 10 % durch Absorption gerechnet werden, bei Chrom und Sauerstoff führt eine Quantifizierung ohne Absorptionskorrektur zu irrelevanten Ergebnissen.

Wie kann man diesen Absorptionseinfluss korrigieren? Natürlich durch eine Rechnung (→ Abschn. 10.8.3). Allerdings müssen dazu Probendicke, Probendichte und Schwächungskoeffizienten hinreichend genau bekannt sein. Bei unseren Beispielen hatten wir uns mit Näherungen (lineare Überlagerung der Beiträge) für Dichte und Schwächungskoeffizienten begnügt. Die Messung der Probendicke ist problematisch, wenn dies routinemäßig durchgeführt werden soll.

Wir wollen deshalb auf ein Verfahren von Z. Horita [7] zur Absorptionskorrektur hinweisen, welches ohne Kenntnis dieser Werte auskommt. Voraussetzung sind eine Probe mit kontinuierlich veränderlicher Dicke, wie dies bei abgedünnten Proben am keilförmigen Rand in der Regel gegeben ist, und ein Material, das mindestens eine hochenergetische Röntgenlinie emittiert.

Mehrere Spektren werden an Stellen unterschiedlicher Probendicke unter sonst identischen Bedingungen aufgenommen (Strahlstrom, Abnahmewinkel, Messzeit) und ohne Absorptionsberücksichtigung quantifiziert. Die Quantifizierungsergebnisse werden in einem Diagramm als Ordinatenwerte über den Intensitäten einer

Abb. 9.20 Absorptionskorrektur
bei EDXS-Messung des
Silizium-Chrom-
Verhältnisses nach dem
Verfahren von Horita [7]

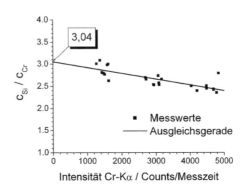

hochenergetischen Röntgenlinie (hängt linear von der Probendicke ab) aufgetragen und ihr Verlauf zum Abszissenwert null (d. h. Dicke null) extrapoliert. Der zugehörige Ordinatenwert ist das absorptionskorrigierte Quantifizierungsergebnis (vgl. Abb. 9.20). Die Abbildung zeigt die Korrektur am Beispiel einer gesputterten Silizium-Chrom-Mischschicht. Das Target enthielt 74 Atom-% Silizium und 26 Atom-% Chrom. Die Spektren wurden an drei verschieden dicken Stellen der Probe aufgenommen (Dicken etwa 50 nm, 100 nm und 150 nm), die drei Gruppen von c_{Si}/c_{Cr}-Verhältnissen ergaben. Bei Cr-Kα-Intensitätswerten von etwa 1500 Counts/Messzeit (dünnste Stelle) mit einem Mittelwert von 2,9, die bei etwa 3000 Counts/Messzeit mit einem Mittelwert von 2,65 und die von der dicksten Stelle bei 4000 bis 5000 Counts/Messzeit mit einem Mittelwert von 2,5. Die Extrapolation liefert einen Wert von 3,04 für das c_{Si}/c_{Cr}-Verhältnis. Das entspricht einem Siliziumanteil von 75,2 Atom-% und kommt damit dem Targetwert sehr nahe. Die substratähnliche Zusammensetzung wurde auch erwartet.

Das an der 100 nm dicken Probenstelle gemessene Konzentrationsverhältnis von 2,65 weicht um ca. 13 % vom Sollwert ab. Diese Dicke liegt über der oben berechneten Grenzschichtdicke von 55 nm für 10 % Abweichung durch Absorption. Die größenordnungsmäßige Übereinstimmung zeigt, dass unser einfaches Modell zur Abschätzung des Absorptionseinflusses geeignet ist.

- zufällige Fehler

Schließlich wollen wir auf einige Fehler bei EDXS-Messungen hinweisen, die vom Experimentator beeinflusst werden können. Zunächst erinnern wir daran, dass sowohl die Röntgenemission als auch der Nachweis statistische Prozesse sind ($\rightarrow$ Abschn. 10.11). Bei einer Zahl N von statistischen Ereignissen ist der relative Fehler bei einer statistischen Sicherheit von 99,7 %

$$\frac{\sqrt{N}}{N} = \frac{1}{\sqrt{N}} \tag{9.44}$$

oder anders ausgedrückt: Soll der statistische Fehler bei Auswertung von zwei Röntgenpeaks mit den counts (nachgewiesene Ereignisse) $N_1 = N$ und $N_2 = a \cdot N$ kleiner als 1 % sein, so muss die Zahl N der counts im Bezugspeak

$$N > \frac{10.000}{a} \cdot (1 + \sqrt{a})^2 \qquad (9.45)$$

sein, bei zwei gleich großen Peaks also je 40.000 counts.

Ein zweites Problem sind Hindernisse, die die Röntgenstrahlung auf ihrem Weg zum Detektor überwinden muss *(Abschattung)*. Dies kann der Steg eines Objektträgernetzes sein oder ein überstehendes Probendetail oder auch der Rand des Probenhalters. Im EDX-Spektrum äußert sich dies in fehlendem oder reduziertem Signal bei niedrigen Energien einschließlich des Bremsstrahlungsuntergrundes. Kippen der Probe in Richtung des Röntgendetektors kann die Lage verbessern. Bereits beim Einbau der Probe in den Halter muss darauf geachtet werden, dass die Röntgenstrahlung ungehindert den Detektor erreichen kann. Bei in der Regel oberhalb der Probe befindlicher Detektorachse sind Trägernetze mit der Schicht nach oben einzubauen. (Achtung, oft sind die Halter in Einbaustellung 180° um ihre Achse gegen die Arbeitsstellung im Mikroskop gedreht!) Trägerhalbringe mit angeschweißten FIB-Lamellen (s. Abb. 3.15a) sollten so eingelegt werden, dass die offene Trägerseite zum Detektor zeigt. Es lohnt sich, vor dem Probeneinbau über diese Dinge nachzudenken, denn jeder Probenein- und -ausbau birgt die Gefahr der Beschädigung der Probe in sich.

9.2.5 Linienprofile und Elementverteilungsbilder

In rastertransmissionselektronenmikroskopischer Arbeitsweise ist es möglich, den Elektronenstrahl schrittweise auf einer im STEM-Bild vorgegebenen Linie zu führen und an jedem Haltepunkt ein EDX-Spektrum aufzunehmen.

Diese Verfahrensweise wird auch als „Linescan" bezeichnet. In den Spektren wird dann ein charakteristischer Röntgenpeak ausgewählt, ein Fenster mit einer Weite von 100 eV ... 200 eV über diesen Peak gelegt und die Intensitäten in diesem Fenster aus allen Spektren extrahiert. Das Ergebnis ist ein Profil des Anteils des zum ausgewählten Peak gehörenden Elements entlang der vorgegebenen Linie (s. Abb. 9.21).

Das Intensitätsprofil der Ta-M-Linie in Abb. 9.21c zeigt den typischen Verlauf für eine Rohrwandbeschichtung [8].

An querschnittspräparierten Proben (vgl. Abschn. 3.3 und 3.4) ist es mit dieser Linescan-Methode möglich, Diffusionsprofile aufzunehmen. Dabei interessiert die Ortsauflösung des Verfahrens. Wir wissen bereits von Abb. 8.5, dass der Elektronenstrahl durch elastische Streuung innerhalb der Probe aufgeweitet wird. In Abb. 9.23a ist dies schematisch dargestellt. Die Durchmesseraufweitung b kann nach

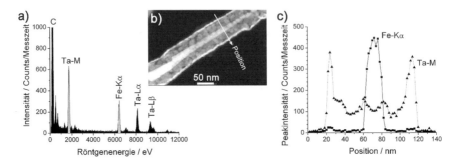

Abb. 9.21 EDXS-Linescan-Messung an eisengefüllten und mit Tantal ALD (Atomic Layer Deposition)-beschichteten Kohlenstoff-Nanoröhren. a) EDX-Spektrum als Summe aller Einzelspektren. Die Energiefenster sind grau eingefärbt und erfassen den Ta-M-Peak und den Fe-Kα-Peak. b) STEM-HAADF-Bild mit eingezeichneter Linie (Position) entlang derer die Einzelspektren (70 Stück) aufgenommen wurden. c) Profil der Röntgenintensitäten des Ta-M- und des Fe-Kα-Peaks entlang der Positionslinie. Die kleinen Ta-Peaks am Rande des Fe-Profils deuten auf eine Ta-Hülle der Eisenfüllung hin. *Die Probe wurde freundlicherweise von S. Menzel zur Verfügung gestellt.*

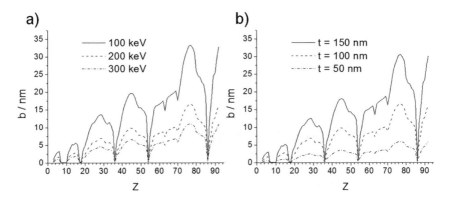

Abb. 9.22 Verbreiterung der Elektronensonde in Abhängigkeit von der Ordnungszehl nach der Goldstein-Formel (9.46) bei a) einer Foliendicke von 100 nm und verschiedenen Primärenergien b) einer Primärenergie von 200 keV und verschiedenen Foliendicken

J. I. Goldstein[17] [9] mit einer Näherungsformel

$$\frac{b}{\text{nm}} = \frac{0,126 \cdot Z}{E_0/\text{keV}} \cdot \sqrt{\frac{\rho/(\text{g} \cdot \text{cm}^{-3})}{M} \cdot (t/\text{nm})^3} \qquad (9.46)$$

(Z: Ordnungszahl, E_0: Primärelektronenenergie, ρ: Dichte, M: Atomgewicht, t: Probendicke) abgeschätzt werden (s. Abb. 9.22).

Bei einer Probendicke von 100 nm und einer Primärelektronenenergie von 200 keV folgt daraus für Kohlenstoff eine Zunahme des Sondendurchmessers um 1,5 nm, bei

---

[17] Joseph I. Goldstein, amerikanischer Materialwissenschaftler, 1939–2015

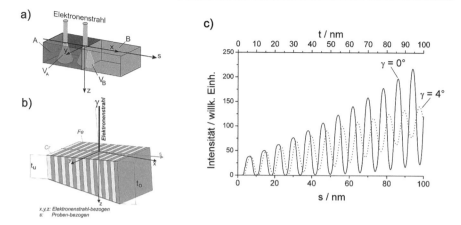

Abb. 9.23 Ortsauflösung bei der Linescan-Methode. a) Schema der über eine Grenze zwischen den Materialien A und B laufenden, aufgeweiteten Elektronensonde. b) Schema eines Schichtstapels aus Fe/Cr-Multischichten mit 4 nm Einzelschichtdicke und keilförmig von t_u zu t_o zunehmender Probendicke t. Die Grenzflächen sind um den Winkel γ gegen die Elektroneneinfallsrichtung gekippt. c) Berechnetes Intensitätsprofil für Eisen bei Kippwinkeln von $0°$ und $4°$ (Sondendurchmesser an der oberen Fläche der Probe: 1 nm). Bei dem (angenommenen) Keilwinkel von $45°$ stimmen s- und t-Skale überein ($t_u = 0$, $t_o = 100$ nm)

Chrom um 5,6 nm und bei Gold um 15,6 nm. Die Nichtmonotonie bei der Abhängigkeit der Dichte von der Ordnungszahl überträgt sich auf die Abhängigkeit der Sondenverbreiterung von der Ordnungszahl. Genauere Rechnungen sind mit dem Monte-Carlo-Verfahren möglich (vgl. Abschn. 8.4).

Wie Abb. 9.23a zeigt, tritt die aufgeweitete Elektronensonde allmählich durch die Grenzschicht zwischen zwei Materialien. Die Anregungsvolumina in Material A und B ändern sich demzufolge nicht abrupt, die Intensitätsprofile sind verschmiert. Sie werden zusätzlich verbreitert, wenn die Grenzschicht nicht exakt parallel zum einfallenden Elektronenstrahl ausgerichtet sondern um einen Winkel γ verkippt ist.

Die Problematik lässt sich recht gut am Beispiel der Untersuchung von Multischichtstapeln veranschaulichen (s. Abb. 9.23b). Es wird ein Fe-Cr-Stapel mit 4 nm Schichten und keilförmig von 0 auf 100 nm anwachsender Probendicke angenommen. Das Ergebnis einer Rechnung [10] für den exakt ausgerichteten ($\gamma = 0°$) und den um $4°$ gegen die Elektronenstrahlrichtung verkippten Schichtstapel in Abb. 9.23c zeigt, dass bei exakt ausgerichteter Probe das Eisensignal ab einer Probendicke t von etwa 40 nm im Chrombereich nicht mehr auf null zurückgeht, seine Modulationshöhe aber weiter ansteigt. Bei der verkippten Probe sinkt die Modulationshöhe demgegenüber dramatisch, so dass ab einer Probendicke von ca. 150 nm kein Schichtstapel mehr erkennbar wäre.

Wenn die Elektronensonde nicht nur eine Linie sondern eine Fläche abrastert, erhält man ein zweidimensionales Elementverteilungsbild. Oft werden derartige Bilder für verschiedene Elemente aufgenommen, unterschiedlich eingefärbt und überlagert. Abb. 9.24 zeigt das Ergebnis von einer Cr/Fe-Multischicht wie sie beschrieben

Abb. 9.24 In Rasterarbeitsweise mit EDXS aufgenommene Elementverteilungsbilder für Chrom und Eisen, koloriert (Cr: grün, Fe: rot) und überlagert. Der Schichtstapel beginnt links mit einer 15 nm dicken Cr-Schicht, die folgenden Multischichtdicken betragen (4 ... 5) nm. Die Probendicke steigt nach rechts keilförmig an

wurde. Der Bildeindruck stimmt mit der Erwartung überein: Mit wachsender Probendicke verschmieren die Farben zunehmend. Am rechten Rand ist nur noch gelb als Mischfarbe zu sehen.

9.3   Elektronenenergieverlust-Spektroskopie (EELS)

Nachdem wir uns mit den Röntgenstrahlungsübergängen innerhalb der Elektronenhüllen der Atome und ihrer Messung befasst haben, wollen wir uns wieder den Primärelektronen zuwenden. Aus der Beschleunigungsspannung zwischen Kathode und Anode können wir deren Energie vor dem Eindringen in die Probe berechnen. Wenn wir ihre Energie nach Verlassen der Probe messen, kennen wir den Energieverlust, den diese Elektronen in der Probe erlitten haben. Aus Abschn. 9.1.2 wissen wir, dass diese Energieverluste charakteristisch für die Elemente und für die Bindungen zwischen den Atomen im Festkörper sind. Wir wollen uns nun den praktischen Gesichtspunkten dieser *Elektronenenergieverlust-Spektroskopie* (englisch: „*Electron Energy Loss Spectroscopy*" – *EELS*) widmen: Wie können Elektronenenergien gemessen werden? Wie sehen die Spektren aus, und was können wir daraus lernen? Welche Möglichkeiten in Verbindung mit dem Transmissionselektronenmikroskop gibt es?

9.3.1   Elektronenenergie-Spektrometer

Aufgabe des Spektrometers ist es, die einfallenden Elektronen nach ihrer Energie zu trennen, d. h. Elektronen unterschiedlicher Energie sollen das Spektrometer an verschiedenen Orten bzw. mit verschiedenen Bahnneigungen verlassen. In der Lichtoptik erledigt dies ein Glasprisma. In → Abschn. 10.9 wird gezeigt, dass magnetische oder elektrische Felder diese Aufgabe für Elektronen übernehmen können.

Abb. 9.25 Schematische Darstellung eines Elektronenenergie-Spektrometers

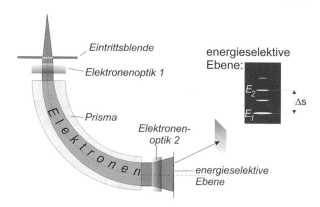

Das magnetische oder elektrostatische Prisma muss durch elektronenoptische Bauelemente ergänzt werden, die u. a. dafür sorgen, dass die Elektronen parallel in das Prisma einfallen und die Änderung der *Dispersion* ermöglichen (vgl. Abb. 9.25).

Im Zusammenspiel mit den elektronenoptischen Einheiten (Multipole) erzeugt das Prisma eine *energieselektive Ebene,* in der sich Elektronen gleicher Energie am selben Ort treffen. Die Entfernung Δs zwischen den Auftrefforten von Elektronen mit den Energien E_1 und E_2 ist durch die *Dispersion* (Empfindlichkeit) des Spektrometers bestimmt:

$$D = \frac{\Delta s}{E_1 - E_2} \; . \tag{9.47}$$

Die Dispersion wird auch durch die Primärenergie beeinflusst. Je kleiner diese ist, desto höher wird die Dispersion ($\rightarrow$ Abschn. 10.9). Prinzipiell ist es möglich, mit Hilfe sogenannter *Immersionslinsen* die Elektronen insgesamt zu verzögern, um die Dispersion zu vergrößern.

Die energieselektive Ebene wird auf eine CCD-Kamera (vgl. Abschn. 2.7.4) abgebildet und die Helligkeitswerte ausgelesen. Die Justage des Spektrometers umfasst die Kontrolle und evtl. Korrektur des senkrechten Elektroneneinfalls in das Prisma und der Fokussierung von Elektronen gleicher Energie in die energieselektive Ebene. Bei modernen Spektrometern wird diese Justage von einer Software übernommen, wobei u. U. Eingriffe des Experimentators notwendig werden, seine Erfahrungen also überaus nützlich sind.

9.3.2 Low-Loss- und Core-Loss-Bereich der Spektren

Wir wollen uns nun ein Elektronenenergieverlust-Spektrum ansehen, wie es typisch für die im Transmissionselektronenmikroskop aufgenommenen Spektren ist (s. Abb. 9.26). Die Spektren sind normiert, d. h. die höchste Intensität im ausgewählten Energiebereich ist gleich eins gesetzt. Auf der Abszisse ist der Energieverlust in der Probe, d. h. die Differenz aus der durch die Beschleunigungsspannung zwischen Kathode und Anode bestimmten ursprünglichen Primärenergie und der mit

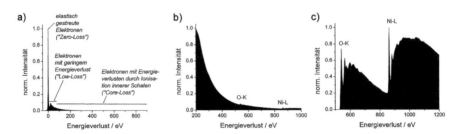

Abb. 9.26 Elektronenenergieverlust-Spektrum von Nickeloxid. a) Komplettes Spektrum mit Kennzeichnung der drei wesentlichen Abschnitte. b) Core-Loss-Abschnitt, separat aufgenommen mit höherer Intensität und längerer Messzeit als (a). c) Bereich der O-K- und der Ni-L-Kante von (b) nach weiterer Verstärkung und Untergrundabzug

dem Spektrometer gemessenen Elektronenenergie, aufgetragen. Die Intensität hängt außer vom Energieverlust auch vom Strahlstrom und der Dispersion des Spektrometers ab. Die Pixelgröße der CCD-Kamera bestimmt zusammen mit der Zahl der zusammengeschalteten Pixel ein Energiefenster, innerhalb dessen die Elektronen hinsichtlich ihrer Energie nicht unterschieden werden. Die Breite dieses Energiefensters sinkt mit wachsender Dispersion, d. h. die Zahl der pro Pixel registrierten Elektronen wird mit wachsender Dispersion kleiner, das Signal-Rausch-Verhältnis sinkt.

Bei hinreichend dünnen Proben rührt die weitaus größte Intensität ($>90\%$) von elastisch gestreuten Elektronen her (Abb. 9.26a). Zur Erinnerung: Elastische Streuung erfolgt ohne Energieverlust. Im EEL-Spektrum sind englische Bezeichnungen üblich: *Zero-Loss-Peak*. Eigentlich sollte dies eine einzelne Linie sein. Dies wird zum einen durch die Unterschiede in der Energie der aus der Kathode austretenden Elektronen (Energiebreite – vgl. Abschn. 2.5) und zum anderen durch das begrenzte energetische Auflösungsvermögen des Spektrometers (Dispersion und Kamera-Pixelgröße) verhindert. Das Spektrometer wird so eingestellt, dass der Energieverlust null auf das Maximum des Zero-Loss-Peaks fällt. Die Intensität im negativen Teil der Abszisse kommt also nicht durch beschleunigte Elektronen zustande sondern durch die endliche Breite dieses Peaks.

An den Peak elastisch gestreuter Elektronen schließt sich der *Low-Loss-Bereich* an. Derartig geringe Energieverluste entstehen, wenn durch die Primärelektronen Übergänge zwischen eng benachbarten Energiezuständen, beispielsweise Übergänge innerhalb des Leitungsbandes, oder Schwingungen des Elektronengases als Ganzes (Plasmonen) bzw. des Verbandes der Festkörperatome (Phononen mit Energien unter 0,1 eV) angeregt werden. Phononen spielen in der EELS-Praxis im TEM keine Rolle.

Größere Energieverluste entstehen bei Ionisation innerer Schalen *(Core-Loss-Bereich)*. Die Intensität wird so gering, dass in der Regel zur Messung in diesem Energieverlust-Bereich der Strahlstrom oder die Blenden vergrößert und die Messzeit verlängert werden müssen.

Um die CCD-Kamera nicht zu beschädigen, wird der intensitätsreiche Zero-Loss-Peak und u. U. auch der Low-Loss-Bereich abgeschnitten, d. h. das Spektrum wird in

Abb. 9.27 Korrelation zwischen der elektronischen Zustandsdichte (Dichte der freien Zustände) und dem Elektronenenergieverlust-Spektrum

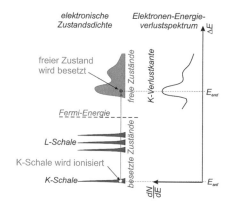

der energieselektiven Ebene verschoben *(Offset),* so dass diese Bereiche nicht mehr in das Gesichtsfeld der Kamera fallen (Abb. 9.26b).

Besonders im Core-Loss-Bereich fällt der hohe, hyperbolisch abfallende Untergrund auf, der durch nichtcharakteristische inelastische Wechselwirkungen zwischen Primärelektronen und Probe (z. B. Erzeugung von Bremsstrahlung – vgl. Abschn. 9.1.1) zustande kommt. Häufig führt dieser Untergrund dazu, dass die elementspezifischen Kanten erst nach dessen Abzug eindeutig identifiziert werden können (s. Abb. 9.26c). Wir werden im Abschn. 9.3.7 darauf zurückkommen.

Im untergrundkorrigierten Spektrum sehen wir, dass der Kantenverlauf nicht monoton sondern strukturiert ist *(Kantenfeinstruktur).* Um dies zu verstehen, vergegenwärtigen wir uns noch einmal, was „Ionisation einer inneren Schale" bedeutet: Dem Hüllenelektron muss mindestens die Energie übertragen werden, die es ihm ermöglicht, den auf höherem Potential gelegenen ersten freien Platz zu erreichen. Die Betonung liegt auf „mindestens", d. h. es sind auch größere Energieüberträge möglich.

Die Energieverlustkante beginnt deshalb bei diesem Mindestwert *(Onset)* und fällt dann allmählich ab. Zur Erklärung der Strukturierung benötigen wir noch eine Vorstellung der Verteilung der freien Plätze, genauer, der Zustandsdichte der freien Plätze *(Density of States – DOS).* Da viele Elektronen zur Verfügung stehen, werden diese freien Plätze nach und nach aufgefüllt und die Zustandsdichte spiegelt sich in der Feinstruktur der Energieverlustkante wider (vgl. Abb. 9.27 und Abschn. 9.3.6). Da die Dichte der freien Zustände u. a. durch die Bindungsverhältnisse zwischen den Atomen beeinflusst wird, können mittels EELS auch Bindungsverhältnisse analysiert werden.

Wenn das energetische Auflösungsvermögen des Spektrometers ausreicht und die Energiebreite der aus der Kathode austretenden Elektronen hinreichend klein ist, können mittels EELS alle Festkörpereigenschaften bestimmt werden, die sich in der Dichte der freien Zustände widerspiegeln.

9.3.3 Qualitative Elementanalyse

Die Bestimmung der an den Energieverlusten beteiligten Elemente wird vorzugsweise im Core-Loss-Bereich des Energieverlust-Spektrums vorgenommen. Benötigt
werden ein akkurat kalibriertes Spektrometer und die Kenntnis der Ionisationsener-
gien für Elemente und Energiezustände. In Abb. 9.26 hatten wir bereits die Elemente
Sauerstoff und Nickel an die zwei sichtbaren Verlustkanten angetragen.

Wegen der Zunahme möglicher Zustände bei L-, M-, N- usw. Kanten existieren
in diesen Fällen mehrere unmittelbar aufeinanderfolgende Energieverlustkanten, die
aufgrund ihrer unterschiedlichen Ionisationswahrscheinlichkeiten auch unterschiedlich stark ausgeprägt sind. Sie beeinflussen die Kantenfeinstruktur und werden mit
dem Namen der ionisierten Schale und einer fortlaufenden Zahl bezeichnet, z. B.
L1, L2, L3. Für Nickel betragen die einzelnen Energieverluste bei Ionisation der
L-Schale L1 = 1008 eV, L2 = 872 eV und L3 = 855 eV (s. Abb. 9.28). Im Unterschied zu den Röntgenspektren liegen hier die Absorptionskantenenergien nicht im
Peakmaximum sondern am Beginn des Anstiegs der Intensität, der auch als Onset
bezeichnet wird.

Weil die Form der Kante durch die freie Zustandsdichte bestimmt wird und sich
die Elemente darin unterscheiden, ist die Kantenform für die Elemente bereits im
ungebundenen Zustand unterschiedlich. In Abb. 9.29 sind anhand der Spektren von
Kohlenstoff, Sauerstoff und Kupfer drei Varianten als Beispiele gegenübergestellt.
Bei ausreichender Energieauflösung des Spektrometers wird am Onset der K-Kante
von graphitischem Kohlenstoff ein *Vorpeak* beobachtet, der durch π-Bindungen (vgl.
Abschn. 9.1.2 und beispielsweise [11]) hervorgerufen wird. Die Sauerstoff-K-Kante
bei Nickeloxid beginnt mit einem steilen Anstieg und einem „scharfen" Peak, der
im Falle einer fotografischen Registrierung des Spektrums eine scharfe weiße Linie
ergibt. Daher auch der Name dieser Eigenschaft: *weiße Linie*. Bei der L-Kante von
Kupfer erfolgt der Anstieg langsamer *(verzögerte Kante)*.

Ähnlich wie bei den Röntgenspektren kann es trotz der mehr als 100-fach besseren Energieauflösung des EEL-Spektrometers wegen der breiten Kantenstruktur zu

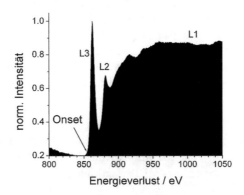

Abb. 9.28 Bezeichnung der Teile der aufgespaltenen L-Kante von Nickel. Die Absorptionskantenenergien kennzeichnen den Beginn des Kantenanstiegs im Spektrum („Onset")

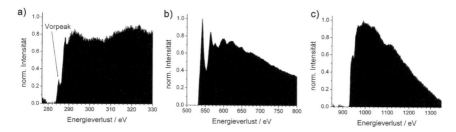

Abb. 9.29 Typische Kantenformen in EEL-Spektren nach Untergrundabzug. a) K-Kante von graphitischem Kohlenstoff. b) K-Kante von Sauerstoff in Nickeloxid. c) L-Kanten von Kupfer. Achtung, unterschiedliche Abszissenmaßstäbe!

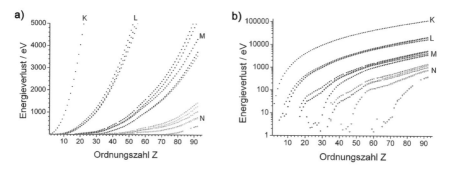

Abb. 9.30 Energieverlustkanten (Onset) der K-, L- M- und N-Serie in a) linearer und b) logarithmischer Darstellung

Überlagerungen kommen, die im Spektrum das Vorhandensein eines weiteren Elementes vortäuschen oder auch vertuschen. Die charakteristischen Energieverluste (s. Abb. 9.30), entsprechen den Absorptionskantenenergien für die Röntgenstrahlung ($\rightarrow$ Abschn. 10.8.1).

Wegen der schlechteren Energieauflösung der energiedispersiven Röntgenspektrometer spielt die Aufspaltung dort im Allgemeinen keine Rolle und es werden bei der Röntgenspektroskopie für die einzelnen Schalen oft nur mittlere Energien der Absorptionskanten angegeben.

Prinzipiell unterscheiden sich auch die Plasmonenverluste der Elemente voneinander. Die Unterschiede sind allerdings gering und extrem bindungsabhängig. Sie liegen zudem im Low-Loss-Bereich und sind oft von großem Untergrund überlagert, so dass die Plasmonenverluste nur in Ausnahmefällen zur qualitativen Elementanalyse herangezogen werden, z. B. um Silizium als Element von solchem in SiO_2 zu unterscheiden [12].

9.3.4 Untergrund und Vielfachstreuung: Anforderungen an die Probe

In Abb. 9.26b hatten wir gesehen, dass die elementspezifischen Kanten nur wenig aus dem hyperbolisch abfallenden Untergrund herausragen und oft erst nach Abzug dieses Untergrundes genauer zu identifizieren sind. Wir wollen nun überlegen, woher dieser Untergrund kommt, wie wir ihn mathematisch modellieren können und welche Möglichkeiten es zu seiner Reduzierung gibt.

Ursachen für den Untergrund sind nichtcharakteristische Energieverluste der Primärelektronen: Die Erzeugung von Bremsstrahlung, Elektronen, die vollkommen aus den Atomhüllen entfernt und irgendeine kinetische Energie ins Vakuum mitnehmen (z. B. Sekundärelektronen) sowie Übergänge zwischen Energiezuständen im Valenz- und Leitungsband (Interbandübergänge) sind einige der Möglichkeiten.

Schließlich kann es passieren, dass ein Primärelektron einen charakteristischen Energieverlust erleidet, vorher oder nachher in der Probe aber noch einen der aufgezählten nichtcharakteristischen Verluste erfährt und damit wiederum zum Untergrund beiträgt.

Für ein hohes Nettokantensignal ist offensichtlich eine Optimierung der Probendicke möglich: Die Wahrscheinlichkeit für einen charakteristischen Energieverlust steigt mit wachsender Probendicke. Andererseits steigt damit auch die Wahrscheinlichkeit für die Beteiligung eines nichtcharakteristischen Energieverlustes, so dass dieses Elektron nicht zur Nettokantenintensität beiträgt.

Die Wahrscheinlichkeit für diesen zusätzlichen Energieverlust ist durch die Form des Spektrums selbst gegeben. Besonders hohe Intensitäten (und damit Wahrscheinlichkeiten) treten im Zero-Loss- und im Low-Loss-Bereich auf (vgl. Abb. 9.26).

Mathematisch gesehen ist jede Energieverlust-Kante mit dem Zero-Loss- und Low-Loss-Bereich des Spektrums gefaltet (→ Abschn. 10.10). Die Entfernung der Vielfachstreuanteile aus dem Spektrum erfolgt deshalb durch Entfaltung des Spektrums. Natürlich müssen dazu auch Zero-Loss- und Low-Loss-Bereich gemessen worden sein.

Um den Untergrund quantitativ zu erfassen, müssen wir einen Formalismus für den Untergrundverlauf $U(\Delta E)$ finden. Wir verzichten auf den Versuch, dies exakt physikalisch zu begründen, sondern beschränken uns auf eine mathematische Anpassung. Das funktioniert zumindest in kleineren Energieverlustintervallen von 200 eV ... 300 eV recht gut mit der Funktion

$$U(\Delta E) = U_1 \cdot \left(\frac{\Delta E}{\Delta E_1} \right)^{-a} \tag{9.48}$$

(U_1: Untergrundhöhe bei Energieverlust ΔE_1, a: Anpassungsparameter). In Abb. 9.31 ist dies am Beispiel einer Ni-Mn-Schicht demonstriert. Zur Bestimmung

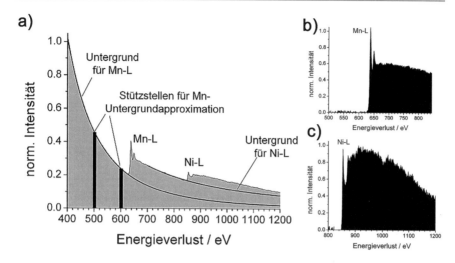

Abb. 9.31 Untergrundapproximation und -subtraktion im EEL-Spektrum von einer Mn-Ni-Schicht. a) Originalspektrum mit eingezeichneten Untergrund für die Mn-L- und die Ni-L-Kante. b) Profil der Mn-L-Kante nach Untergrundabzug. c) Profil der Ni-L-Kante nach Untergrundabzug

von a benötigen wir zwei Stützstellen $U_1(\Delta E_1)$ und $U_2(\Delta E_2)$. Da die Messkurven verrauscht sind, werden für diese Stützstellen schmale Fenster benutzt und die Untergrundhöhen U_1 und U_2 über diese Fenster gemittelt (vgl. Abb. 9.31a). Für a erhalten wir aus Gl. (9.48) mit den beiden genannten Stützstellen:

$$a = \ln\left(\frac{U_1}{U_2}\right) \Big/ \ln\left(\frac{\Delta E_2}{\Delta E_1}\right) \qquad (9.49)$$

Wir sehen, dass damit der Untergrund für die jeweilige Energieverlust-Kante gut modelliert wird. Wir erkennen aber auch, dass sich Messkurve und modellierter Untergrund innerhalb des Energieverlustintervalls bis 1200 eV nicht angleichen. Bei der Bestimmung der Nettokantenintensität (s. Abb. 9.31b und c) spielt demzufolge die Breite des Energieverlustfensters, innerhalb dessen die Kantenintensität ermittelt wird, eine Rolle.

Wir kommen nun auf die Optimierung der Probendicke zurück und wollen dies am Beispiel eines Nickeloxid-Kristalls mit variierender Dicke demonstrieren (vgl. Abb. 9.32). Im STEM-HAADF-Bild (vgl. Abschn. 8.5) sehen wir im Wesentlichen einen Massendickekontrast, d. h. bei konstanter chemischer Zusammensetzung einen Dickekontrast: Je dicker die Probenstelle, desto heller das Bild davon. Entlang der in Abb. 9.32a eingezeichneten weißen Gerade wurden 18 EDX- und EEL-Spektren aufgenommen, außerdem die Helligkeit im STEM-HAADF-Detektor registriert.

In Abb. 9.32b sind das Helligkeitssignal (STEM) sowie die EDX-Intensitäten des O-K-Peaks, des Ni-L-Peaks und des Ni-K-Peaks über der Spektrennummer aufgetragen. Wir sehen in Übereinstimmung mit der Erwartung, dass alle vier Kurven miteinander korrelieren: Je dicker die Probe, desto größer das EDXS-Signal. Anders verhalten sich die EELS-Signale (s. Abb. 9.32c): In den Spektren, die an

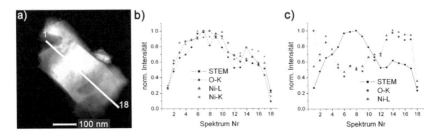

Abb. 9.32 Nettointensitäten bei variierender Probendicke eines NiO-Kristalls. a) STEM-HAADF-Bild. b) EDXS-Signale. c) EELS-Signale

Stellen der größten Bildhelligkeit registriert wurden, sinken die Nettointensitäten der O-K- und der Ni-L-Kante. Dies ist ein Zeichen für die Existenz einer optimalen Probendicke, die offenbar hier überschritten wird. Um dies zu quantifizieren, beschäftigen wir uns im nächsten Abschnitt mit der Messung der Probendicke mittels Elektronenenergieverlust-Spektroskopie.

9.3.5 Messung der Probendicke

Um eine Möglichkeit zur Messung der Probendicke mittels EELS aufzuzeigen, schauen wir auf Abb. 9.33. Darin werden die Peaks der elastisch gestreuten Elektronen (Zero-Loss) zusammen mit dem Low-Loss-Bereichen von zwei Spektren aus verschiedenen Dicken des Nickeloxid-Kristalls vom vorherigen Abschnitt verglichen. Die Spektren sind normiert, d. h. die Intensität des Kanals beim Energieverlust null ist bei beiden Spektren gleich eins gesetzt.

Wir sehen, dass im Low-Loss-Bereich der Untergrund im Vergleich zum elastischen Zero-Loss-Peak bei größerer Probendicke größer ist als bei geringerer Dicke. Das ist zu erwarten, steigt doch bei zunehmender Probendicke die Wahrscheinlichkeit für inelastische Wechselwirkungen an.

Dieser Effekt wird zur Messung der Probendicke ausgenutzt. Benötigt wird ein EEL-Spektrum wie in Abb. 9.33, d. h. ein Spektrum, das den Peak der elastisch gestreuten Elektronen und den Low-Loss-Bereich enthält. Die Anteile der elas-

Abb. 9.33 Vergleich des Zero-Loss- und Low-Loss-Bereichs zweier EEL-Spektren von einem NiO-Kristall mit unterschiedlicher Dicke

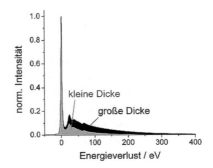

Abb. 9.34 Trennung der Intensität I_{el} im elastischen Peak von der Intensität I_{inel} der inelastisch gestreuten Elektronen

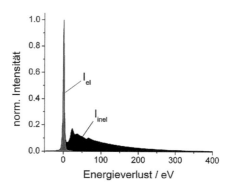

tisch und der inelastisch gestreuen Elektronen werden mathematisch voneinander getrennt (Flächen unter der Spektrenkurve), wie dies in Abb. 9.34 angedeutet ist.

Ähnlich wie bei der elastischen Streuung (vgl. Abschn. 6.1) definieren wir eine mittlere freie Weglänge für die inelastische Streuung Λ_{inel}, innerhalb derer der Anteil der elastisch gestreuten Elektronen an der Gesamtintensität I_0 auf $1/e$ (e = 2,71828..., natürliche Zahl) abgesunken ist:

$$I_{el} = I_0 \cdot \exp\left(-t/\Lambda_{inel}\right) = (I_{el} + I_{inel}) \cdot \exp\left(-t/\Lambda_{inel}\right) \tag{9.50}$$

bzw.

$$\frac{t}{\Lambda_{inel}} = \ln\left(\frac{I_{el} + I_{inel}}{I_{el}}\right) \tag{9.51}$$

(t: Probendicke). Damit erhalten wir die Probendicke als Vielfaches der mittleren freien Weglänge für die inelastische Streuung. Für diese Weglänge existieren Näherungsformeln, beispielsweise gilt nach R. F. Egerton [13]:

$$\frac{\Lambda_{inel}}{\text{nm}} = \frac{106 \cdot F \cdot E_0/\text{keV}}{E_m \cdot \ln\left(\dfrac{2 \cdot \beta}{\text{mrad}} \cdot \dfrac{E_0/\text{keV}}{E_m}\right)} \tag{9.52}$$

(β: Akzeptanzwinkel, d. h. maximaler Streuwinkel der inelastisch gestreuten Elektronen, die vom Spektrometer erfasst werden) mit dem relativistischen Korrekturfaktor

$$F = \frac{1 + E_0/1022 \text{ keV}}{(1 + E_0/511 \text{ keV})^2} \tag{9.53}$$

und der ordnungszahlabhängigen Größe E_m

$$E_m \approx 7,6 \cdot Z^{0,36} \tag{9.54}$$

mit Z als gewichteter Ordnungszahl der beteiligten Elemente.

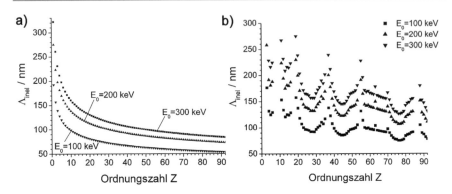

Abb. 9.35 Mittlere freie Weglänge für die inelastische Streuung in Abhängigkeit von der Ordnungszahl für drei Primärenergien und einen Akzeptanzwinkel von 10 mrad. a) Nach Formel (9.52). b) Nach Formel (9.55)

Andere Autoren [14] schlagen anstelle der Ordnungszahlabhängigkeit eine (plausiblere) Abhängigkeit von der Materialdichte ρ vor. Danach lautet der (etwas vereinfachte) Formalismus:

$$\frac{\Lambda_{\text{inel}}}{\text{nm}} = \frac{18{,}2 \cdot F \cdot E_0/\text{keV}}{\left(\rho/\left(\text{g} \cdot \text{cm}^{-3}\right)\right)^{0,3} \cdot \ln\left(\frac{1}{2} + \left(\frac{F \cdot E_0/\text{keV} \cdot \beta/\text{mrad}}{7{,}8 \cdot \left(\rho/(\text{g} \cdot \text{cm}^{-3})\right)^{0,3}}\right)^2\right)} \; . \quad (9.55)$$

Aus Abb. 9.35 erkennen wir die Größenordnung der mittleren freien Weglänge für die inelastische Streuung: Für die im Transmissionselektronenmikroskop üblichen Parameter und Probenmaterialien liegt sie zwischen 50 nm und 300 nm. Mit Gl. (9.51) können wir die Spektren von Abb. 9.32 quantifizieren und so eine optimale Dicke für EELS-Untersuchungen angeben (s. Abb. 9.36).

Aus Abb. 9.32 ist ersichtlich, dass die maximale Nettokantenintensität in den Spektren 14 bis 18 erreicht wird und deren Einbruch bei den Spektren 4 bis 10 auftritt. Aus Abb. 9.36 lesen wir für die Spektren 4 bis 10 ein Verhältnis $t/\Lambda_{\text{inel}} >$ 0,9 und für die Spektren 14 bis 18 ein t/Λ_{inel} zwischen 0,2 und 0,8 ab. Die Praxis lehrt, dass eine Probendicke t von $(0{,}3\ ...\ 0{,}4)\cdot\Lambda_{\text{inel}}$ für EELS optimal ist.

9.3.6 Kantenfeinstruktur: Bindungsanalyse

Aus Abschn. 9.3.2 wissen wir, dass sich in der Kantenfeinstruktur die Dichte der freien Zustände und damit die Art der Bindung zwischen den Atomen abbildet. Allerdings betrifft dies nur den Teil der Kantenfeinstruktur, der in unmittelbarer Nähe (d. h. in einer energetischen Entfernung von bis zu 40 eV ...50 eV) vom Onset der Ionisationskante auftritt. Die englische Bezeichnung ist *Energy Loss Near Edge Fine Structure,* woraus die Abkürzung ELNES für die Bindungsanalyse anhand von EEL-Spektren abgeleitet ist. Eine weitere Kantenfeinstruktur tritt in einer energetischen Entfernung bis zu mehr als 100 eV auf (*Extended Energy Loss Fine Structure*

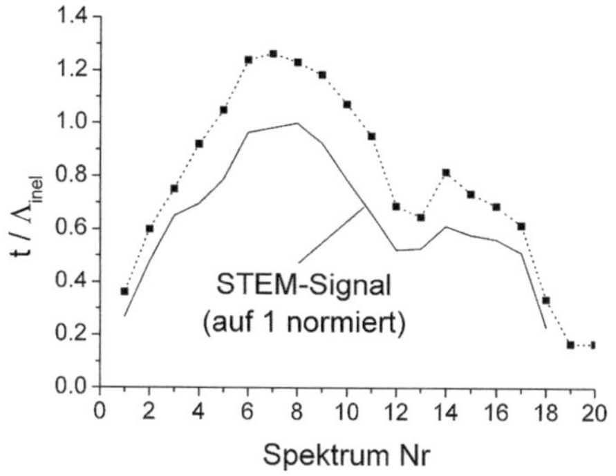

Abb. 9.36 Verhältnis der Probendicke t zur mittleren freien Weglänge Λ_{inel} für die inelastische Streuung in den EEL-Spektren von NiO (vgl. Abb. 9.32). Zum Vergleich ist das (auf 1 normierte) STEM-Signal aus Abb. 9.32 zusätzlich eingezeichnet

Abb. 9.37 Bereiche und Unterscheidungsmerkmale der EELS-Kantenfeinstruktur

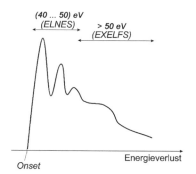

– EXELFS). Dafür sind Interferenzen der am Atomverband gestreuten Elektronenwellen verantwortlich (vgl. Abb. 9.37).

Wir wollen uns zuerst mit der *kantennahen Feinstruktur* beschäftigen. Zur Berechnung der Bandstruktur und damit der Zustandsdichte ist die Lösung der Schrödinger- oder Dirac[18]-Gleichung im Festkörper unter Berücksichtigung der von Atomkernen und Elektronen verursachten Potentiale notwendig. Dafür existieren Näherungsmethoden, wie die Dichtefunktionaltheorie ([15]–[18]) oder auch Näherungen auf Basis von Vielfachstreuprozessen, die eine Korrelation der ELNES-Strukturen mit Koordinationsschalen rund um das Streuzentrum herstellen.

Der Praktiker verzichtet in der Regel auf derartige Rechnungen und benutzt einen „Fingerabdruck", d. h. er vergleicht die gemessene Kantenfeinstruktur mit derjenigen von bekannten chemischen Verbindungen und identifiziert auf diese Weise die gemessene Bindungsart. Abb. 9.38 zeigt dies am Beispiel von hexagonalem Aluminiumnitrid und Titannitrid.

Zum Vergleich der Spektren müssen wesentliche Merkmale erkannt werden, die bei aller Ähnlichkeit der Spektren deren Unterschiede charakterisieren. Solche Merkmale können sein:

---

[18]Paul Dirac, britischer Physiker, 1902–1954, Nobelpreis für Physik 1933

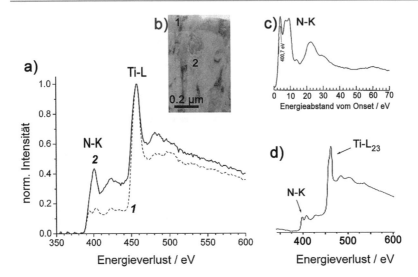

Abb. 9.38 Kantennahe Feinstruktur von N-K. a) Messung zweier EEL-Spektren an den Positionen 1 und 2. b) Ausschnitt aus einem TEM-Hellfeldbild mit Kennzeichnung der Positionen. c) N-K-Kante in hexagonalem AlN [19]. d) N-K-Kante in TiN [20]. Offenbar ist bei Position 1 der Stickstoff vorzugsweise an Ti, bei Position 2 hingegen an Al gebunden

- der genaue Energieverlust am Onset („chemical shift"),
- monotoner bzw. nichtmonotoner Anstieg der Flanke am Onset („Vorpeak"),
- die energetischen Abstände der einzelnen Maxima nahe des Onsets (z. B. L3-L2-Übergänge) sowie deren Intensitätsverhältnisse.

Die Quantifizierung derartiger Unterschiede ermöglicht beispielsweise die Bestimmung der Anteile von diamantartigem Kohlenstoff in Cr-gedopten Kohlenstofffilmen [11] oder die Bestimmung der Mangan-Oxidationszahlen in Lanthan-Strontium-Manganaten [21], [22].

Insbesondere beim Vergleich eigener Messungen mit Literaturangaben muss der Einfluss des energetischen Auflösungsvermögens des Spektrometers und der Energiebreite der Primärelektronen berücksichtigt werden. Sie bestimmen, inwieweit Einzelheiten der Kantenfeinstruktur überhaupt im Spektrum erkannt werden können. Neben der Qualität des Spektrometers selbst (Abbildungsfehler des elektronenoptischen Systems, Stabilität der Versorgungsspannungen und -ströme) ist die Energiebreite der aus der Kathode austretenden Elektronen (vgl. Abschn. 2.5) entscheidend für die erreichbare Energieauflösung. Das Elektronenmikroskop sollte mindestens mit einer Schottky[19]-Feldemissionskathode ausgerüstet sein. Eine kalte Feldemissionskathode reduziert die Energiebreite auf etwa 0,3 eV, eine weitere Verringerung

---

[19]Walter Schottky, deutscher Physiker, 1886–1976

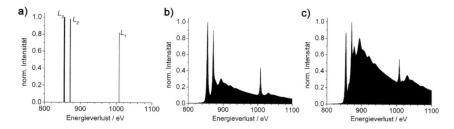

Abb. 9.39 Einfluss der Probendicke auf die Kantenfeinstruktur. a) Modell für die L1, L2 und L3-Kante von Nickel (Intensitäten nach Gl. 10.354). b) Faltung des Modells mit gemessenem Zero-Loss- und Low-Loss-Bereich bei einer Probendicke von ca. der Hälfte der mittleren freien Weglänge für die inelastische Streuung. c) Wie (b) aber für das 1,5-fache der mittleren freien Weglänge

wird mit einem Monochromator (z. B. ein Wien-Filter[20] - vgl. Abschn. 7.8.3) erreicht, dann allerdings auf Kosten der Intensität.

Wichtig ist auch die Probendicke. Infolge Vielfachstreuung wird die Kantenfeinstruktur durch den Low-Loss-Bereich beeinflusst (vgl. Abb. 9.39). Die Energieauflösung des Gesamtsystems (Elektronenkanone + Spektrometer) spiegelt sich in der Breite des elastischen (Zero-Loss) Peaks wider, die Vielfachstreuung im Low-Loss-Bereich. Beide können durch Entfaltung des Spektrums mit dem Zero- und Low-Loss-Bereich (vgl. Abschn. 9.3.4) mathematisch berücksichtigt werden. Allerdings birgt die Entfaltung auch Gefahren in sich: Evtl. kann das Rauschen derart verstärkt werden, dass eine Feinstruktur vorgetäuscht wird.

Um die Energieauflösung auszunutzen, empfiehlt sich eine Spektrometerdispersion, bei der sich die Halbwertsbreite des Zero-Loss-Peaks über etwa fünf Kanäle erstreckt. Selbstverständlich kann die Dispersion auch anders gewählt werden, beispielsweise wenn ein größerer Energieverlust-Bereich erfasst werden soll und die Kantenfeinstruktur nicht interessiert.

Diesen Einflüssen gegenüber spielt die natürliche Linienbreite im Energieverlust-Spektrum meistens nur eine untergeordnete Rolle. Man kann sich diese natürliche Linienbreite mit Hilfe der Heisenbergschen[21] Unschärferelation

$$\Delta x \cdot \Delta p \geq \mathrm{h} \qquad (9.56)$$

(Δx: Ortsunsicherheit, Δp: Impulsunsicherheit, h: Plancksches Wirkungsquantum) veranschaulichen. Nach Ersetzen der Differenzen durch Differentiale erhält man

$$dx \cdot dp \geq \mathrm{h} \qquad (9.57)$$

In nichtrelativistischer Näherung können wir dafür schreiben:

$$v \cdot dt \cdot m_0 \cdot dv \geq \mathrm{h} \qquad (9.58)$$

---

[20]Wilhelm Wien: deutscher Physiker, 1864–1928, Nobelpreis für Physik 1911
[21]Werner Heisenberg, deutscher Physiker, 1901–1976, Nobelpreis für Physik 1932

(*v:* Geschwindigkeit, m_0: Masse). Mit $v \cdot dv = d(v^2/2)$ folgt daraus

$$d\left(\frac{m_0}{2}v^2\right) \cdot dt = dE \cdot dt \geq \text{h} \tag{9.59}$$

d. h. die Linienbreite dE wird durch die Lebensdauer dt der am Elektronenübergang beteiligten Zustände bestimmt. Die Größenordnung dieser Lebensdauer für die K-Serie wird beispielsweise von G. Wentzel[22] [23] mit $1/(10^9 \cdot Z^4)$ s abgeschätzt (*Z:* Ordnungszahl). Damit folgen aus Gl. (9.59) Linienbreiten zwischen 0,003 eV und 3 eV für Elemente mit Ordnungszahlen zwischen 5 (Bor) und 30 (Zink).

Die *kantenferne Feinstruktur* entsteht durch den Einfluss der nächsten Nachbaratome auf den inelastischen Streuprozess. Die Welle des bei der Ionisierung einer inneren Schale entfernten Elektrons wird an den Nachbaratomen gestreut (reflektiert). Original- und gestreute Welle interferieren miteinander. Die Wellenlänge hängt von der durch das Primärelektron beim Ionisationsprozess übertragenen Energie, d. h. von dessen Energieverlust ab. Der Abstand der nächsten Nachbaratome wiederum bestimmt den Gangunterschied der miteinander interferierenden Wellen und damit diejenigen Energieverluste, bei denen Verstärkung und Abschwächung auftreten. Ähnlich wie bei der Analyse von Beugungsbildern amorpher Materialien lassen sich aus der kantenfernen Feinstruktur nächste Nachbarabstände bestimmen. Da die Modulationen hinter einer elementspezifischen Ionisationskante auftreten, steht in diesem Fall fest, welchem Element das Bezugsatom angehört. Allerdings sind die Modulationen oft nur schwach ausgeprägt, so dass das Signalrauschen zu falschen Schlüssen führen kann.

9.3.7 Quantifizierung von Energieverlust-Spektren

Prinzipiell läuft die Quantifizierung von EEL-Spektren wie diejenige von EDX-Spektren (vgl. Abschn. 9.2.4) ab: Das Verhältnis zweier Elementkonzentrationen c_A und c_B ist proportional zum Verhältnis der Nettointensitäten I_A und I_B der beiden elementspezifischen Verlustkanten. Als Proportionalitätsfaktor ist hierbei das reziproke Verhältnis der beiden Ionisationsquerschnitte (Anregungswahrscheinlichkeiten für die Verlustkanten A und B) Q_A und Q_B einzusetzen:

$$\frac{c_A}{c_B} = \frac{Q_B}{Q_A} \cdot \frac{I_A}{I_B} . \tag{9.60}$$

Im Vergleich zu den EDX-Spektren gibt es allerdings vier gravierende Unterschiede, die die Quantifizierung der EEL-Spektren erschweren:

1. Der Untergrund ist im EEL-Spektrum im Allgemeinen wesentlich höher als im EDX-Spektrum und variiert stark mit der Probendicke sowie durch die Nähe

---

[22]Gregor Wentzel, deutscher Physiker, 1898–1978

weiterer Verlustkanten, d. h. die Untergrundmodellierung hat wesentlich größere Bedeutung bei der Bestimmung der Nettokantenintensitäten.

2. Im Allgemeinen erreicht das Spektrum auch in größerem Abstand von der Kante nicht wieder das Untergrundniveau (vgl. Abb. 9.31), so dass die gemessene Nettokantenintensität auch durch die Breite des Energiefensters für die Messung beeinflusst wird.

3. Die Röntgenemission erfolgt unabhängig von der Röntgenenergie isotrop in den gesamten Raumwinkel. Geringe Abhängigkeiten von der Kristallorientierung [24] spielen bei der Quantifizierung keine Rolle. Bei den inelastisch gestreuten Elektronen hängen demgegenüber Streuwinkel θ_{inel} und Energieverlust ΔE voneinander ab. Nach den klassischen Stoßgesetzen ($\rightarrow$ Abschn. 10.5.6) besteht zwischen beiden der Zusammenhang

$$\theta_{inel} = \frac{\Delta E}{2 \cdot E_0} \tag{9.61}$$

(E_0: Energie der Primärelektronen). Bei den Ionisationsquerschnitten in Gl. (9.60) muss demzufolge neben der Energie- auch die Winkelabhängigkeit berücksichtigt werden, da nur ein kleiner aber veränderbarer Winkelbereich erfasst wird:

$$Q = Q(\Delta E, \theta_{inel}) . \tag{9.62}$$

Die Wahrscheinlichkeit, mit der ein Elektron inelastisch mit dem Energieverlust ΔE in einen bestimmten Winkel gestreut wird, wird auch als *Generalisierte Oszillatorstärke* (GOS) bzw. als Bethe[23]-Oberfläche bezeichnet ([25], [26]).

Das Quantifizierungsergebnis hängt demzufolge auch vom Akzeptanzwinkel des Spektrometers ab, der durch die Geometrie, die Linseneinstellungen des Elektronenmikroskops (Abbildungs- bzw. Beugungsmodus) sowie Kontrast- bzw. Spektrometereintrittsblendendurchmesser bestimmt ist. In der Regel findet man in der Bedienungsanleitung des Mikroskops Hinweise zur Berechnung des Akzeptanzwinkels. Größenordnungsmäßig beträgt er 5 mrad ... 20 mrad, er sollte auf jeden Fall größer sein als θ_{inel}. Bei konvergenter Beleuchtung (z. B. STEM) sollte der Akzeptanzwinkel auch größer als der Konvergenzwinkel der Beleuchtung sein [27]. Für die Berechnung der Ionisationsquerschnitte (Lösung der Schrödinger-Gleichung) existieren unterschiedliche Modelle (vgl. z. B. [28]), die in der Quantifizierungssoftware enthalten sind. Wegen der Vielzahl an Parametern ist ein Vergleich mit Messungen an Standards bei der EELS-Quantifizierung besonders wichtig [29].

4. Die Kantenprofile sind mit dem Low-Loss-Bereich des Spektrums gefaltet, d. h. eine Entfaltung ist trotz der damit verbundenen Probleme (vgl. Abschn. 9.3.6 und $\rightarrow$ 10.10) wünschenswert.

---

[23]Hans Bethe, deutsch/amerikanischer Physiker, 1906–2005, Nobelpreis für Physik 1967

9.4   Energiegefilterte Abbildung

Wie bei der energiedispersiven Röntgenspektroskopie beschrieben (vgl. Abschn. 9.2.5) können auch mittels EELS Linescan-Profile und zweidimensionale Verteilungsbilder der Nettokantenintensitäten im STEM-Modus des Elektronenmikroskops gemessen werden, indem an jedem Pixelhalt des fokussierten Elektronenstrahls ein EEL-Spektrum aufgezeichnet wird. Die Auswertung ist etwas aufwändiger als bei EDXS, weil die Verlustspektren zur Extraktion der Nettokantenintensitäten in jedem Fall untergrundkorrigiert werden müssen. Bei hinreichend deutlichen Unterschieden in der Kantenfeinstruktur ist auch ein bindungsspezifisches Verteilungsbild möglich.

Für die Elektronenenergieverlust-Spektroskopie gibt es jedoch noch eine andere Möglichkeit zur Aufnahme von Elementverteilungsbildern: Die *energiegefilterte Abbildung* (englisch: „Energy Filtered Transmission Electron Microscopy" – EFTEM). Voraussetzung dafür ist ein *abbildendes Energiefilter*, d. h. ein elektronenoptisches Transfersystem, welches ein reelles Zwischenbild in ein anderes überführt, gleichzeitig aber ein Elektronenprisma enthält. Prinzipiell kann dieses System in das Projektivlinsensystem integriert *(In-Column-Filter)* oder der Endbildebene nachgeschaltet *(Post-Column-Filter)* werden. Die wesentliche Eigenschaft dieses abbildenden Energiefilters ist die Erzeugung einer *energieselektiven Ebene*, d. h. einer Ebene, in der sich alle Elektronen gleicher Energie an einer Stelle (bzw. in einer Linie) treffen (vgl. Abschn. 9.3.1).

Wir erinnern uns: Derartige ausgezeichnete Ebenen hatten wir bereits kennengelernt (vgl. Abschn. 2.7.2): Die bildseitige Brennebene des Objektivs ist eine winkelselektive Ebene. In ihr entsteht das Beugungsbild. Mit der in dieser Ebene gelegenen Kontrastblende können wir stark gestreute Elektronen aus dem Strahlengang entfernen und somit für Streuabsorptions- und Beugungskontrast sorgen. Mit einer Blende in der ortsselektiven Zwischenbildebene wählen wir ein Gesichtsfeld und damit den Bereich der Probe aus, aus dem die Information im Beugungsbild stammt (Feinbereichsbeugung).

Die energieselektive Ebene ermöglicht es uns, mit einer Blende Elektronen einer bestimmten Energie, genauer eines bestimmten Energiebereichs (wegen der endlichen Blendengröße), auszuwählen. Nur diese Elektronen verbleiben im Strahlengang und tragen zum Bild bei. Wegen der speziellen elektronenoptischen Eigenschaften des Elektronenprismas treffen sich Elektronen gleicher Energie nicht in einem Punkt sondern in einer Linie, als Blende genügt deshalb ein Schlitz. Übertragen auf ein EEL-Spektrum wirkt dieser Schlitz wie ein Energiefenster.

Wir wollen dies am Beispiel einer dünnen Tantal-Magnesium-Sauerstoff-Probe demonstrieren. Setzt man das Energiefenster auf einen elementspezifischen Energieverlust, beispielsweise auf 532 eV (Sauerstoff – s. Abb. 9.40), so werden alle sauerstoffreichen Probenbereiche im Bild hell erscheinen.

Dies ist in Abb. 9.40c problematisch. Wir wissen, dass im Hellfeldbild 9.40a die Tantal-Körner wegen der großen Ordnungszahl von Tantal (73) infolge des Streuabsorptionskontrastes dunkel erscheinen. In Abb. 9.40c, das „im Lichte" der Elektronen mit einem Energieverlust zwischen 532 eV und 557 eV aufgenommen worden

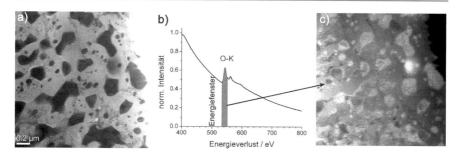

Abb. 9.40 Energiegefilterte Abbildung einer Ta-Mg-O-Schicht ohne Untergrundsubtraktion. a) TEM-Hellfeldbild (Zero-Loss-Peak mit 10 eV-Energiefenster). b) EEL-Spektrum von der Probe mit O-K-Kante und eingezeichnetem 25 eV-Energiefenster für Aufnahme von Bild (c)

ist, erscheinen diese Körner heller als ihre Umgebung. Die naheliegende Vermutung, dass es sich um Tantaloxid handelt, ist falsch! Wir haben den Untergrund nicht berücksichtigt. Die stärker streuenden Ta-Körner erhöhen den Untergrund, so dass an ihren Positionen auch ein höheres Sauerstoff-Signal vorgetäuscht wird. Wir sehen an diesem Beispiel, wie wichtig die Untergrundsubtraktion bei EFTEM ist.

Im Wesentlichen werden zwei Methoden der Untergrundbehandlung angewendet: Die Zwei- und die Drei-Fenster-Methode. Bei der Zwei-Fenster-Methode wird neben dem bereits in Abb. 9.40 gesetzten Energiefenster auf (bzw. unmittelbar nach) der Verlustkante ein zweites unmittelbar vor der Kante gesetzt und ein „Vorkantenbild" aufgenommen. Die Helligkeitswerte im Vor- und im „Nachkantenbild" werden für jedes Pixel durcheinander dividiert und in einem dritten Bild als Helligkeitswerte dargestellt *(Jump-Ratio-Methode)*. Diese Helligkeiten sind damit ein Maß dafür, wie weit sich die Verlustkante aus dem unmittelbar vor ihr gemessenen Untergrund heraushebt.

Wenn die beiden Fenster im Zero- und Low-Loss-Bereich gesetzt werden, lässt sich auf diese Weise auch die Probendickeverteilung aufnehmen. Ein Nachteil dieser Methode ist, dass damit keine „echten" Nettokantenintensitäten erfasst werden.

Dieser Nachteil wird mit der *Drei-Fenster-Methode* vermieden (vgl. Abb. 9.41). Bei dieser Methode werden drei Bilder mit verschiedenen Energieverlustfenstern aufgenommen: Zwei vor der Verlustkante und eins auf bzw. unmittelbar hinter der Kante. Aus den zwei Vorkantenbildern wird für jedes Pixel die Untergrundhelligkeit approximiert (vgl. Abschn. 9.3.4, Gln. (9.48) und (9.49)) und dieser Wert vom gleichen Pixel im Nachkantenbild subtrahiert. Auf diese Weise wird das Verteilungsbild (hier für Sauerstoff, Abb. 9.41f) berechnet. Wir erkennen, dass im Gegensatz zur Vermutung aus Abb. 9.40c in den Tantalbereichen kein Sauerstoff auftritt.

Die drei Bilder müssen exakt von der gleichen Probenstelle stammen, was wegen der Probendrift und Aufnahmezeiten von einigen Sekunden bis zu wenigen Minuten pro Bild durchaus nicht selbstverständlich ist. In der Regel wird deshalb vor der Untergrundberechnung und -subtraktion eine Driftkorrektur an den Einzelbildern vorgenommen. Besonders kritisch wird es, wenn sich die Probe während der Aufnahme der Bilder verformt. Insbesondere bei abrupten Änderungen der Elementkonzentrationen (z. B. Schichtgrenzen) können infolge der damit verbundenen abrupten

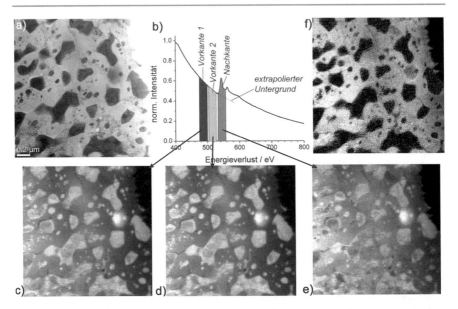

Abb. 9.41 Energiegefilterte Abbildung einer Ta-Mg-O-Schicht nach der Drei-Fenster-Methode. a) TEM-Hellfeldbild (Zero-Loss-Peak mit 10 eV-Energiefenster). b) EEL-Spektrum mit Kennzeichnung der Energiefenster für die drei Bilder. c) Vorkantenbild 1 (Energieverlustbereich 475 eV–500 eV). d) Vorkantenbild 2 (Energieverlustbereich 503 eV–528 eV). e) Nachkantenbild (Energieverlustbereich 532 eV–557 eV). f) Sauerstoff-Verteilungsbild, berechnet aus den Bildern c), d) und e)

Änderung des Untergrundes Elementkonzentrationen an der Schichtgrenze vorgetäuscht werden. Dies ist umso kritischer, je kleiner die zu analysierenden Strukturen sind. Es empfiehlt sich, die Helligkeitswerte in den berechneten Bildern zu kontrollieren. Eine Anhäufung von negativen Helligkeitswerten deutet auf Probleme bei der Untergrundmodellierung hin. In diesen Fällen ist es hilfreich, wenn nicht nur die berechneten Verteilungsbilder, sondern auch alle Einzelbilder gespeichert wurden. Man kann dann versuchen, durch erneute Driftkorrektur oder durch Mittelung über eine Zahl von Pixeln eine Verbesserung zu erreichen.

Der Experimentator versucht dieses Problem zu entschärfen, indem er die Aufnahmezeiten möglichst kurz hält. Dies erfordert eine Strahlerzeugereinstellung, die einen vergleichsweise hohen Strahlstrom garantiert, und möglichst breite Energiefenster.

Mit der energiegefilterten Abbildung können Bilder „im Lichte" unterschiedlicher Energieverluste aufgenommen und damit neben zweidimensionaler Elementverteilung und Bindungsanalyse auch andere Eigenschaften dünner Schichten gemessen werden. Beispielsweise gelingt es, durch Abgleich von Dickenverteilungs- und Elementverteilungsbildern die Dichteverteilung in dünnen Proben zu bestimmen [30].

Zum Schluss wollen wir uns einigen elektronenoptischen Gesichtspunkten bei der energiegefilterten Abbildung widmen. Wenn wir mit dem Schlitz in der energieselektiven Ebene Elektronen auswählen, die einen Energieverlust ΔE erlitten haben, benutzen wir diese Elektronen auch zur Abbildung. Fokussiert wird im „normalen" TEM-Bild d. h. im Wesentlichen mit elastisch gestreuten Elektronen ($\Delta E = 0$). Beim

Umschalten auf EFTEM verändert sich der Fokus infolge der veränderten Elektronenenergie. Das Problem wird reduziert, indem nicht der Schlitz in der energieselektiven Ebene verschoben, sondern die Beschleunigungsspannung um $\Delta U_B = \Delta E/e$ (e: Elementarladung) erhöht wird. Nach Energieverlust in der Probe haben dann die ausgewählten Elektronen wieder die Energie, für die Linsen und Justageelemente eingestellt sind. Dies gilt allerdings nicht für das Kondensorsystem. Es befindet sich vor der Probe und arbeitet im Wesentlichen mit Elektronen der höheren Energie, d. h. Brennweiten und Justage des Kondensorsystems müssen bei Veränderung der Energiefenster geeignet nachgestellt werden.

Das Ortsauflösungsvermögen wird durch die gleichen Einflussfaktoren wie die normale TEM-Abbildung beeinflusst. Die dabei benutzten elastisch gestreuten Elektronen haben eine Energiebreite von etwa 1 eV (Schottky-Feldemissionskathode). Bei EFTEM benutzen wir Energiefensterbreiten von mehr als 10 eV, so dass der Farbfehler wesentlichen Einfluss gewinnt. Der Radius δ_C des Farbfehlerscheibchens hängt von der Energiebreite ΔE ab (vgl. Abschn. 2.3):

$$\delta_C = \alpha \cdot C_C \cdot \frac{\Delta E}{E_0} \tag{9.63}$$

(α: Objektivapertur, C_C: Farbfehlerkonstante, E_0: Primärelektronenenergie). Wenn wir diesen Radius als Ortsauflösungsvermögen benutzen, erhalten wir beispielsweise bei einer Apertur $\alpha = 10$ mrad, einer Farbfehlerkonstante $C_C = 1,5$ mm und einer Primärelektronenenergie von $E_0 = 200$ keV den Zusammenhang

$$\delta_C/\mathrm{nm} = 0,075 \cdot \Delta E/\mathrm{eV}\,, \tag{9.64}$$

d. h. bei einer Energiefensterbreite von 20 eV eine Ortsauflösung von 1,5 nm. Eine Verbesserung ist durch Verkleinerung des Energiefensters möglich, allerdings sinkt dann auch die Intensität. Um signifikant über dem Rauschuntergrund zu bleiben, muss die Messzeit verlängert werden, verbunden mit den o. g. Problemen. Als Ausweg bietet sich ein farbfehlerkorrigiertes Objektiv an.

In der Praxis erfordert EFTEM für die Strahlstromeinstellung einen Kompromiss, der durch die Strukturgröße, die Probendicke, die Form der Verlustkante, die energetische Lage der Verlustkante und benachbarter Kanten sowie den Richtstrahlwert bestimmt wird.

9.5 Vergleich zwischen EDXS und EELS

Für den Mikroskopiker läuft dieser Vergleich auf die Frage hinaus, die er sich zu Beginn analytischer Messungen im Transmissionselektronenmikroskop stellt: „Womit fange ich an?"

Zunächst spricht viel für die energiedispersive Röntgenspektroskopie: Die Spektren sind übersichtlich mit geringem Untergrund. Die Probendicke hat den erwarteten

Einfluss: Je dicker die Probe, umso höher das Signal. Die Quantifizierung der Spektren im Rahmen der erläuterten Fehlergrenzen ist mit der zu den Spektrometern gelieferten Software „auf Knopfdruck" möglich.

Demgegenüber erfordert die Elektronenenergieverlust-Spektroskopie mehr Hintergrundwissen: Der Untergrund ist hoch, mitunter können die elementspezifischen Kanten erst nach Untergrundabzug eindeutig identifiziert werden. Der Untergrund wird durch die Probendicke stark beeinflusst, die Nettokantenintensität wächst zunächst mit steigender Probendicke, sinkt dann aber wieder. Die Proben müssen in einer geeigneten Dicke präpariert werden. Die Form der Verlustkanten ist unterschiedlich (Vorpeaks, weiße Linien, verzögerte Kanten), damit sind die Kanten unterschiedlich deutlich über dem Untergrund erkennbar. Eine erwartete, aber nicht sichtbare Verlustkante bedeutet nicht, dass das betreffende Element auch nicht in der Probe enthalten ist. Die Quantifizierung der Spektren erfordert die Eingabe von Parametern, wie Akzeptanzwinkel des Spektrometers oder Energiefensterbreite zur Bestimmung des Untergrundes und der Nettokantenintensität, die den unerfahrenen Experimentator durchaus abschrecken kann.

Es gibt allerdings Fälle, wo EDXS nicht weiterhilft. Das energetische Auflösungsvermögen der energiedispersiven Röntgenspektrometer liegt bei etwa 130 eV. Peaküberlagerungen sind nicht selten, beispielsweise Titan-L-Peak und und Sauerstoff-K Peak sind deshalb im Röntgenspektrum kaum zu unterscheiden. Energieverlust-Spektrometer haben demgegenüber ein Energieauflösungsvermögen von 1 eV oder besser. Titan und Sauerstoff können getrennt nachgewiesen und Bindungsverhältnisse können analysiert werden, d. h. wir können feststellen, ob beide als Titanoxid vorliegen.

In der Regel liegt die Achse des Röntgenspektrometers wenige Millimeter oberhalb der Probe. Hindernisse im Weg der Röntgenstrahlung zum Detektor beeinflussen insbesondere die niederenergetische Strahlung leichter Elemente. Oft muss deshalb die Probe zum Detektor hin gekippt werden. Bei der Untersuchung von Grenzschichten und Schichtstapeln schränkt dies die Möglichkeiten zur Ausrichtung der Grenzflächen zum Elektronenstrahl unzulässig ein. Diese Nachteile gibt es bei EELS nicht.

Unterschiede gibt es in der Nachweiseffizienz: Bei geeigneten Probendicken lassen sich leichte Elemente effizienter mit EELS nachweisen, bei Elementen mit Ordnungszahlen zwischen etwa 11 und 30 gibt es kaum Unterschiede, für schwerere Elemente ist EDXS besser geeignet.

Schließlich noch einige Worte zur Ortsauflösung im STEM-Betrieb. Elastische Streuung erfolgt in größere Winkel als inelastische Streuung. Röntgenstrahlung wird von allen Probenbereichen emittiert, die von Elektronen erreicht werden, also aus dem gesamten, durch die elastische Streuung erreichten Bereich. Elastisch gestreute Elektronen spielen aber bei EELS keine Rolle. Der Winkel-, d. h. der Anregungsbereich, ist kleiner und wird zusätzlich durch die Spektrometer-Eintrittsblende begrenzt. Die Ortsauflösung im STEM-Betrieb ist bei EELS daher besser als bei EDXS.

Biografische Angaben in den Fußnoten aus https://www.wikipedia.de

Literatur

1. Kramers, H.A.: On the theory of X-ray absorption and of the continuous X-ray spectrum. Phil. Mag. **46**, 836–871 (1923)
2. Kreher, K.: Festkörperphysik, Akademie-Verlag, Berlin (1976), 25ff
3. Gatti, E., Rehak, P.: Semiconductor drift chamber – an application of a novel charge transport scheme, Nuclear Instr. and Methods in Physics Research 225, 608–614 (1984)
4. Lechner, P., Eckbauer, S., Hartmann, R., Krisch, S., Hauff, D., Richter, R., Soltau, H., Struder, L., Fiorini, C., Gatti, E., Longoni, A., Sampietro, M.: Silicon drift detectors for high resolution room temperature X-ray spectroscopy, Nuclear Instr. and Methods in Physics Research A 377, 346–351 (1996)
5. Rose, A.: The Sensitivity Performance of the Human Eye on an Absolute Scale. J. Opt. Soc. America. **38**, 196–208 (1948)
6. Cliff, G., Lorimer, G.W.: The quantitative Analysis of thin specimens. Journ. of Microscopy **103**, 203–207 (1975)
7. Horita, Z., Sano, T., Nemoto, M.: Determination of the Absorption-Free kANi Factors for Quantitative Microanalysis of Nickel Base Alloys. J. Electron Microsc. **35**, 324–334 (1986)
8. Thomas, J., Gemming, T.: Shells on nanowires detected by analytical TEM. Appl. Surf. Science **252**, 245–251 (2005)
9. Goldstein, J. I.: Principles of Thin Film X-ray Microanalysis, in: Introduction to Analytical Electron Microscopy, Eds. Hren, J. J., Goldstein, J. I., Joy, D. C., Plenum Press, New York, S. 101 (1979)
10. Thomas, J., Rennekamp, R., van Loyen, L.: Characterization of multilayers by means of EDXS in the analytical TEM. Fres. J. Anal. Chem. **361**, 633–636 (1998)
11. Fan, X., Dickey, E.C., Pennycook, S.J., Sunkara, M.K.: Z-contrast imaging and electron energy-loss spectroscopy analysis of chromium doped diamond-like carbon films. Appl. Phys. Let. **75**, 2740–2742 (1999)
12. Röntzsch, L., Heinig, K.-H., Schmidt, B., Mücklich, A., Möller, W., Thomas, J., Gemming, T.: Direct evidence of self-aligned Si nanocrystals formed by ion irradiation of Si/SiO₂ interfaces". Phys. Stat. Sol. (a) **202**(15), R170–R172 (2005)
13. Egerton, R.F.: Electron Energy-Loss Spectroscopy in the Electron Microscope, 2nd edn., p. 305. Plenum Press, New York, London (1996)
14. Iakoubovskii, K., Mitsuishi, K., Nakayama, Y., Furuya, K.: Thickness Measurements with Electron Energy Loss Spectroscopy. Microsc. Research Techn. **71**, 626–631 (2008)
15. Hohenberg, P., Kohn, W.: Inhomogeneous Electron Gas. Phys. Rev. **136**, B864–B8871 (1964)
16. Kohn, W., Sham, L.J.: Self-consistent Equations including Exchange and Correlation Effects. Phys. Rev. **140**, 1133–1138 (1965)
17. Rez, P., Alvarez, J.R., Pickard, C.: Calculation of near edge structure". Ultramicroscopy **78**, 175–183 (1999)
18. Hérbert, C., Luitz, J., Schattschneider, P.: Improvement of energy loss near edge structure calculation using Wien2k. Micron **34**, 219–225 (2003)
19. Serin, V., Colliex, C., Brydson, R., Matar, S., Boucher, F.: EELS investigation of the electron conduction-band states in wurtzite AlN and oxygen-doped AlN(O). Phys. Rev. B **58**, 5106–5115 (1998)
20. Contreras, O., Duarte-Moller, A., Hirata, G.A., Avalos-Borja, M.: EELS characterization of TiN by the DC sputtering technique. Journ. Electron Spec. and Rel. Phenom. **105**, 129–133 (1999)
21. Riedl, T., Gemming, T., Wetzig, K.: Extraction of EELS white-line intensities of manganese compounds: Methods, accuracy, and valence sensitivity. Ultramicroscopy **106**, 284–291 (2006)

22. Riedl, T., Gemming, T., Gruner, W., Acker, J., Wetzig, K.: Determination of manganese valency in La$_{1-x}$Sr$_x$MnO$_3$. Micron **38**, 224–230 (2007)
23. Wentzel, G.: Über strahlungslose Quantensprünge. Z. Phys. **43**, 524–530 (1927)
24. Spence, J.C.H.: Taftø, J: ALCHEMI: a new technique for locating atoms in small crystals. Journ. of Microscopy **130**, 147–154 (1983)
25. Reimer, L. (Ed.): Energy-Filtering Transmission Electron Microscopy. Springer-Verlag, Berlin, S. 9 (1995)
26. Hofer, F.: Inner-Shell Ionization, ebenda, S. 225
27. Egerton, R. F.: Electron Energy-Loss Spectroscopy in the Electron Microscope, 2nd Edition, Plenum Press, New York, London, S. 334ff. (1996)
28. Rez, P.: Electron Ionisation Cross sections for Atomic Subshells. Microsc. Microanal. **9**, 42–53 (2003)
29. Hofer, F.: Determination of inner-shell cross-sections for EELS-quantification. Microsc. Microanal. Microstruct. **2**, 215–230 (1991)
30. Thomas, J. Ramm, J., Gemming, T.: Density measurement of thin layers by electron energy loss spectroscopy (EELS), Micron 50, 57-61 Micron 50 (2013)

Grundlagen genauer erklärt (etwas mehr Mathematik)

10

Ziel

Können die Intensitätsmodulationen beim Auftreffen einer Welle auf eine Kante wirklich durch das Huygenssche Prinzip erklärt werden? Besitzen rotationssymmetrische magnetische Felder für Elektronen tatsächlich Linseneigenschaften? Wie funktionieren Multipole und Prismen für Elektronen? Wie kommt man auf die Formeln für die Berechnung von Beugungsreflexabständen und Winkeln zwischen Beugungsreflexen, wenn es sich nicht um ein kubisches Gitter handelt? Wodurch werden die Reflexintensitäten bestimmt? Wie kann die Kontrastübertragung durch die Objektivlinse berechnet werden? Wir wollen in diesem Kapitel diese Fragen beantworten und einige Gesichtspunkte der EDX- und EEL-Spektrometrie sowie der Faltung von Funktionen genauer betrachten. Außerdem widmen wir uns den Fehlern bei elektronenmikroskopischen Messungen. Dabei lässt es sich nicht vermeiden, dass die Mathematik eine weitaus größere Rolle spielt als bisher. Für einige Fälle haben wir kleine Computerprogramme geschrieben, um aus den Modellen quantitative Aussagen zu gewinnen.

10.1 Elektronenwellen

Das Wort „Elektronen" impliziert, dass es sich dabei um Teilchen handelt. Viele Beobachtungsergebnisse lassen sich auch gut mit dem Teilchenmodell der Elektronen erklären: Elektronen werden im elektrischen Feld beschleunigt, sie erfahren Kräfte in elektrischen und magnetischen Feldern und werden abgelenkt, sie erzeugen Defekte im Festkörper usw.

Es gibt allerdings auch Erscheinungen, die sich mit dem Teilchenbild nicht vereinbaren lassen: Elektronen zeigen Interferenzen, die nur mit dem Wellencharakter erklärbar sind.

J. Thomas und T. Gemming, *Analytische Transmissionselektronenmikroskopie*,
https://doi.org/10.1007/978-3-662-66723-1_10

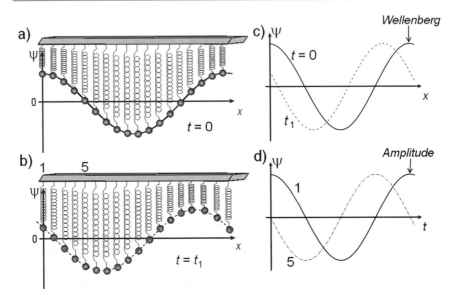

Abb. 10.1 Schema einer mechanischen Transversalwelle. a) Anordnung von Federschwingern (Oszillatoren), Auslenkungen zur Zeit $t = 0$. b) Auslenkungen zur Zeit $t_1 > 0$. c) $\Psi(x)$-Funktionen zur Zeit 0 bzw. t_1. d) $\Psi(t)$-Funktionen der Oszillatoren 1 und 5

10.1.1 Wellenfunktion

Für eine tiefergehende, mathematische Behandlung der mit dem Wellencharakter verbundenen Phänomene ist die Kenntnis der orts- und zeitabhängigen Wellenfunktion $\Psi(r, t)$ von grundlegender Bedeutung. Mit dieser Wellenfunktion wollen wir uns deshalb hier befassen.

Die Größe Ψ sagt etwas aus über den Zustand innerhalb der Welle in Abhängigkeit von Ort und Zeit. Am einfachsten kann man sich das am Beispiel einer mechanischen Transversalwelle vorstellen (s. Abb. 10.1). Voraussetzung ist eine Anordnung von Oszillatoren, die miteinander gekoppelt sind. Jeder einzelne Oszillator bewegt sich nach einer Zeitfunktion wie im rechten Teilbild Abb. 10.1d für die Oszillatoren 1 und 5 dargestellt. Andererseits können wir auch die Auslenkung der einzelnen Oszillatoren über der Ortskoordinate x aufzeichnen (s. Abb. 10.1c). Nach Ablauf einer Zeit t_1 hat sich der erste Oszillator bei $x = 0$ etwas nach unten bewegt und die weiteren Oszillatoren wegen der gegenseitigen Kopplung mitgezogen. Durch diese Bewegung der Oszillatoren hat sich auf deren Verbindungslinie der Wellenberg (d. h. eine bestimmte *Phase*) etwas nach links verschoben, ohne dass sich die Oszillatoren selbst nach links bewegt hätten. Diese schwingen senkrecht mit der Amplitude Ψ.

Zur mathematischen Behandlung gehen wir von der Bewegungsgleichung der harmonischen Schwingung mit der Schwingungsdauer T aus:

$$\frac{d^2\Psi(t)}{dt^2} + \omega^2 \cdot \Psi(t) = 0 \qquad (10.1)$$

mit $\omega = 2\pi/T$ und der Lösung

$$\Psi(t) = A \cdot \cos(\omega \cdot t + \phi) \tag{10.2}$$

(A: Amplitude = const). Für die in Abb. 10.1d gezeichnete Zeitfunktion für den Oszillator 1 an der Stelle $x = 0$ gilt für die Phasenschiebung beispielsweise $\phi_1 = 0$. Wir sehen auch, dass die Zeitfunktion für den Oszillator 5 lediglich einen anderen Wert für ϕ erfordert. Wir können also die Ortsabhängigkeit in die Wellenfunktion einbinden, indem wir eine ortsabhängige Phasenschiebung berücksichtigen:

$$\Psi(x, t) = A \cdot \cos(\omega \cdot t \pm \phi(x)) \tag{10.3}$$

Wir setzen eine konstante Geschwindigkeit für die Bewegung des Wellenberges (allgemein: „der Phase" – *Phasengeschwindigkeit*) voraus. Offensichtlich bewegt sich der Wellenberg in der Zeit, in der ein Oszillator gerade eine volle Schwingung (Dauer T) vollführt, gerade um eine *Wellenlänge* λ (d. i. der Abstand zwischen zwei Wellenbergen) weiter. Für die Phasengeschwindigkeit gilt demzufolge

$$c = \frac{\lambda}{T} = \frac{1}{2\pi} \cdot \lambda \cdot \omega \tag{10.4}$$

Für den Wellenberg gilt

$$\Psi = \Psi_0 = A, \text{d.h. } \cos(\omega \cdot t \pm \phi(x)) = 1 \text{ bzw. } \omega \cdot t \pm \phi(x) = 0 . \tag{10.5}$$

Damit erhalten wir den Zusammenhang

$$\phi(x) = \mp\omega \cdot t \tag{10.6}$$

Für die Bewegung der Welle (Phase) in x-Richtung gilt

$$x = c \cdot t \quad \Rightarrow \quad t = \frac{x}{c} \tag{10.7}$$

und damit

$$\phi(x) = \mp\omega \cdot \frac{x}{c} = \mp\frac{2\pi}{T} \cdot \frac{T}{\lambda} \cdot x . \tag{10.8}$$

Mit der Wellenzahl $k = 2\pi/\lambda$ bedeutet das für die Wellenfunktion

$$\Psi(x, t) = A \cdot \cos(\omega \cdot t \mp k \cdot x) . \tag{10.9}$$

Das Vorzeichen im Argument der Kosinusfunktion entscheidet über die Richtung der Phasenbewegung (+ nach links, − nach rechts).

Prinzipiell ist es auch möglich, die Ortsabhängigkeit der Wellenfunktion direkt in die Differentialgleichung für die harmonische Schwingung einzufügen. Dazu nutzen wir die Gleichartigkeit der $\Psi(t)$- und der $\Psi(x)$-Funktionen (s. Abb. 10.1c und d). Wir gehen über zu partiellen Ableitungen und schreiben gemäß Gl. (10.1):

$$\frac{\partial^2 \Psi(x,t)}{\partial t^2} + \omega^2 \cdot \Psi(x,t) = 0 \tag{10.10}$$

$$\frac{\partial^2 \Psi(x,t)}{\partial x^2} + k^2 \cdot \Psi(x,t) = 0. \tag{10.11}$$

Aus Gl. (10.11) folgt

$$\Psi(x,t) = -\frac{1}{k^2} \cdot \frac{\partial^2 \Psi(x,t)}{\partial x^2}, \tag{10.12}$$

eingesetzt in Gl. (10.10) liefert dies die Differentialgleichung für die Wellenfunktion

$$\frac{\partial^2 \Psi(x,t)}{\partial t^2} - \left(\frac{\omega}{k}\right)^2 \cdot \frac{\partial^2 \Psi(x,t)}{\partial x^2} = \frac{\partial^2 \Psi(x,t)}{\partial t^2} - c^2 \cdot \frac{\partial^2 \Psi(x,t)}{\partial x^2} = 0. \tag{10.13}$$

Durch zweimaliges partielles Differenzieren und Einsetzen lässt sich zeigen, dass unsere Wellenfunktion (10.9) eine Lösung dieser partiellen Differentialgleichung ist, denn

$$\frac{\partial^2 \Psi(x,t)}{\partial t^2} = -A \cdot \omega^2 \cdot \cos(\omega \cdot t \mp k \cdot x)$$
$$\left(\frac{\omega}{k}\right)^2 \cdot \frac{\partial^2 \Psi(x,t)}{\partial x^2} = -A \cdot \omega^2 \cdot \cos(\omega \cdot t \mp k \cdot x). \tag{10.14}$$

Die Differenz aus beiden ist gleich null wie in Gl. (10.13) gefordert.

Die allgemeinere Lösung der partiellen Differentialgleichung für die Wellenfunktion lautet

$$\Psi(x,t) = A \cdot \exp\left(-i(\omega \cdot t \pm k \cdot x)\right) \tag{10.15}$$

($i^2 = -1$), wovon man sich durch zweimalige Differentiation und Einsetzen überzeugen kann.

Die Grundgleichung für Materiewellen ist die Schrödinger[1]-Gleichung. In ihrer allgemeinen Form lautet sie

$$i \cdot \hbar \cdot \frac{\partial}{\partial t} \Psi(\boldsymbol{r},t) = \left(\frac{-\hbar^2}{2 \cdot m_0} \Delta + V(\boldsymbol{r})\right) \Psi(\boldsymbol{r},t) \tag{10.16}$$

$\hbar = \mathrm{h}/2\pi$, h: Plancksches[2] Wirkungsquantum, m_0: Elektronenmasse, Δ Laplace[3]-Operator, $V(r)$: potentielle Energie). Wir setzen V zur Vereinfachung zunächst gleich

---

[1]Erwin Schrödinger, österreichischer Physiker, 1887–1961, Nobelpreis für Physik 1933.
[2]Max Planck, deutscher Physiker, 1858–1947, Nobelpreis für Physik 1918, gilt als Begründer der Quantenphysik.
[3]Pierre-Simon Laplace, französischer Mathematiker, 1749–1827.

null, d. h. wir betrachten die Wellenfunktion freier Elektronen, die sich in x-Richtung bewegen sollen. Damit gilt für die Schrödinger-Gleichung:

$$i \cdot \frac{\partial \Psi(x,t)}{\partial t} = \frac{-\hbar}{2 \cdot m_0} \cdot \frac{\partial^2 \Psi(x,t)}{\partial x^2} . \tag{10.17}$$

Wir wollen analysieren, ob die oben angegebene, allgemeinere Lösung (10.15) auch Lösung der vereinfachten Schrödinger-Gleichung ist. Ohne Beschränkung der Allgemeinheit nutzen wir das negative Vorzeichen zwischen $\omega \cdot t$ und $k \cdot x$ und differenzieren partiell

$$\begin{aligned} \frac{\partial \Psi}{\partial t} &= -i \cdot \omega \cdot A \cdot \exp\left(-i(\omega \cdot t - k \cdot x)\right) \\ \frac{\partial^2 \Psi}{\partial x^2} &= -k^2 \cdot A \cdot \exp\left(-i(\omega \cdot t - k \cdot x)\right) \end{aligned} \tag{10.18}$$

und setzen in die Schrödinger-Gleichung (10.17) ein:

$$-i^2 \cdot A \cdot \omega \cdot \exp\left(-i(\omega \cdot t - k \cdot x)\right) = \frac{-\hbar}{2 \cdot m_0} \cdot (-k^2) \cdot A \cdot \exp\left(-i(\omega \cdot t - k \cdot x)\right)$$

$$\omega = \frac{\hbar}{2 \cdot m} \cdot k^2 . \tag{10.19}$$

Für die Energie gilt mit dem Impuls p:

$$\frac{p^2}{2 \cdot m_0} = E = \hbar \cdot \omega \qquad \text{d. h.} \qquad 2 \cdot m_0 = \frac{p^2}{\hbar \cdot \omega} . \tag{10.20}$$

Damit folgt

$$\omega = \frac{\hbar^2 \cdot \omega}{p^2} \cdot k^2 \qquad \text{d. h.} \qquad p = \hbar \cdot k \tag{10.21}$$

Mit $k = 2\pi/\lambda$ und $\hbar = h/2\pi$ folgt die bekannte de-Broglie[4]-Formel

$$\lambda = \frac{h}{p} . \tag{10.22}$$

Damit haben wir auch die Wellenfunktion für die Elektronen im potentialfreien Raum gefunden.

Wir wollen nun überlegen, welche Änderungen sich ergeben, wenn sich die Elektronen in einem konstanten Potential Φ_0 ungleich Null bewegen, beispielsweise in einem Kristall mit einem mittleren konstanten Potential Φ_0. Es gilt:

$$V(r) = -e \cdot \Phi_0 = \text{const.} \tag{10.23}$$

---

[4]Louis de Broglie, französischer Physiker, 1892–1987, Nobelpreis für Physik 1929.

mit e als Elementarladung.

Die Elektronen sollen sich weiterhin in x-Richtung bewegen. Die Schrödinger-Gleichung für diesen Fall lautet:

$$i \cdot \hbar \cdot \frac{\partial \Psi(x,t)}{\partial t} = \frac{-\hbar^2}{2 \cdot m_0} \cdot \frac{\partial^2 \Psi(x,t)}{\partial x^2} - e \cdot \Phi_0 \Psi(x,t) \,. \tag{10.24}$$

Unter der Voraussetzung, dass die gleiche Funktion wie oben die Lösung der partiellen Differentialgleichung ist, erhalten wir

$$\hbar \cdot \omega \cdot A \cdot \exp\left(-i(\omega \cdot t - k \cdot x)\right) =$$

$$= \frac{\hbar^2}{2 \cdot m_0} \cdot k^2 \cdot A \cdot \exp\left(-i(\omega \cdot t - k \cdot x)\right)$$

$$\hbar \cdot \omega = \frac{\hbar^2}{2 \cdot m_0} \cdot k^2 - e \cdot \Phi_0$$

$$\frac{p^2}{2 \cdot m_0} = \frac{\hbar^2}{2 \cdot m_0} \cdot k^2 - e \cdot \Phi_0$$

$$p^2 = \hbar^2 \cdot k^2 - 2 \cdot e \cdot \Phi_0 \,. \tag{10.25}$$

Daraus folgt schließlich für die Wellenlänge im Potential Φ_0:

$$\lambda = \frac{h}{\sqrt{p^2 + 2 \cdot m_0 \cdot e \cdot \Phi_0}} \,. \tag{10.26}$$

Ein positives Potential verkürzt demzufolge die Wellenlänge, im potentialfreien Raum erhalten wir die de-Broglie-Formel.

Schließlich fehlt noch eine anschauliche Deutung der Elektronen-Wellenfunktion. In der Quantenmechanik wird das Produkt aus der komplexen Wellenfunktion Ψ und ihrer Konjugierten Ψ^* als Aufenthaltswahrscheinlichkeit interpretiert. Für das Produkt gilt:

$$\Psi(x,t) \cdot \Psi^*(x,t) = A \cdot \exp\left(-i(\omega \cdot t - k \cdot x)\right) \cdot A \cdot \exp\left(i(\omega \cdot t - k \cdot x)\right)$$

$$= A^2 = |\Psi(x,t)|^2 \,. \tag{10.27}$$

Da die Elektronen eine Ladung transportieren, kann das Betragsquadrat der Elektronen-Wellenfunktion als Ladungsdichte angesehen werden.

Im Allgemeinen werden in der Elektronenmikroskopie stationäre Zustände berechnet, d. h. die Zeitabhängigkeit wird außer Acht gelassen. Damit und mit Übergang von der Koordinate x zum Vektor $\boldsymbol{r}$ im Raum erhalten wir für die Wellenfunktion:

$$\boxed{\Psi(\boldsymbol{r}) = A \cdot \exp\left(-i \cdot \boldsymbol{k} \cdot \boldsymbol{r}\right)} \tag{10.28}$$

10.1.2 Elektronenwellenlänge relativistisch berechnet

Wir gehen von der de-Broglie-Beziehung aus:

$$\lambda = \frac{h}{p} = \frac{h}{m \cdot v} \, . \tag{10.29}$$

Zur Berechnung der beiden Unbekannten Masse m und Geschwindigkeit v benutzen wir den relativistischen Energiesatz (c: Lichtgeschwindigkeit im Vakuum, e: Elementarladung, U_B: Beschleunigungsspannung, m_0: Ruhemasse des Elektrons)

$$(m - m_0) \cdot c^2 = e \cdot U_B \tag{10.30}$$

und die relativistische Masse-Geschwindigkeits-Relation:

$$m = \frac{m_0}{\sqrt{1 - \left(\frac{v}{c}\right)^2}} \, . \tag{10.31}$$

Daraus folgen

$$m = m_0 + \frac{e \cdot U_B}{c^2} \tag{10.32}$$

und

$$v = c \cdot \sqrt{1 - \frac{m_0^2}{(m_0 + e \cdot U_B / c^2)^2}} \, . \tag{10.33}$$

Daraus lässt sich die Wellenlänge zu

$$\lambda = \frac{h}{\sqrt{e \cdot U_B \left(2 \cdot m_0 + \dfrac{e \cdot U_B}{c^2}\right)}} \tag{10.34}$$

berechnen.

Für die Handhabung von Zahlenwerten, z. B. in Computerprogrammen, wird häufig eine andere Formel benutzt. Aus Gl n. (10.30) und (10.31) folgt

$$\frac{1}{\sqrt{1 - (\frac{v}{c})^2}} - 1 = \frac{e \cdot U_B}{m_0 \cdot c^2} = \frac{U_B}{511{,}06 \, \text{kV}} \tag{10.35}$$

und daraus

$$K_{\text{rel}} = \sqrt{1 - \left(\frac{v}{c}\right)^2} = \frac{511{,}06 \, \text{kV}}{U_B + 511{,}06 \, \text{kV}} \tag{10.36}$$

Abb. 10.2 Beugung einer ebenen Welle an einer Kante (Hyugenssches Prinzip). a) Schema. b) Ergebnis der Rechnung

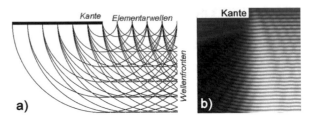

als relativistische Korrektur. Aus Gl. (10.29) wird dann

$$\lambda = \frac{h}{m_0 \cdot c} \cdot \frac{K_{\mathrm{rel}}}{\sqrt{1 - K_{\mathrm{rel}}^2}} = \frac{K_{\mathrm{rel}}}{\sqrt{1 - K_{\mathrm{rel}}^2}} \cdot 2{,}4263 \ \mathrm{pm} \ . \tag{10.37}$$

10.1.3 Beugung an einer Kante (Huygenssches Prinzip)

Das Huygenssche[5] Prinzip ist geeignet, um Beugungseffekte bei der Wellenausbreitung zu beschreiben. Es besagt, dass jeder Punkt einer Wellenfront Ausgangspunkt einer Elementarwelle ist und die Überlagerung der Elementarwellen die neue Wellenfront bildet.

Wir stellen uns vor, dass eine ebene (Elektronen-)Welle von oben auf eine Kante trifft, wie dies beispielsweise im Transmissionselektronenmikroskop der Fall ist, wenn wir eine dünne Folie mit Loch abbilden. Im Abb. 10.2a ist schematisch dargestellt, was sich nach dem Huygensschen Prinzip abspielt. Für eine quantitative Betrachtung ist diese schematische Darstellung allerdings zu grob. Die Elementarwellen sind keine diskreten Kreise sondern haben eine kosinusförmige Intensitätsverteilung, die sich in unserer ebenen Ansicht kreisförmig ausbreitet (Kugelwellen im Raum). Außerdem müssen wir uns die Kugelwellen sehr eng beieinander denken („Jeder Punkt einer Wellenfront ..."). Wenn wir diese Voraussetzungen berücksichtigen und die Einzelintensitäten aller Wellen an jedem Punkt summieren, erhalten wir die Abb. 10.2b. Wir finden den bekannten Sachverhalt bestätigt, dass die Welle um die Kante „herumgebeugt" wird und dort Minima und Maxima *(Interferenzmuster)* aufweist.

Als nächstes wollen wir herausfinden, wie die Winkelverteilung der Intensitäten hinter der Kante ist. Dazu betrachten wir Abb. 10.3. Wir sehen, dass das Maximum der Intensität nicht bei 0° (gedachte Verlängerung der Kante) auftritt, sondern um einige Grad dazu verschoben ist. Die Verschiebung wächst mit größer werdender Wellenlänge. Das bedeutet, dass in Ebenen, die nicht mit der Kantenebene übereinstimmen, helle Streifen, sogenannte „Beugungssäume", auftreten.

---

[5]Christiaan Huygens, niederländischer Physiker, 1629–1695.

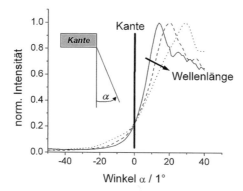

Abb. 10.3 Intensitätsverteilung einer gebeugten Welle hinter einer Kante in Abhängigkeit vom Winkel α bei verschiedenen Wellenlängen

10.2   Elektronenbahnen in rotationssymmetrischen magnetischen Feldern

Die Elektronenbahnen im Magnetfeld der Induktion B werden durch die Lorentzkraft[6] (vgl. Gl. (2.4))

$$F = -\,\mathrm{e} \cdot v \times B \tag{10.38}$$

(e: Elementarladung) bestimmt. Zur Berechnung der Elektronenbahnen müssen ein Anfangswert der Elektronengeschwindigkeit v (Betrag und Richtung) sowie die Feldverteilung B (ebenfalls Betrag und Richtung) bekannt sein. Die Lorentzkraft ist in die Bewegungsgleichung einzusetzen und aus der daraus folgenden Beschleunigung kann der Ort-Zeit-Verlauf für die Elektronen mit Nutzung der Anfangsbedingungen berechnet werden.

Im Folgenden wollen wir uns auf einen gebräuchlichen Spezialfall beschränken: die rotationssymmetrische Polschuhlinse (s. Abb. 2.2). Sie ist die in Elektronenmikroskopen am häufigsten benutzte Linse. Wegen der Rotationssymmetrie benutzen wir Zylinderkoordinaten r, φ, z (vgl. Abb. 10.4). Wir schreiben die Bewegungsgleichung in der Form

$$F = \frac{d}{dt}(m \cdot v) \,. \tag{10.39}$$

Bei konstanter Masse (d. h. in nichtrelativistischer Näherung) gilt

$$F = m_0 \cdot \frac{dv}{dt} \tag{10.40}$$

---

[6]Hendrik Antoon Lorentz, niederländischer Mathematiker und Physiker, 1853–1928, Nobelpreis für Physik 1902.

Abb. 10.4 Zylinderkoordinaten für die rotationssymmetrische magnetische Linse

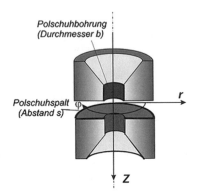

mit m_0 als Elektronenruhemasse. Als Nächstes ermitteln wir den Geschwindigkeitsvektor in Zylinderkoordinaten. Für den Ort s gilt (bitte nicht mit dem Polschuhspalt verwechseln):

$$s = r \cdot e_r + z \cdot e_z \,. \tag{10.41}$$

Daraus folgt für die Geschwindigkeit:

$$\frac{ds}{dt} = \dot{s} = \frac{dr}{dt} \cdot e_r + r \cdot \frac{de_r}{dt} + \frac{dz}{dt} \cdot e_z \,. \tag{10.42}$$

Für die zeitliche Ableitung des Einheitsvektors in r-Richtung nehmen wir eine Anleihe in kartesischen Koordinaten:

$$e_r = e_x \cdot \cos\varphi + e_y \cdot \sin\varphi$$
$$\frac{de_r}{dt} = \frac{d\varphi}{dt} \cdot \frac{de_r}{d\varphi} = \frac{d\varphi}{dt} \cdot \left(-e_x \cdot \sin\varphi + e_y \cdot \cos\varphi\right) = \dot{\varphi} \cdot e_\varphi \,, \tag{10.43}$$

d. h.

$$\dot{s} = \dot{r} \cdot e_r + r \cdot \dot{\varphi} \cdot e_\varphi + \dot{z} \cdot e_z \,. \tag{10.44}$$

Damit lautet die Formel (10.38) für die Lorentzkraft in Zylinderkoordinaten:

$$F = -\mathrm{e} \cdot \begin{vmatrix} e_r & e_\varphi & e_z \\ \dot{r} & r \cdot \dot{\varphi} & \dot{z} \\ B_r & 0 & B_z \end{vmatrix} \tag{10.45}$$
$$= -\mathrm{e} \cdot e_r \cdot r \cdot \dot{\varphi} \cdot B_z - \mathrm{e} \cdot e_\varphi \cdot (\dot{z} \cdot B_r - \dot{r} \cdot B_z) - \mathrm{e} \cdot e_z \cdot (-r \cdot \dot{\varphi} \cdot B_r)$$

bzw. für die Komponenten der Lorentzkraft:

$$F_r = -\mathrm{e} \cdot r \cdot \dot{\varphi} \cdot B_z$$
$$F_\varphi = \mathrm{e} \cdot \dot{r} \cdot B_z - \mathrm{e} \cdot \dot{z} \cdot B_r \tag{10.46}$$
$$F_z = \mathrm{e} \cdot r \cdot \dot{\varphi} \cdot B_r \,.$$

Damit und mit der Bewegungsgleichung kann der zeitliche Verlauf der Elektronenbewegung numerisch berechnet werden:

$$\dot{r}(t + \Delta t) = \dot{r}(t) + \frac{F_r}{m_0} \cdot \Delta t = \dot{r}(t) - \frac{e}{m_0} \cdot r(t) \cdot \dot{\varphi}(t) \cdot B_r(r, z) \cdot \Delta t$$

$$r(t + \Delta t) = r(t) + \dot{r}(t) \cdot \Delta t$$

$$\dot{\varphi}(t + \Delta t) = \dot{\varphi}(t) + \frac{F_\varphi}{m_0} \cdot \Delta t = \dot{\varphi}(t) + \frac{e}{m_0} \cdot (\dot{r}(t) \cdot B_z(r, z) - \dot{z} \cdot B_r(r, z))$$

$$\varphi(t + \Delta t) = \varphi(t) + \dot{\varphi}(t) \cdot \Delta t$$

$$\dot{z}(t + \Delta t) = \dot{z}(t) + \frac{F_z}{m_0} \cdot \Delta t = \dot{z}(t) + \frac{e}{m_0} \cdot r(t) \cdot \dot{\varphi}(t) \cdot B_r(r, z) \cdot \Delta t$$

$$z(t + \Delta t) = z(t) + \dot{z}(t) \cdot \Delta t$$

$$(10.47)$$

mit der spezifische Elementarladung e / m_0. Zur weiteren Rechnung benötigen wir die Komponenten B_r und B_z der magnetischen Induktion. Nach den Maxwellschen[7] Gleichungen gilt für das magnetische Potential Ψ im stromlosen Raum die Laplace-Gleichung

$$\Delta \Psi = 0 \,. \qquad (10.48)$$

In kartesischen Koordinaten heißt das

$$\frac{\partial^2 \Psi(x, y, z)}{\partial x^2} + \frac{\partial^2 \Psi(x, y, z)}{\partial y^2} + \frac{\partial^2 \Psi(x, y, z)}{\partial z^2} = 0 \,. \qquad (10.49)$$

Die Komponenten B_x, B_y und B_z der magnetischen Induktion $\boldsymbol{B}$ hängen mit dem magnetischen Potential zusammen:

$$B_x = -\frac{\partial \Psi}{\partial x}, \; B_y = -\frac{\partial \Psi}{\partial y}, \; B_z = -\frac{\partial \Psi}{\partial z} \,. \qquad (10.50)$$

Die Laplace-Gleichung in Zylinderkoordinaten lautet:

$$\frac{\partial^2 \Psi(r, \varphi, z)}{\partial r^2} + \frac{\partial^2 \Psi(r, \varphi, z)}{\partial z^2} + \frac{1}{r} \cdot \frac{\partial \Psi(r, \varphi, z)}{\partial r} + \frac{1}{r^2} \cdot \frac{\partial^2 \Psi(r, \varphi, z)}{\partial \varphi^2} = 0 \,. \; (10.51)$$

Im rotationssymmetrischen Feld hängt das Potential nicht von φ ab, daher ist

$$\frac{\partial^2 \Psi(r, \varphi, z)}{\partial \varphi^2} = 0 \qquad (10.52)$$

und die Laplace-Gleichung vereinfacht sich zu

$$\frac{\partial^2 \Psi(r, z)}{\partial r^2} + \frac{\partial^2 \Psi(r, z)}{\partial z^2} + \frac{1}{r} \cdot \frac{\partial \Psi(r, z)}{\partial r} = 0 \,. \qquad (10.53)$$

---

[7]James Clerk Maxwell, schottischer Physiker, 1831–1879.

Die Komponenten der magnetischen Induktion sind dann

$$B_r = -\frac{\partial \Psi}{\partial r}, \quad B_z = -\frac{\partial \Psi}{\partial z}. \qquad (10.54)$$

Eine Möglichkeit zur Lösung der Differentialgleichung (10.53) ist ein Reihenansatz. Dabei berücksichtigen wir die Rotationssymmetrie, d. h.

$$\Psi(r, z) = \Psi(-r, z). \qquad (10.55)$$

Damit sind in der Reihe nur geradzahlige Potenzen von r möglich:

$$\Psi(r, z) = K_0(z) + K_2(z) \cdot r^2 + K_4(z) \cdot r^4 + K_6(z) \cdot r^6 + K_8(z) \cdot r^8 + \ldots \quad (10.56)$$

Für $r = 0$ muss

$$\Psi(0, z) = K_0(z) \qquad (10.57)$$

gelten. Die Terme der Laplace-Gleichung lauten damit:

$$\frac{\partial^2 \Psi(r, z)}{\partial r^2} = 2 \cdot K_2(z) + 12 \cdot K_4(z) \cdot r^2 + 30 \cdot K_6(z) \cdot r^4 + 56 \cdot K_8(z) \cdot r^6 + \ldots$$

$$\frac{1}{r} \cdot \frac{\partial \Psi(r, z)}{\partial r} = 2 \cdot K_2(z) + 4 \cdot K_4(z) \cdot r^2 + 6 \cdot K_6(z) \cdot r^4 + 8 \cdot K_8(z) \cdot r^6 + \ldots$$

$$\frac{\partial^2 \Psi(r, z)}{\partial z^2} = \frac{\partial^2 \Psi(0, z)}{\partial z^2} + \frac{\partial^2 K_2(z)}{\partial z^2} \cdot r^2 + \frac{\partial^2 K_4(z)}{\partial z^2} \cdot r^4 + \frac{\partial^2 K_6(z)}{\partial z^2} \cdot r^6 +$$

$$+ \frac{\partial^2 K_8(z)}{\partial z^2} \cdot r^8 + \ldots$$

$$(10.58)$$

Einsetzen in die Laplace-Gleichung und Vergleich der Koeffizienten vor gleichen Potenzen von r liefert:

$$r^0: \quad 2 \cdot K_2(z) + 2 \cdot K_2(z) + \frac{\partial^2 \Psi(0, z)}{\partial z^2} = 0,$$

$$\text{d. h.} \quad K_2(z) = -\frac{1}{4} \cdot \frac{\partial^2 \Psi(0, z)}{\partial z^2}$$

$$r^2: \quad 12 \cdot K_4(z) + 4 \cdot K_4(z) + \frac{\partial^2 K_2(z)}{\partial z^2} = 0,$$

$$\text{d. h.} \quad K_4(z) = -\frac{1}{16} \cdot \frac{\partial^2 K_2(z)}{\partial z^2} = \frac{1}{64} \cdot \frac{\partial^4 \Psi(0, z)}{\partial z^4}$$

$$r^4: \quad 30 \cdot K_6(z) + 6 \cdot K_6(z) + \frac{\partial^2 K_4(z)}{\partial z^2} = 0,$$

$$\text{d. h.} \quad K_6(z) = -\frac{1}{36} \cdot \frac{\partial^2 K_4(z)}{\partial z^2} = -\frac{1}{2304} \cdot \frac{\partial^6 \Psi(0, z)}{\partial z^6}$$

$$r^6: \quad 56 \cdot K_8(z) + 8 \cdot K_8(z) + \frac{\partial^2 K_6(z)}{\partial z^2} = 0,$$

$$\text{d. h.} \quad K_8(z) = -\frac{1}{64} \cdot \frac{\partial^2 K_6(z)}{\partial z^2} = \frac{1}{147.456} \cdot \frac{\partial^8 \Psi(0, z)}{\partial z^8}$$

Abb. 10.5 Induktionsspule zur Messung von magnetischen Linsenfeldern

Spule

Die Reihe für das magnetische Potential lautet damit:

$$\Psi(r, z) = \Psi(0, z) - \frac{r^2}{4} \cdot \frac{\partial^2 \Psi(0, z)}{\partial z^2} + \frac{r^4}{64} \cdot \frac{\partial^4 \Psi(0, z)}{\partial z^4} -$$
$$- \frac{r^6}{2304} \cdot \frac{\partial^6 \Psi(0, z)}{\partial z^6} + \frac{r^8}{147.456} \cdot \frac{\partial^8 \Psi(0, z)}{\partial z^8} - + \dots \tag{10.59}$$

Offenbar lässt sich diese Reihe allgemein als Summe (n: Nummer des Gliedes, beginnend bei $n = 0$)

$$\Psi(r, z) = \sum_n \frac{(-1)^n \cdot r^{2 \cdot n}}{4^n \cdot (n!)^2} \cdot \frac{\partial^{(2n)} \Psi(0, z)}{\partial r^{(2n)}} \tag{10.60}$$

schreiben. Wir sehen, dass mit Kenntnis des Potentialverlaufs $\Psi(0, z)$ auf der Achse das Magnetfeld vollständig beschrieben werden kann. Zur Bestimmung des Magnetfeldes einer rotationssymmetrischen Linse wird im Allgemeinen die magnetische Induktion $B_z(0, z)$ auf der optischen Achse (Mittelachse) der Linse mit einer kleinen Induktionsspule (s. Abb. 10.5) gemessen.

Für die gesättigte magnetische Polschuhlinse kann sie typischerweise durch die Glasersche[8] Glockenkurve [1]

$$B_z(0, z) = \frac{B_{z0}}{1 + \left(\dfrac{z}{d}\right)^2} \tag{10.61}$$

beschrieben werden (s. Abb. 10.6), wobei d die Breite der Glockenkurve charakterisiert.

Mit Kenntnis dieses Verlaufs können wir das magnetische Potential auf der Linsenmittelachse ($r = 0$) berechnen:

$$B_z = -\frac{\partial \Psi}{\partial z} \quad \Rightarrow \quad \Psi(0, z) = -\int B_z(0, z) \cdot dz . \tag{10.62}$$

---

[8]Walter Glaser, österreichischer Physiker und Elektronenoptiker, 1906–1960.

Abb. 10.6 Glasersche
Glockenkurven der
z-Komponente der
magnetischen Induktion B
auf der Linsenmittelachse für
verschiedene Breiten d

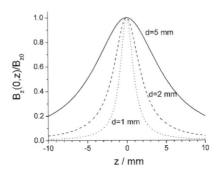

Abb. 10.7 Verlauf des
magnetischen Potentials auf
der Linsenmittelachse z für
verschiedene Breiten d der
Glasersche Glockenkurve
(10.61)

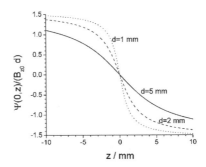

Wir setzen die Funktion (10.61) für die Glasersche Glockenkurve ein und erhalten

$$\Psi(0, z) = -\int \frac{B_{z0} \cdot dz}{1 + \left(\dfrac{z}{d}\right)^2} = -B_{z0} \cdot d^2 \int \frac{dz}{d^2 + z^2}$$

$$= -\frac{B_{z0} \cdot d^2}{d} \cdot \arctan\left(\frac{z}{d}\right) + C \, . \tag{10.63}$$

Analog zum elektrischen Potential in einem Plattenkondensator fordern wir für die
Mitte der Linse ($z = 0$) ein magnetisches Potential $\Psi(0,0) = 0$ und erhalten damit
(vgl. Abb. 10.7):

$$\Psi(0, z) = -B_{z0} \cdot d \cdot \arctan\left(\frac{z}{d}\right) \, . \tag{10.64}$$

Für achsennahe Gebiete (*Paraxialstrahlen* können wir die Reihe (10.60) nach dem
dritten Glied abbrechen:

$$\Psi(r, z) = -\Psi(0, z) - \frac{r^2}{4} \cdot \frac{\partial^2 \Psi(0, z)}{\partial z^2} + \frac{r^4}{64} \cdot \frac{\partial^4 \Psi(0, z)}{\partial z^4} \, . \tag{10.65}$$

Für die Ableitungen gilt bei Benutzung des Glaserschen Glockenfeldes

$$B_z(0, z) = \frac{B_{z0} \cdot d^2}{d^2 + z^2} = -\frac{\partial \Psi(0, z)}{\partial z} \tag{10.66}$$

$$\frac{\partial^2 \Psi(0,z)}{\partial z^2} = -\frac{\partial}{\partial z}\left(\frac{d^2 \cdot B_{z0}}{d^2 + z^2}\right) = -d^2 \cdot B_{z0} \cdot \frac{\partial}{\partial z}\left(\frac{1}{d^2 + z^2}\right) = \frac{2 \cdot d^2 \cdot B_{z0} \cdot z}{\left(d^2 + z^2\right)^2}$$
(10.67)

$$\frac{\partial^3 \Psi(0,z)}{\partial z^3} = -\frac{\partial}{\partial z}\left(\frac{2 \cdot d^2 \cdot B_{z0} \cdot z}{\left(d^2 + z^2\right)^2}\right) = -2 \cdot d^2 \cdot B_{z0} \cdot \frac{\partial}{\partial z}\left(\frac{z}{\left(d^2 + z^2\right)^2}\right)$$
$$= 2 \cdot d^2 \cdot B_{z0} \cdot \left(\frac{z^2 - d^2}{\left(d^2 + z^2\right)^3}\right)$$
(10.68)

$$\frac{\partial^4 \Psi(0,z)}{\partial z^4} = -2 \cdot d^2 \cdot B_{z0} \cdot \frac{\partial}{\partial z}\left(\frac{z^2 - d^2}{\left(d^2 + z^2\right)^3}\right) = -2 \cdot d^2 \cdot B_{z0} \cdot \left(\frac{4 \cdot z \cdot (2 \cdot d^2 - z^2)}{\left(d^2 + z^2\right)^4}\right)$$
$$= -8 \cdot z \cdot d^2 \cdot B_{z0} \cdot \left(\frac{2 \cdot d^2 - z^2}{\left(d^2 + z^2\right)^4}\right)$$
(10.69)

$$\frac{\partial^5 \Psi(0,z)}{\partial z^5} = -8 \cdot d^2 \cdot B_{z0} \cdot \frac{\partial}{\partial z}\left(\frac{2 \cdot d^2 \cdot z - z^3}{\left(d^2 + z^2\right)^4}\right)$$
$$= -8 \cdot d^2 \cdot B_{z0} \cdot \left(\frac{2 \cdot d^4 - 5 \cdot d^2 \cdot z^2 - z^4}{\left(d^2 + z^2\right)^5}\right)$$
(10.70)

und damit

$$\Psi(r,z) = \Psi(0,z) - \frac{r^2}{2} \cdot \frac{d^2 \cdot B_{z0} \cdot z}{\left(d^2 + z^2\right)^2} - \frac{r^4}{8} \cdot z \cdot d^2 \cdot B_{z0} \cdot \left(\frac{2 \cdot d^2 - z^2}{\left(d^2 + z^2\right)^4}\right)$$
$$\Psi(r,z) = \Psi(0,z) - d^2 \cdot B_{z0} \cdot r^2 \cdot z \cdot \left(\frac{1}{2 \cdot \left(d^2 + z^2\right)^2} + \left(\frac{r^2 \cdot (2 \cdot d^2 - z^2)}{8 \cdot \left(d^2 + z^2\right)^4}\right)\right).$$
(10.71)

Wir haben außerdem die Möglichkeit, die beiden für die Lorentzkraft wichtigen Komponenten $B_z(r,z)$ sowie $B_r(r,z)$ der magnetischen Induktion analytisch zu berechnen:

$$B_r = -\frac{\partial \Psi(r,z)}{\partial r} = -\frac{\partial \Psi(0,z)}{\partial r} + \frac{\partial}{\partial r}\left(\frac{r^2}{4} \cdot \frac{\partial^2 \Psi(0,z)}{\partial z^2}\right) - \frac{\partial}{\partial r}\left(\frac{r^4}{64} \cdot \frac{\partial^4 \Psi(0,z)}{\partial z^4}\right)$$
$$B_r = \frac{r}{2} \cdot \frac{\partial^2 \Psi(0,z)}{\partial z^2} - \frac{r^3}{2} \cdot \frac{\partial^4 \Psi(0,z)}{\partial z^4}$$
$$B_r = r \cdot z \cdot d^2 \cdot B_{z0} \cdot \left(\frac{1}{\left(d^2 + z^2\right)^2} + \frac{r^2 \cdot (2 \cdot d^2 - z^2)}{2 \cdot \left(d^2 + z^2\right)^4}\right)$$
(10.72)

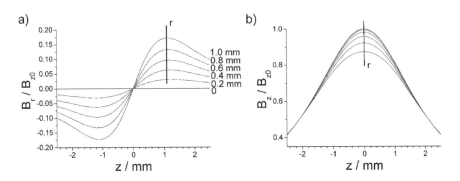

Abb. 10.8 Verlauf der magnetischen Induktion in einer gesättigten Polschuhlinse mit Polschuhspalt 5,4 mm und Polschuhbohrung 2,2 mm in verschiedenen Abständen r von der Mittelachse. a) Radiale Komponente B_r. b) Axiale Komponente B_z

bzw.

$$B_z = -\frac{\partial \Psi(r, z)}{\partial z} = -\frac{\partial \Psi(0, z)}{\partial z} - \frac{r^2}{4} \cdot \frac{\partial^3 \Psi(0, z)}{\partial z^3} - \frac{r^4}{64} \cdot \frac{\partial^5 \Psi(0, z)}{\partial z^5}$$

$$B_z = B_z(0, z) + \frac{r^2}{2} \cdot d^2 \cdot B_{z0} \cdot \left(\frac{z^2 - d^2}{\left(d^2 + z^2\right)^3}\right) -$$

$$- \frac{r^4}{8} \cdot d^2 \cdot B_{z0} \cdot \left(\frac{2 \cdot d^4 - 5 \cdot d^2 \cdot z^2 - z^4}{\left(d^2 + z^2\right)^5}\right) \qquad (10.73)$$

$$B_z = \frac{B_{z0} \cdot d^2}{d^2 + z^2} + \frac{r^2}{2} \cdot d^2 \cdot B_{z0} \cdot$$

$$\cdot \left(\left(\frac{z^2 - d^2}{\left(d^2 + z^2\right)^3}\right) - \frac{r^2}{4} \cdot \left(\frac{2 \cdot d^4 - 5 \cdot d^2 \cdot z^2 - z^4}{\left(d^2 + z^2\right)^5}\right)\right) \cdot$$

Für den Praktiker ist eine Information über die Breite d der Glaserschen Glockenkurve notwendig. Aus einer Grafik von Glaser [2], in der der Quotient d/b über s/b (*b*: Durchmesser der Polschuhbohrung, *s*: Polschuhspalt) für die gesättigte Polschuhlinse (Feldstärke so hoch, dass Polschuhmaterial magnetisch gesättigt ist) dargestellt ist, lässt sich für einen Bereich $s/b = 0{,}2 \ldots 1$ näherungsweise ein Zusammenhang

$$d \approx 0{,}35 \cdot b + 0{,}25 \cdot s \qquad (10.74)$$

erkennen. Realistische Werte für Polschuhspalt und Polschuhbohrung sind $s = 5{,}4\,\text{mm}$ und $b = 2{,}2\,\text{mm}$. Daraus folgt nach Gl. (10.74) eine Glockenfeldbreite $d = 2{,}1\,\text{mm}$. In Abb. 10.8 sind die daraus resultierenden Feldverläufe dargestellt.

Im Transmissionselektronenmikroskop ist die Probe etwa in der Polschuhmitte ($z = 0$) angeordnet. Aus Abb. 10.8 ist ersichtlich, dass die Radialkomponente des

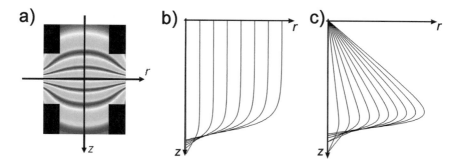

Abb. 10.9 Magnetisches Potential in einer Polschuhlinse a) und daraus berechnete Elektronenbahnen in der (verdrillten) $r - z$-Ebene (b) und (c). Die Elektronen bewegen sich auf Schraubenbahnen durch das magnetische Feld

magnetischen Feldes in radialer Richtung von der Mitte aus anwächst. Beim Einschleusen von magnetischen Proben kann dies zum Verschieben der Probe im Halter führen.

Abb. 10.9a vermittelt einen zweidimensionalen Eindruck vom magnetischen Potential in einer Polschuhlinse. Daraus sind nach den Gl. (10.54) und (10.47) die gleichfalls in Abb. 10.9 dargestellten Elektronenbahnen berechnet worden. Sie zeigen das typische Verhalten einer optischen Linse: Parallel in die Linse einfallende Strahlen werden im Brennpunkt vereinigt (Abb. 10.9b) und von einem Dingpunkt ausgehende Strahlen treffen sich im Bildpunkt (Abb. 10.9c). Bei genauerem Hinsehen erkennen wir aber auch die Schwachstelle der rotationssymmetrischen magnetischen Linse: Die Linsenaußenzonen brechen stärker als die Linsenmittenzone. Dieser Sachverhalt wurde bereits in Abschn. 2.3 als Öffnungsfehler beschrieben.

10.3 Rotationssymmetrische elektrische Felder

Um den Einfluss rotationssymmetrischer Elektrodenanordnungen auf die Elektronenbahnen in elektrischen Feldern zu verstehen, ist es notwendig, die Potentialverteilung innerhalb dieser Anordnungen zu kennen. Wir wollen diese Potentialverteilung für drei Elektrodenanordnungen mit Rotationssymmetrie, die im Transmissionselektronenmikroskopie vorkommen, ausrechnen. Es handelt sich um zwei Konfigurationen der Elektronenkanone (des *Strahlerzeugers*) und um die Elektroden auf dem Siliziumkristall des Silizium-Drift-Detektors im Röntgenspektrometer.

Uns interessiert die Potentialverteilung zwischen den Elektroden. In diesem Bereich gibt es keine Ladungen, es gilt für das Potential U die Laplace-Gleichung

$$\Delta U = 0 \,. \tag{10.75}$$

In kartesischen Koordinaten x, y, z heißt das:

$$\Delta U = \frac{\partial^2 U(x, y, z)}{\partial x^2} + \frac{\partial^2 U(x, y, z)}{\partial y^2} + \frac{\partial^2 U(x, y, z)}{\partial z^2} = 0 \,. \tag{10.76}$$

Für rotationssymmetrische Anordnungen benutzen wir das Zylinderkoordinatensystem r, φ, z (vgl. Abb. 10.4):

$$\frac{\partial^2 U(r, \varphi, z)}{\partial r^2} + \frac{\partial^2 U(r, \varphi, z)}{\partial z^2} + \frac{1}{r^2}\frac{\partial^2 U(r, \varphi, z)}{\partial \varphi^2} + \frac{1}{r}\frac{\partial U(r, \varphi, z)}{\partial r} = 0 \,. \quad (10.77)$$

Wegen der Rotationssymmetrie ist

$$\frac{\partial^2 U(r, \varphi, z)}{\partial \varphi^2} = 0 \quad (10.78)$$

und die Laplace-Gleichung vereinfacht sich in

$$\frac{\partial^2 U(r, z)}{\partial r^2} + \frac{\partial^2 U(r, z)}{\partial z^2} + \frac{1}{r}\frac{\partial U(r, z)}{\partial r} = 0 \,. \quad (10.79)$$

Diese partielle Differentialgleichung wollen wir numerisch lösen. Dazu wandeln wir die Differentialquotienten in Differenzenquotienten um:

$$\frac{\partial^2 U(r, z)}{\partial r^2} \rightarrow \frac{\Delta\left(\Delta U(r, z)\right)}{(\Delta r)^2} = \frac{U(r + \Delta r, z) - 2 \cdot U(r, z) + U(r - \Delta r, z)}{(\Delta r)^2}$$

$$\frac{\partial^2 U(r, z)}{\partial z^2} \rightarrow \frac{\Delta\left(\Delta U(r, z)\right)}{(\Delta z)^2} = \frac{U(r, z + \Delta z) - 2 \cdot U(r, z) + U(r, z - \Delta z)}{(\Delta z)^2}$$

$$\frac{\partial U(r, z)}{\partial r} \rightarrow \frac{\Delta U(r, z)}{\Delta r} = \frac{U(r + \Delta r, z) - U(r - \Delta r, z)}{2 \cdot \Delta r} \,.$$
$$(10.80)$$

Zur Vereinfachung benutzen wir ein Netz mit gleichen Maschenweiten $\Delta r = \Delta z = \Delta$ und bezeichnen die Masche $U(r, z)$ unter Benutzung von $r = i \cdot \Delta$ sowie $z = j \cdot \Delta$ mit $U(i, j)$. Damit gilt für die Laplace-Gleichung:

$$\frac{U(r + \Delta, z) - 2 \cdot U(r, z) + U(r - \Delta, z)}{\Delta} +$$
$$+ \frac{U(r, z + \Delta) - 2 \cdot U(r, z) + U(r, z - \Delta)}{\Delta} + \frac{U(r + \Delta, z) - U(r - \Delta, z)}{2 \cdot r} = 0$$
$$(10.81)$$

bzw.

$$4 \cdot U(r, z) = \left(1 + \frac{\Delta}{2 \cdot r}\right) \cdot U(r + \Delta, z) + \left(1 - \frac{\Delta}{2 \cdot r}\right) \cdot U(r - \Delta, z) +$$
$$+ U(r, z + \Delta) + U(r, z - \Delta) \quad (10.82)$$

oder

$$U(i, j) = \frac{1}{4}\left(1 + \frac{1}{2 \cdot i}\right) \cdot U(i + 1, j) + \frac{1}{4}\left(1 - \frac{1}{2 \cdot i}\right) \cdot U(i - 1, j) +$$
$$+ \frac{1}{4}\left(U(i, j + 1) + U(i, j - 1)\right) \,.$$
$$(10.83)$$

Dies ist eine Rekursionsformel, nach der das Ergebnis des k-ten Schrittes aus dem $(k-1)$-ten Schritt berechnet werden kann. Die Verteilung des nullten Schrittes ist durch die Randbedingungen (Potentiale der Elektroden) gegeben. Die numerische Rekursionsformel lautet damit:

$$U_k(i, j) = \frac{1}{4}\left(1 + \frac{1}{2 \cdot i}\right) \cdot U_{k-1}(i + 1, j) + \frac{1}{4}\left(1 - \frac{1}{2 \cdot i}\right) \cdot U_{k-1}(i - 1, j) +$$

$$+ \frac{1}{4}\left(U_{k-1}(i, j + 1) + U_{k-1}(i, j - 1)\right) .$$

(10.84)

Da i im Nenner auftaucht, gibt es ein Problem für $i = 0$, welches wir separat lösen müssen. Dafür benutzen wir die Differenzengleichung in kartesischen Koordinaten:

$$\frac{U(x + \Delta x, y, z) - 2 \cdot U(x, y, z) + U(x - \Delta x, z)}{(\Delta x)^2} +$$

$$+ \frac{U(x, y + \Delta y, z) - 2 \cdot U(x, y, z) + U(x, y - \Delta y, z)}{(\Delta y)^2}$$

(10.85)

$$+ \frac{U(x, y, z + \Delta z) - 2 \cdot U(x, y, z) + U(x, y, z - \Delta z)}{(\Delta z)^2} = 0 .$$

Für $r = 0$ ist $x = 0$ und $y = 0$. Außerdem setzen wir $\Delta x = \Delta y = \Delta z = \Delta$:

$$U(\Delta, 0, z) - 2 \cdot U(0,0,z) + U(-\Delta, 0, z) + U(0, \Delta.z) - 2 \cdot U(0,0,z) +$$

$$+ U(0, -\Delta, z) + U(0,0,z + \Delta) - 2 \cdot U(0,0,z) + U(0,0,z - \Delta) = 0 .$$

(10.86)

Nun erinnern wir uns wieder an die Rotationssymmetrie und sehen:

$$U(x = 0, y = 0, z) = U(r = 0, z)$$

$$U(x = \Delta, y = 0, z) = U(x = 0, y = \Delta, z) = U(r = \Delta, z)$$

(10.87)

$$U(x = -\Delta, y = 0, z) = U(x = 0, y = -\Delta, z) = U(r = \Delta, z) .$$

Damit folgt aus Gl. (10.86):

$$U(\Delta, z) - 2 \cdot U(0, z) + U(\Delta, z) + U(\Delta, z) - 2 \cdot U(0, z) +$$

$$+ U(\Delta, z) + U(0, z + \Delta) - 2 \cdot U(0, z) + U(0, z - \Delta) = 0$$

(10.88)

bzw.

$$6 \cdot U(0, z) = 4 \cdot U(\Delta, z) + U(0, z + \Delta) + U(0, z - \Delta)$$

(10.89)

und damit als Rekursionsformel für die Berechnung des Potentials auf der z-Achse $(r = 0)$:

$$U_k(0, j) = \frac{2}{3} \cdot U_{k-1}(1, j) + \frac{1}{6} \cdot \left[U_{k-1}(0, j + 1) + U_{k-1}(0, j - 1)\right] . \quad (10.90)$$

Abb. 10.10 Verteilung des elektrischen Potentials im Triodensystem.
a) Potentiallinien in Falschfarbendarstellung.
b) Gitterdarstellung mit Berücksichtigung der Kraftrichtungen (Elektronen „fallen nach unten")

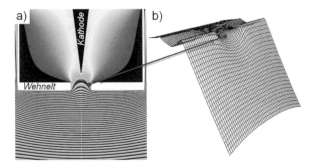

Damit ist es möglich, die Potentialverteilung zu berechnen: Die Ausgangsverteilung ist durch die Randbedingungen gegeben. Daraus wird schrittweise zunächst nach Gl. (10.90) die Verteilung auf der z-Achse und anschließend nach Gl. (10.84) die restliche Verteilung berechnet. Dies wird iterativ wiederholt bis die Veränderung zwischen den Schritten vernachlässigbar klein wird.

10.3.1 Potential im Triodensystem

Im Triodensystem (vgl. Abb. 2.13a) wird die Potentialverteilung durch die geometrische Anordnung und die Potentiale von drei Elektroden bestimmt: der Kathode, der Wehneltelektrode[9] und der Anode. Die Wehneltelektrode ist als Kappe gestaltet, die den Kathodenhalter im Abstand von 1 bis 2 cm umschließt. Das Potential der Anode ist normalerweise null, d. h. die Anode ist geerdet.

Für eine derartige Anordnung haben wir mithilfe der Gl. (10.90) und (10.84) die Laplace-Gleichung numerisch gelöst. Das Ergebnis nach 100.000 Iterationen bei einem Kathodenpotential von -200 kV und einem Wehneltpotential von -1 kV gegenüber der Kathode ist in Abb. 10.10 dargestellt.

Wir sehen im Bereich der Wehneltbohrung nach oben gewölbte Potentiallinien. Da die Kraftvektoren senkrecht auf diesen Linien stehen, erfolgt in diesem Bereich in Übereinstimmung mit der Drahtgitterdarstellung eine Ablenkung der Elektronen zur Mittelachse hin.

10.3.2 Potential bei der Feldemissionskathode

In der Elektronenkanone mit Feldemissionskathode (FEG – vgl. Abb. 2.13b) haben wir bei der numerischen Lösung der Laplace-Gleichung bei den Randbedingungen die Potentiale von fünf Elektroden zu berücksichtigen: Kathode, Suppressor, Extraktor, Gun Lens und Anode.

---

[9] Arthur Wehnelt, deutscher Physiker, 1871–1944.

Abb. 10.11 Verteilung des elektrischen Potentials im FEG-System.
a) Potentiallinien in Falschfarbendarstellung.
b) Gitterdarstellung mit Berücksichtigung der Kraftrichtungen (Elektronen „fallen nach unten")

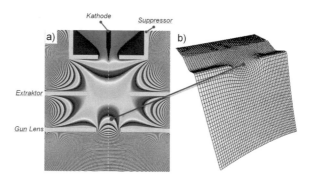

Die Verteilung für Potentiale von 200 kV an der Kathode, -300 V gegen Kathode für den Suppressor, $+4$ kV gegen Kathode für den Extraktor und $+1$ kV gegen Kathode für die Gun Lens ist in Abb. 10.11 dargestellt. Auch hier erzeugt die Potentialverteilung eine Ablenkung der Elektronen hin zur Mittelachse.

10.3.3 Potential im Silizium-Drift-Detektor

Durch Ringelektroden mit abgestuften Potentialen auf der Anodenseite des Halbleiterkristalls gelingt es, bei Silizium-Drift-Detektoren eine trichterförmige Potentialverteilung im Kristall zu erreichen, die für kurze Elektronenpfade im Kristall sorgt (vgl. Abschn. 9.2.1 mit Abb. 9.9).

Auch hierbei handelt es sich um rotationssymmetrische Anordnungen, für die wir die Laplace-Gleichung mithilfe der Rekursionsformeln (10.90) und (10.84) numerisch lösen können. Abb. 10.12 zeigt das Ergebnis für 0, 1, 3, 6 und 9 Ringelektroden.

Wir sehen, dass sich die „Rauheit" der Potentialtrichterflanken mit zunehmender Ringzahl verkleinert, was durch die damit verbundene Verringerung der Potentialdifferenzen an den Ringelektroden auch verständlich ist.

10.3.4 Schottky-Effekt

Der Schottky[10]-Effekt hat nur mittelbar mit rotationssymmetrischen Elektrodenanordnungen zu tun; er führt aber bei Feldemissionskathoden zur Verringerung der Austrittsarbeit und berührt damit auch die Rotationssymmetrie.

Zu seiner plausiblen Erklärung stellen wir uns vor, dass sich die Elektronen bei der thermischen Emission eine kurze Zeit in der Nähe der Kathodenoberfläche aufhalten und dort eine Raumladungswolke bilden. Das elektrische Feld zwischen einem Elektron und der Drahtoberfläche ist identisch mit einem Feld zwischen dem erwähnten Elektron und einer positiven Ladung im gleichen Abstand hinter der Drahtoberfläche (*Bildladung* – vgl. Abb. 10.13). Die Potentialkraft F_C für das Elektron mit der

---

[10]Walter Schottky, deutscher Physiker, 1886–1976.

Abb. 10.12 Potentialverteilung im Siliziumkristall (Durchmesser 30 mm, Dicke 8 mm, Anodenpotential +1000 V) eines SDD in Falschfarben- und Gitterdarstellung. Anode unten. a) Ohne Ringelektroden. b) Mit 1 Ring, Potential 800 V. c) Mit 3 Ringen, Potentialdifferenz je −150 V. d) Mit 6 Ringen, Potentialdifferenz je −120 V. e) Mit 9 Ringen, Potentialdifferenz je −100 V

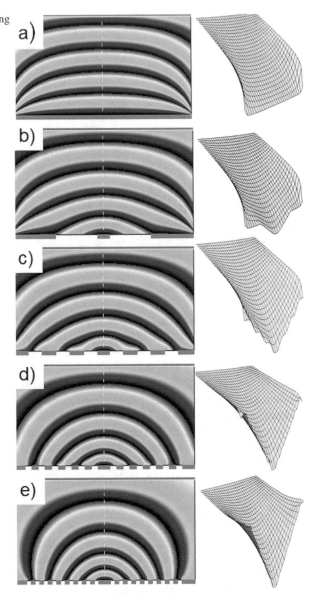

Ladung −e im Abstand x vor der Drahtoberfläche ist die Coulomb[11]-Kraft zwischen den Ladungen e und −e im Abstand $2 \cdot x$:

$$F_C(x) = \frac{1}{4 \cdot \pi \cdot \varepsilon_0} \cdot \frac{-e^2}{4 \cdot x^2} = \frac{-e^2}{16 \cdot \pi \cdot \varepsilon_0} \cdot \frac{1}{x^2} \tag{10.91}$$

(Elementarladung e und Influenzkonstante ε_0).

---

[11] Charles Augustin de Coulomb, französischer Physiker, 1736–1806.

Abb. 10.13 Elektrisches Feld an einer Metalloberfläche (Bildladung)

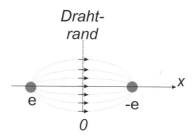

Abb. 10.14 Erniedrigung des Potentialwalls durch den Schottky-Effekt (Parameter: $E = 20$ kV/cm)

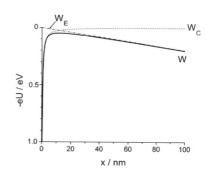

Liegt ein zusätzliches elektrisches Feld E an der Kathode an, so erfährt das Elektron durch dieses Feld die Kraft (Kathode ist negativ!)

$$F_E(x) = \text{e} \cdot E \, . \tag{10.92}$$

Für die potentielle Energie W unter Einfluss dieser beiden Kräfte gilt dann

$$W(x) = \int (F_E + F_C(x)) \cdot dx = W_0 + \text{e} \cdot E \cdot x + \frac{\text{e}^2}{16 \cdot \pi \cdot \varepsilon_0 \cdot x} \, . \tag{10.93}$$

Wir wollen nun die Auswirkungen auf das Potentialtopf-Modell betrachten. Wir müssen berücksichtigen, dass in der grafischen Darstellung dieses Modells das Potential nach oben hin negativer wird. Außerdem müssen wir einen Bezugspunkt („Nullpunkt") festlegen. Wir wollen dazu die Energie des Vakuumniveaus benutzen (vgl. Abb. 10.14). In diesem Fall ist $W_0 = 0$.

$$
\begin{array}{llll}
\text{Es ist} & W(x) = W_E + W_C & \text{für} & x \geq 0 \\
\text{und} & W(x) = W_{\text{Fermi}} & \text{für} & x < 0.
\end{array}
$$

Für die Austrittsarbeit gilt:

$$W_A = W_{\text{Fermi}} - (W_E(x = 0) + W_C(x = 0)) \tag{10.94}$$

Aus Abb. 10.14 ist ersichtlich, dass damit die Austrittsarbeit verringert wird. Zur Abschätzung dieser Verringerung bestimmen wir das Maximum der Funktion $W(x) = W_E(x) + W_C(x)$:

$$\frac{dW}{dx}\Big|_{x,\text{max}} = e \cdot E - \frac{e^2}{16 \cdot \pi \cdot \varepsilon_0 \cdot x_{\text{max}}^2} = 0 \quad \Rightarrow \quad x_{\text{max}} = \sqrt{\frac{e}{16 \cdot \pi \cdot \varepsilon_0 \cdot E}} .$$
$$(10.95)$$

Diesen Wert setzen wir in $W(x)$ ein und erhalten für das Maximum:

$$W_{\text{max}} = e \cdot E \cdot x_{\text{max}} + \frac{e^2}{16 \cdot \pi \cdot \varepsilon_0 \cdot x_{\text{max}}}$$

$$W_{\text{max}} = e \cdot E \cdot \sqrt{\frac{e}{16 \cdot \pi \cdot \varepsilon_0 \cdot E}} + \frac{e^2}{16 \cdot \pi \cdot \varepsilon_0} \cdot \sqrt{\frac{16 \cdot \pi \cdot \varepsilon_0 \cdot E}{e}} \qquad (10.96)$$

$$W_{\text{max}} = 2 \cdot \sqrt{\frac{e^3 \cdot E}{16 \cdot \pi \cdot \varepsilon_0}} = \sqrt{\frac{e^3 \cdot E}{4 \cdot \pi \cdot \varepsilon_0}} = 3{,}8 \cdot 10^{-5}\,\text{eV} \cdot \sqrt{\frac{E}{\text{V/m}}} .$$

Die Verringerung der Austrittsarbeit ist gleich der Differenz zu null, d. h. ihre Verringerung durch den Schottky-Effekt ist proportional zur Wurzel aus der an der Kathode anliegenden elektrischen Feldstärke. Bei Benutzung gebräuchlicher Maßeinheiten folgt:

$$\Delta W_{A,\text{Schottky}} = 0{,}038\,\text{eV} \cdot \sqrt{\frac{E}{\text{kV/mm}}} . \qquad (10.97)$$

Bei Elektronenkanonen mit Schottky-Feldemissionskathode bestimmt der Potentialunterschied zwischen Kathode und Extraktor-Elektrode maßgeblich das elektrische Feld vor der Kathodenspitze. Beispielsweise bewirkt ein Spitzenradius von $2\,\mu\text{m}$ bei einer Potentialdifferenz von $2\,\text{kV}$ eine Verringerung der Austrittsarbeit um $1{,}2\,\text{eV}$.

10.4   Elektrostatische Multipole

Stigmatoren und Korrektive für sphärische und chromatische Aberrationen erfordern nicht-rotationssymmetrische elektronenoptische Einheiten, sogenannte Multipole. Dies ist seit Erscheinen der Arbeiten von Otto Scherzer[12] im Jahre 1936 bekannt [3]. Darauf basierend realisierte O. Rang 1949 einen Stigmator [4]. Ein (wenn auch mit geringem Auflösungsvermögen) aus Quadrupolen bestehendes Objektiv konstruierte und erprobte H.-D. Bauer im Jahre 1965 [5].

---

[12]Otto Scherzer, deutscher Physiker und Elektronenoptiker, 1909–1982.

10.4.1 Potentialverteilungen

Für das Verständnis der Eigenschaften eines Multipols werden wir die Potentialverteilung in einem Quadrupol, einem Hexapol und einem Oktupol berechnen und
grafisch darstellen sowie im Abschn. 10.4.2 die daraus resultierenden Elektronenbahnen ermitteln.

Aus Abschn. 10.3 ist die Verfahrensweise bekannt: Wir müssen die Laplace-
Gleichung

$$\Delta U = \frac{\partial^2 U}{\partial x^2} + \frac{\partial^2 U}{\partial y^2} + \frac{\partial^2 U}{\partial z^2} = 0 \,, \tag{10.98}$$

die hier in kartesischen Koordinaten aufgeschrieben ist, lösen. Vereinfachend gehen
wir zunächst von einem in z-Richtung unendlich ausgedehnten Multipol aus, d. h.
die Potentialverteilung ist in z-Richtung konstant. Damit vereinfacht sich Gl. (10.98)
zu

$$\Delta U = \frac{\partial^2 U}{\partial x^2} + \frac{\partial^2 U}{\partial y^2} = 0 \,. \tag{10.99}$$

Zur numerischen Lösung wandeln wir diese Differentialgleichung nach der Vorschrift

$$\frac{\partial^2 U(x, y)}{\partial x^2} \rightarrow \frac{\Delta\left(\Delta U(x, y)\right)}{(\Delta x)^2} = \frac{U(x + \Delta x, y) - 2 \cdot U(x, y) + U(x - \Delta x, y)}{(\Delta x)^2}$$

$$\frac{\partial^2 U(x, y)}{\partial y^2} \rightarrow \frac{\Delta\left(\Delta U(x, y)\right)}{(\Delta y)^2} = \frac{U(x, y + \Delta y) - 2 \cdot U(x, y) + U(x, y - \Delta y)}{(\Delta y)^2}$$

$$\tag{10.100}$$

in eine Differenzengleichung um. Bei gleichen Differenzen Δx und Δy ($= \Delta$) sowie

$$x = i \cdot \Delta \qquad \text{bzw.} \qquad y = j \cdot \Delta \tag{10.101}$$

folgt

$$\begin{aligned} U(i + 1, j) - 2 \cdot U(i, j) + U(i - 1, j) + U(i, j + 1) \\ - 2 \cdot U(i, j) + U(i, j - 1) = 0 \end{aligned} \tag{10.102}$$

und daraus die Rekursionsformel

$$U(i, j) = \frac{1}{4}\left[U(i + 1, j) + U(i - 1, j) + U(i, j + 1) + U(i, j - 1)\right] \tag{10.103}$$

zur Berechnung der Potentialverteilung aus den Randbedingungen. Die nicht durch
die Randbedingungen abgedeckten Randpotentiale werden aus den Gleichungen

$$U(i, 0) = \frac{1}{2}\left[U(i + 1, 0) + U(i - 1, 0)\right] \quad \text{für} \quad i > 0$$

$$U(0, j) = \frac{1}{2}\left[U(0, j + 1) + U(0, j - 1)\right] \quad \text{für} \quad j > 0 \tag{10.104}$$

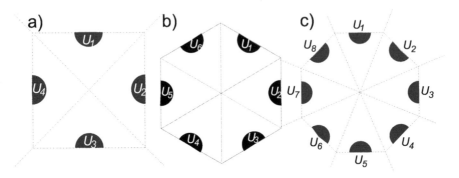

Abb. 10.15 Schematische Darstellung eines Quadrupols (a), eines Hexapols (b) und eines Oktupols (c) mit möglichen Randpotentialen

Abb. 10.16 Potentialverteilung in einem Quadrupol bei betragsmäßig gleichen Polpotentialen U_0.
a) Farbkodierte Darstellung (rot: positiv, blau: negativ).
b) Potentialgebirge in dreidimensionaler Darstellung

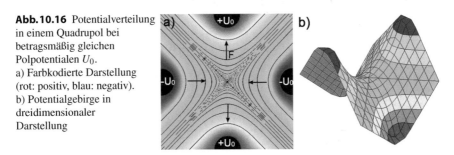

erhalten. Für die Festlegung der Randbedingungen wählen wir als Multipolelemente Stäbe mit kreisförmigem Querschnitt, die in der Mitte der Seiten eines Quadrates bzw. eines regelmäßigen Sechs- und Achtecks angeordnet sind (vgl. Abb. 10.15).

Prinzipiell ist ein Quadrupol als Stigmator geeignet. Um dies zu verstehen, schauen wir auf Abb. 10.16. Dort ist die Potentialverteilung auf zwei verschiedene Arten dargestellt: In Abb. 10.16a farbkodiert und in Abb. 10.16b als Potentialgebirge. Abb. 10.16b sieht aus wie ein Sattel. Der Punkt, in dem die Elektronen keine Ablenkungskraft erfahren (Potential = 0) heißt deshalb auch *Sattelpunkt*. Wir können ihn auch als Durchstoßpunkt der optischen Achse durch die gezeichnete Multipolebene verstehen.

Ein Elektronenbündel mit kreisförmigem Querschnitt wird in senkrechter Richtung auseinander gezogen und in waagerechter Richtung *(Hauptschnitte)* zusammengedrückt, d. h. elliptisch verzerrt. Gleichzeitig wird zwischen den beiden Hauptschnitten eine Brennweitendifferenz erzeugt. Dies ist aber auch der Sachverhalt bei vorhandenem Astigmatismus. Der Quadrupol muss für die Astigmatismuskorrektur geeignet zur astigmatischen Ellipse gedreht und in seiner Stärke angepasst werden. Um das ohne mechanischen Eingriff zu bewerkstelligen, kann beispielsweise anstelle des einfachen Quadrupols ein Oktupol benutzt werden.

In Abb. 10.17 sehen wir die Potentialverteilung innerhalb eines Oktupols bei verschiedenen Polpotentialen. Anhand der schwarz eingezeichneten Äquipotentiallinien ist in den Abbildungen 10.17a–c die Drehung des Potentialfeldes zu erkennen.

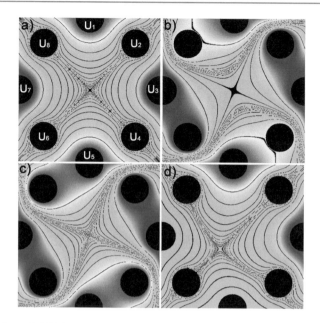

Abb. 10.17 Potentialfeld in einem Oktupol bei verschiedenen Polpotentialen. a) $U_5 = U_1, U_3 = U_7 = -U_1, U_2 = U_4 = U_6 = U_8 = 0$. b) $U_5 = U_1, U_3 = U_7 = -U_1, U_2 = U_6 = -U_1, U_4 = U_8 = U_1/2$. c) $U_5 = U_1, U_3 = U_7 = -U1, U_2 = U_6 = -U_1, U_4 = U_8 = U_1$. d) $U_5 = U_1/5, U_3 = -U_1, U_7 = U_3/5, U_2 = U_4 = U_6 = U_8 = 0$

Bei diesen Bildern ist die Potentialverteilung symmetrisch, d. h. gegenüberliegende Pole haben das gleiche Potential und der Sattelpunkt liegt genau im Zentrum. In Abb. 10.17d haben gegenüberliegende Pole ungleiches Potential, der Sattelpunkt ist nach links unten verschoben. Damit ist es möglich, den Oktupol zur optischen Achse der astigmatischen Linse zu zentrieren.

Insbesondere zur Öffnungsfehlerkorrektur sind Hexapole interessant (s. z. B. [6]). Abb. 10.18 zeigt die Potentialfelder im Hexapol für zwei Grenzfälle der Elektrodenpotentiale. Im Bildteil a liegen die beiden gegenüberliegenden Elektroden 2 und 5 auf dem Potential $+U_0$, die restlichen auf $-U_0$. Im Bildteil b liegen 2 und 5 auf $-U_0$ und die restlichen auf $+U_0$.

Bei den Potentialen im Hexapol fällt auf, dass der Sattelpunkt nicht das Potential null hat. Im Fall Abb. 10.18a ist es leicht negativ, bei 10.18b leicht positiv.

10.4.2 Elektronenbahnen

Mit Kenntnis des Potentialfeldes können die Elektronenbahnen im Multipol berechnet werden. Aus der Potentialverteilung $U(x,y,z)$ folgt für die Komponenten des elektrischen Feldes

$$E_x = \frac{\partial U(x, y, z)}{\partial x}, \quad E_y = \frac{\partial U(x, y, z)}{\partial y}, \quad E_z = \frac{\partial U(x, y, z)}{\partial z} \qquad (10.105)$$

Abb. 10.18 Potentialfeld und Potentialgebirge in einem Hexapol bei a) vier negativen und zwei positiven Elektroden, b) zwei negativen und vier positiven Elektroden

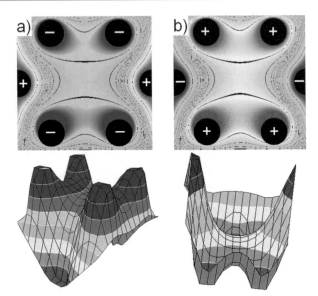

und daraus für die Komponenten der Kraft auf ein Elektron:

$$F_x = - e \cdot \frac{\partial U(x,y,z)}{\partial x}, \quad F_y = - e \cdot \frac{\partial U(x,y,z)}{\partial y}, \quad F_z = - e \cdot \frac{\partial U(x,y,z)}{\partial z}$$
$$(10.106)$$

mit der Elementarladung e. Damit ergibt sich für die Beschleunigungskomponenten des Elektrons

$$a_x(x,y,z) = \frac{F_x}{m_0} = - \frac{e}{m_0} \cdot \frac{\partial U(x,y,z)}{\partial x}$$

$$a_y(x,y,z) = \frac{F_y}{m_0} = - \frac{e}{m_0} \cdot \frac{\partial U(x,y,z)}{\partial y} \qquad (10.107)$$

$$a_z(x,y,z) = \frac{F_z}{m_0} = - \frac{e}{m_0} \cdot \frac{\partial U(x,y,z)}{\partial z}$$

(m_0: Elektronenmasse). Die praktische Rechnung erfolgt numerisch. Wir ersetzen die Differentialquotienten durch Differenzenquotienten, wie es bereits mehrfach geschehen ist. Im Unterschied zum Abschn. 10.4.1 können wir hier die z-Koordinate nicht außer Acht lassen und müssen auf Gl. (10.98) zurückgreifen. Der Übergang zu Differenzenquotienten liefert analog zu Gl. (10.100):

$$\frac{\partial^2 U(x,y,z)}{\partial x^2} \rightarrow \frac{\Delta(\Delta U(x,y,z))}{(\Delta x)^2} = \frac{U(x+\Delta x,y,z) - 2 \cdot U(x,y,z) + U(x-\Delta x,y,z)}{(\Delta x)^2}$$

$$\frac{\partial^2 U(x,y,z)}{\partial y^2} \rightarrow \frac{\Delta(\Delta U(x,y,z))}{(\Delta y)^2} = \frac{U(x,y+\Delta y,z) - 2 \cdot U(x,y,z) + U(x,y-\Delta y,z)}{(\Delta y)^2}$$

$$\frac{\partial^2 U(x,y,z)}{\partial z^2} \rightarrow \frac{\Delta(\Delta U(x,y,z))}{(\Delta z)^2} = \frac{U(x,y,z+\Delta z) - 2 \cdot U(x,y,z) + U(x,y,z-\Delta z)}{(\Delta z)^2}.$$
$$(10.108)$$

Bei gleichen Differenzen Δx, Δy und Δz $(= \Delta)$ sowie

$$x = i \cdot \Delta, \quad y = j \cdot \Delta, \quad z = k \cdot \Delta \tag{10.109}$$

folgt aus Gl. (10.98) mit Gl. (10.108)

$$
\begin{aligned}
&U(i+1,j,k) - 2 \cdot U(i,j,k) + U(i-1,j,k)+ \\
&+U(i,j+1,k) - 2 \cdot U(i,j,k) + U(i,j-1,k)+ \\
&+U(i,j,k+1) - 2 \cdot U(i,j,k) + U(i,j,k-1) = 0
\end{aligned}
\tag{10.110}
$$

und daraus die Rekursionsformel

$$
U(i,j,k) = \frac{1}{6} \cdot
\begin{bmatrix}
U(i+1,j,k)+ & U(i-1,j,k)+ \\
+U(i,j+1,k)+ & U(i,j-1,k)+ \\
+U(i,j,k+1)+ & U(i,j,k-1)
\end{bmatrix}
\tag{10.111}
$$

Als Randbedingungen gelten neben den Elektrodenpotentialen die Forderungen

$$
\begin{aligned}
U(i,0,0) &= \frac{1}{2} \left[U(i+1,0,0) + U(i-1,0,0) \right] \quad \text{für} \quad i > 0 \\
U(0,j,0) &= \frac{1}{2} \left[U(0,j+1,0) + U(0,j-1,0) \right] \quad \text{für} \quad j > 0 \\
U(0,0,k) &= \frac{1}{2} \left[U(0,0,k+1) + U(0,0,k-1) \right] \quad \text{für} \quad k > 0 .
\end{aligned}
\tag{10.112}
$$

Zur Verkürzung der Rechenzeit nutzen wir die Symmetrie in Richtung z innerhalb des Multipols. In der Symmetrieebene in der Mitte des Multipols gilt die Potential-verteilung bei unendlich ausgedehnten Multipolen (s. Abschn. 10.4.1).

Nach Berechnung des Potentials werden nach Gl. (10.107) die Beschleunigungen a_x, a_y und a_z und daraus mit

$$
\begin{aligned}
v_{x,i}(x,y,z) &= v_{x,i-1}(x,y,z) + a_x(x,y,z) \cdot \Delta t \\
v_{y,i}(x,y,z) &= v_{y,i-1}(x,y,z) + a_y(x,y,z) \cdot \Delta t \\
v_{z,i}(x,y,z) &= v_{z,i-1}(x,y,z) + a_z(x,y,z) \cdot \Delta t
\end{aligned}
\tag{10.113}
$$

und

$$
\begin{aligned}
x_i &= x_{i-1} v_{x,i}(x,y,z) \cdot \Delta t \\
y_i &= y_{i-1} v_{y,i}(x,y,z) \cdot \Delta t \\
z_i &= z_{i-1} v_{z,i}(x,y,z) \cdot \Delta t
\end{aligned}
\tag{10.114}
$$

die Koordinaten x, y und z bestimmt. Die aktuelle Zeit ist durch $t_i = i \cdot \Delta t$ gegeben. Die Stützstellen der Bahnkurve sind die zur gleichen Zeit erreichten Koordinaten x_i, y_i und z_i.

Wir wollen nun Elektronenbahnen in symmetrischen Quadrupolen und Hexapolen berechnen und einige Konsequenzen daraus diskutieren.

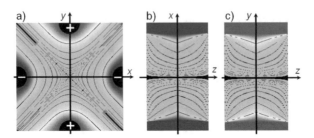

Abb. 10.19 Potential im symmetrischen Quadrupol (gleiche Beträge der Elektrodenpotentiale). a) Potential in der x-y-Ebene. b) Potential in der x-z-Ebene. c) Potential in der y-z-Ebene. (Nicht maßstäblich. Die z-Ausdehnung ist ein Zehntel der Ausdehnung in x- bzw. y-Richtung)

Beginnen wir mit dem Quadrupol. Neben der (bereits bekannten) Potentialverteilung in der mittleren x-y-Ebene sind nunmehr auch diejenigen in der x-z- und y-z-Ebene für das Verständnis von Interesse, Nach 5000 Iterationen gemäß Gl. (10.111) erhalten wir die Abb. 10.19. Nach den Gl. (10.107), (10.113) und (10.114) folgen daraus die in Abb. 10.20 dargestellten Elektronenbahnen. Wir erhalten das erwartende Ergebnis: In der x-z-Ebene werden die Elektronen durch die beiden außen liegenden negativen Elektroden nach innen (zur z-Achse hin) abgelenkt. In der y-z-Ebene liegen außen positive Elektroden, die die Elektronen nach außen (von der z-Achse weg) ziehen und zwar umso mehr je weiter außen die Bahn liegt. Die y-z-Ebene repräsentiert eine Zerstreuungslinse mit negativer Brennweite. Um diesen Effekt auch in der x-z-Ebene (bzw. bei allen Azimuten) zu erreichen, ist mindestens ein zweiter, azimutal um $90°$ gedrehter Quadrupol notwendig. Das Problem ist, dass dann in der y-z-Ebene eine Sammellinse folgt und die Ablenkung nach außen dadurch wieder kompensiert wird.

Diese Überlegung führt zum Hexapol. Wir wiederholen die Berechnung der Elektronenbahnen für die Variante mit vier negativen und zwei positiven Elektroden (s. Abb. 10.18a). Abb. 10.21 zeigt das Potential in verschiedenen Ebenen. In Abb. 10.22 sind die daraus berechneten Elektronenbahnen in der x-z- und der y-z-Ebene dargestellt. Abb. 10.22a hat große Ähnlichkeit mit Abb. 10.20b, d. h. auch die x-z-Ebene des Hexapols hat die Eigenschaften einer Zerstreuungslinse. Demgegenüber verhalten sich die Elektronenbahnen in der y-z-Ebene diffus. Damit besteht die Chance, dass der Zerstreuungseffekt in der x-z-Ebene durch einen zweiten, azimutal um $90°$ gedrehten Hexapol gleicher Konfiguration nicht wieder kompensiert wird (vgl. Abschn. 7.8.2).

Abb. 10.20 Elektronenbahnen im Quadrupol von Abb. 10.19. a) In der x-z-Ebene. b) In der y-z-Ebene

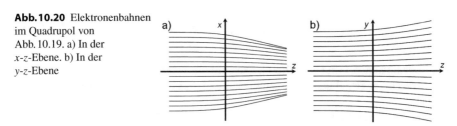

Abb. 10.21 Potential im Hexapol (gleiche Beträge der Elektrodenpotentiale).
a) Potential in der x-y-Ebene.
b) Potential in der x-z-Ebene.
c) Potential in der y-z-Ebene.
(Nicht maßstäblich. Die z-Ausdehnung ist ein Zehntel der Ausdehnung in x- bzw. y-Richtung)

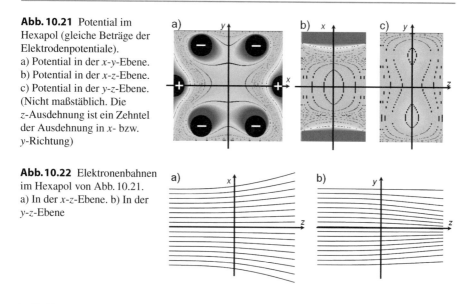

Abb. 10.22 Elektronenbahnen im Hexapol von Abb. 10.21.
a) In der x-z-Ebene. b) In der y-z-Ebene

10.5 Beugung und Streuung von Elektronen

In diesem Abschnitt beschäftigen wir uns mit der Beugung von Elektronen am Kristallgitter und deren Streuung in amorphen Proben sowie an Einzelatomen.

10.5.1 Laue-Gleichungen und reziprokes Gitter, Ewald-Konstruktion

Die Braggsche[13] Gleichung verknüpft Gittereigenschaften in Form der Netzebenenabstände mit den Beugungswinkeln. Ein bestimmter Netzebenenabstand erzeugt einen Beugungsreflex, im Transmissionselektronenmikroskop kann das ein heller Spot sein. Was ist aber nun, wenn wir zwei Netzebenenscharen haben, die gegeneinander verdreht sind, beispielsweise (1 0 0)- und (0 1 0)-Ebenen, die in orthogonalen Systemen (alle Achsenwinkel gleich 90°) senkrecht aufeinander stehen. Wir erwarten zwei Beugungsreflexe, deren Verbindungslinien zum Zentrum gleichfalls senkrecht aufeinander stehen. Wie können wir diese Reflexpositionen berechnen?

Wir gehen vom Braggschen Gesetz

$$\mathrm{n} \cdot \lambda = d \cdot \theta \tag{10.115}$$

(n: ganze Zahl, λ: Wellenlänge, d: Netzebenenabstand, θ: Beugungswinkel) aus und betrachten dazu Abb. 10.23. Der Wellenzahlvektor $\boldsymbol{k_0}$ der einfallenden Welle schließt

---

[13]William Henry Bragg und William Lawrence Bragg: australisch/englische Physiker (Vater und Sohn), 1862–1942 bzw. 1890–1971, Nobelpreis für Physik 1915.

Abb. 10.23 Wellenzahlvektoren bei Reflexion einer Elektronenwelle an Netzebenen

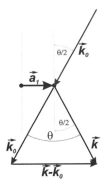

mit dem Wellenzahlvektor k der reflektierten Welle den Winkel θ ein. Bei den in der Elektronenbeugung kleinen Beugungswinkeln können wir für den Betrag der Differenz der beiden Wellenzahlvektoren *(Streuvektor)* unter Berücksichtigung des Braggschen Gesetzes (10.115) schreiben:

$$|k - k_0| = \theta \cdot |k| = \frac{n \cdot \lambda}{d} \cdot |k| \qquad (10.116)$$

Wir setzen elastische Streuung voraus, d. h. die Beträge der beiden Wellenzahlvektoren sind gleich, und vermeiden den Faktor 2π bei der Wellenzahl:

$$|k_0| = |k| = \frac{1}{\lambda} , \qquad (10.117)$$

d. h.

$$d \cdot |k - k_0| = n . \qquad (10.118)$$

Wir ersetzen d durch a_1 und n durch die ganze Zahl h, berücksichtigen, dass a_1 und $k - k_0$ parallel sind und ergänzen dies für die zwei anderen Raumrichtungen a_2 und a_3 sinngemäß. Damit gilt für die drei Raumrichtungen a_1, a_2 und a_3:

$$
\begin{aligned}
a_1 \cdot (k - k_0) &= h \\
a_2 \cdot (k - k_0) &= k \\
a_3 \cdot (k - k_0) &= l .
\end{aligned}
\qquad (10.119)
$$

Diese Gleichungen werden als Laue[14]-Gleichungen bezeichnet.

Aus Gl. (10.116) ist ersichtlich, dass die Länge des Streuvektors und damit der Beugungswinkel θ proportional zum reziproken Wert des Netzebenenabstandes d sind. Es ist deshalb zweckmäßig bei Berechnungen zur Beugung zur Beschreibung

---

[14]Max von Laue, deutscher Physiker, 1879–1960, Nobelpreis für Physik 1914.

der Atomanordnung im Kristall ein *reziprokes Gitter* zu benutzen. Seine Basisvektoren b_1, b_2 und b_3 sind definiert durch

$$a_i \cdot b_j = \begin{cases} 1, & \text{wenn } i = j \\ 0, & \text{wenn } i \neq j \end{cases} \quad (i, j = 1,2,3) . \tag{10.120}$$

Damit können wir schreiben:

$$\begin{aligned} a_1 \cdot (h \cdot b_1 + k \cdot b_2 + l \cdot b_3) &= h \\ a_2 \cdot (h \cdot b_1 + k \cdot b_2 + l \cdot b_3) &= k \\ a_3 \cdot (h \cdot b_1 + k \cdot b_2 + l \cdot b_3) &= l . \end{aligned} \tag{10.121}$$

Nach Vergleich mit den Laue-Gleichungen (10.119) folgt

$$(h \cdot b_1 + k \cdot b_2 + l \cdot b_3) = k - k_0 , \tag{10.122}$$

d. h. der Streuvektor muss ein reziproker Gittervektor sein, wenn ein Beugungsmaximum entstehen soll. Der durch *(hkl)* charakterisierte reziproke Gittervektor steht damit stets senkrecht auf den Netzebenen *(hkl)*.

Wir wollen nun ein Gedankenexperiment ausführen: Wir verschieben den Vektor k_0 parallel bis seine Spitze einen reziproken Gitterpunkt trifft und überlegen, welche Richtung der Vektor k mit gleicher Länge haben muss, damit er ebenfalls einen (anderen) reziproken Gitterpunkt trifft. Die geometrische Lösung dieses Problems ist eine Kugelschale, deren Mittelpunkt der Ursprung des Vektors k_0 ist (vgl. Abb. 10.24). Das Verfahren heißt *Ewald*[15]*-Konstruktion.* Wir haben damit eine Vorschrift zur Konstruktion des Beugungsbildes:

Wir zeichnen den Wellenzahlvektor k_0 der einfallenden Welle (Länge: $1/\lambda$) so, dass dessen Ende (Pfeil) auf einen reziproken Gitterpunkt trifft. Wenn die Kugel um den Ursprung dieses Vektors mit dem Radius $1/\lambda$ einen reziproken Gitterpunkt trifft, kennzeichnet dies einen Beugungsreflex.

Bei der Elektronenbeugung im Transmissionselektronenmikroskop liegen die Wellenlängen in der Größenordnung 3 pm, $1/\lambda$ beträgt dann etwa 0,3 pm^{-1}. Die Atomabstände im Kristallgitter liegen typischerweise bei etwa 0,3 nm, der Kehrwert ist dann ungefähr 3 nm^{-1}. Das Verhältnis vom Radius der Ewald-Kugel zu den Abständen im reziproken Gitter beträgt etwa 100, d. h. wir können den Teil der Kugeloberfläche um den Auftreffpunkt des Vektors k_0 auf das reziproke Gitter als Ebene annähern.

---

[15]Paul Peter Ewald, deutscher Physiker, 1888–1985.

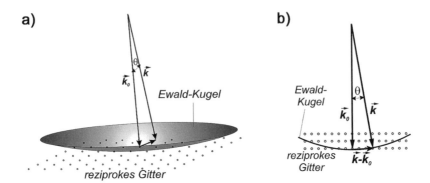

Abb. 10.24 Ewald-Konstruktion. a) Perspektivische Darstellung der Kugelschale. b) Ansicht der Ebene, die die Wellenzahlvektoren k und k_0 enthält

Wir sehen, dass das reziproke Gitter von grundlegender Bedeutung für die Interpretation von Beugungsmustern ist. Wie können wir es aus dem realen Gitter berechnen?

Ausgangspunkt ist die Definition (10.120) des reziproken Gitters. Das *Skalarprodukt* zweier Vektoren ist null, wenn beide senkrecht aufeinander stehen und wird maximal, wenn beide in die gleiche Richtung zeigen. Wir erkennen, dass

$$b_1 \parallel a_1, \quad b_2 \parallel a_2 \quad \text{und} \quad b_3 \parallel a_3 \tag{10.123}$$

sowie

$$b_1 \perp a_2, \; b_1 \perp a_3, \quad b_2 \perp a_1, \; b_2 \perp a_3, \quad b_3 \perp a_1, \; b_3 \perp a_2 \tag{10.124}$$

gelten müssen.

Das *Kreuzprodukt* (auch: *Vektorprodukt*) zweier Vektoren steht senkrecht auf der von den beiden Vektoren aufgespannten Ebene. Damit lassen sich die Forderungen (10.123) und (10.124) erfüllen; wir müssen allerdings noch Normierungsgrößen V_1, V_2 und V_3 berücksichtigen, damit sich beim Skalarprodukt maximal eins ergibt wie in der Definition des reziproken Gitters (10.120) gefordert:

$$b_1 = \frac{1}{V_1} \cdot (a_2 \times a_3)$$

$$b_2 = \frac{1}{V_2} \cdot (a_3 \times a_1) \tag{10.125}$$

$$b_3 = \frac{1}{V_3} \cdot (a_1 \times a_2) \,.$$

Abb. 10.25 Triklines und kartesisches Achsenkreuz. Die x-Achse stimmt mit der a_1-Achse überein, die x-y-Ebene liegt in der a_1-a_2-Ebene. a) Kartesische Koordinaten der a_2-Achse. b) Kartesische Koordinaten der a_3-Achse

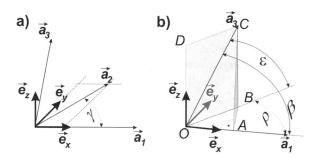

Zur Berechnung von V_1, V_2 und V_3 setzen wir die Gl. (10.125) in die Definitionsgleichung (10.120) für das reziproke Gitter ein und erhalten:

$$a_1 \cdot b_1 = \frac{a_1 \cdot (a_2 \times a_3)}{V_1} \Rightarrow V_1 = a_1 \cdot (a_2 \times a_3)$$

$$a_2 \cdot b_2 = \frac{a_2 \cdot (a_3 \times a_1)}{V_2} \Rightarrow V_2 = a_2 \cdot (a_3 \times a_1) \qquad (10.126)$$

$$a_3 \cdot b_3 = \frac{a_3 \cdot (a_1 \times a_2)}{V_3} \Rightarrow V_3 = a_3 \cdot (a_1 \times a_2) \; .$$

Da a_1, a_2, a_3 nach Voraussetzung ein Rechtssystem bilden, ändert die zyklische Vertauschung der Vektoren in (10.126) nichts am Ergebnis, d. h. es ist $V_1 = V_2 = V_3 = V$. V ist das Volumen der durch die drei Vektoren a_1, a_2 und a_3 aufgespannten Elementarzelle.

Im *rechtwinkligen (orthogonalen) Koordinatensystem* mit den Einheitsvektoren e_x, e_y, e_z und den Kristallachsen $a_1 = a_1 \cdot e_x$, $a_2 = a_2 \cdot e_y$ und $a_3 = a_3 \cdot e_z$ ist die Rechnung trivial, wir erhalten $V = a_1 \cdot a_2 \cdot a_3$, das Produkt der Beträge der drei Vektoren a_1, a_2 und a_3. Die Basisvektoren des reziproken Gitters sind in diesem Fall

$$b_1 = \frac{e_x}{a_1}, \quad b_2 = \frac{e_y}{a_2}, \quad b_3 = \frac{e_z}{a_3} \; . \qquad (10.127)$$

Im *nicht-orthogonalen Fall* wird es etwas komplizierter. Wir wollen ein beliebiges Koordinatensystem a_1, a_2, a_3 (triklines Gitter) in ein orthogonales mit den Einheitsvektoren e_x, e_y, e_z transferieren und die Rechnung damit wieder auf den einfachen Fall des orthogonalen Gitters zurückführen.

Aus Abb. 10.25a lesen wir ab:

$$a_1 = a_1 \cdot e_x \qquad (10.128)$$

und

$$a_2 = a_2 \cdot (e_x \cdot \cos \gamma + e_y \cdot \sin \gamma) \; . \qquad (10.129)$$

Zur Berechnung der kartesischen Koordinaten der a_3-Achse führen wir die beiden Winkel ρ und ε ein (vgl. Abb. 10.25b). Die Achsen e_z und a_3 liegen in der Ebene

OBCD. In dieser Ebene wird auch der Winkel ε zwischen der x-y-Ebene und der a_3-Achse gemessen. Die Schnittline der OBCD-Ebene mit der x-y-Ebene ist um den Winkel ρ gegen die x-Achse gedreht. Für die Strecke $\overline{OA}$ (x-Komponente von a_3) im rechtwinkligen Dreieck OAC gilt

$$\overline{OA} = a_3 \cdot \cos\beta \ . \tag{10.130}$$

Im Dreieck OAB gilt für die Strecke $\overline{AB}$ (y-Komponente von a_3):

$$\overline{AB} = a_3 \cdot \cos\varepsilon \cdot \sin\rho \ . \tag{10.131}$$

Die z-Komponente von a_3 ist die Strecke $\overline{BC}$. Im Dreieck OBC lesen wir

$$\overline{BC} = a_3 \cdot \sin\varepsilon \tag{10.132}$$

ab. Wir müssen noch die beiden Winkel ε und ρ bestimmen. Dazu nutzen wir aus, dass wir die Strecke $\overline{OA}$ sowohl im Dreieck OAC -wie mit Gl. (10.130) geschehen- als auch im Dreieck OAB berechnen können:

$$\overline{OA} = a_3 \cdot \cos\varepsilon \cdot \cos\rho \ , \tag{10.133}$$

d. h.

$$\cos\beta = \cos\varepsilon \cdot \cos\rho \ . \tag{10.134}$$

Bezugsachse war a_1. Wenn wir in gleicher Weise mit Bezug auf a_2 verfahren, müssen wir den Winkel β (zwischen a_1- und a_3-Achse) durch den Winkel α (zwischen a_2- und a_3-Achse) sowie den Winkel ρ (zwischen a_1-Achse und Schnittlinie von OBCD- und x-y-Ebene) durch den Winkel $\gamma - \rho$ (zwischen a_2-Achse und Schnittlinie von OBCD- und x-y-Ebene) ersetzen, d. h.

$$\cos\alpha = \cos\varepsilon \cdot \cos(\gamma - \rho) \ . \tag{10.135}$$

Damit haben wir zwei Bestimmungsgleichungen für die Winkel ε und ρ. Mit

$$\cos(\gamma - \rho) = \cos\gamma \cdot \cos\rho + \sin\gamma \cdot \sin\rho \tag{10.136}$$

sowie Gl. (10.134) und (10.135) gilt:

$$\cos\alpha = \cos\beta \cdot \frac{\cos(\gamma - \rho)}{\cos\rho} =$$
$$= \frac{\cos\beta \cdot \cos\gamma \cdot \cos\rho}{\cos\rho} + \frac{\cos\beta \cdot \sin\gamma \cdot \sin\rho}{\cos\rho} \tag{10.137}$$
$$\cos\alpha = \cos\beta \cdot \cos\gamma + \cos\beta \cdot \sin\gamma \cdot \tan\rho$$

bzw.

$$\tan \rho = \frac{\dfrac{\cos \alpha}{\cos \beta} - \cos \gamma}{\sin \gamma} \, . \tag{10.138}$$

Unter Berücksichtigung von

$$\cos \rho = \frac{1}{\sqrt{1 + \tan^2 \rho}} \tag{10.139}$$

folgt mit Gl. (10.134)

$$\cos \varepsilon = \frac{\cos \beta}{\cos \rho} = \cos \beta \cdot \sqrt{1 + \frac{\left(\dfrac{\cos \alpha}{\cos \beta} - \cos \gamma\right)^2}{\sin^2 \gamma}} \tag{10.140}$$

$$\cos \varepsilon = \frac{\cos \beta}{\sin \gamma} \cdot \sqrt{\sin^2 \gamma + \frac{\cos^2 \alpha}{\cos^2 \beta} - 2 \cdot \frac{\cos \alpha}{\cos \beta} \cdot \cos \gamma + \cos^2 \gamma}$$

sowie mit $\sin^2 \gamma + \cos^2 \gamma = 1$:

$$\cos \varepsilon = \frac{\sqrt{\cos^2 \alpha - 2 \cdot \cos \alpha \cdot \cos \beta \cdot \cos \gamma + \cos^2 \beta}}{\sin \gamma} \, . \tag{10.141}$$

Außerdem gilt

$$\cos \varepsilon \cdot \sin \rho = \sqrt{\cos^2 \varepsilon \cdot (1 - \cos^2 \rho)} = \sqrt{\cos^2 \varepsilon - \cos^2 \beta} \, . \tag{10.142}$$

Wir können die Vorschrift für die Transformation in das orthogonale System zusammenfassen:

$$\begin{aligned}
\boldsymbol{a_1} &= a_1 \cdot \boldsymbol{e_x} \\
\boldsymbol{a_2} &= a_2 \cdot (\boldsymbol{e_x} \cdot \cos \gamma + \boldsymbol{e_y} \cdot \sin \gamma) \\
\boldsymbol{a_3} &= a_3 \cdot \left(\boldsymbol{e_x} \cdot \cos \beta + \boldsymbol{e_y} \cdot \sqrt{\cos^2 \varepsilon - \cos^2 \beta} + \boldsymbol{e_z} \cdot \sin \varepsilon \right) \\
&\quad \text{mit } \cos \varepsilon = \frac{\sqrt{\cos^2 \alpha - 2 \cdot \cos \alpha \cdot \cos \beta \cdot \cos \gamma + \cos^2 \beta}}{\sin \gamma}
\end{aligned} \tag{10.143}$$

und haben damit die Voraussetzungen für die Berechnung der reziproken Gitterbasisvektoren $\boldsymbol{b_1}$, $\boldsymbol{b_2}$, $\boldsymbol{b_3}$ nach Gl. (10.125) geschaffen. Für die Kreuzprodukte gilt nunmehr:

$$\boldsymbol{a_2} \times \boldsymbol{a_3} = \begin{vmatrix} \boldsymbol{e_x} & \boldsymbol{e_y} & \boldsymbol{e_z} \\ a_2 \cdot \cos\gamma & a_2 \cdot \sin\gamma & 0 \\ a_3 \cdot \cos\beta & a_3 \cdot \sqrt{\cos^2\varepsilon - \cos^2\beta} & a_3 \cdot \sin\varepsilon \end{vmatrix} \tag{10.144}$$

$$= \boldsymbol{e_x} \cdot a_2 \cdot a_3 \cdot \sin\gamma \cdot \sin\varepsilon - \boldsymbol{e_y} \cdot a_2 \cdot a_3 \cdot \cos\gamma \cdot \sin\varepsilon +$$

$$+ \boldsymbol{e_z} \cdot a_2 \cdot a_3 \cdot \left(\cos\gamma \cdot \sqrt{\cos^2\varepsilon - \cos^2\beta} - \sin\gamma \cdot \cos\beta \right)$$

$$\boldsymbol{a_3} \times \boldsymbol{a_1} = \begin{vmatrix} \boldsymbol{e_x} & \boldsymbol{e_y} & \boldsymbol{e_z} \\ a_3 \cdot \cos\beta & a_3 \cdot \sqrt{\cos^2\varepsilon - \cos^2\beta} & a_3 \cdot \sin\varepsilon \\ a_1 & 0 & 0 \end{vmatrix} \tag{10.145}$$

$$= \boldsymbol{e_y} \cdot a_1 \cdot a_3 \cdot \sin\varepsilon - \boldsymbol{e_z} \cdot a_1 \cdot a_3 \cdot \sqrt{\cos^2\varepsilon - \cos^2\beta}$$

$$\boldsymbol{a_1} \times \boldsymbol{a_2} = \begin{vmatrix} \boldsymbol{e_x} & \boldsymbol{e_y} & \boldsymbol{e_z} \\ a_1 & 0 & 0 \\ a_1 \cdot \cos\gamma & a_2 \cdot \sin\gamma & 0 \end{vmatrix} \tag{10.146}$$

$$= \boldsymbol{e_z} \cdot a_1 \cdot a_2 \cdot \sin\gamma$$

Für das Volumen der Elementarzelle folgt damit

$$V = a_1 \cdot a_2 \cdot a_3 \cdot \sin\varepsilon \cdot \sin\gamma \tag{10.147}$$

und für die reziproken Gitterbasisvektoren:

$$\boldsymbol{b_1} = \frac{1}{a_1} \cdot \left(\boldsymbol{e_x} - \boldsymbol{e_y} \cdot \cot\gamma + \boldsymbol{e_z} \cdot \frac{\cot\gamma \cdot \sqrt{\cos^2\varepsilon - \cos^2\beta} - \cos\beta}{\sin\varepsilon} \right)$$

$$\boldsymbol{b_2} = \frac{1}{a_2 \cdot \sin\gamma} \cdot \left(\boldsymbol{e_y} - \boldsymbol{e_z} \cdot \frac{\sqrt{\cos^2\varepsilon - \cos^2\beta}}{\sin\varepsilon} \right) \tag{10.148}$$

$$\boldsymbol{b_3} = \frac{\boldsymbol{e_z}}{a_3 \cdot \sin\varepsilon} \cdot$$

Diesen Formalismus fassen wir in der Transformationsmatrix

$$
\begin{pmatrix} \boldsymbol{b_1} \\ \boldsymbol{b_2} \\ \boldsymbol{b_3} \end{pmatrix} = \begin{pmatrix} b_{1x} & b_{1y} & b_{1z} \\ 0 & b_{2y} & b_{2z} \\ 0 & 0 & b_{3z} \end{pmatrix} \cdot \begin{pmatrix} \boldsymbol{e_x} \\ \boldsymbol{e_y} \\ \boldsymbol{e_z} \end{pmatrix} = \mathfrak{T_M} \cdot \begin{pmatrix} \boldsymbol{e_x} \\ \boldsymbol{e_y} \\ \boldsymbol{e_z} \end{pmatrix} \tag{10.149}
$$

mit

$$
\mathfrak{T_M} = \begin{pmatrix} \dfrac{1}{a_1} & \dfrac{-\cot\gamma}{a_1} & \dfrac{\cot\gamma \cdot \sqrt{\cos^2\varepsilon - \cos^2\beta} - \cos\beta}{a_1 \cdot \sin\varepsilon} \\[3ex] 0 & \dfrac{1}{a_2 \cdot \sin\gamma} & \dfrac{-\sqrt{\cos^2\varepsilon - \cos^2\beta}}{a_2 \cdot \sin\gamma \cdot \sin\varepsilon} \\[3ex] 0 & 0 & \dfrac{1}{a_3 \cdot \sin\varepsilon} \end{pmatrix} \tag{10.150}
$$

zusammen.

Damit können wir beliebige reziproke Gittervektoren ausrechnen. Wir erinnern uns an die Gl. (10.116) und (10.117), setzen n = 1 und erhalten

$$
|\boldsymbol{k} - \boldsymbol{k_0}| = \frac{1}{d} \quad \text{bzw.} \quad d = \frac{1}{|\boldsymbol{k} - \boldsymbol{k_0}|} . \tag{10.151}
$$

Mit Gl. (10.122) folgt daraus

$$
d_{hkl} = \frac{1}{|h \cdot \boldsymbol{b_1} + k \cdot \boldsymbol{b_2} + l \cdot \boldsymbol{b_3}|} , \tag{10.152}
$$

eine allgemeine Formel zur Berechnung von Netzebenenabständen. Aufgrund der Achsen- und Winkelvorgaben bei den verschiedenen Kristallsystemen vereinfachen sich die Elemente b_{1x}, b_{2x}, b_{3x}, b_{2y}, b_{2z}, b_{3z} der Transformationsmatrix in unterschiedlicher Weise (vgl. Tab. 10.1). Die Ergebnisse für die Netzebenenabstände waren bereits in Tab. 5 im Kapitel 5 aufgelistet.

Der Winkel zwischen zwei punktförmigen Beugungsreflexen (d. h. zwischen zwei reziproken Gittervektoren $\boldsymbol{B_1}$, $\boldsymbol{B_2}$) ist gleich dem Winkel zwischen den für die beiden Beugungsreflexe verantwortlichen Netzebenenscharen. Wir können diesen Winkel mit Hilfe des Skalarproduktes berechnen:

$$
\cos \sphericalangle (\boldsymbol{B_1}, \boldsymbol{B_2}) = \frac{\boldsymbol{B_1} \cdot \boldsymbol{B_2}}{|\boldsymbol{B_1}| \cdot |\boldsymbol{B_2}|} . \tag{10.153}
$$

Für die beiden reziproken Gittervektoren gilt:

$$
\begin{aligned} \boldsymbol{B_1} &= h_1 \cdot \boldsymbol{b_{1,1}} + k_1 \cdot \boldsymbol{b_{2,1}} + l_1 \cdot \boldsymbol{b_{3,1}} \\ \boldsymbol{B_2} &= h_2 \cdot \boldsymbol{b_{1,2}} + k_2 \cdot \boldsymbol{b_{2,2}} + l_2 \cdot \boldsymbol{b_{3,2}} . \end{aligned} \tag{10.154}
$$

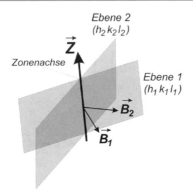

Abb. 10.26 Skizze zur Erläuterung der Berechnung der Zonenachse

Für die Berechnung des Skalarproduktes und der Beträge der beiden reziproken Gittervektoren benutzen wir die Transformation (Gl. 10.149 und 10.150) in das orthogonale System. Allgemein gilt:

$$\boldsymbol{B_1} \cdot \boldsymbol{B_2} = h_1 \cdot h_2 \cdot b_{1x}^2 + \left(h_1 \cdot b_{1y} + k_1 \cdot b_{2y}\right) \cdot \left(h_2 \cdot b_{1y} + k_2 \cdot b_{2y}\right) + \\ + (h_1 \cdot b_{1z} + k_1 \cdot b_{2z} + l_1 \cdot b_{3z}) \cdot (h_2 \cdot b_{1z} + k_2 \cdot b_{2z} + l_2 \cdot b_{3z})$$
(10.155)

sowie

$$|\boldsymbol{B_1}| \cdot |\boldsymbol{B_2}| = \sqrt{(h_1 \cdot b_{1x})^2 + \left(h_1 \cdot b_{1y} + k_1 \cdot b_{2y}\right)^2 + \left(h_1 \cdot b_{1z} + k_1 \cdot b_{2z} + l_1 \cdot b_{3z}\right)^2} \cdot \\ \cdot \sqrt{(h_2 \cdot b_{1x})^2 + \left(h_2 \cdot b_{1y} + k_2 \cdot b_{2y}\right)^2 + \left(h_2 \cdot b_{1z} + k_2 \cdot b_{2z} + l_2 \cdot b_{3z}\right)^2}$$
(10.156)

Wegen der festen Vorgaben bzgl. Achsen und Winkeln vereinfachen sich die Formeln teilweise (vgl. Tab. 10.1). Diese vereinfachten Formeln waren in Tab. 5.10 zusammengestellt.

Das Punktmuster von einem einzelnen Kristall hängt nicht nur von der Kristallstruktur ab sondern auch von der Einfallsrichtung der Elektronenwellen in das Kristallgitter. Wegen der sehr kleinen Beugungswinkel bei der Elektronenbeugung im Transmissionselektronenmikroskop stimmen Einfallsrichtung und *Zonenachse* (d. i. die Schnittlinie der beugenden Netzebenen) faktisch überein. Wir wollen abschließend überlegen, wie wir die Zonenachse bei Kenntnis von zwei indizierten Reflexen berechnen können. Die reziproken Gittervektoren stehen senkrecht auf den beugenden Netzebenen, d. h. das Kreuzprodukt von zwei reziproken Gittervektoren liegt in beiden verantwortlichen Netzebenen, ist also die Schnittlinie beider Ebenen wie für die Zonenachse gefordert (vgl. Abb. 10.26).

Für den Vektor $\boldsymbol{Z}$, der die Richtung der Zonenachse angibt, gilt demzufolge

$$\boldsymbol{Z} = \boldsymbol{B_1} \times \boldsymbol{B_2}\,.$$
(10.157)

Tab. 10.1 Transformationsmatrizen für die Berechnung von orthogonalen reziproken Gittervektoren

Kubisch:	$a_1 = a_2 = a_3$ $\alpha = \beta = \gamma = 90°$ $\varepsilon = 90°$	$\begin{pmatrix} \dfrac{1}{a_1} & 0 & 0 \\ 0 & \dfrac{1}{a_1} & 0 \\ 0 & 0 & \dfrac{1}{a_1} \end{pmatrix}$
Tetragonal:	$a_1 = a_2 \neq a_3$ $\alpha = \beta = \gamma = 90°$ $\varepsilon = 90°$	$\begin{pmatrix} \dfrac{1}{a_1} & 0 & 0 \\ 0 & \dfrac{1}{a_1} & 0 \\ 0 & 0 & \dfrac{1}{a_3} \end{pmatrix}$
Orhorhombisch:	$a_1 \neq a_2 \neq a_3$ $\alpha = \beta = \gamma = 90°$ $\varepsilon = 90°$	$\begin{pmatrix} \dfrac{1}{a_1} & 0 & 0 \\ 0 & \dfrac{1}{a_2} & 0 \\ 0 & 0 & \dfrac{1}{a_3} \end{pmatrix}$
Hexagonal:	$a_1 = a_2 \neq a_3$ $\alpha = \beta = 90°$ $\gamma = 120°$ $\varepsilon = 90°$	$\begin{pmatrix} \dfrac{1}{a_1} & \dfrac{1}{\sqrt{3}\cdot a_1} & 0 \\ 0 & \dfrac{2}{\sqrt{3}\cdot a_1} & 0 \\ 0 & 0 & \dfrac{1}{a_3} \end{pmatrix}$
Rhomboedrisch:	$a_1 = a_2 = a_3$ $\alpha = \beta = \gamma \neq 90°$	$\begin{pmatrix} \dfrac{1}{a_1} & \dfrac{-\cot\alpha}{a_1} & \dfrac{-\cos\alpha}{2\cdot a_1 \cdot \cos\frac{\alpha}{2}\cdot\sin\varepsilon} \\ 0 & \dfrac{1}{a_1\cdot\sin\alpha} & \dfrac{-\cot\alpha\cdot\tan\frac{\alpha}{2}}{a_1\cdot\sin\partial} \\ 0 & 0 & \dfrac{1}{a_1\cdot\sin\varepsilon} \end{pmatrix}$ $\cos\varepsilon = \cot\alpha\cdot\sqrt{2\cdot(1-\cos\alpha)}$
Monoklin:	$a_1 \neq a_2 \neq a_3$ $\alpha = \gamma = 90°$ β beliebig $\varepsilon = \beta$	$\begin{pmatrix} \dfrac{1}{a_1} & 0 & \dfrac{-\cot\beta}{a_1} \\ 0 & \dfrac{1}{a_2} & 0 \\ 0 & 0 & \dfrac{1}{a_3\cdot\sin\beta} \end{pmatrix}$
Triklin:	$a_1 \neq a_2 \neq a_3$ $\alpha \neq \beta \neq \gamma$	$\begin{pmatrix} \dfrac{1}{a_1} & \dfrac{-\cot\gamma}{a_1} & \dfrac{\cot\gamma\cdot\sqrt{\cos^2\varepsilon-\cos^2\beta}-\cos\beta}{a_1\cdot\sin\varepsilon} \\ 0 & \dfrac{1}{a_2\cdot\sin\gamma} & \dfrac{-\sqrt{\cos^2\varepsilon-\cos^2\beta}}{a_2\cdot\sin\gamma\cdot\sin\varepsilon} \\ 0 & 0 & \dfrac{1}{a_3\cdot\sin\varepsilon} \end{pmatrix}$ $\cos\varepsilon = \dfrac{\sqrt{\cos^2\alpha-2\cdot\cos\alpha\cdot\cos\beta\cdot\cos\gamma+\cos^2\beta}}{\sin\gamma}$

Wir benutzen wieder die Transformation (10.149) in das orthogonale Achsensystem und erhalten mit

$$\boldsymbol{B_1} = h_1 \cdot b_{1x} \cdot \boldsymbol{e_x} + \left(h_1 \cdot b_{1y} + k_1 \cdot b_{2y}\right) \cdot \boldsymbol{e_y} + (h_1 \cdot b_{1z} + k_1 \cdot b_{1z} + l_1 \cdot b_{3z})$$

$$\boldsymbol{B_1} = h_2 \cdot b_{1x} \cdot \boldsymbol{e_x} + \left(h_2 \cdot b_{1y} + k_2 \cdot b_{2y}\right) \cdot \boldsymbol{e_y} + (h_2 \cdot b_{1z} + k_2 \cdot b_{1z} + l_2 \cdot b_{3z})$$

$$(10.158)$$

unter Berücksichtigung von

$$\boldsymbol{e_x} = b_{1x} \cdot \boldsymbol{a_1}$$
$$\boldsymbol{e_y} = b_{1y} \cdot \boldsymbol{a_1} + b_{2y} \cdot \boldsymbol{a_2} \qquad (10.159)$$
$$\boldsymbol{e_z} = b_{1z} \cdot \boldsymbol{a_1} + b_{2z} \cdot \boldsymbol{a_2} + b_{3z} \cdot \boldsymbol{a_3}$$

für das Kreuzprodukt

$$\boldsymbol{B_1} \times \boldsymbol{B_2} = \begin{vmatrix} b_{1x} \cdot \boldsymbol{a_1} & (b_{1y} \cdot \boldsymbol{a_1} + b_{2y} \cdot \boldsymbol{a_2}) & (b_{1z} \cdot \boldsymbol{a_1} + b_{2z} \cdot \boldsymbol{a_2} + b_{3z} \cdot \boldsymbol{a_3}) \\ h_1 \cdot b_{1x} & (h_1 \cdot b_{1y} + k_1 \cdot b_{2y}) & h_1 \cdot b_{1z} + k_1 \cdot b_{2z} + l_1 \cdot b_{3z}) \\ h_2 \cdot b_{1x} & (h_2 \cdot b_{1y} + k_2 \cdot b_{2y}) & h_2 \cdot b_{1z} + k_2 \cdot b_{2z} + l_2 \cdot b_{3z}) \end{vmatrix}$$

$$= k_1 \cdot l_2 - k_2 \cdot l_1) \cdot \boldsymbol{a_1} + h_2 \cdot l_1 - h_1 \cdot l_2) \cdot \boldsymbol{a_2} + (h_1 \cdot k_2 - h_2 \cdot k_1) \cdot \boldsymbol{a_3}.$$

$$(10.160)$$

Wir geben die Zonenachse als Richtung im Kristallachsensystem $\boldsymbol{a_1}, \boldsymbol{a_2}, \boldsymbol{a_3}$ an. Gemeinsame Vielfache der Komponenten wie das Produkt $b_{1x} \cdot b_{2y} \cdot b_{3z}$ werden nicht berücksichtigt:

$$[Z] = [u\, v\, w] = [(k_1 \cdot l_2 - k_2 \cdot l_1)\ (h_2 \cdot l_1 - h_1 \cdot l_2)\ (h_1 \cdot k_2 - h_2 \cdot k_1)]\,. \quad (10.161)$$

10.5.2 Kinematisches Modell: Gitterfaktor und Strukturfaktor

Nach dem Braggschen Gesetz können wir mit Hilfe des reziproken Gittermodells und der Ewald-Konstruktion die Positionen der Beugungsreflexe ermitteln *(geometrische Theorie)*. Zur Berechnung der Reflexintensitäten müssen wir das Modell erweitern: Wir berücksichtigen nunmehr die Überlagerung aller am Kristallgitter gestreuten Wellen, vernachlässigen aber weiterhin Wechselwirkungen zwischen den Elektronenwellen und dem Kristallgitter, die über den einfachen Streuprozess hinausgehen (z. B. Veränderungen der Wellenlänge im Kristall) und Wechselwirkungen der gestreuten Welle mit der ungestreuten Welle. Die Intensitäten der Streuwellen sind klein gegen die Intensität der einfallenden Welle, deren Intensitätsänderung wird vernachlässigt. Diese Vorstellung wird als *kinematisches Modell* bezeichnet. In der Praxis gilt diese Näherung nur für sehr dünne Proben (Dicke: wenige 10 nm).

Im Ergebnis der Überlagerung erhalten wir eine Summe von Elektronenwellen (Amplituden f_j), die gegenüber der einfallenden Welle (Amplitude A_0) um χ_j phasenverschoben sind (Wellenfunktion vgl. Gl. (10.28) mit $k = 1/\lambda$):

$$\Psi = A_0 \cdot \sum_j f_j \cdot \exp\left(-i \cdot (2\pi \cdot \mathbf{k_0} \cdot \mathbf{r} + \chi_j)\right)$$

$$= A_0 \cdot \exp\left(-2\pi i \cdot \mathbf{k_0} \cdot \mathbf{r}\right) \cdot \sum_j f_j \cdot \exp\left(-i \cdot \chi_j\right) . \qquad (10.162)$$

Die Phasenverschiebung rührt vom Gangunterschied Δs her, den die gestreuten Elektronenwellen erfahren haben. Ein Gangunterschied von einer Wellenlänge λ entspricht einer Phasenschiebung von 2π. Allgemein gilt:

$$\chi_j = \frac{2\pi}{\lambda} \cdot \Delta s_j \qquad (10.163)$$

Bei kleinen Streuvektoren $\mathbf{k} - \mathbf{k_0}$ gilt nach Gl. (5.1), (5.2) und (10.118) mit $\mathbf{r}_{g,j}$ als Abstand zum Streuzentrum j:

$$\Delta s_j = \mathbf{r}_{g,j} \cdot (\mathbf{k} - \mathbf{k_0}) \cdot \lambda \qquad (10.164)$$

bzw. mit Gl. (10.163):

$$\chi_j = 2\pi \cdot \mathbf{r}_{g,j} \cdot (\mathbf{k} - \mathbf{k_0}) \qquad (10.165)$$

und mit Gl. (10.162)

$$\Psi = A_0 \cdot \exp\left(-2\pi i \cdot \mathbf{k_0} \cdot \mathbf{r}\right) \cdot \sum_j f_j \cdot \exp\left(-2\pi i \cdot \mathbf{r}_{g,j} \cdot (\mathbf{k} - \mathbf{k_0})\right) . \quad (10.166)$$

Da wir im kinematischen Modell die Wechselwirkung mit der einfallenden Welle vernachlässigen, können wir den ersten Term normieren und gleich eins setzen:

$$\Psi = \sum_j f_j \cdot \exp\left(-2\pi i \cdot \mathbf{r}_{g,j} \cdot (\mathbf{k} - \mathbf{k_0})\right) . \qquad (10.167)$$

Den Abstandsvektor $\mathbf{r}_{g,j}$ zwischen den Streuzentren teilen wir in zwei Summanden auf: In einen Translationsvektor $\mathbf{r}_g$, der die Position der Elementarzelle im Gitter angibt, und in einen Vektor, der vom Ursprung $(0,0,0)$ der Elementarzelle zum Atom j mit den Koordinaten x_j, y_j, z_j innerhalb der Elementarzelle zeigt:

$$\mathbf{r}_j = x_j \cdot \mathbf{a_1} + y_j \cdot \mathbf{a_2} + z_j \cdot \mathbf{a_3} . \qquad (10.168)$$

Unter diesen Voraussetzungen wird aus Gl. (10.167):

$$\Psi = \sum_j f_j \cdot \exp\left(-2\pi i \cdot (\mathbf{r_g} + \mathbf{r_j}) \cdot (\mathbf{k} - \mathbf{k_0})\right)$$

$$= \exp\left(-2\pi i \cdot \mathbf{r_g} \cdot (\mathbf{k} - \mathbf{k_0})\right) \cdot \sum_j f_j \cdot \exp\left(-2\pi i \cdot \mathbf{r_j} \cdot (\mathbf{k} - \mathbf{k_0})\right) . \qquad (10.169)$$

Der erste Term wird als *Gitterfaktor* bezeichnet. Wir müssen noch berücksichtigen, dass jede Elementarzelle ihren Beitrag zum Gitterfaktor leistet. Mit M als Zahl der zum Beugungsmuster beitragenden Elementarzellen gilt:

$$G(k - k_0) = \sum_M \exp\left(-2\pi i \cdot r_g \cdot (k - k_0)\right) . \tag{10.170}$$

Der zweite Term heißt *Strukturfaktor*:

$$F(k - k_0) = \sum_j f_j \cdot \exp\left(-2\pi i \cdot r_j \cdot (k - k_0)\right) . \tag{10.171}$$

Das Produkt ihrer Quadrate beschreibt die Intensitätsverteilung $I(k - k_0)$ im Beugungsmuster:

$$I(k - k_0) \sim F^2(k - k_0) \cdot G^2(k - k_0) = |F(k - k_0)|^2 \cdot |G(k - k_0)|^2 . \tag{10.172}$$

– *Strukturfaktor*

Im Strukturfaktor wird berücksichtigt, welchen Einfluss die Atomanordnung innerhalb der Elementarzelle auf die Intensität der Beugungsreflexe hat. Ist er gleich null, so spricht man von „ausgelöschten Reflexen". Da für einen Beugungsreflex der Streuvektor $k - k_0$ ein Vektor des reziproken Gitters ist, folgt aus den Gl. (10.122) und (10.168):

$$\begin{aligned} r_j \cdot (k - k_0) &= \left(x_j \cdot a_1 + y_j \cdot a_2 + z_j \cdot a_3\right) \cdot (h \cdot b_1 + k \cdot b_2 + l \cdot b_3) \\ &= h \cdot x_j + k \cdot y_j + l \cdot z_j . \end{aligned} \tag{10.173}$$

In Abschn. 5.2 hatten wir die Atomanordnung bei Kochsalz (NaCl) erläutert. Sie ist in Tab. 10.2 zusammengestellt. Insgesamt enthält die Elementarzelle acht Atome.

Tab. 10.2 Anordnung der Atome in einer NaCl-Elementarzelle

	Na-Atome	Cl-Atome
	(0, 0, 0)	(1/2, 1/2, 1/2)
	(0, 1/2, 1/2)	(1/2, 0, 0)
	(1/2, 0, 1/2)	(0, 1/2, 0)
	(1/2, 1/2, 0)	(0, 0, 1/2)

Tab. 10.3 Strukturfaktoren für NaCl

h	k	l	Na-Anteil	Cl-Anteil	Summe (10.175)
Geradzahlig	Geradzahlig	Geradzahlig	$1+1+1+1$	$1+1+1+1$	$4(f_{Na}+f_{Cl})$
Geradzahlig	Geradzahlig	Ungeradzahlig	$1-1-1+1$	$-1+1+1-1$	0
Geradzahlig	Ungeradzahlig	Geradzahlig	$1-1+1-1$	$-1+1-1+1$	0
Ungeradzahlig	Geradzahlig	Geradzahlig	$1+1-1-1$	$-1-1+1+1$	0
Geradzahlig	Ungeradzahlig	Ungeradzahlig	$1+1-1-1$	$1+1-1-1$	0
Ungeradzahlig	Geradzahlig	Ungeradzahlig	$1-1-1+1$	$1-1+1-1$	0
Ungeradzahlig	Ungeradzahlig	Geradzahlig	$1-1-1+1$	$1-1-1+1$	0
Ungeradzahlig	Ungeradzahlig	Ungeradzahlig	$1+1+1+1$	$-1-1-1-1$	$4(f_{Na}-f_{Cl})$

Für den Strukturfaktor gilt:

$$F_{hkl} = f_{Na} \cdot \begin{bmatrix} \exp\left(-2\pi i(h \cdot 0 + k \cdot 0 + l \cdot 0)\right) + \exp\left(-2\pi i(h \cdot 0 + k \cdot \frac{1}{2} + l \cdot \frac{1}{2})\right) + \\ + \exp\left(-2\pi i(h \cdot \frac{1}{2} + k \cdot 0 + l \cdot \frac{1}{2})\right) + \exp\left(-2\pi i(h \cdot \frac{1}{2} + k \cdot \frac{1}{2} + l \cdot 0)\right) \end{bmatrix}$$
$$+ f_{Cl} \cdot \begin{bmatrix} \exp\left(-2\pi i(h \cdot \frac{1}{2} + k \cdot \frac{1}{2} + l \cdot \frac{1}{2})\right) + \exp\left(-2\pi i(h \cdot \frac{1}{2} + k \cdot 0 + l \cdot 0)\right) + \\ + \exp\left(-2\pi i(h \cdot 0 + k \cdot \frac{1}{2} + l \cdot 0)\right) + \exp\left(-2\pi i(h \cdot 0 + k \cdot 0 + l \cdot \frac{1}{2})\right) \end{bmatrix} \qquad (10.174)$$

$$F_{hkl} = f_{Na} \cdot \left(1 + \exp\left(-\pi i(k+l)\right) + \exp\left(-\pi i(h+l)\right) + \exp\left(-\pi i(h+k)\right)\right) +$$
$$+ f_{Cl} \cdot \left(\exp\left(-\pi i(h+k+l)\right) + \exp\left(-\pi i \cdot h\right) + \exp\left(-\pi i \cdot k\right) + \exp\left(-\pi i \cdot l\right)\right) .$$
$$(10.175)$$

Die Natriumatome bilden ein flächenzentriertes Gitter. Dafür hatten wir bereits im Abschn. 5.4.2, Tab. 5, Auslöschungsregeln am Beispiel von Gold aufgeschrieben. In Übereinstimmung mit dem ersten Teil von Gl. (10.175) müssen demnach die h, k, l alle entweder geradzahlig oder ungeradzahlig sein, damit der Reflex nicht ausgelöscht wird. Wir ergänzen den Cl-Einfluss und erhalten Tab. 10.3.

Im Vergleich zum einfachen flächenzentrierten Gitter (d. h. mit nur einer Atomsorte) erkennen wir einen zusätzlichen Unterschied im Strukturfaktor für Reflexe mit geradzahligen und ungeradzahligen Indizes ($4(f_{Na}+f_{Cl})$ bzw. $4(f_{Na}-f_{Cl})$)

Voraussetzung für die Berechnung der Beugungsintensitäten ist die Kenntnis des Strukturfaktors, der von der Atomsorte, der Packung der Atome innerhalb der Elementarzelle und von der beugenden Netzebenenschar *(hkl)* abhängt.

– Gitterfaktor

Als Nächstes wollen wir uns mit dem Gitterfaktor befassen. Die Ewald-Konstruktion besagt, dass für einen Beugungsreflex der Streuvektor **k** − **k₀** ein Vektor **b** des reziproken Gitters ist. Wir fragen uns nun, welche Toleranz **u** dabei zulässig ist. Dazu stellen wir uns vor, dass das reziproke Gitter kein echtes Punktgitter ist, sondern die Gitterpunkte zu kleinen Ellipsoiden entartet sind (vgl. Abb. 10.27). Damit wäre der Betrag **u** der Toleranz gleich der Höhe eines solchen Ellipsoids. Aus Abb. 10.27 ist

$$\boldsymbol{k} - \boldsymbol{k_0} = \boldsymbol{b} + \boldsymbol{u} \qquad (10.176)$$

Abb. 10.27 „Entartetes"
reziprokes Gitter mit
Kennzeichnung der Toleranz
u für die
Beugungsbedingung im
Beugungsmaximum

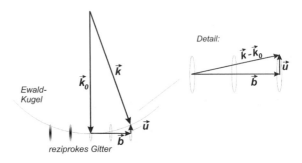

ersichtlich, wobei **b** ein Vektor im reziproken Gitter ist. Für den Gitterfaktor (10.170) gilt damit

$$
\begin{aligned}
G &= \sum_{M} \exp\left(-2\pi i \cdot \mathbf{r_g} \cdot (\mathbf{b} + \mathbf{u})\right) \\
&= \sum_{M} \exp\left(-2\pi i \cdot \mathbf{r_g} \cdot \mathbf{b}\right) \cdot \exp\left(-2\pi i \cdot \mathbf{r_g} \cdot \mathbf{u}\right) \ .
\end{aligned}
\tag{10.177}
$$

Da $\mathbf{r_g}$ ein Vektor des realen und **b** ein Vektor des reziproken Gitters ist, ergibt das Skalarprodukt aus beiden eine ganze Zahl. Damit wird

$$
\exp\left(-2\pi i \cdot \mathbf{r_g} \cdot \mathbf{b}\right) = 1
\tag{10.178}
$$

und Gl. (10.177) zu

$$
G = \sum_{M} \exp\left(-2\pi i \cdot \mathbf{r_g} \cdot \mathbf{u}\right) \ .
\tag{10.179}
$$

Wir berücksichtigen die drei Raumrichtungen und nennen die Zahl der Elementarzellen in den drei Richtungen M_1, M_2 und M_3. Die Gesamtzahl ist dann $M = M_1 \cdot M_2 \cdot M_3$ und

$$
G = \sum_{M_1} \sum_{M_2} \sum_{M_3} \exp\left(-2\pi i \cdot \mathbf{r_g} \cdot \mathbf{u}\right) \ .
\tag{10.180}
$$

Da der Vektor **u** im reziproken Gitter auftritt, können wir ihn als Linearkombination der reziproken Gitterbasisvektoren darstellen:

$$
\mathbf{u} = u_1 \cdot \mathbf{b_1} + u_2 \cdot \mathbf{b_2} + u_3 \cdot \mathbf{b_3} \ .
\tag{10.181}
$$

Für den Vektor im realen Gitter gilt analog:

$$
\mathbf{r_g} = m \cdot \mathbf{a_1} + n \cdot \mathbf{a_2} + o \cdot \mathbf{a_3} \ .
\tag{10.182}
$$

und für den Gitterfaktor (10.180) mit Festlegung des Bezugspunktes in der Mitte des Kristalls:

$$G = \sum_{-M_1/2}^{M_1/2} \sum_{-M_2/2}^{M_2/2} \sum_{-M_3/2}^{M_3/2} \exp\left(-2\pi i \cdot (m \cdot u_1 + n \cdot u_2 + o \cdot u_3)\right) . \qquad (10.183)$$

Zur analytischen Ausführung dieser Summation stellen wir uns eine einzelne Elementarzelle infinitesimal klein im Vergleich zum gesamten Kristallgitter vor. Eine einzelne Zelle mit dem Volumen dV erbringt dann einen Beitrag dG zum gesamten Gitterfaktor, wobei der durch m, n und o charakterisierte Ort der Elementarzelle im Kristall zu berücksichtigen ist. Mit V_{EZ} als Volumen einer Elementarzelle gilt dann:

$$\begin{aligned} dG &= \frac{dV}{V_{\text{Kristall}}} \cdot \exp\left(-2\pi i (m \cdot u_1 + n \cdot u_2 + o \cdot u_3)\right) \\ &= \frac{dm \cdot dn \cdot do}{M_1 \cdot M_2 \cdot M_3 \cdot V_{EZ}} \cdot \exp\left(-2\pi i (m \cdot u_1 + n \cdot u_2 + o \cdot u_3)\right) . \end{aligned} \qquad (10.184)$$

Unter diesen Voraussetzungen wird die Summe (10.183) zu

$$G = \frac{\displaystyle\int_{-M_1/2}^{M_1/2} \int_{-M_2/2}^{M_2/2} \int_{-M_3/2}^{M_3/2} \exp\left(-2\pi i (m \cdot u_1 + n \cdot u_2 + o \cdot u_3)\right) \cdot dm \cdot dn \cdot do}{M_1 \cdot M_2 \cdot M_3 \cdot V_{EZ}}$$

$$(10.185)$$

Wir schreiben die Exponentialfunktion in anderer Weise und trennen dann die Variablen:

$$\begin{aligned} G = {}&\frac{1}{V_{EZ}} \cdot \frac{1}{M_1} \cdot \int_{-M_1/2}^{M_1/2} \exp\left(-2\pi i \cdot m \cdot u_1\right) \cdot dm \\ &\cdot \frac{1}{M_2} \cdot \int_{-M_2/2}^{M_2/2} \exp\left(-2\pi i \cdot n \cdot u_2\right) \cdot dn \\ &\frac{1}{M_3} \cdot \int_{-M_3/2}^{M_3/2} \exp\left(-2\pi i \cdot o \cdot u_3\right) \cdot do . \end{aligned} \qquad (10.186)$$

Zur Vereinfachung betrachten wir eine orthogonale Elementarzelle mit $V_{EZ} = a_1 \cdot a_2 \cdot a_3$ und schreiben für Gl. (10.186)

$$G = G_1 \cdot G_2 \cdot G_3 \qquad (10.187)$$

mit

$$G_1 = \frac{1}{M_1 \cdot a_1} \int\limits_{-M_1/2}^{M_1/2} \exp\left(-2\pi i \cdot m \cdot u_1\right) \cdot dm$$

$$G_2 = \frac{1}{M_2 \cdot a_2} \int\limits_{-M_2/2}^{M_2/2} \exp\left(-2\pi i \cdot n \cdot u_2\right) \cdot dn \qquad (10.188)$$

$$G_3 = \frac{1}{M_3 \cdot a_3} \int\limits_{-M_3/2}^{M_3/2} \exp\left(-2\pi i \cdot o \cdot u_3\right) \cdot do \ .$$

Die Auswertung des Integrals für G_1 liefert:

$$\begin{aligned}
G_1 &= \frac{1}{M_1 \cdot a_1} \int\limits_{-M_1/2}^{M_1/2} \exp\left(-2\pi i \cdot m \cdot u_1\right) \cdot dm \\
&= \frac{1}{M_1 \cdot a_1} \left[\frac{\exp\left(-2\pi i \cdot m \cdot u_1\right)}{-2\pi i \cdot u_1}\right]_{-M_1/2}^{M_1/2} \qquad (10.189)
\end{aligned}$$

$$= \frac{-\exp\left(-\pi i \cdot u_1 \cdot M_1\right) + \exp\left(\pi i \cdot u_1 \cdot M_1\right)}{2\pi i \cdot M_1 \cdot a_1 \cdot u_1}$$

Wir erinnern uns an die Eulersche[16] Formel (5.18):

$$G_1 = \frac{-\cos(\pi \cdot u_1 \cdot M_1) + i \cdot \sin(\pi \cdot u_1 \cdot M_1) + \cos(\pi \cdot u_1 \cdot M_1) + i \cdot \sin(\pi \cdot u_1 \cdot M_1)}{2\pi i \cdot M_1 \cdot a_1 \cdot u_1}$$

$$G_1 = \frac{\sin(\pi \cdot u_1 \cdot M_1)}{\pi \cdot M_1 \cdot a_1 \cdot u_1} \ . \qquad (10.190)$$

Analog gilt:

$$G_2 = \frac{\sin(\pi \cdot u_2 \cdot M_2)}{\pi \cdot M_2 \cdot a_2 \cdot u_2}$$

$$G_3 = \frac{\sin(\pi \cdot u_3 \cdot M_3)}{\pi \cdot M_3 \cdot a_3 \cdot u_3} \ . \qquad (10.191)$$

Welche Konsequenz hat dieses Ergebnis für die Beugungspraxis?

Wir erinnern uns: Die Intensität I des Beugungsreflexes ist proportional zum Quadrat des Gitterfaktors, d. h.

---

[16]Leonhard Euler, schweizer Mathematiker, 1707–1783.

Abb. 10.28 Graph der Funktion $F(x) = (\sin^2 x)/x^2$ zur Diskussion der Intensitätsverteilung der Beugungsreflexe

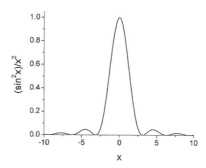

$$I \sim G_1^2 \cdot G_2^2 \cdot G_3^2$$

$$I \sim \frac{1}{a_1^2 \cdot a_2^2 \cdot a_3^2} \cdot \frac{\sin^2(\pi \cdot u_1 \cdot M_1)}{(\pi \cdot M_1 \cdot u_1)^2} \cdot \frac{\sin^2(\pi \cdot u_2 \cdot M_2)}{(\pi \cdot M_2 \cdot u_2)^2} \cdot \frac{\sin^2(\pi \cdot u_3 \cdot M_3)}{(\pi \cdot M_3 \cdot u_3)^2}$$

$$I \sim \frac{1}{V_{EZ}} \cdot \frac{\sin^2(\pi \cdot u_1 \cdot M_1)}{(\pi \cdot M_1 \cdot u_1)^2} \cdot \frac{\sin^2(\pi \cdot u_2 \cdot M_2)}{(\pi \cdot M_2 \cdot u_2)^2} \cdot \frac{\sin^2(\pi \cdot u_3 \cdot M_3)}{(\pi \cdot M_3 \cdot u_3)^2} \, .$$

$$(10.192)$$

Da u_1, u_2 und u_3 Komponenten im reziproken Raum sind, beschreibt Gl. (10.192) die Intensitätsverteilung im Beugungsbild. Wir sehen, dass dabei eine Funktion der Form

$$F(x) = \left(\frac{\sin x}{x} \right)^2 \qquad (10.193)$$

eine wesentliche Rolle spielt und wollen uns den Graphen dieser Funktion in Abb. 10.28 anschauen. Die dem Hauptmaximum benachbarten Nullstellen dieser Funktion liegen offenbar bei $x = \pm\pi$. Wenn wir die Ausdehnungen der Ellipsoide unseres entarteten reziproken Gitters durch diese Nullstellen definieren, sind die Komponenten unserer Toleranz $\boldsymbol{u}$ damit:

$$u_1 = \frac{1}{M_1}, \quad u_2 = \frac{1}{M_2} \quad \text{und} \quad u_3 = \frac{1}{M_3}, \qquad (10.194)$$

d. h. die Ellipsoide sind umso kleiner, je größer die Zahl der Elementarzellen ist bzw. je größer der Kristall ist. Die Toleranz wird auch als *Anregungsfehler* bei der Beugung bezeichnet.

Ist die Zahl der Elementarzellen in einer Raumrichtung besonders klein (beispielsweise bei plättchenförmigen Kristallen), so sind die Ellipsoide in dieser Richtung besonders lang, d. h. auch die Beugungsreflexe sind strichartig („Streaks"). Aus der Form der Beugungsreflexe lassen sich u. U. also Rückschlüsse auf die Kristallform ziehen.

Abb. 10.29 Streuung einer
Welle an zwei Streuzentren
m und n

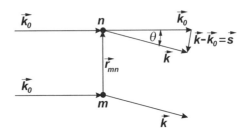

10.5.3 Debye-Streuung

Um Elektronenstreukurven von amorphen Substanzen auszuwerten, wird in der Regel ein Formalismus benutzt, der auf P. Debye[17] zurückgeht. Das ursprüngliche Ziel war die Auswertung von Streukurven nach Durchgang von Licht durch kolloidale Lösungen [7]. Von Debye-Streuung wird gesprochen, wenn die Teilchen größer als 1/20 der Wellenlänge der gestreuten Wellen sind. Dies ist für Atome und Elektronenwellen im Transmissionselektronenmikroskop der Fall.

Die Streukurven sind das Ergebnis der Überlagerung von Elektronenwellen, die an einer Atomversammlung bzw. an einer Ansammlung anderer N Streuzentren gestreut werden. Für die Intensität I in Abhängigkeit von der Streurichtung (repräsentiert durch den Wellenzahlvektor k mit $k = 1/\lambda$) gilt:

$$I(\mathbf{k}) \sim |\Psi(\mathbf{k})|^2$$
$$\text{mit} \quad \Psi = \sum_{m=1}^{N} \sum_{n=1}^{N} f_m \cdot f_n \cdot \exp\left(-2\pi i (\mathbf{k} - \mathbf{k_0}) \cdot \mathbf{r_{mn}}\right) \tag{10.195}$$

(f_m, f_n: Streuquerschnitte (Atomformamplituden) der Streuzentren m bzw. n, k, k_0: Wellenzahlvektoren der gestreuten bzw. der einfallenden Welle r_{mn}: Abstandsvektor zwischen den Streuzentren m und n (vgl. Abb. 10.29)).

Für den Betrag des Streuvektors s gilt ($\theta \ll 1$ vorausgesetzt):

$$|\mathbf{s}| = s = |\mathbf{k}| \cdot \theta = k \cdot \theta = \frac{\theta}{\lambda} . \tag{10.196}$$

Für die Richtungen der r_{mn} wird Isotropie vorausgesetzt, d. h. alle Richtungen treten mit gleicher Wahrscheinlichkeit auf. Demnach befindet sich das Atom n mit gleicher Wahrscheinlichkeit am Ort (1) oder (2) oder an jedem anderen Ort auf der Kugeloberfläche mit dem Radius r_{mn} (vgl. Abb. 10.30a). Daraus lesen wir

$$\mathbf{s} \cdot \mathbf{r_{mn}} = s \cdot r_{mn} \cdot \cos\gamma \tag{10.197}$$

ab. Wir überlegen nun, welche Radiusrichtungen den gleichen Winkel γ mit einem (bzgl. Länge und Richtung) festgehaltenem s haben. Diese erbringen den gleichen

---

[17]Peter Debye, niederländischer Physiker, 1884–1966, Nobelpreis für Chemie 1936.

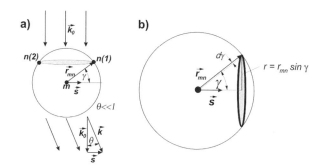

Abb. 10.30 Skizzen zur Erläuterung der Rechnung.
a) Isotrope Richtungsverteilung.
b) Gleichberechtigte Radiusrichtungen

Beitrag zum Skalarprodukt (10.197). Diese gleichberechtigten Richtungen bilden den Raumwinkel $d\Omega$ (s. Abb. 10.30b):

$$d\Omega = \frac{df}{t_{mn}^2} = \frac{2\pi \cdot r_{mn} \cdot \sin\gamma \cdot r_{mn} \cdot d\gamma}{t_{mn}^2} = 2\pi \cdot \sin\gamma \cdot d\gamma \ . \qquad (10.198)$$

Die Atome im Raumwinkelsegment $d\Omega$ mit dem Abstand r_{mn} vom Bezugsatom im Zentrum erbringen den Beitrag

$$d\Psi(r_{mn}, s) = \frac{d\Omega}{\Omega} \cdot f_m \cdot f_n \cdot \exp\left(-2\pi i \cdot s \cdot r_{mn} \cdot \cos\gamma\right) \qquad (10.199)$$

zur Streuwellenfunktion, d. h. für den Beitrag aller Atome im Abstand r_{mn} zur Streuwelle gilt unter Berücksichtigung von Gl. (10.198):

$$\Psi(r_{mn}, s) = f_m \cdot f_n \cdot \frac{2\pi}{\Omega} \cdot \int\limits_0^\pi \exp\left(-2\pi i \cdot s \cdot r_{mn} \cdot \cos\gamma\right) \cdot \sin\gamma \cdot d\gamma \ . \quad (10.200)$$

Zur Lösung dieses Integrals substituieren wir

$$\begin{aligned} x &= -2\pi i \cdot s \cdot r_{mn} \cdot \cos\gamma \\ \frac{dx}{d\gamma} &= 2\pi i \cdot s \cdot r_{mn} \cdot \sin\gamma \\ d\gamma &= \frac{dx}{2\pi i \cdot s \cdot r_{mn} \cdot \sin\gamma} \end{aligned} \qquad (10.201)$$

und erhalten mit Berücksichtigung von $\Omega = 4\pi$ als vollen Raumwinkel:

$$\Psi(r_{mn}, s) = \frac{f_m \cdot f_n}{4\pi \cdot i \cdot s \cdot r_{mn}} \cdot \int\limits_{x_0}^{x_1} \exp(x) \cdot dx \ . \qquad (10.202)$$

Die Integrationsgrenzen lauten:

$$\begin{aligned} x_0 &= x(\gamma = 0) = -2\pi \cdot i \cdot s \cdot r_{mn} \ , \\ x_1 &= x(\gamma = \pi) = 2\pi \cdot i \cdot s \cdot r_{mn} \ . \end{aligned} \qquad (10.203)$$

Abb. 10.31 Beispiel zur
Berechnung einer
Streukurve.
a) Abstandsverteilung r_{mn}
(Si-Atome mit
Vorzugsabstand 3 Å).
b) Streukurve nach Gl.
(10.205)

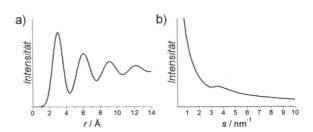

Aus Gl. (10.202) wird damit

$$\Psi(r_{mn}, s) = \frac{f_m \cdot f_n}{4\pi \cdot i \cdot s \cdot r_{mn}} \cdot \left[\exp(2\pi \cdot i \cdot s \cdot r_{mn}) - \exp(-2\pi \cdot i \cdot s \cdot r_{mn}) \right]$$

$$= \frac{f_m \cdot f_n}{4\pi \cdot i \cdot s \cdot r_{mn}} \cdot \left[\begin{array}{l} \cos(2\pi \cdot s \cdot r_{mn}) + i \cdot \sin(2\pi \cdot s \cdot r_{mn}) \\ - \cos(2\pi \cdot s \cdot r_{mn}) + i \cdot \sin(2\pi \cdot s \cdot r_{mn}) \end{array} \right]$$

$$\Psi(r_{mn}, s) = f_m \cdot f_n \cdot \frac{\sin(2\pi \cdot s \cdot r_{mn})}{2\pi \cdot s \cdot r_{mn}} \, .$$

(10.204)

Um die gesamte Streuwelle zu erhalten, müssen wir noch über alle Abstände r_{mn} summieren:

$$\Psi(s) = \sum_{m=1}^{N} \sum_{n=1}^{N} f_m \cdot f_n \cdot \frac{\sin(2\pi \cdot s \cdot r_{mn})}{2\pi \cdot s \cdot r_{mn}} \, . \qquad (10.205)$$

Die Intensität der Streukurve ist gleich dem Quadrat der Streuwellenfunktion. Sie kann mit Gl. (10.205) bei Kenntnis der Abstandsverteilung r_{mn} berechnet werden (s. Abb. 10.31).

Bei praktischen Messungen wollen wir in der Regel allerdings die Abstandsverteilung aus der gemessenen Streukurve berechnen.

Nach unserem Modell vom amorphen Zustand sind die Atome richtungsisotrop angeordnet. Ihre (gesuchte) radiale Dichteverteilung sei $\rho(r)$. In einer Kugelschale mit dem Radius r und der Dicke dr sind damit

$$N(r) = 4\pi \cdot r^2 \cdot \rho(r) \cdot dr \qquad (10.206)$$

Atome enthalten. Wir vereinfachen die Gl. (10.205), indem wir den Einfluss der Atomformamplituden in den Untergrundanteil der Streukurve schieben. Die Strukturinformation steckt in dem Quotienten mit dem Sinus-Term. Des Weiteren betrachten wir als Intensität der Streukurve den einfachen Betrag der Summe aller Streuwellen. Damit folgt für die Streukurve:

$$I(s) = 2 \cdot \int\limits_{0}^{\infty} r \cdot \rho(r) \cdot \frac{\sin(2\pi \cdot s \cdot r)}{s} \cdot dr \, . \qquad (10.207)$$

In der Streukurve sind die Streuwellenbeiträge aller Atomabstände überlagert. Mathematisch ist demzufolge eine Entfaltung erforderlich. Dazu nutzen wir das Fourier[18]-Integral für ungerade Funktionen:

$$f(x) = \frac{2}{\pi} \cdot \int_0^\infty \sin(u \cdot x) \cdot du \cdot \int_0^\infty f(t) \cdot \sin(u \cdot t) \cdot dt \ . \qquad (10.208)$$

Darin setzen wir für die Variablen

$$x = t = r \quad \text{und} \quad u = 2\pi \cdot s \qquad (10.209)$$

sowie für die Funktionen

$$f(x) = f(t) = 2 \cdot r \cdot \rho(r) \qquad (10.210)$$

und erhalten damit aus Gl. (10.208)

$$2 \cdot r \cdot \rho(r) = \frac{2}{\pi} \cdot \int_0^\infty \sin(2\pi \cdot s \cdot r) \cdot 2\pi \cdot ds \cdot \int_0^\infty 2 \cdot r \cdot \rho(r) \cdot \sin(2\pi \cdot s \cdot r) \cdot dr$$

$$r \cdot \rho(r) = 2 \cdot \int_0^\infty \sin(2\pi \cdot s \cdot r) \cdot ds \cdot s \cdot \int_0^\infty 2 \cdot r \cdot \rho(r) \cdot \frac{\sin(2\pi \cdot s \cdot r)}{s} \cdot dr$$

$$(10.211)$$

sowie nach Vergleich mit Gl. (10.207)

$$r \cdot \rho(r) = 2 \cdot \int_0^\infty I(s) \cdot s \cdot \sin(2\pi \cdot s \cdot r) \cdot ds \qquad (10.212)$$

bzw.

$$\rho(r) = \frac{2}{r} \cdot \int_0^\infty I(s) \cdot s \cdot \sin(2\pi \cdot s \cdot r) \cdot ds \ . \qquad (10.213)$$

Damit ist es möglich, aus einer gemessenen, untergrundkorrigierten Streukurve die (isotrope) Verteilung der Atomabstände zu bestimmen, wie dies an einem Beispiel in Abschn. 5.6, Abb. 5.29 und 5.30 gezeigt wurde.

---

[18]Joseph Fourier, französischer Mathematiker, 1768–1830.

10.5.4 Elektronen im Feld einer Zentralkraft

Wir wollen überlegen, wovon die Ablenkung der Elektronen im Kraftfeld eines Atomkerns abhängt. Benachbarte Atome lassen wir unberücksichtigt. Dabei gehen wir von einer elastischen Wechselwirkung aus, d. h. der Betrag der Geschwindigkeit und damit die Energie des Elektrons ändern sich dabei nicht. Wir wollen uns diese elastische Wechselwirkung anhand von Abb. 10.32a veranschaulichen.

Das Elektron bewegt sich auf einer geradlinigen Bahn, die den (senkrechten) Abstand a vom Kernmittelpunkt hat, auf den Atomkern zu. Der aktuelle Abstand zwischen Elektron und Kern sei r, der Winkel zwischen dem Vektor r und der Verbindungsgeraden zwischen Kernmittelpunkt und Scheitelpunkt der Bahnkurve des Elektrons sei φ. Elektron und Atomkern sind elektrisch geladen, das Elektron trägt die (negative) Elementarladung $-\mathrm{e}$, der Kern die (positive) Ladung $Z \cdot \mathrm{e}$ mit Z als Ordnungszahl im Periodensystem der Elemente. Beide ziehen sich mit der Coulomb-Kraft

$$|F_C| = \frac{1}{4\pi \cdot \varepsilon_0} \cdot \frac{Z \cdot \mathrm{e}^2}{r^2} \tag{10.214}$$

(ε_0: Influenzkonstante) an. Wir vernachlässigen dabei die partielle Abschirmung der Kernladung durch die Elektronenhülle. Für die Ablenkung ist die Komponente F_S

Abb. 10.32 a) Elastische Ablenkung eines Elektrons im Kraftfeld eines Atomkerns. b) Veränderung des Impulses bei elastischer Wechselwirkung zwischen Elektron und Atomkern

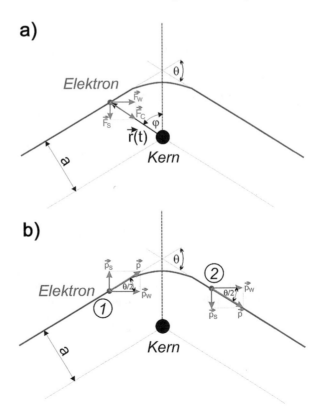

verantwortlich:

$$|F_S| = |F_C| \cdot \cos \varphi = \frac{1}{4\pi \cdot \varepsilon_0} \cdot \frac{Z \cdot e^2}{r^2} \cdot \cos \varphi \,. \tag{10.215}$$

Diese Kraftkomponente führt zu einer Richtungsumkehr der Komponente p_S des Impulses des Elektrons (vgl. Abb. 10.32b). Die Kraftkomponente F_W kehrt sich nach Durchgang des Elektrons durch den Scheitelpunkt um; in der Summe hebt sich ihre Wirkung zwischen den Elektronenpositionen 1 und 2 auf. Der Betrag der Impulsänderung von 1 nach 2 ist:

$$|\Delta p| = 2 \cdot |p_S| = 2 \cdot |p| \cdot \sin \frac{\theta}{2} = 2 \cdot m_0 \cdot v \cdot \sin \frac{\theta}{2} \tag{10.216}$$

(m_0: Elektronenmasse, v: Elektronengeschwindigkeit). Für infinitesimal kleine Änderungen gilt in nichtrelativistischer Näherung ($m_0 = $ const):

$$d p = m_0 \cdot d v \,. \tag{10.217}$$

Diese Impulsänderung wird durch die Kraft F bewirkt:

$$F = m_0 \cdot \frac{d v}{dt} \quad \text{bzw.} \quad d v = \frac{F}{m_0} \cdot dt \,. \tag{10.218}$$

Für die Impulsänderung gilt:

$$d p = F \cdot dt \quad \text{bzw.} \quad \Delta p = \int_1^2 F \cdot dt \tag{10.219}$$

und für das Elektron:

$$2 \cdot m_0 \cdot v \cdot \sin \frac{\theta}{2} = \frac{Z \cdot e^2}{4\pi \cdot \varepsilon_0} \cdot \int_0^\infty \frac{\cos \varphi}{r^2} \cdot dt \,. \tag{10.220}$$

Bei der Bewegung im Zentralkraftfeld treten keine äußeren Drehmomente auf, es gilt der Drehimpulserhaltungssatz:

$$L = r \times p = \text{const} \,. \tag{10.221}$$

Der Betrag des Drehimpulses ist

$$|L| = L = m_0 \cdot r^2 \cdot \frac{d\varphi}{dt} \tag{10.222}$$

und, verglichen mit dem des Elektrons am Bahnanfang,

$$a \cdot m_0 \cdot v = m_0 \cdot r^2 \cdot \frac{d\varphi}{dt} \,. \tag{10.223}$$

Damit können wir in Gl. (10.220) dt eliminieren:

$$dt = \frac{r^2}{a \cdot v} \cdot d\varphi \tag{10.224}$$

und erhalten

$$m_0 \cdot v \cdot \sin\frac{\theta}{2} = \frac{Z \cdot e^2}{8\pi \cdot \varepsilon_0} \cdot \int\limits_{-(\pi+\theta)/2}^{(\pi+\theta)/2} \frac{\cos\varphi}{a \cdot v} \cdot d\varphi \,. \tag{10.225}$$

Integration und Umformung liefert:

$$\sin\frac{\theta}{2} = \frac{Z \cdot e^2}{8\pi \cdot \varepsilon_0 \cdot m_0 \cdot v^2 \cdot a} \cdot [\sin((\pi+\theta)/2) - \sin(-(\pi+\theta)/2)]$$
$$\sin\frac{\theta}{2} = \frac{Z \cdot e^2}{8\pi \cdot \varepsilon_0 \cdot m_0 \cdot v^2 \cdot a} \cdot 2 \cdot \sin((\pi+\theta)/2) \tag{10.226}$$
$$\sin\frac{\theta}{2} = \frac{Z \cdot e^2}{4\pi \cdot \varepsilon_0 \cdot m_0 \cdot v^2 \cdot a} \cdot \cos\frac{\theta}{2} \,.$$

Damit folgt für den Ablenkwinkel θ:

$$\tan\frac{\theta}{2} = \frac{Z \cdot e^2}{4\pi \cdot \varepsilon_0 \cdot m_0 \cdot v^2 \cdot a} \,. \tag{10.227}$$

Problematisch ist die Abhängigkeit vom Parameter a, dem Bahnabstand vom Kern. Die Elektronenbahnen haben beliebige Abstände. Wir greifen deshalb einen Abstand a heraus und stellen uns dazu einen kreisförmigen Ring mit dem Radius a und der Breite da vor (s. Abb. 10.33). Die Fläche dieses Ringes ist

$$d\sigma = 2\pi \cdot a \cdot da \,. \tag{10.228}$$

Elektronen, die durch diese Fläche treten, werden in das Raumwinkelintervall $d\Omega$ abgelenkt. Dieses Raumwinkelintervall wird aus dem Ablenkwinkel θ berechnet (vgl. Gl. 10.198):

$$d\Omega = 2\pi \cdot \sin\theta \cdot d\theta \tag{10.229}$$

und wir erhalten nach Division der Gl. (10.228) und (10.229):

$$\frac{d\sigma}{d\Omega} = \frac{a}{\sin\theta} \cdot \frac{da}{d\theta} \,. \tag{10.230}$$

Abb. 10.33 Elektronen bewegen sich durch einen infinitesimal dünnen Ring im Abstand a von der Achse, auf der das Atom liegt, auf das streuende Atom zu

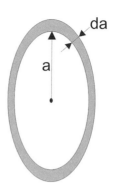

was als differentieller Wirkungsquerschnitt der Streuung bezeichnet wird. Er beschreibt die *Stärke der Streuung* und ist ein Maß für die Wahrscheinlichkeit, mit der ein Elektron in θ-Richtung gestreut wird.

Wir berücksichtigen Gl. (10.227) und erhalten

$$\frac{d\sigma}{d\Omega} = \frac{Z \cdot e^2}{4\pi \cdot \varepsilon_0 \cdot m_0 \cdot v^2 \cdot \tan \frac{\theta}{2} \cdot \sin \theta} \cdot \frac{da}{d\theta} \tag{10.231}$$

sowie

$$\frac{da}{d\theta} = \frac{Z \cdot e^2}{4\pi \cdot \varepsilon_0 \cdot m_0 \cdot v^2} \cdot \frac{d}{d\theta}\left(\frac{1}{\tan \frac{\theta}{2}}\right) = \frac{Z \cdot e^2}{4\pi \cdot \varepsilon_0 \cdot m_0 \cdot v^2} \cdot \frac{-1}{2 \cdot \sin^2 \frac{\theta}{2}} . \tag{10.232}$$

Damit gilt für den Betrag (negatives Vorzeichen entfällt):

$$\begin{aligned}
\frac{d\sigma}{d\Omega} &= \left(\frac{Z \cdot e^2}{4\pi \cdot \varepsilon_0 \cdot m_0 \cdot v^2}\right)^2 \cdot \frac{1}{\tan \frac{\theta}{2} \cdot \sin \theta \cdot 2 \cdot \sin^2 \frac{\theta}{2}} \\
&= \left(\frac{Z \cdot e^2}{4\pi \cdot \varepsilon_0 \cdot m_0 \cdot v^2}\right)^2 \cdot \frac{\cos \frac{\theta}{2}}{2 \cdot \sin \theta \cdot \sin^3 \frac{\theta}{2}} .
\end{aligned} \tag{10.233}$$

Mit der bekannten trigonometrischen Relation

$$\sin(2 \cdot \alpha) = 2 \cdot \sin \alpha \cdot \cos \alpha \tag{10.234}$$

folgt daraus:

$$\begin{aligned}
\frac{d\sigma}{d\Omega} &= \left(\frac{Z \cdot e^2}{4\pi \cdot \varepsilon_0 \cdot m_0 \cdot v^2}\right)^2 \cdot \frac{\cos \frac{\theta}{2}}{4 \cdot \sin \frac{\theta}{2} \cdot \cos \frac{\theta}{2} \cdot \sin^3 \frac{\theta}{2}} \\
&= \left(\frac{Z \cdot e^2}{8\pi \cdot \varepsilon_0 \cdot m_0 \cdot v^2}\right)^2 \cdot \frac{1}{\sin^4 \frac{\theta}{2}}
\end{aligned} \tag{10.235}$$

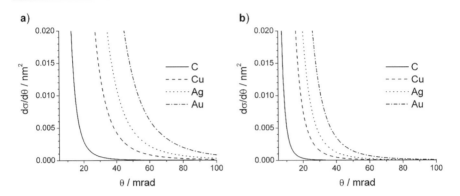

Abb. 10.34 Differentieller Streuquerschnitt nach Gl. (10.236) für die Elemente C, Cu, Ag und Au bei Elektronenenergien von 100 keV (a) und 300 keV (b)

und nach Einführung der Elektronenenergie $E_0 = (m_0 \cdot v^2)/2$

$$\frac{d\sigma}{d\Omega} = \left(\frac{1}{4\pi \cdot \varepsilon_0} \cdot \frac{Z \cdot e^2}{4 \cdot E_0} \right)^2 \cdot \frac{1}{\sin^4 \frac{\theta}{2}} \,, \qquad (10.236)$$

ein Zusammenhang, der als Rutherfordsche[19] Streuformel bekannt ist. Abb. 10.34 stellt diese Formel für zwei Elektronenenergien und vier Elemente grafisch dar.

Wir erkennen, dass bei einem einzelnen Streuvorgang im Elektronenmikroskop Ablenkwinkel unter 100 mrad ($= 5{,}7°$) zu erwarten sind. Da wir in unserem Modell die teilweise Abschirmung der Kernladung durch die Elektronenhülle vernachlässigt haben, werden die Streuwinkel in Wirklichkeit kleiner sein.

10.5.5 Mittlere freie Weglänge für elastische Streuung

Nachdem wir wissen, mit welcher Wahrscheinlichkeit ein Elektron in ein bestimmtes Raumwinkelelement gestreut wird, wollen wir ausrechnen, wie groß die Wahrscheinlichkeit $\sigma(\alpha)$ dafür ist, dass ein Elektron in einen beliebigen Winkel $\theta \geq \alpha$ gestreut wird. Dazu berücksichtigen wir die Gl. (10.229) sowie (10.236) und integrieren:

$$\sigma(\alpha) = \left(\frac{Z \cdot e^2}{16\pi \cdot \varepsilon_0 \cdot E_0} \right)^2 \cdot \int_{\alpha}^{\pi} \frac{2\pi \cdot \sin\theta}{\sin^4 \frac{\theta}{2}} \cdot d\theta \qquad (10.237)$$

(Z: Ordnungszahl, e: Elementarladung, ε_0: Influenzkonstante, E_0: Elektronenenergie). Mit Gl. (10.234) folgt

---

[19]Ernest Rutherford, neuseeländisch/englischer Physiker, 1871–1937, Nobelpreis für Chemie 1908.

$$\sigma(\alpha) = \left(\frac{Z \cdot e^2}{16\pi \cdot \varepsilon_0 \cdot E_0}\right)^2 \cdot 2\pi \cdot \int\limits_\alpha^\pi \frac{2 \cdot \sin\frac{\theta}{2} \cdot \cos\frac{\theta}{2}}{\sin^4\frac{\theta}{2}} \cdot d\theta$$

$$= \left(\frac{Z \cdot e^2}{8 \cdot \varepsilon_0 \cdot E_0}\right)^2 \cdot \frac{1}{\pi} \cdot \int\limits_\alpha^\pi \frac{\cos\frac{\theta}{2}}{\sin^3\frac{\theta}{2}} \cdot d\theta$$

$$= \left(\frac{Z \cdot e^2}{8 \cdot \varepsilon_0 \cdot E_0}\right)^2 \cdot \frac{1}{\pi} \cdot \left[-\frac{1}{\sin^2\frac{\theta}{2}}\right]_\alpha^\pi = \left(\frac{Z \cdot e^2}{8 \cdot \varepsilon_0 \cdot E_0}\right)^2 \cdot \frac{1 - \sin^2\frac{\alpha}{2}}{\pi \cdot \sin^2\frac{\alpha}{2}}$$

$$\sigma(\alpha) = \left(\frac{Z \cdot e^2}{8 \cdot \varepsilon_0 \cdot E_0}\right)^2 \cdot \frac{1}{\pi \cdot \tan^2\frac{\alpha}{2}} \cdot$$

$$(10.238)$$

Was passiert, wenn die Elektronen auf mehrere Atome treffen?

Wir stellen uns eine dünne Schicht mit der Querschnittsfläche A und der Dicke ds vor. Diese Schicht enthält N Atome:

$$N = N_A \cdot \rho \cdot A \cdot ds \qquad (10.239)$$

(N_A: Avogadro[20]-Konstante, ρ: Dichte). In diese Schicht fallen pro Zeit- und Flächeneinheit N_E Elektronen ein. Davon werden beim Durchgang durch die Schicht dN_E Elektronen in einen Winkel $\geq \alpha$ (Akzeptanzwinkel) gestreut (s. Abb. 10.35). Dadurch ändert sich die Zahl der in einen Winkel $< \alpha$ gestreuten Elektronen um

$$dN_E = -N_E \cdot \frac{N}{A} \cdot \sigma(\alpha) = -N_E \cdot N_A \cdot \rho \cdot \sigma(\alpha) \cdot ds . \qquad (10.240)$$

Diese Differentialgleichung wird durch Trennung der Variablen gelöst:

$$\frac{dN_E}{N_E} = -N_A \cdot \rho \cdot \sigma(\alpha) \cdot ds$$
$$N_E = C_1 + C_2 \cdot \exp\left(-N_A \cdot \rho \cdot \sigma(\alpha) \cdot s\right) . \qquad (10.241)$$

Die Integrationskonstanten C_1 und C_2 bestimmen wir aus den Randbedingungen:

$$N_E(s = 0) = N_{E,0} \quad \text{und} \quad N_E(s \to \infty) = 0 \qquad (10.242)$$

und erhalten

$$N_E = N_{E,0} \cdot \exp\left(-N_A \cdot \rho \cdot \sigma(\alpha) \cdot s\right) . \qquad (10.243)$$

Wir führen die mittlere freie Weglänge für die elastische Streuung

$$\Lambda_{el} = \left(\frac{Z \cdot e^2}{8 \cdot \varepsilon_0 \cdot E_0}\right)^2 \cdot \frac{\pi \cdot \tan^2\frac{\alpha}{2}}{N_A \cdot \rho} \qquad (10.244)$$

---

[20]Amedeo Avogadro, italienischer Mathematiker und Physiker, 1776–1856.

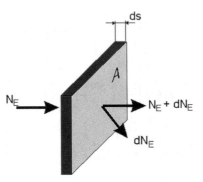

Abb. 10.35 Bilanz der Elektronenzahl bei Streuung in einer dünnen Schicht

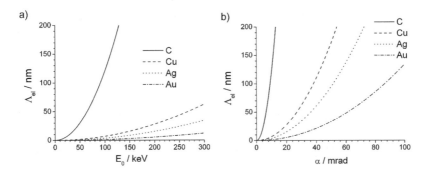

Abb. 10.36 Mittlere freie Weglänge für die elastische Streuung nach Gl. (10.244) für die Elemente C, Cu, Ag und Au in Abhängigkeit von der Elektronenenergie bei $\alpha = 20$ mrad (a) bzw. vom Akzeptanzwinkel α bei einer Elektronenenergie von 200 keV (b)

ein und können damit schreiben:

$$N_{\mathrm{E}} = N_{\mathrm{E},0} \cdot \exp\left(-s/\Lambda_{el}\right) \ . \tag{10.245}$$

Wir sehen, dass die mittlere freie Weglänge für die elastische Streuung vom Element (Ordnungszahl Z, Dichte ρ und Avogadro-Konstante N_A), der Elektronenenergie und dem Aktzeptanzwinkel abhängt. In Abb. 10.36 sind einige Beispiele dazu dargestellt.

10.5.6 Klassischer inelastischer Stoß

Bei inelastischen Wechselwirkungen dient ein Teil der Energie der Strahlelektronen dazu, Veränderungen in der Elektronenhülle der Atome hervorzurufen. Wir wollen die Konsequenzen zunächst ohne Berücksichtigung der Abläufe in der Elektronenhülle diskutieren und dazu als Modell das des klassischen inelastischen Stoßes benutzen. In Abb. 10.37 sind die Impulsbilanzen für den elastischen und den inelastischen Stoß für den Fall kleiner Streuwinkel ($\theta \ll 1$) gegenübergestellt (vgl. auch [8]).

Abb. 10.37 Impulsbilanzen für den elastischen a) und den inelastischen b) Stoß

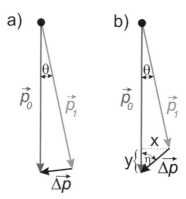

Beim elastischen Stoß bleiben Impuls und Energie erhalten, d. h.

$$\theta = \frac{|\Delta p|}{|p_0|} = \frac{|\Delta p|}{|p_1|} .$$ (10.246)

Demgegenüber verbleibt beim inelastischen Stoß ein Teil ΔE der Elektronenenergie im Atom, so dass die Energiebilanz in nichtrelativistischer Näherung

$$\Delta E = \frac{p_0{}^2}{2 \cdot m_0} - \frac{p_1{}^2}{2 \cdot m_0} = \frac{p_0^2}{2 \cdot m_0} - \frac{p_1^2}{2 \cdot m_0}$$ (10.247)

(m_0: Elektronenmasse) und die Impulsbilanz

$$p_1 = p_0 - \Delta p$$ (10.248)

lauten. Nach Quadrieren und Ausmultiplizieren der Skalarprodukte folgt daraus

$$(p_1)^2 = (p_0 - \Delta p)^2 \quad \text{bzw.}$$
$$p_1^2 = p_0^2 - 2 \cdot p_0 \cdot \Delta p \cdot \cos \eta + (\Delta p)^2$$ (10.249)

und unter Berücksichtigung von Gl. (10.247) sowie $\Delta p \ll p_0$:

$$\Delta E = \frac{p_0 \cdot \Delta p}{m} \cdot \cos \eta .$$ (10.250)

Aus Abb. 10.37b liest man im kleinen rechtwinkligen Dreieck

$$(\Delta p)^2 = x^2 + y^2 \approx p_0^2 \cdot \theta^2 + (\Delta p \cdot \cos \eta)^2$$ (10.251)

ab. Der erste Term $p_0 \cdot \theta$ kennzeichnet nach Gl. (10.246) die Richtungsänderung des Impulses beim elastischen Stoß, der zweite Term kann dementsprechend als

Richtungsänderung infolge des inelastischen Stoßes interpretiert werden. Dessen charakteristischer Winkel sei θ_{inel}. Damit gilt:

$$(\Delta p)^2 = p_0^2 \cdot (\theta^2 + \theta_{\mathrm{inel}}^2) \tag{10.252}$$

bzw. unter Berücksichtigung von Gl. (10.250) und $E_0 = p_0^2/(2 \cdot m_0)$:

$$\theta_{\mathrm{inel}} = \frac{\Delta p \cdot \cos\eta}{p_0} = \frac{p_0 \cdot \Delta P \cdot \cos\eta}{p_0^2} = \frac{\Delta E \cdot m_0}{p_0^2} = \frac{\Delta E}{2 \cdot E_0} . \tag{10.253}$$

Bei einer Primärelektronenenergie E_0 von 200 keV und einem Energieverlust von 100 eV beträgt der charakteristische Ablenkwinkel für die inelastische Streuung 0,25 mrad und ist damit deutlich kleiner als derjenige für die elastische Streuung (vgl. Abschn. 10.5.4).

10.6   Elektronenoptische Abbildung

In diesem Abschnitt wollen wir einige Gesichtspunkte der elektronenmikroskopischen Abbildung etwas genauer betrachten.

10.6.1 Auflösungsvermögen mit Berücksichtigung des Öffnungsfehlers

Nach unserer im Abschn. 2.4 erläuterten Modellvorstellung resultiert die Begrenzung des Auflösungsvermögens δ des TEM aus der Überlagerung von Beugungs- und Öffnungsfehlerscheibchen. Wir benutzen dafür vereinfachend die Wurzel aus der Summe aus den Quadraten der beiden Fehlerscheibchen, setzen die Brechzahl in der Objektumgebung $n = 1$, berücksichtigen die aufgrund des Öffnungsfehlers notwendige Begrenzung der Apertur auf Werte $\alpha \ll 1$ und nutzen die Gl. (1.9) und (2.7):

$$\delta = \sqrt{\delta_B^2 + \delta_S^2} = \sqrt{\left(\frac{0{,}61 \cdot \lambda}{\alpha}\right)^2 + \left(C_S \cdot \alpha^3\right)^2} \tag{10.254}$$

(λ: Wellenlänge, C_S: Öffnungsfehlerkonstante). Wegen der gegenläufigen Abhängigkeit der Fehlerscheibchen von α existiert eine optimale Apertur α_{opt}, bei der δ seinen minimalen Wert annimmt. Die Differentiation ergibt:

$$\frac{d\delta}{d\alpha} = \frac{-2 \cdot \dfrac{0{,}372 \cdot \lambda^2}{\alpha^3} + 6 \cdot C_S^2 \cdot \alpha^5}{2 \cdot \sqrt{\left(\dfrac{0{,}61 \cdot \lambda}{\alpha}\right)^2 + \left(C_S \cdot \alpha^3\right)^2}} . \tag{10.255}$$

Mit der Extremwertbedingung

$$\frac{d\delta}{d\alpha}\big|_{\alpha,\mathrm{opt}} = 0 \,, \tag{10.256}$$

d. h.

$$-2 \cdot \frac{0{,}372 \cdot \lambda^2}{\alpha^3} + 6 \cdot C_S^2 \cdot \alpha^5 = 0 \tag{10.257}$$

erhalten wir

$$\alpha_{\mathrm{opt}} = \sqrt[8]{\frac{0{,}372}{3}} \cdot \sqrt[4]{\frac{\lambda}{C_S}} = 0{,}77 \cdot \sqrt[4]{\frac{\lambda}{C_S}} \,, \tag{10.258}$$

eingesetzt in Gl. (10.254) ergibt

$$\delta = \sqrt{\left(\frac{0{,}61}{0{,}77}\right)^2 + 0{,}77^6} \cdot \sqrt[4]{C_S \cdot \lambda^3} = 0{,}91 \cdot \sqrt[4]{C_S \cdot \lambda^3} \,. \tag{10.259}$$

Bei 300 kV Beschleunigungsspannung ($\lambda = 1{,}97$ pm) folgt daraus mit $C_S = 1{,}2$ mm: $\alpha_{\mathrm{opt}} = 4{,}9$ mrad und $\delta_{\mathrm{min}} = 2{,}8$ Å, was gut mit den bereits früher (Abschn. 2.4) in Abb. 2.9 abgelesenen Werten übereinstimmt.

10.6.2 Abstände in Moiré-Mustern

Moiré-Muster[21] entstehen bei Überlagerung von zwei Kristallgittern. Die Gitter können gegeneinander verdreht und unterschiedliche Gitterkonstanten haben. Zuerst wollen wir überlegen, welche Moiré-Abstände bei Verdrehung zweier gleicher Gitter 1 und 2 mit der Gitterkonstante d um den Winkel δ zu erwarten sind (s. Abb. 10.38). Die Moiré-Streifen entstehen durch die Überlagerung der Intensitäten beider Gitter an den Überkreuzungspunkten. Der gesuchte Abstand zwischen ihnen ist in Abb. 10.38 mit h bezeichnet. Dies ist die Höhe in dem gleichschenkligen Dreieck ABD. Diese Höhe ist die Ankathete im rechtwinkligen Dreieck ACD, die Strecke von C nach D ist die Gegenkathete:

$$h = \frac{\overline{CD}}{\tan \frac{\delta}{2}} \,. \tag{10.260}$$

Andererseits gilt im Dreieck BDE für die Strecke zwischen B und D:

$$\overline{BD} = 2 \cdot \overline{CD} = \frac{d}{\cos \frac{\delta}{2}} \tag{10.261}$$

---

[21] vom französischen „moirer": marmorieren.

Abb. 10.38 Abstände der Moiré-Streifen bei Verdrehung zweier gleicher Gitter um den Winkel δ

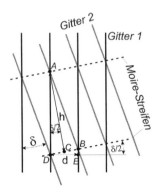

und damit für den gesuchten Abstand h:

$$h = \frac{d}{2 \cdot \tan \frac{\delta}{2} \cdot \cos \frac{\delta}{2}} = \frac{d}{2 \cdot \sin \frac{\delta}{2}} \cdot \qquad (10.262)$$

Für kleine Verdrehungen ($\delta \ll 1$) gilt demnach

$$h = \frac{d}{\delta} \cdot \qquad (10.263)$$

Als Nächstes überlegen wir, welcher Streifenabstand sich bei unverdrehter Überlagerung zweier Gitter mit unterschiedlichen Gitterkonstanten d_1 bzw. d_2 ergibt. Maßgebend ist die Dichte der Linien in der Überlagerung, deshalb ist die Lokalisierung des Streifenabstandes nicht so einfach möglich wie bei den verdrehten Gittern. Zur Berechnung der Liniendichte nehmen wir eine sinusförmige Helligkeitsverteilung in den Gitterbildern an. Die Gitterkonstante gibt die Periode der Sinusfunktion vor, wir schreiben für die Helligkeitsverteilung der beiden Gitter mit der auf eins normierten Amplitude:

$$H_1 = \sin\left(2\pi \cdot \frac{x}{d_1}\right) \quad \text{bzw.} \quad H_2 = \sin\left(2\pi \cdot \frac{x}{d_2}\right) . \qquad (10.264)$$

Die reziproken Werte der Gitterkonstanten haben die Bedeutung von Raumfrequenzen, ein Begriff, den wir in Kapitel 7 kennengelernt hatten. Für die Überlagerung gilt:

$$H = H_1 + H_2 = \sin\left(2\pi \cdot \frac{x}{d_1}\right) + \sin\left(2\pi \cdot \frac{x}{d_2}\right) . \qquad (10.265)$$

Unter Berücksichtigung des Additionstheorems für die Summe zweier Sinusfunktionen gilt:

$$H = 2 \cdot \sin\left(\pi \cdot x \cdot \left(\frac{1}{d_1} + \frac{1}{d_2}\right)\right) \cdot \cos\left(\pi \cdot x \cdot \left(\frac{1}{d_1} - \frac{1}{d_2}\right)\right) , \qquad (10.266)$$

Abb. 10.39 Moiré-Streifen bei verdrehungsfreier Überlagerung zweier Gitter mit den Gitterkonstanten $d_1 = 1/11$ nm und $d_2 = 1/10$ nm

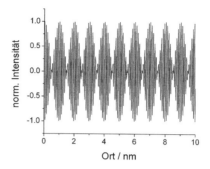

d. h. wir erhalten eine Überlagerung von einer hohen und einer niedrigen Raumfrequenz (vgl. Abb. 10.39). Dieser Sachverhalt wird in der Elektrotechnik als Schwebung bezeichnet. Die niedrige Raumfrequenz in der Kosinusfunktion kennzeichnet den Abstand h der Moiré-Streifen:

$$\frac{1}{h} = \frac{1}{d_1} - \frac{1}{d_2} \quad \Rightarrow \quad h = \frac{d_1 \cdot d_2}{d_1 - d_2} \tag{10.267}$$

Im Bildbeispiel sind zwei Gitter mit den Konstanten $d_1 = 1/11$ nm $\approx 0{,}091$ nm und $d_2 = 1/10$ nm $= 0{,}1$ nm überlagert. Das Ergebnis ist eine Helligkeitsmodulation (Moiré-Streifen) im Abstand von 1 nm.

Zur Behandlung des allgemeinen Falls mit gedrehten Gittern und unterschiedlichen Gitterkonstanten ergänzen wir unser Raumfrequenz-Modell um die Richtung, d. h. wir betrachten die beiden Raumfrequenzen, die die Periodizitäten der beiden Gitter kennzeichnen, als Vektoren r_1 und r_2. Die Raumfrequenz, die den Abstand der Moiré-Streifen beschreibt, sei r_h. Offenbar gilt allgemein:

$$r_h = r_1 - r_2 \quad \text{mit} \quad |r_h| = \frac{1}{h}, \quad |r_1| = \frac{1}{d_1}, \quad |r_2| = \frac{1}{d_2}. \tag{10.268}$$

mit h als Abstand der Moiré-Streifen.

Aus der Skizze in Abb. 10.40 folgt unter Verwendung des Kosinussatzes für den Betrag des Vektors r_h:

$$|r_h|^2 = \frac{1}{h^2} = |r_1|^2 + |r_2|^2 - 2 \cdot |r_1| \cdot |r_2| \cdot \cos \delta$$

$$\frac{1}{h^2} = \frac{1}{d_1^2} + \frac{1}{d_2^2} - \frac{2 \cdot \cos \delta}{d_1 \cdot d_2}. \tag{10.269}$$

Daraus folgt für den Abstand der Moiré-Streifen:

$$h = \frac{d_1 \cdot d_2}{\sqrt{d_1^2 + d_2^2 - 2 \cdot d_1 \cdot d_2 \cdot \cos \delta}}. \tag{10.270}$$

Abb. 10.40 Bilanz der
Raumfrequenzen bei
verdrehten Gittern mit
unterschiedlichen
Gitterkonstanten

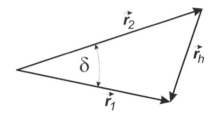

Die beiden vorher hergeleiteten Formeln sind Spezialfälle von Gl. (10.270). Für die
Verdrehung zweier gleicher Gitter ist $d_1 = d_2 = d$ und damit

$$h = \frac{d_2}{\sqrt{2 \cdot d^2 \cdot (1 - \cos \delta)}} = \frac{d}{2 \cdot \sqrt{\frac{1}{2} \cdot (1 - \cos \delta)}} = \frac{d}{2 \cdot \sin \frac{\delta}{2}} \, , \qquad (10.271)$$

d. h. identisch mit Gl. (10.262).

Für die verdrehungsfreie Überlagerung zweier ungleicher Gitter ist $\delta = 0$ und
damit

$$h = \frac{d_1 \cdot d_2}{\sqrt{d_1^2 + d_2^2 - 2 \cdot d_1 \cdot d_2}} = \frac{d_1 \cdot d_2}{\sqrt{(d_1 - d_2)^2}} = \frac{d_1 \cdot d_2}{|d_1 - d_2|} \, , \qquad (10.272)$$

d. h. identisch mit Gl. (10.267).

10.6.3 Kontrastübertragungsfunktion

Im Abschn. 7.2 hatten wir durch qualitative Überlegungen gezeigt, dass es möglich
sein muss, die für die Umwandlung des Phasenkontrastes in einen Amplitudenkon-
trast notwendige Phasenschiebung durch die Objektivlinse zu erreichen.

Wir erinnern uns: Die Phasenschiebung ϕ sollte demnach abhängen von der Strukturgröße d, der Öffnungsfehlerkonstante C_S und einer im Vergleich zur exakten
Fokussierung in der Gaußschen[22] Bildebene vorgenommenen Brennweitenänderung
Δf:

$$\phi = \phi \left(\frac{1}{d}, \, C_S, \, \Delta f \right) . \qquad (10.273)$$

Im Folgenden wollen wir versuchen, diesen Zusammenhang quantitativ zu verstehen. Abb. 10.41 soll die Rolle von Öffnungsfehler und Defokussierung veranschaulichen. Die Abkürzungen in Abb. 10.41 haben folgende Bedeutung: *P:* Dingpunkt, *P"*
Bildpunkt bei fehlerfreier Abbildung, *P'* Bildpunkt bei fehlerbehafteter Abbildung,
θ: Öffnungswinkel des in die Linse einfallenden Strahls, θ''': Öffnungswinkel des
gebrochenen Strahls, *R:* Abstand des Strahls von der optischen Achse beim Einfall

---

[22]Carl Friedrich Gauß, deutscher Mathematiker und Physiker, 1777–1855.

a)

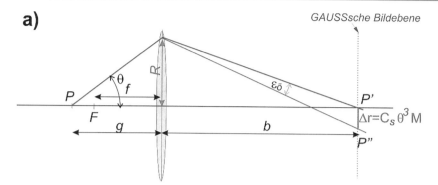

b)

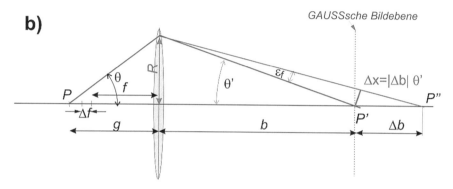

Abb. 10.41 Einfluss von Öffnungsfehler a) und Defokussierung b) auf den Strahlengang (s. auch [9])

in die Linse, F: dingseitiger Brennpunkt, f: Brennweite, Δf: Änderung der Brennweite bei Defokussierung, g: Dingweite, b: Bildweite, Δb: Änderung der Bildweite bei Defokussierung, C_S: Öffnungsfehlerkonstante und M: Vergrößerung.

Die Skizze in Abb. 10.41a zeigt, dass der Öffnungsfehler zu einer Abweichung $\varepsilon_{\ddot{o}}$ des Öffnungswinkels der gebrochenen Strahlen führt. Es gilt:

$$\varepsilon_{\ddot{o}} = \frac{\Delta r}{b} = \frac{C_S \cdot \theta^3 \cdot M}{b} \tag{10.274}$$

sowie mit

$$\theta = \frac{R}{g}, \quad \text{(bei hoher Vergrößerung) und} \quad M = \frac{b}{g}. \tag{10.275}$$

Aus der Abbildungsgleichung

$$\frac{1}{f + \Delta f} = \frac{1}{g} + \frac{1}{b + \Delta b}$$

$$\text{bzw.} \quad \frac{1}{f} \cdot \left(1 - \frac{\Delta f}{f} + \ldots\right) = \frac{1}{g} + \frac{1}{b} \cdot \left(1 - \frac{\Delta b}{b} + \ldots\right) \tag{10.276}$$

Abb. 10.42 Zur Herleitung des Gangunterschiedes bei fehlerbehafteter Abbildung

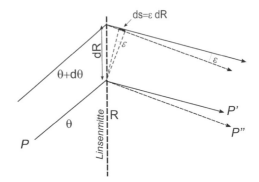

folgt

$$\frac{1}{f} - \frac{\Delta f}{f^2} = \frac{1}{g} + \frac{1}{b} - \frac{\Delta b}{b^2}$$

$$\text{bzw. mit} \quad \frac{1}{f} = \frac{1}{g} + \frac{1}{b} : \quad \frac{\Delta f}{f^2} = \frac{\Delta b}{b^2} \tag{10.277}$$

sowie für die Winkeländerung

$$\varepsilon_f = \frac{\Delta f \cdot R}{f^2} . \tag{10.278}$$

Betrachten wir nun die Auswirkungen der Gesamtwinkeländerung $\varepsilon = \varepsilon_{\ddot{o}} - \varepsilon_f$ auf die Phasenschiebung

$$\phi(\theta) = 2\pi \cdot \frac{\Delta s}{\lambda} \tag{10.279}$$

mit Δs als durch die fehlerhafte Abbildung hervorgerufenen Gangunterschied zwischen den Wellenfronten und λ als Elektronenwellenlänge. Zur Berechnung von Δs schauen wir auf Abb. 10.42.

Die Änderung des Öffnungswinkels θ um einen infinitesimal kleinen Betrag $d\theta$ führt zu einem Gangunterschied $ds = \varepsilon \cdot dR$. Der gesamte Gangunterschied Δs wird durch Integration über alle ds berechnet:

$$\Delta s = \int ds = \int_0^R \varepsilon \cdot dR = \int_0^R (\varepsilon_{\ddot{o}} - \varepsilon_f) \cdot dR . \tag{10.280}$$

Nach Einsetzen der o. g. Zusammenhänge (10.274), (10.278) und (10.279) folgt damit für die durch die Linse verursachte Phasendifferenz zwischen durchgehender und gebeugter Welle:

$$\phi(R) = 2\pi \cdot \frac{\Delta s}{\lambda} = \frac{2\pi}{\lambda} \cdot \int_0^R \left(C_S \cdot \frac{R^3}{f^4} - \Delta f \cdot \frac{R}{f^2} \right) \cdot dR$$

$$= \frac{\pi}{2} \cdot \left(\frac{C_S}{2} \cdot \frac{R^4}{f^4} - \Delta f \cdot \frac{R^2}{f^2} \right) . \tag{10.281}$$

Mit Berücksichtigung von

$$\theta = \frac{R}{g} \approx \frac{R}{f} \quad \text{und} \quad \theta = \frac{\lambda}{d} = \lambda \cdot q \tag{10.282}$$

folgt daraus:

$$\phi(\theta) = \frac{\pi}{\lambda} \cdot \left(\frac{C_S}{2} \cdot \theta^4 - \Delta f \cdot \theta^2 \right)$$

$$\text{bzw.} \quad \phi(q) = \frac{\pi}{2} \cdot \left(C_S \cdot \lambda^3 \cdot q^4 - 2 \cdot \Delta f \cdot \lambda \cdot q^2 \right) . \tag{10.283}$$

Dies ist das Argument der Sinusfunktion in Gl. (7.15).

Die Einfallswelle in das Objekt sei eine ebene Welle der Form

$$\Psi_{\text{Ein}}(\boldsymbol{r}) = A \cdot \exp(-i \cdot \boldsymbol{k} \cdot \boldsymbol{r}) . \tag{10.284}$$

Beim Durchgang durch das Kristallgitter erfährt sie eine ortsabhängige Phasenschiebung (vgl. Abschn. 7.1)

$$\varphi(x, y) = \frac{\pi \cdot t}{\lambda \cdot U_B} \cdot \Phi(x, y) \tag{10.285}$$

(t: Probendicke, U_B: Beschleunigungsspannung, Φ: Kristallpotential), d.h. die Objektaustrittswelle hat die Form

$$\Psi_{\text{Aus}}(\boldsymbol{r}) = A \cdot \exp\left(-i(\boldsymbol{k} \cdot \boldsymbol{r} + \phi(x, y))\right)$$

$$= A \cdot \exp\left(-i \cdot \boldsymbol{k} \cdot \boldsymbol{r}\right) \cdot \exp\left(-i \cdot \phi(x, y)\right) . \tag{10.286}$$

Vorausgesetzt, die Phasenmodulation durch das Kristallgitter ist klein gegen 1, gilt:

$$\exp\left(-i \cdot \phi(x, y)\right) \approx 1 - i \cdot \phi(x, y) \tag{10.287}$$

und damit

$$\Psi_{\text{Aus}}(\boldsymbol{r}) = A \cdot \exp\left(-i \cdot \boldsymbol{k} \cdot \boldsymbol{r}\right) \cdot (1 - i \cdot \phi(x, y)) . \tag{10.288}$$

Diese Welle wird mit einer ebenen Welle überlagert, die durch die Linse um $\phi(q)$ (s. Gl. (10.283)) phasenverschoben ist. Im Bild entsteht die Wellenfunktion

$$\Psi_{\text{Bild}}(\boldsymbol{r}) = \Psi_{\text{Aus}}(\boldsymbol{r}) + A \cdot \exp\left(-i \cdot \boldsymbol{k} \cdot \boldsymbol{r} + \phi(q)\right) \tag{10.289}$$

und mit Gl. (10.288)

$$\Psi_{\text{Bild}}(\boldsymbol{r}) = A \cdot \exp\left(-i \cdot \boldsymbol{k} \cdot \boldsymbol{r}\right) \cdot \left(1 - i \cdot \phi(x, y)\right)$$
$$+ A \cdot \exp\left(-i \cdot \boldsymbol{k} \cdot \boldsymbol{r}\right) \cdot \exp\left(-i \cdot \phi(q)\right)$$
$$\Psi_{\text{Bild}}(\boldsymbol{r}) = A \cdot \exp\left(-i \cdot \boldsymbol{k} \cdot \boldsymbol{r}\right) \cdot \left[1 + \cos\phi(q) - i \cdot \left(\phi(x, y) + \sin\phi(q)\right)\right].$$
$$(10.290)$$

Die Intensität $I(x, y)$ im Bild ist gleich der Wellenfunktion, multipliziert mit ihrer Konjugierten:

$$I(x, y) = \Psi_{\text{Bild}} \cdot \Psi_{\text{Bild}}^{*}$$
$$I(x, y) = A \cdot \exp\left(-i \cdot \boldsymbol{k} \cdot \boldsymbol{r}\right) \cdot \left[1 + \cos\phi(q) - i \cdot \left(\phi(x, y) + \sin\phi(q)\right)\right] \cdot$$
$$\cdot A \cdot \exp\left(i \cdot \boldsymbol{k} \cdot \boldsymbol{r}\right) \cdot \left[1 + \cos\phi(q) - i \cdot \left(\phi(x, y) + \sin\phi(q)\right)\right]$$
$$= A^2 \cdot \left[\begin{array}{l} (1 + \cos\phi(q))^2 + (1 + \cos\phi(q)) \cdot i \cdot (\phi(x, y) + \sin\phi(q)) - \\ -(1 + \cos\phi(q)) \cdot i \cdot (\phi(x, y) + \sin\phi(q)) + (\phi(x, y) + \sin(q)) \end{array} \right]$$
$$I(x, y) = A^2 \cdot \left[(1 + \cos\phi(q))^2 + (\phi(x, y) + \sin\phi(q))^2\right].$$
$$(10.291)$$

Im quadratischen Term mit der Kosinusfunktion von $\phi(q)$ wird die konstante Zahl 1 addiert, d. h. dieser Teil trägt nicht zur Helligkeitsmodulation im Bild bei, er ist Bestandteil des Bilduntergrundes. Demgegenüber ist im zweiten quadratischen Term die ortsabhängige Phasenmodulation $\phi(x, y)$ mit der Sinusfunktion von $\phi(q)$ kombiniert, d. h. in diesem Term steckt der Einfluss der Phasenmodulation auf die Helligkeit, die Funktion

$$CTF = \sin\phi(q) \qquad (10.292)$$

ist maßgebend für die Phasenkontrastübertragung. Sie wird deshalb als *Kontrastübertragungsfunktion* (englisch: „Contrast Transfer Function- *CTF*), genauer: Phasenkontrastübertragungsfunktion, bezeichnet und hängt von der Raumfrequenz, dem Öffnungsfehler, der Wellenlänge und der Defokussierung ab. Mit Gl. (10.283) folgt:

$$CTF(q, C_S, \lambda, \Delta f) = \sin\left(\frac{\pi}{2} \cdot (C_S \cdot \lambda^3 \cdot q^4 - 2 \cdot \Delta f \cdot \lambda \cdot q^2)\right) \qquad (10.293)$$

(Beispiele s. Abb. 10.43). Die Kontrastübertragungsfunktion beginnt bei (0,0). Bis zum nächsten Nulldurchgang schließt sind ein „Band" von Raumfrequenzen an, bei denen der Kontrast zwar stärker und schwächer sein kann, sein Vorzeichen sich aber nicht ändert: der Kontrast invertiert nicht. In diesem Raumfrequenzband ist die Bildinterpretation einfach. Abb. 10.43 zeigt, dass dieser Nulldurchgang bei kleinerem Öffnungsfehler zu höheren Raumfrequenzen, d. h. zu kürzeren Abständen, verschoben ist.

Die Verringerung des Öffnungsfehlers erhöht nicht nur das Auflösungsvermögen sondern vereinfacht auch die Bildinterpretation.

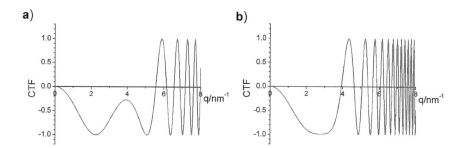

Abb. 10.43 Beispiele für Kontrastübertragungsfunktionen für $U_B = 300$ kV, $\Delta f = 60$ nm und zwei verschiedene Öffnungsfehlerkonstanten: a) $C_S = 1$ mm. b) $C_S = 2$ mm

Wir sehen auch, dass Kontrast auch für höhere Raumfrequenzen übertragen wird, allerdings nicht monoton. Die Übertragungsfunktion oszilliert, d. h. manche Raumfrequenzen werden mit „positivem", andere mit „negativem" Kontrast und wieder andere gar nicht übertragen. Eine Bildinterpretation ist dann nur mit genauer Kenntnis der Kontrastübertragungsfunktion möglich.

Es fällt auf, dass die Kontrastübertragungsfunktionen in Abb. 10.43 ungedämpft sind. Kontrastübertragung wäre demnach bis zu unendlich hohen Raumfrequenzen möglich, wenn auch mit einigen Lücken. Dies widerspricht der Erfahrung.

In Wirklichkeit ist die Übertragungsfunktion gedämpft, d. h. die Amplitude nimmt mit steigender Raumfrequenz ab. Dies hat verschiedene Ursachen: Mechanische Vibrationen der Probe verwackeln die kleinen Abstände, d. h. die großen Raumfrequenzen (Bewegungsunschärfe). Sie sind deshalb im Bild nicht mehr sichtbar. Dies hängt allerdings nicht unmittelbar mit der Übertragungseigenschaft der Linse zusammen. Wir wollen uns mit einer anderen Ursache für die Dämpfung näher beschäftigen, die durch die Linse direkt beeinflusst wird: dem Farbfehler der Linse.

Bisher sind wir davon ausgegangen, dass alle Elektronen eine einheitliche Wellenlänge λ haben. Dies ist aber nicht der Fall. Abhängig vom Kathodentyp haben die von der Kathode emittierten Elektronen eine Energiebreite von bis zu einigen eV (s. Abschn. 2.5). Auch inelastische Streuvorgänge in der Probe verursachen Änderungen der Elektronenenergie. Eine Schwankung der Wellenlänge und ein Farbfehler (vgl. Abschn. 2.3) sind die Folge. Dieser Farbfehler wird ähnlich wie der Öffnungsfehler durch ein Farbfehlerscheibchen mit dem (auf das Bild bezogenen) Radius

$$\Delta r_C = C_C \cdot \theta \cdot \frac{\Delta E}{E_0} \cdot M \qquad (10.294)$$

(ΔE: Energiebreite der Elektronen, E_0: Primärelektronenenergie, C_C: Farbfehlerkonstante, M: Vergrößerung) berücksichtigt. Analog zur Überlegung zum Einfluss des Öffnungsfehlers lässt sich daraus für die Phasenschiebung durch den Farbfehler die Beziehung

$$\phi_C(q) = \pi \cdot C_C \frac{\Delta E}{E_0} \cdot \lambda \cdot q^2 \qquad (10.295)$$

herleiten. Dies ist allerdings die maximal mögliche Phasenschiebung. Die aktuelle Energie E eines Elektrons liegt zwischen $E_0 - \Delta E/2$ und $E_0 + \Delta E/2$. Die daraus resultierenden unterschiedlichen Phasenschiebungen führen zu verschmierten Interferenzen und damit zu einer Abnahme der Amplitude der resultierenden Welle. Dämpfungen werden im Allgemeinen durch Exponentialfunktionen beschrieben. Wir benutzen deshalb eine Dämpfungsfunktion der Form

$$D(q) = \exp\left(-(\phi_C(q))^2\right) = \exp\left(-\pi^2 \cdot C_C^2 \left(\frac{\Delta E}{E_0}\right)^2 \cdot \lambda^2 \cdot q^4\right) \qquad (10.296)$$

und erhalten für die gedämpfte Kontrastübertragungsfunktion

$$CTF\,(q, C_S, \lambda, \Delta f, C_C, \Delta E/E_0) =$$

$$\sin\left(\frac{\pi}{2} \cdot \left(C_S \cdot \lambda^3 \cdot q^4 - 2 \cdot \Delta f \cdot \lambda \cdot q^2\right)\right) \cdot \exp\left(-\pi^2 \cdot C_C^2 \left(\frac{\Delta E}{E_0}\right)^2 \cdot \lambda^2 \cdot q^4\right)$$
$$(10.297)$$

Da der Richtstrahlwert und somit die Energiebreite ΔE vom Kathodentyp abhängen, hat auch der Kathodentyp einen Einfluss auf die Kontrastübertragung (s. Abb. 10.44). Die Wahrscheinlichkeit für inelastische Streuprozesse steigt mit zunehmender Probendicke, insofern spielt auch die Probendicke bei der Kontrastübertragung eine Rolle.

Offenbar beeinflusst die Dämpfung die maximal übertragbare Raumfrequenz. Es ist zweckmäßig, dafür eine Größe anzugeben, die als *Informationslimit* bezeichnet wird. In unserem Modell legen wir für diese Größe diejenige Raumfrequenz zugrunde, bei der die gedämpfte Amplitude auf $1/e^2 = 0{,}135$ ($e = 2{,}7182...$, natürliche Zahl) gesunken ist:

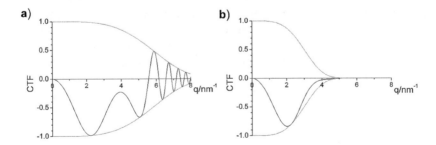

Abb. 10.44 Einfluss der Kathode auf die Kontrastübertragung ($U_B = 300$ kV, $\Delta f = 60$ nm, $C_S = 1$ mm, $C_C = 1{,}5$ mm): a) $\Delta E = 0.7$ eV (Schottky-Feldemissionskathode), b) $\Delta E = 3$ eV (LaB$_6$-Kathode) gestrichelte Linien: Dämpfungsfunktion

$$D(q_{\lim}) = e^{-2} = 0,135 = \exp\left(-\pi^2 \cdot C_C^2 \left(\frac{\Delta E}{E_0}\right)^2 \cdot \lambda^2 \cdot q_{\lim}^4\right)$$

$$2 = -\pi^2 \cdot C_C^2 \left(\frac{\Delta E}{E_0}\right)^2 \cdot \lambda^2 \cdot q_{\lim}^4 \tag{10.298}$$

$$q_{\lim} = \sqrt{\frac{\sqrt{2}}{\pi \cdot C_C \cdot \left(\frac{\Delta E}{E_0}\right) \cdot \lambda}} \,.$$

Für das Informationslimit im Ortsraum gilt damit:

$$\delta_{\lim} = 1,49 \cdot \sqrt{C_C \cdot \left(\frac{\Delta E}{E_0}\right) \cdot \lambda} \tag{10.299}$$

Für die durch die in Abb. 10.44 genannten Parameter gekennzeichneten Mikroskope beträgt das Informationslimit bei Verwendung einer LaB$_6$-Kathode 0,26 nm, bei Einsatz einer Schottky-Kathode demgegenüber 0,12 nm, d. h. eine Verbesserung um mehr als den Faktor 2.

Schließlich wollen wir auf die Bedeutung des ersten Nulldurchganges der Kontrastübertragungsfunktion hinweisen: Raumfrequenzen bis zu diesem Wert werden ohne Kontrastoszillation übertragen. Damit eröffnet sich eine Möglichkeit, das Auflösungsvermögen wellenoptisch zu interpretieren. Der Kehrwert der Raumfrequenz des ersten Nulldurchgangs wird im Unterschied zum Informationslimit als *Punktauflösung* bezeichnet (s. Abschn. 7.3).

10.6.4 Scherzer-Fokus

Aus dem Argument

$$\frac{\pi}{2} \cdot \left(C_S \cdot \lambda^3 \cdot q^4 - 2 \cdot \Delta f \cdot \lambda \cdot q^2\right) \tag{10.300}$$

der Kontrastübertragungsfunktion folgt, dass der Einfluss des Öffnungsfehlers durch einen geeigneten Defokus Δf ausgeglichen werden kann. Allerdings ist der Ausgleich raumfrequenzabhängig.

In Abb. 10.45 ist die ungedämpfte Phasenkontrastübertragungsfunktion für drei verschiedene Defoki bei sonst gleichen Parametern dargestellt. Bei der Funktion von Abb. 10.45b liegt der erste Nulldurchgang bei der größten Raumfrequenz, im Raumfrequenzbereich bis dahin gibt es keine Kontrastinversion. Wir wollen denjenigen Defokuswert Δf_r bestimmen, bei dem der erste Nulldurchgang am weitesten nach rechts verschoben ist.

Für die Nullstellen $q_{o,n}$ der Kontrastübertragungsfunktion gilt:

$$\sin\phi(q_{0,n}) = 0 \quad \text{bzw.} \quad \phi(q_{0,n}) = \pm n \cdot \pi \quad \text{mit} \quad n = 0, 1, 2, 3, \ldots \tag{10.301}$$

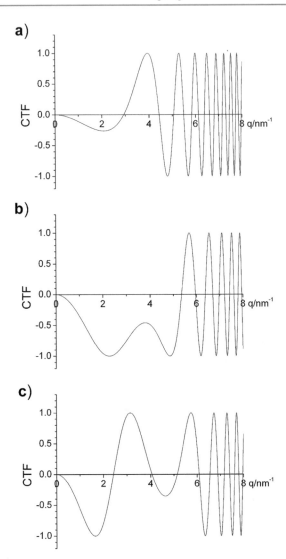

Abb. 10.45 Ungedämpfte Kontrastübertragungsfunktionen bei $U_B = 300\,\text{kV}$ und $C_S = 1{,}2\,\text{mm}$ für a) $\Delta f = 20\,\text{nm}$, b) $\Delta f = 60\,\text{nm}$, c) $\Delta f = 100\,\text{nm}$

und unter Berücksichtigung von Gl. (10.300):

$$C_S \cdot \lambda^3 \cdot q^4 - 2 \cdot \Delta f \cdot \lambda \cdot q^2 = \pm m \quad \text{mit} \quad m = 0, 2, 4, \ldots \text{geradzahlig}. \quad (10.302)$$

Wir nutzen $m = 0$ und erhalten aus Gl. (10.300)

$$q = \sqrt{\frac{2 \cdot \Delta f}{C_S \cdot \lambda^2}}. \quad (10.303)$$

Abb. 10.46 Sinusfunktion
mit Veranschaulichung eines
Mindest-Maximalwertes

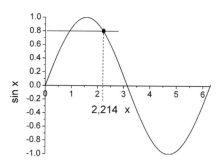

Demnach läge die auf $q = 0$ folgende Nullstelle umso weiter rechts, je größer der Defokus ist. Abb. 10.45 zeigt, dass dieser einfache monotone Zusammenhang durch die Periodizität der Sinusfunktion verhindert wird.

Wir müssen vermeiden, dass sich die Kontrastübertragungsfunktion bis zum Erreichen der ersten Inversion beliebig der Abszisse annähert. Wir fordern eine Annäherung von höchstens 80 % des Maximalwertes von eins:

$$|\sin\phi(q)| \geq 0{,}8 \, . \tag{10.304}$$

Dieser Sachverhalt ist in Abb. 10.46 veranschaulicht.

Wir wählen den gekennzeichneten, größtmöglichen Abszissenwert aus, d. h.

$$|\phi(q_{\max})| = 2{,}214 \, . \tag{10.305}$$

Für die Raumfrequenz $q_{\max}$, bei der dieser Extremwert erreicht wird, gilt:

$$\frac{d\phi}{dq}\Big|_{q_{\max}} = \frac{\pi}{2} \cdot \left(4 \cdot C_S \cdot \lambda^3 \cdot q_{\max}^3 - 4 \cdot \Delta f \cdot \lambda \cdot q_{\max}\right) = 0$$
$$q_{\max}^2 = \frac{\Delta f}{C_S \cdot \lambda^2} \, , \tag{10.306}$$

eingesetzt in Gl. (10.300), liefert:

$$|\phi(q_{\max})| = \frac{\pi}{2} \cdot \left| C_S \cdot \lambda^3 \cdot \left(\frac{\Delta f}{C_S \cdot \lambda^2}\right)^2 - 2 \cdot \Delta f \cdot \lambda \cdot \frac{\Delta f}{C_S \cdot \lambda^2} \right| = 2{,}214 \tag{10.307}$$

bzw.

$$\left| \frac{(\Delta f)^2}{C_S \cdot \lambda} - 2 \cdot \frac{(\Delta f)^2}{C_S \cdot \lambda} \right| = \frac{(\Delta f)^2}{C_S \cdot \lambda} = 2{,}214 \cdot \frac{2}{\pi} = 1{,}41 \, . \tag{10.308}$$

Bei Einstellung der daraus berechneten Brennweitenänderung

$$\Delta f_{\text{Sch}} = \sqrt{1{,}41 \cdot C_S \cdot \lambda} = 1{,}2 \cdot \sqrt{C_S \cdot \lambda} \tag{10.309}$$

Abb. 10.47 Kontrastübertragungsfunktion für
$U_B = 300$ kV, $C_S = 1,2$ mm
bei optimalem Defokus von
58,3 nm

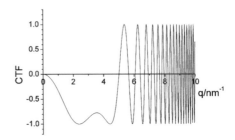

spricht man vom *Scherzer-Fokus*. In Abb. 10.47 ist die Kontrastübertragungsfunktion
für diese Defokussierung dargestellt. Wie erwartet wird bis zum ersten Nulldurchgang der Funktion ein Abstand von 0,8 von der Abszisse nicht unterschritten. Dieser
Abstand von 0,8 wurde willkürlich festgelegt. Insofern ist auch der Faktor 1,2 in
Formel (10.309) einer Willkür unterworfen. Er stimmt aber mit dem in der Literatur
üblichen Wert überein.

10.6.5 Delokalisation

Aus den Kapiteln 5 und 7 wissen wir, dass bei der Phasenkontrastabbildung sehr
kleiner Strukturen die für die Interferenz benötigten gebeugten Elektronenwellen
Beugungswinkel θ von mehr als 10 mrad haben können. Sie müssen durch das
Objektiv übertragen werden, wobei der Einfluss des Öffnungsfehlers infolge des
größeren Winkels größer ist als bei der Abbildung gröberer Strukturen. Die Skizzen
in Abb. 10.48 sollen diese Problematik veranschaulichen.

Bei der Abbildung mit achsennahen Elektronenwellen bzw. -strahlen, wie dies
beispielsweise für den Streuabsorptionskontrast typisch ist, spielt der Öffnungsfehler
nur eine untergeordnete Rolle (vgl. Abb. 10.48a). Die Gaußsche Bildebene ist die
Fokusebene. Dies ändert sich bei Verwendung stärker geneigter Wellen, wie sie
in den Beugungsmaxima gegeben sind. In diesem Fall bewirkt der Öffnungsfehler
eine stärkere Brechung der Strahlen, diese schneiden sich bereits vor der Gaußschen
Bildebene in einem Punkt, der außerdem senkrecht zur optischen Achse *z* verschoben
ist (s. Abb. 10.48b). Diese Verschiebung der Bilder bei Abbildung mit achsennahen
und achsenfernen Strahlen wird *Delokalisation* genannt.

Wir benutzen unser einfaches geometrisches Modell von Abb. 10.48b, um die
Einflussparameter und die Größenordnung der Delokalisation y_D abzuschätzen. y_D
ist der Abstand des Schnittpunktes der blauen und der roten Gerade von der optischen Achse *z*. Für die blaue Gerade ist der Einfallswinkel im Dingraum um $d\theta$
größer als für die rote Gerade. Bei anderer Fokussierung verschiebt sich die Bildebene um Δb auf der optischen Achse. Gleichzeitig vermindert sich der Abstand
des Schnittpunktes der Strahlen mit der bisherigen Gaußschen Bildebene von der
z-Achse um

$$\Delta y = \Delta b \cdot \theta' = \Delta b \cdot \frac{\theta}{M} \qquad (10.310)$$

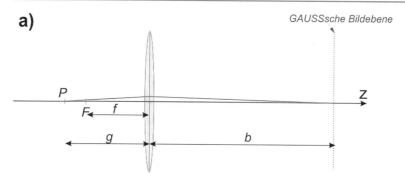

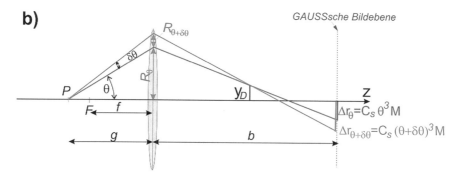

Abb. 10.48 Abbildung mit achsennahen a) und achsenfernen b) Elektronenstrahlen bzw. -wellen

(θ': Winkel zwischen Strahl und z-Achse im Bildraum). Mit den Gl. (10.275) und (10.277) folgt daraus:

$$\Delta y = \Delta f \cdot \frac{b^2}{f^2} \cdot \frac{\theta}{M} = \Delta f \cdot \frac{M^2 \cdot g^2}{f^2} \cdot \frac{\theta}{M} = \Delta f \cdot M \cdot \theta . \qquad (10.311)$$

Die beiden Geradengleichungen lauten:

$$y_{\text{rot}} = R_\theta - \frac{\Delta r_\theta - \Delta y + R_\theta}{b} \cdot z = g \cdot \theta - \frac{M \cdot C_S \cdot \theta^3 - \Delta f \cdot M \cdot \theta + g \cdot \theta}{b} \cdot z$$

$$(10.312)$$

und

$$y_{\text{blau}} = R_{\theta+\delta\theta} - \frac{\delta r_{\theta+\alpha\theta} - \Delta y + R_{\theta+\delta\theta}}{b} \cdot z$$

$$= g \cdot (\theta + \delta\theta) - \frac{M \cdot C_S \cdot (\theta + \delta\theta)^3 - \Delta f \cdot M \cdot \theta + g \cdot (\theta + \delta\theta)}{b} \cdot z$$

$$(10.313)$$

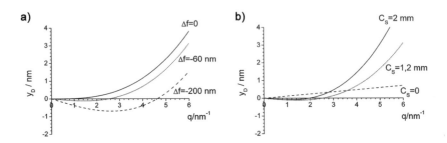

Abb. 10.49 Delokalisation in Abhängigkeit von der Raumfrequenz (Parameter: $E_0 = 300$ keV, d. h. $\lambda = 1{,}97$ pm, Vergrößerung des Objektivs $M = 100$, Brennweite $f = 1$ mm). a) Öffnungsfehlerkonstante $C_S = 1{,}2$ mm, Variation der Defokussierung Δf. b) Defokussierung $\Delta f = -60$ nm, Variation der Öffnungsfehlerkonstante C_S

Für die z-Koordinate des Schnittpunktes beider Geraden gilt:

$$
\begin{aligned}
g \cdot \theta &- \frac{M \cdot C_S \cdot \theta^3 - \Delta f \cdot M \cdot \theta + g \cdot \theta}{b} \cdot z_S \\
&= g \cdot (\theta + \delta\theta) - \frac{M \cdot C_S \cdot (\theta + \delta\theta)^3 - \Delta f \cdot M \cdot \theta + g \cdot (\theta + \delta\theta)}{b} \cdot z_S
\end{aligned}
\tag{10.314}
$$

und daraus nach Beschränkung auf lineare Terme von $\delta\theta$:

$$
z_S = \frac{g \cdot b}{3 \cdot M \cdot C_S \cdot \theta^2 + g} .
\tag{10.315}
$$

Einsetzen in die Geradengleichung (10.312) liefert:

$$
\begin{aligned}
y_D &= g \cdot \theta - \frac{M \cdot C_S \cdot \theta^3 - \Delta f \cdot M \cdot \theta + g \cdot \theta}{b} \cdot \frac{g \cdot b}{3 \cdot M \cdot C_S \cdot \theta^2 + g} \\
y_D &= g \cdot \theta \left(1 - \frac{M \cdot C_S \cdot \theta^3 - \Delta f \cdot M \cdot \theta}{3 \cdot M \cdot C_S \cdot \theta^2 + g} \right)
\end{aligned}
\tag{10.316}
$$

bzw.

$$
\begin{aligned}
y_D &= g \cdot \theta \cdot \frac{3 \cdot M \cdot C_S \cdot \theta^2 + g - M \cdot C_S \cdot \theta^2 + \Delta f \cdot M \cdot \theta + -g}{3 \cdot M \cdot C_S \cdot \theta^2 + g} \\
&= g \cdot \theta \cdot \frac{2 \cdot C_S \cdot \theta^2 + \Delta f}{3 \cdot C_S \cdot \theta^2 + g/M}
\end{aligned}
\tag{10.317}
$$

Wir beziehen die Delokalisation auf die Objektebene (d. h. Division durch die Vergrößerung M), setzen $g = f$ (hohe Vergrößerung) und berücksichtigen den Zusammenhang $\theta = \lambda \cdot q$ zwischen Beugungswinkel θ, Elektronenwellenlänge λ und Raumfrequenz q:

$$
y_D = \frac{\lambda \cdot q \cdot (2 \cdot C_S \cdot \lambda^2 \cdot q^2 + \Delta f)}{3 \cdot \lambda^2 \cdot q^2 \cdot M \cdot C_S/f + 1} .
\tag{10.318}
$$

Aus Abb. 10.49 ist die Konsequenz ersichtlich: Bei vorhandenem Öffnungsfehler kann die Delokalisation durch geeignete Defokussierung nur für eine einzelne Raum-frequenz verhindert werden. Bei Vorhandensein unterschiedlicher Netzebenenab-stände werden einige davon immer delokalisiert sein.

Zum Vergleich stellen wir dieser Gleichung diejenige aus der Literatur (s. z. B. [10]) gegenüber, die mit Hilfe eines schwerer verständlichen wellenoptischen Modells abgeleitet wurde:

$$y_D = \lambda \cdot q \cdot (C_S \cdot \lambda^2 \cdot q^2 + \Delta f) \tag{10.319}$$

Mit Ausnahme des Faktors 2 vor dem Term mit der Öffnungsfehlerkonstante C_S stimmt der Zähler unserer mit einem einfachen geometrischen Modell erhaltenen Formel (10.318) mit Gl. (10.319) überein. Die Abweichung des Nenners von eins bleibt bei typischen Parametern im Transmissionselektronenmikroskop ($C_S \approx f$, $M \approx 100$, $E_0 = 300$ keV, $q < 6$ nm^{-1}) kleiner als 0,05.

10.7 Elektronensonde und Abbildungsfehler

Als Ergänzung zu Abschn. 8.2 wollen wir hier einige der dort getroffenen Aussagen und Gleichungen begründen. Im Unterschied zur vergrößernden Abbildung soll der Sondenquerschnitt verkleinert werden. Die Fehlerscheibchen begrenzen in diesem Fall direkt die minimale Sondengröße, ihre optische Verkleinerung ist unmöglich. In den Gleichungen für die Fehlerscheibchengröße taucht die Vergrößerung deshalb hier nicht mehr auf.

– Öffnungsfehlerscheibchen in der Ebene der kleinsten Verwirrung

Die Gaußsche Bildebene ist nicht die optimale Einstellung für den kleinsten Son-dendurchmesser (vgl. Abb. 10.50). Wir sehen, dass für den Öffnungswinkel α der Radius $y(\beta)$ des Zerstreuungsscheibchens signifikant kleiner ist als $C_S \cdot \alpha^3$ in der Gaußschen Bildebene. Die Ebene mit dem kleinsten Radius wird als „Ebene der kleinsten Verwirrung" bezeichnet. Wir wollen nun geometrisch-optisch abschätzen, wie klein der Sondendurchmesser (bzw. -radius) in dieser Ebene werden kann. Dazu bestimmen wir zunächst die beiden Geradengleichungen $y_1(z)$ und $y_2(z)$:

$$y_1(z) = m_1 \cdot z + n_1, \quad y_1(0) = -g \cdot \alpha, \quad y_1(b) = C_S \cdot \alpha^3$$
$$y_1(z) = \frac{C_S \cdot \alpha^3 + g \cdot \alpha}{b} \cdot z - g \cdot \alpha \tag{10.320}$$

sowie

$$y_2(z) = m_2 \cdot z + n_2, \quad y_2(0) = g \cdot \beta, \quad y_2(b) = -C_S \cdot \beta^3$$
$$y_2(z) = -\frac{C_S \cdot \beta^3 + g \cdot \beta}{b} \cdot z + g \cdot \beta. \tag{10.321}$$

Abb. 10.50 Zur Berechnung des Sondenradius in der Ebene der kleinsten Verwirrung bei vorhandenem Öffnungsfehler. In der Linsenmitte ist $z = 0$

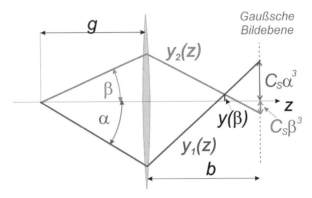

Offensichtlich hängt der Radius y im Schnittpunkt der beiden Geraden vom Winkel β ab, d. h. $y = y(\beta)$. Ziel ist nun, den Winkel β mit maximalem y zu finden. Dies ist der minimale Sondenradius. Zunächst wird die Funktion $y(\beta)$ ermittelt. Im Schnittpunkt der beiden Geraden bei z_S gilt:

$$y_1(z_S) = y_2(z_S)$$

$$\frac{C_S \cdot \alpha^3 + g \cdot \alpha}{b} \cdot z_S - g \cdot \alpha = -\frac{C_S \cdot \beta^3 + g \cdot \beta}{b} \cdot z_S + g \cdot \beta$$

$$\frac{z_S}{b} \cdot \left(C_S \cdot \alpha^3 + g \cdot \alpha + C_S \cdot \beta^2 + g \cdot \beta \right) = g \cdot (\alpha + \beta)$$

$$(10.322)$$

bzw.

$$z_S = \frac{b \cdot g \cdot (\alpha + \beta)}{C_S \cdot (\alpha^3 + \beta^3) + g \cdot (\alpha + \beta)} \cdot \qquad (10.323)$$

Dies wird eingesetzt in die Geradengleichung $y_1(z)$:

$$y_1(z) = \frac{C_S \cdot \alpha^3 + g \cdot \alpha}{b} \cdot \frac{b \cdot g \cdot (\alpha + \beta)}{C_S \cdot (\alpha^3 + \beta^3) + g \cdot (\alpha + \beta)} - g \cdot \alpha \qquad (10.324)$$

und wir erhalten nach Umformung die gesuchte Funktion

$$y(z) = \frac{g \cdot C_S \cdot \alpha \cdot \beta \cdot (\alpha^2 - \beta^2)}{C_S \cdot (\alpha^3 + \beta^3) + g \cdot (\alpha + \beta)} \cdot \qquad (10.325)$$

Vom Dingpunkt geht ein Kegel mit dem halben Öffnungswinkel α aus, d. h. für β gilt $0 \leq \beta \leq \alpha$.

Die minimale Sondengröße in der Ebene der kleinsten Verwirrung entspricht dem Maximum der Funktion $y(\beta)$:

$$\frac{\partial y(\beta)}{\partial \beta}\Big|_{\text{Max}} = g \cdot C_S \cdot \frac{(C_S \cdot \alpha^2 + g) \cdot (\alpha^3 - 3 \cdot \alpha \cdot \beta^2 - 2 \cdot \beta^2)}{\left(C_S \cdot (\alpha^3 + \beta^3) + g \cdot (\alpha + \beta) \right)^2} = 0$$

$$0 = (C_S \cdot \alpha^2 + g) \cdot (\alpha^3 - 3 \cdot \alpha \cdot \beta^2 - 2 \cdot \beta^2)$$

$$\alpha^3 = 3 \cdot \alpha \cdot \beta^2 + 2 \cdot \beta^3$$

$$(10.326)$$

Diese Gleichung ist offensichtlich für $\beta = \alpha/2$ erfüllt. Dieses Ergebnis setzen wir in Gl. (10.325) ein und erhalten für den Radius des minimalen Sondenquerschnitts:

$$r_{\min} = \frac{g \cdot C_S \cdot \frac{\alpha^2}{2} \cdot \left(\alpha^2 - \frac{\alpha^2}{4}\right)}{C_S \cdot \left(\alpha^3 + \frac{\alpha^3}{8}\right) + g \cdot \frac{3}{2} \cdot \alpha} = \frac{3 \cdot C_S \cdot \alpha^3}{9 \cdot \frac{C_S}{g} \cdot \alpha^2 + 12} \cdot \tag{10.327}$$

Für $\alpha \ll 1$ und der bei Verkleinerungslinsen gültigen Bedingung $g > C_S$ gilt für den Nenner:

$$9 \cdot \frac{C_S}{g} \cdot \alpha^2 \ll 12 \tag{10.328}$$

und damit

$$r_{\min} = \frac{3 \cdot C_S \cdot \alpha^3}{12} = \frac{1}{4} \cdot C_S \cdot \alpha^3 \,, \tag{10.329}$$

d. h. in der Ebene der kleinsten Verwirrung ist das Zerstreuungsscheibchen nur ein Viertel so groß wie in der Gaußschen Bildebene.

– Farbfehlerscheibchen in der Ebene der kleinsten Verwirrung

Die gleiche Überlegung wiederholen wir für das Farbfehlerscheibchen. Dazu betrachten wir Abb. 10.51.

In der Gaußschen Bildebene liege der Bildpunkt für Elektronen mit der Energie E, d. h. $\Delta E = 0$. Der betreffende Strahlengang ist grün gezeichnet und im Bildraum mit $y_2(z)$ bezeichnet. Elektronen mit der kleineren Energie $E - \Delta E$ ($y_1(z)$: rot) werden aufgrund des Farbfehlers stärker gebrochen und erreichen die Gaußsche Bildebene im Abstand $C_C \cdot (\Delta E/E) \cdot \alpha$ von der Achse (C_C: Farbfehlerkonstante). Für die beiden Geradengleichungen liest man aus der Skizze ab:

$$y_1(z) = \left(C_C \cdot \left(\frac{\Delta E}{E}\right) + g\right) \cdot \frac{\alpha}{b} \cdot z - g \cdot \alpha$$

$$\text{und} \quad y_2(z) = -\frac{g \cdot \alpha}{b} \cdot z + g \cdot \alpha \,. \tag{10.330}$$

Bei $z = z_S$ gilt $y_1(z_S) = y_2(z_S)$ und

$$\left(C_C \cdot \left(\frac{\Delta E}{E}\right) + g\right) \cdot \frac{\alpha}{b} \cdot z_S - g \cdot \alpha = -\frac{g \cdot \alpha}{b} \cdot z_S + g \cdot \alpha$$

$$z_S = \frac{2 \cdot b}{\frac{C_C}{g} \cdot \left(\frac{\Delta E}{E}\right) + 2} \cdot \tag{10.331}$$

Abb. 10.51 Zur Berechnung des Sondenradius in der Ebene der kleinsten Verwirrung bei vorhandenem Farbfehler

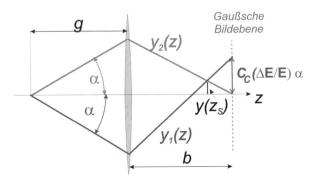

Dies wird eingesetzt in die Geradengleichung für y_2:

$$y_2(z_S) = y(z_S) = -\frac{g \cdot \alpha}{b} \cdot \frac{2 \cdot b}{\dfrac{C_C}{g} \cdot \left(\dfrac{\Delta E}{E}\right) + 2} + g \cdot \alpha$$

$$= g \cdot \alpha \cdot \left(1 - \frac{2}{\dfrac{C_C}{g} \cdot \left(\dfrac{\Delta E}{E}\right) + 2}\right) \tag{10.332}$$

und wir erhalten für den minimalen Abstand von der z-Achse:

$$r_{\min} = \frac{C_C \cdot \left(\dfrac{\Delta E}{E}\right) \cdot \alpha}{\dfrac{C_C}{g} \cdot \left(\dfrac{\Delta E}{E}\right) + 2} \cdot \tag{10.333}$$

Auch hier gilt $g > C_C$ und damit

$$\frac{C_C}{g} \cdot \left(\frac{\Delta E}{E}\right) \ll 2 \tag{10.334}$$

bzw.

$$r_{\min} = \frac{1}{2} \cdot C_C \cdot \left(\frac{\Delta E}{E}\right) \cdot \alpha, \tag{10.335}$$

d. h. das Farbfehlerscheibchen ist in der Ebene der kleinsten Verwirrung halb so groß wie in der Gaußschen Bildebene.

– Lösung der Extremwertaufgabe zur Bestimmung der optimalen Apertur

Bei Berücksichtigung von Astigmatismus (astigmatische Brennweitendifferenz Δf_A), Öffnungs- und Farbfehler (Fehlerkonstanten C_S bzw. C_C) hängt der Sondendurchmesser d vom Strahlstrom I_P, vom Richtstrahlwert R, von der relativen Energiebreite $\Delta E/E$ und der Wellenlänge λ der Elektronen ab (vgl. Abschn 8.2, Gl. (8.10)):

$$d^2 = \frac{K_{IR\lambda}}{\alpha^2} + \frac{C_S}{4} \cdot \alpha^6 + K_{CA} \cdot \alpha^2$$

$$\text{mit}\quad K_{IR\lambda} = \frac{4 \cdot I_P}{\pi^2 \cdot R} + 1{,}5 \cdot \lambda^2 \quad \text{und}\quad K_{CA} = C_C^2 \cdot \left(\frac{\Delta E}{E}\right)^2 + (\Delta f_A)^2 .$$

$$\tag{10.336}$$

Zur Extremwertberechnung wird nach α differenziert und die erste Ableitung gleich Null gesetzt:

$$\frac{\partial(d^2)}{\partial \alpha} = -\frac{2 \cdot K_{IR\lambda}}{\alpha^3} + \frac{3}{2} \cdot C_S^2 \cdot \alpha^5 + 2 \cdot K_{CA} \cdot \alpha$$

$$\frac{2 \cdot K_{IR\lambda}}{\alpha_{\text{opt}}^3} = \frac{3}{2} \cdot C_S^2 \cdot \alpha_{\text{opt}}^5 + 2 \cdot K_{CA} \cdot \alpha_{\text{opt}} \tag{10.337}$$

$$0 = \alpha_{\text{opt}}^8 + \frac{4}{3} \cdot \frac{K_{CA}}{C_S^2} \cdot \alpha_{\text{opt}}^4 - \frac{4}{3} \cdot \frac{K_{IR\lambda}}{C_S^2} .$$

Wir substituieren $\alpha_{\text{opt}}^4 = x$ und erhalten die quadratische Gleichung

$$0 = x^2 + \frac{4}{3} \cdot \frac{K_{CA}}{C_S^2} \cdot x - \frac{4}{3} \cdot \frac{K_{IR\lambda}}{C_S^2} . \tag{10.338}$$

Deren Lösung lautet

$$x_{1,2} = -\frac{2}{3} \cdot \frac{K_{CA}}{C_S^2} \pm \sqrt{\frac{4}{9} \cdot \left(\frac{K_{CA}}{C_S^2}\right)^2 + \frac{4}{3} \cdot \frac{K_{IR\lambda}}{C_S^2}} . \tag{10.339}$$

Die Lösung muss positiv sein, deshalb gilt das positive Vorzeichen vor der Wurzel:

$$x = \frac{2}{3 \cdot C_S} \cdot \left(-\frac{K_{CA}}{C_S} + \sqrt{\frac{K_{CA}^2}{C_S^2} + 3 \cdot K_{CA}}\right) \quad \text{bzw.}$$

$$\tag{10.340}$$

$$\alpha_{\text{opt}} = \sqrt[4]{\frac{2}{3 \cdot C_S} \cdot \left(-\frac{K_{CA}}{C_S} + \sqrt{\frac{K_{CA}^2}{C_S^2} + 3 \cdot K_{IR\lambda}}\right)} .$$

Wird der Öffnungsfehler auf Null korrigiert, folgt aus Gl. (10.336) mit $C_S = 0$ nach Extremwertbestimmung:

$$\alpha_{\text{opt}} = \sqrt[4]{\frac{K_{IR\lambda}}{K_{CA}}} . \tag{10.341}$$

In Abschnitt 8.2 wird diskutiert, welche Konsequenzen dieser Formalismus für das rastertransmissionselektronenmikroskopische Auflösungsvermögen hat.

10.8 EDXS: Berechnung von Cliff-Lorimer-k-Faktoren

In Ergänzung zum Abschn. 9.2 wollen wir einige Gesichtspunkte zu den Detektoren und zur Auswertung der Spektren vertiefen. Wir gehen dabei von einem Detektor mit dünnem Kunststofffenster aus.

Aus Abschn. 9.2.4 wissen wir, dass die Einflussgrößen für die Empfindlichkeitsfaktoren durch den Vorgang der Röntgenemission bei Elektronenanregung gegeben sind: Die Ionisation des angeregten Atoms erfolgt mit einer Wahrscheinlichkeit Q; die Wahrscheinlichkeit dafür, dass dieses ionisierte Atom ein Röntgenquant emittiert, sei ω (Fluoreszenzausbeute); schließlich wird dieses Quant mit einer Wahrscheinlichkeit D_{eff} (Detektoreffizienz) vom Detektor nachgewiesen. Diese Größen sind für beide beteiligten Elemente A und B zu berechnen. Außerdem gehen der Anteil a der berücksichtigten Linie (z. B. Kα) an der Intensität der gesamten Serie (z. B. K-Serie) und bei Angaben in Masse-% das Atomgewicht M ein. Für das Verhältnis der Empfindlichkeitsfaktoren zweier Elemente A und B gilt damit:

$$\left(\frac{k_A}{k_B}\right)_M = \frac{Q_B \cdot \omega_B \cdot a_B \cdot D_{\text{eff,B}} \cdot M_B}{Q_A \cdot \omega_A \cdot a_A \cdot D_{\text{eff,A}} \cdot M_A} \tag{10.342}$$

Dies ist die Formel (9.34), ergänzt durch den Anteil a der Kα-Linien an der K-Serie. Bei L- und M-Serien liegen die Peaks im Allgemeinen so nahe beieinander, dass eine Unterscheidung wegen der begrenzten Energieauflösung der Spektrometer unmöglich ist und die Berücksichtigung der Anteile a entfällt. Im Folgenden werden wir uns mit diesen Einflüssen genauer befassen und dabei auch auf Literaturangaben zurückgreifen.

10.8.1 Effizienz von energiedispersiven Röntgendetektoren

Das Kernstück eines EDX-Detektors ist ein zylindrischer Halbleiterkristall (meistens Silizium), der sich in einem elektrischen Feld befindet. Wir stellen uns die beiden Deckflächen des Zylinders als schmale p- bzw. n-leitende Halbleiterbereiche vor. Dazwischen ist eine vergleichsweise breite, ladungsträgerfreie Zone (s. Abb. 10.52). Um die Effizienz (Wirkungsgrad) des Detektors zu berechnen, müssen wir die Wahrscheinlichkeiten bestimmen, mit denen das Röntgenquant die in Abb. 10.52 dargestellten Hürden überwindet.

– Transparenz des Fensters

Zur Mikroskopsäule hin ist das Detektorrohr in der Regel mit einem ultradünnen Polymerfenster (Dicke ca. 0,3 μm) abgeschlossen. Die erste Hürde, die die

Abb. 10.52 Schema eines
Halbleiterdetektors

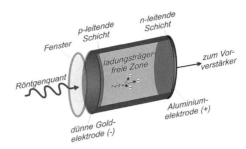

Röntgenstrahlung überwinden muss, ist dieses Fenster. Seine Transparenz hängt von der Röntgenenergie ab und wird als wesentliches Merkmal vom Hersteller offengelegt (s. Abb. 10.53). Die Transparenz $T_F(E_R)$ ist die Wahrscheinlichkeit, mit der ein Röntgenquant der Energie E_R das Fenster durchdringt.

In den Kurven von Abb. 10.53 sind vier Abweichungen vom monotonen Verlauf bei folgenden Energien zu sehen: 283 eV, 401 eV, 532 eV und 1560 eV. Diese Energien sind notwendig, um ein Elektron der K-Schale von Kohlenstoff, Stickstoff, Sauerstoff und Aluminium auf den ersten freien Energiezustand zu befördern. Diese Energien werden als Absorptionskanten bezeichnet und sind etwas größer als die Energie der Röntgen-K-Strahlung (vgl. Abschn. 9.1.2).

Bisher waren wir davon ausgegangen, dass diese Energien von Strahlelektronen aufgebracht werden, sie können allerdings auch von Röntgenstrahlung genügend hoher Energie stammen *(Fluoreszenz)*. Offenbar besteht das Polymerfenster aus den Elementen Kohlenstoff, Stickstoff und Sauerstoff, was für organische Polymere nicht verwunderlich ist. Die Aluminium-Absorptionskante bei 1560 eV rührt vom Al-Stützgitter her, was auch dafür sorgt, dass die Transparenz selbst bei hohen Röntgenenergien auf ca. 80 % beschränkt bleibt.

– *Durchlässigkeit der Goldelektrode*

Die zweite Hürde ist die dünne Goldelektrode. Allgemein wird die Schwächung von Röntgenstrahlung in Abhängigkeit von Material und Energie durch *Schwächungskoeffizienten* beschrieben.

Abb. 10.53 Transparenz T_F
verschiedener ultradünner
Fenster in Abhängigkeit von
der Energie der
Röntgenstrahlung E_R
(Quelle: [11])

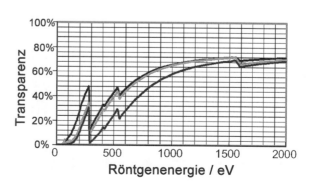

Abb. 10.54 Skizze zur
Erläuterung des
Schwächungsgesetzes für
Röntgenstrahlung

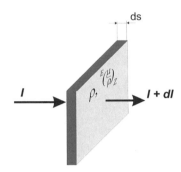

Beim Durchgang von Röntgenstrahlung durch eine Materialscheibe mit der Dicke ds, gekennzeichnet durch Dichte ρ und energieabhängigen Schwächungskoeffizient $^E(\mu/\rho)_Z$ verringert sich die Intensität um dI (s. Abb. 10.54):

$$dI = -I \cdot {}^E(\mu/\rho)_Z \cdot \rho \cdot ds \, . \tag{10.343}$$

Daraus folgt für die Intensität (s. Abb. 10.54):

$$I = I_0 \cdot \exp\left(-{}^E(\mu/\rho)_Z \cdot \rho \cdot s\right) \tag{10.344}$$

mit I_0 als Anfangsintensität und der Gesamtmaterialdicke s. Der Schwächungskoeffizient kann mithilfe der Formel

$$\frac{{}^E(\mu/\rho)_Z}{\mathrm{cm^2 \cdot g^{-1}}} = C \cdot \left(\frac{12{,}396}{E/\mathrm{keV}}\right)^\alpha \cdot Z^\beta \tag{10.345}$$

(E: Röntgenenergie, Z: mittlere Ordnungszahl des schwächenden Materials) mit den Parametern C, α und β aus Tab. 10.4 (nach [12]) berechnet werden.

Kommen wir zurück zur Goldelektrode. Für Gold ($Z = 79$) können die Schwächungskoeffizienten mit den Werten aus Tab. 10.4 für Energien bis herunter zur M-Kante (2,2 keV) ermittelt werden. Für niedrigere Energien findet man Angaben des „National Institute of Standards and Technology (NIST)" der USA im Internet [13]. Im Energiebereich bis zur M-Kante lassen sich diese Angaben für den Schwächungskoeffizienten K_{Schw} durch eine Funktion

$$\frac{K_{\mathrm{Schw}}}{\mathrm{cm^2 \cdot g^{-1}}} = 800 + 10.000 \cdot \exp\left(-2{,}2 \cdot \left(\frac{E}{\mathrm{keV}} - 0{,}5\right)\right) \tag{10.346}$$

anfitten (vgl. Abb. 10.55) Für die energieabhängige Transparenz (vgl. Abb. 10.56) der Goldelektrode mit der Dicke s folgt damit aus Gl. (10.344):

$$T_{\mathrm{Au}} = \frac{I}{I_0} = \exp\left(-{}^E(\mu/\rho)_{79} \cdot \rho_{\mathrm{Au}} \cdot s\right) \tag{10.347}$$

(Dichte von Gold: $\rho_{\mathrm{Au}} = 19{,}32 \, \mathrm{g/cm^3}$).

Tab. 10.4 Parameter zur Berechnung der Schwächungskoeffizienten

		$E \geq E_K$	$E_K > E \geq E_L$	$E_L > E \geq E_M$
$3 \leq Z \leq 10$	C	$5{,}4 \cdot 10^{-3}$		
	α	$2{,}92$		
	β	$3{,}07$		
$11 \leq Z \leq 18$	C	$1{,}38 \cdot 10^{-2}$	$5{,}33 \cdot 10^{-4}$	
	α	$2{,}79$	$2{,}74$	
	β	$2{,}73$	$3{,}03$	
$19 \leq Z \leq 36$	C	$3{,}12 \cdot 10^{-2}$	$9{,}59 \cdot 10^{-4}$	$2{,}73 \cdot 10^{-5}$
	α	$2{,}66$	$2{,}70$	$2{,}44$
	β	$2{,}47$	$2{,}90$	$3{,}47$
$37 \leq Z \leq 54$	C		$1{,}03 \cdot 10^{-3}$	$2{,}73 \cdot 10^{-5}$
	α		$2{,}70$	$2{,}44$
	β		$2{,}88$	$3{,}47$
$55 \leq Z \leq 71$	C		$1{,}24 \cdot 10^{-3}$	$1{,}58 \cdot 10^{-4}$
	α		$2{,}70$	$2{,}50$
	β		$2{,}83$	$2{,}98$
$72 \leq Z \leq 86$	C		$1{,}03 \cdot 10^{-4}$	$9{,}39 \cdot 10^{-5}$
	α		$2{,}50$	$2{,}55$
	β		$3{,}38$	$3{,}09$
$87 \leq Z \leq 92$	C			$5{,}76 \cdot 10^{-7}$
	α			$2{,}63$
	β			$4{,}26$

– Durchlässigkeit der p-leitenden Randschicht („Totschicht")

Die Transparenz T_T der Totschicht des Detektorkristalls wird in gleicher Weise wie diejenige der Goldschicht berechnet. Wir gehen von einem Siliziumkristall aus ($Z = 14$, $\rho_{Si} = 2{,}33$ g/cm^3). Bei Silizium erfasst die Tab. 10.4 den gesamten

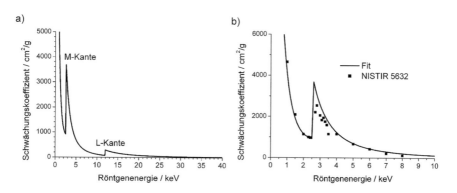

Abb. 10.55 Schwächungskoeffizienten für Gold in Abhängigkeit von der Röntgenenergie. a) Nach Gl. (10.244) und (10.245). b) Vergleich mit Messwerten nach NISTIR 5632 im Niedrigenergiegebiereich

Abb. 10.56 Transparenz
T_{Au} der Goldelektrode für
Röntgenstrahlung
unterschiedlicher Energie für
drei verschiedene
Goldschichtdicken s

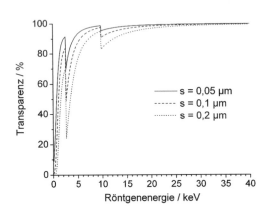

Energiebereich, so dass die Schwächungskoeffizienten allein mit Gl. (10.345)
berechnet werden können. Für Energien bis $E_K = 1,84$ keV gilt $C = 5,33 \cdot 10^{-4}$,
$\alpha = 2,74$ und $\beta = 3,03$, für Energien oberhalb E_K gilt $C = 1,38 \cdot 10^{-2}$, $\alpha = 2,79$
und $\beta = 2,73$ (s. Abb. 10.57).

– Absorption in der ladungsträgerfreien Zone

Schließlich wird die Röntgenstrahlung in der ladungsträgerfreien Zone des Siliziumkristalls absorbiert und gibt dabei Energie ab. Diese Absorption ermöglicht erst
den Nachweis der Röntgenstrahlung im Detektor. Die Intensität, die dabei umgesetzt
wird, ist gleich der Differenz aus einfallender (I_0) und den Kristall auf der Rückseite
verlassende (I_R) Intensität:

$$I_A = I_0 - I_R = I_0 \cdot \left(1 - \exp\left(-{}^E(\mu/\rho)_Z \cdot \rho \cdot d\right)\right), \qquad (10.348)$$

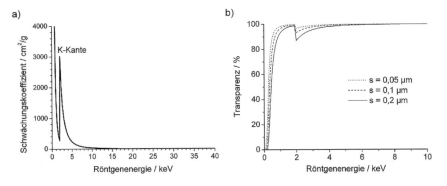

Abb. 10.57 Schwächungskoeffizienten (a) und Transparenz bei verschiedenen Schichtdicken s
(b) für Silizium in Abhängigkeit von der Röntgenenergie

Abb. 10.58 Absorptionswahrscheinlichkeit w_A von Röntgenstrahlung unterschiedlicher Energie in Silizium für drei verschiedene Kristalldicken d

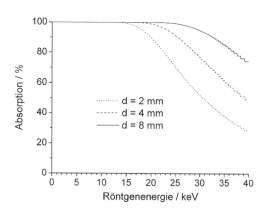

wobei d für die Kristalldicke steht. Die Absorptionswahrscheinlichkeit ist dann

$$w_A = \frac{I_A}{I_0} = 1 - \exp\left(-{}^E(\mu/\rho)_Z \cdot \rho \cdot d\right) \qquad (10.349)$$

(s. Abb. 10.58).

Die Detektoreffizienz hängt noch von weiteren (geometrischen) Daten ab: Vom Abnahmewinkel und vom erfassten Raumwinkel. Um diese schwer zu beherrschenden Größen vernachlässigen zu können, wird die Detektoreffizienz nicht als Absolutwert angegeben sondern bezogen auf eine Referenzenergie, z. B. auf die Si-Kα-Energie. Dann interessiert nur noch die Energieabhängigkeit der Detektoreffizienz D_{eff}, die gleich dem Produkt aus den in diesem Abschnitt berechneten Wahrscheinlichkeiten ist:

$$D_{\text{eff}} = T_F \cdot T_{\text{Au}} \cdot T_T \cdot w_A \qquad (10.350)$$

(Ergebnisbeispiele s. Abb. 10.59).

Abb. 10.59 Detektoreffizienz in Abhängigkeit von der Röntgenenergie für zwei verschiedene Parametersätze für die Dicken von Goldelektrode (Au), Totschicht (Tot) und Kristall (d)

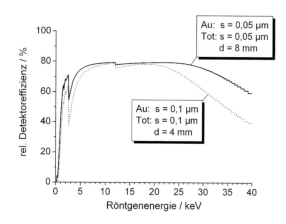

Im Niedrigenergiebereich erkennen wir die Absorptionskanten von Gold, d. h. die Dicke der Goldschicht bestimmt in diesem Bereich maßgeblich die Detektoreffizienz. Aktuelle Entwicklungen zielen deshalb darauf ab, ein weniger absorbierendes Elektrodenmaterial zu verwenden. Bei hohen Energien entscheidet die Größe der ladungsträgerfreien Zone (etwa Kristalldicke) über die Detektoreffizienz.

10.8.2 Ionisationswahrscheinlichkeit (bzw. -querschnitt) Q

Zur Berechnung des Ionisationsquerschnittes $Q_{n,l}$ für ein Elektron in Schale n mit der Nebenquantenzahl l wird gewöhnlich eine Formel benutzt, die 1930 von H. Bethe[23] publiziert wurde [14]:

$$Q_{n,l} = \frac{2\pi \cdot e^4 \cdot Z_n \cdot b_{n,l}}{m_0 \cdot v^2 \cdot E_{n,l}} \cdot \ln\left(\frac{2 \cdot m_0 \cdot v^2}{E_{n,l}}\right) \qquad (10.351)$$

(e: Elementarladung, m_0: Elektronenruhemasse, v: Geschwindigkeit der Primärelektronen, $E_{n,l}$: Ionisierungsenergie, d. h. Energie der Absorptionskante, für das Elektron n, l, Z_n: Zahl der Elektronen in Schale n, $b_{n,l}$: quantenmechanischer Parameter, der von Bethe unter Benutzung der Elektronen-Eigenfunktionen von Wasserstoff zu 0,2 ... 0,6 berechnet wurde).

In nichtrelativistischer Näherung ist

$$\frac{m_0}{2} \cdot v^2 = e \cdot U_B = E_0 \qquad (10.352)$$

(U_B: Beschleunigungsspannung, E_0: Primärelektronenenergie), so dass wir für (10.351)

$$Q_{n,l} = \frac{2\pi \cdot e^4 \cdot Z_n \cdot b_{n,l}}{E_0 \cdot E_{n,l}} \cdot \ln\left(\frac{4 \cdot E_0}{E_{n,l}}\right) \qquad (10.353)$$

schreiben können. In der Praxis wird die Gl. (10.353) modifiziert: Die $b_{n,l}$ und die Ionisierungsenergien werden nur hinsichtlich der Hauptquantenzahl unterschieden und die 4 im Logarithmus wird durch eine weitere Konstante c_n ersetzt:

$$Q_n = \frac{\pi \cdot e^4 \cdot Z_n \cdot b_n}{E_0 \cdot E_n} \cdot \ln\left(\frac{c_n \cdot E_0}{E_n}\right) . \qquad (10.354)$$

Die Konstanten B_n und c_n werden durch Anfitten an Messergebnisse bestimmt. Mit dem *Überspannungsverhältnis* $U_{\ddot{U}} = E_0/E_n$ wird aus Gl. (10.354)

$$Q_n = \frac{\pi \cdot e^4 \cdot Z_n \cdot b_n}{E_n^2 \cdot U_{\ddot{U}}^{d_n}} \cdot \ln\left(c_n \cdot U_{\ddot{U}}\right) . \qquad (10.355)$$

---

[23]Hans Bethe, deutsch/amerikanischer Physiker, 1906–2005, Nobelpreis für Physik 1967.

Tab. 10.5 Anpassungsparameter c, b und d zur Berechnung von Ionisationsquerschnitten

	Powell [16]	Schreiber und Wims [15] (Z ist hier Ordnungszahl)
K-Schale (n = 1 $Z_1 = 2$)	$c_K = 0,94$ $b_K = 0,64$ $d_K = 1$	$c_K = 1$ $b_K = 8,874 - 8,158 \cdot \ln Z + 2,9055 \cdot (\ln Z)^2 - 0,35778 \cdot (\ln Z)^3$ für $Z \leq 30$ $b_K = 0,661$ für $Z > 30$ $d_K = 1,0667 - 0,00476 \cdot Z$
L-Schale (n = 2 $Z_2 = 8$)	$c_L = 0,59$ $b_L = 0,63$ $d_L = 1$	$c_L = 1$ $b_L = 0,2704 + 0,00726 \cdot (\ln Z)^2$ $d_L = 1$
M-Schale (n = 3 $Z_3 = 18$)		$c_M = 1$ $b_M = 11,33 - 2,43 \cdot \ln Z$ $d_M = 1$

Der Exponent d_n am Überspannungsverhältnis wird nach Schreiber und Wims [15] hinzugefügt, um eine bessere Übereinstimmung mit Messwerten zu erreichen. In Tab. 10.5 sind die Anpassungsparameter nach Powell [16] und Schreiber und Wims [15] zusammengestellt (Z: Ordnungszahl). Bei unseren weiteren Rechnungen beschränken wir uns auf die Angaben [15]. Es muss aber klar sein, dass die Auswahl des Modells Auswirkungen auf die berechneten k-Faktoren hat und deshalb bei Software-Beschreibungen auch offengelegt werden sollte.

In der Regel werden die k-Faktoren auf Silizium bezogen, wir wollen dies von Anfang an so handhaben und bereits die Ionisationsquerschnitte auf denjenigen der K-Schale von Silizium beziehen (vgl. Abb. 10.60):

$$
\begin{aligned}
\frac{Q_{n,A}}{Q_{K,Si}} &= \frac{Z_{n,A} \cdot b_{n,A} \cdot \ln(U_{\ddot{U},A})}{2 \cdot b_{K,Si} \cdot \ln(U_{\ddot{U},A})} \cdot \frac{E_{K,Si}^{2-d_{K,Si}}}{E_{n,A}^{2-d_n}} \\
&= \frac{0{,}916 \cdot Z_{n,A} \cdot b_{n,A} \cdot \ln(U_{\ddot{U},A})}{(E_{n,A}/\text{keV})^{2-d_{n,A}} \cdot \ln(0{,}5435 \cdot E_0/\text{keV})} \cdot
\end{aligned}
\tag{10.356}
$$

Wir sehen, dass die Ionisationsquerschnitte bei niedrigen Ordnungszahlen nahezu unabhängig von der Primärelektronenenergie sind, weil das Überspannungsverhältnis groß ist und die logarithmische Änderung bei Variation der Primärelektronenenergie klein bleibt. Das ändert sich, wenn sich die Primärelektronenenergie der Energie der Absorptionskante nähert.

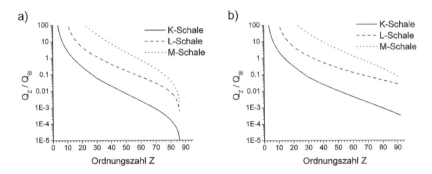

Abb. 10.60 Auf Si-K bezogene Ionisationsquerschnitte, berechnet nach den Parameterangaben in [15] für Primärelektronenenenergien von 100 keV (a) und 300 keV (b)

10.8.3 Fluoreszenzausbeute ω

Der Energiegewinn beim Auffüllen einer ionisierten inneren Schale kann nicht nur zur Emission eines Röntgenquants führen sondern auch zur Emission eines Auger[24]-Elektrons. Die Wahrscheinlichkeit dafür, dass tatsächlich ein Strahlungsübergang stattfindet, wird als Fluoreszenzausbeute bezeichnet.

G. Wentzel[25] [17] berechnete 1927 quantenmechanisch eine Abhängigkeit der Fluorenszenzausbeute ω von der Ordnungszahl Z in der Form

$$\omega = \frac{Z^4}{A + Z^4} \qquad (10.357)$$

($A \approx 10^6$), die Grundlage für alle weiteren Untersuchungen zu dieser Problematik ist. Ähnlich wie beim Ionisationsquerschnitt wurde diese Formel mit weiteren Parametern versehen, um eine bessere Übereinstimmung mit Messwerten zu erreichen (Zusammenstellung in [18]). Eine Variante nach E.H.S. Burhop [19] basiert auf der Formel

$$\omega = \frac{\left(A + B \cdot Z + C \cdot Z^3\right)^4}{1 + \left(A + B \cdot Z + C \cdot Z^3\right)^4} . \qquad (10.358)$$

Die Parameter A, B und C unterscheiden sich für die Schalen und sind in Tab. 10.6 zusammengestellt. Wir beziehen auch die Fluoreszenzausbeuten auf diejenige der Si-K-Schale und erhalten dafür die Formel

$$\frac{\omega_{A,n}}{\omega_{Si,K}} = 28,05 \cdot \frac{\left(A_n + B_n \cdot Z_n + C_n \cdot Z_n^3\right)^4}{1 + \left(A_n + B_n \cdot Z_n + C_n \cdot Z_n^3\right)^4} . \qquad (10.359)$$

(grafische Darstellung s. Abb. 10.61).

---

[24]Pierre Victor Auger, französischer Physiker, 1899–1993.
[25]Gregor Wentzel, deutscher Physiker, 1898–1978.

Tab. 10.6 Parameter A, B und C zur Berechnung von Fluoreszenzausbeuten nach Gl. (10.358) – s. [19]

	A	B	C
K-Schale	−0,03795	0,03426	$-1,163 \cdot 10^{-6}$
L-Schale	−0,11107	0,01368	$-2,177 \cdot 10^{-7}$
M-Schale	−0,00036	0,00368	$-2,010 \cdot 10^{-7}$

Abb. 10.61 Auf Si-K bezogene Fluoreszenzausbeuten, berechnet nach den Parameterangaben in Tab. 10.6

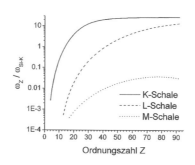

10.8.4 Kα-Anteil an der K-Serie

Nach Ionisation der K-Schale kann das Auffüllen sowohl aus der L-Schale (Kα-Strahlung) als auch (falls es sie gibt) aus der M-Schale (Kβ-Strahlung) erfolgen. Bei Silizium liegt die Kα-Linie bei 1,74 keV, die Kβ-Linie bei 1,83 keV. Beide Linien rücken bei Elementen mit höheren Ordnungszahlen auseinander, d. h. sie sind trotz des begrenzten Energie-Auflösungsvermögens des Detektors von etwa 130 eV im Spektrum getrennt. Wir benötigen das Intensitätsverhältnis Kβ/Kα. Ein Polynom der Form

$$\frac{I_{K\beta}}{I_{K\alpha}} = A + B \cdot Z + C \cdot Z^2 + D \cdot Z^3 \qquad (10.360)$$

(A, B, C, D s. Tab. 10.7) gibt die Werte von Scofield [20] recht gut wieder (vgl. Abb. 10.62).

Für den Anteil a gilt damit:

$$a_A = \frac{I_{K\alpha,A}}{I_{K\beta,A}} = \frac{1}{1 + I_{K\beta,A}/I_{K\alpha,A}} \cdot \qquad (10.361)$$

Für Silizium ist $a_{Si} = 0{,}9736$.

Tab. 10.7 Parameter zur Berechnung des Kβ/Kα-Intensitätsverhältnisses

	A	B	C	D
$11 \leq Z \leq 35$	−0,9834	0,1282	−0,00486	$6{,}134 \cdot 10^{-5}$
$Z > 35$	−0,065	0,0102	$-1{,}12 \cdot 10^{-4}$	$4{,}8 \cdot 10^{-7}$

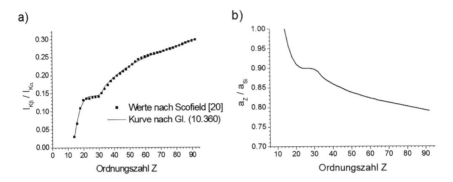

Abb. 10.62 Verhältnis der Kβ- zur Kα-Intensität in Abhängigkeit von der Ordnungszahl. a) Vergleich von Messwerten mit Polynom (10.360). b) Anteil *a* bezogen auf Si

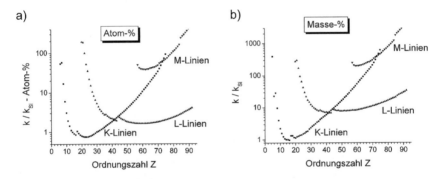

Abb. 10.63 Auf Si bezogene Cliff-Lorimer-k-Faktoren für Atomprozent (a) und Masseprozent (b) für 300 keV-Elektronen. Die zugrunde liegenden Modelle sind im Text erläutert

Damit sind alle Voraussetzungen für die Berechnung der k-Faktoren gegeben. Wir multiplizieren die auf Silizium bezogenen Einflussfaktoren gemäß Gl. (10.350)

$$\frac{k_A}{k_{Si}} = \frac{Q_{K,Si} \cdot \omega_{K,Si} \cdot a_{Si} \cdot D_{\text{eff,Si}}}{Q_{n,A} \cdot \omega_{n,A} \cdot a_A \cdot D_{\text{eff,A}}}$$

$$\text{bzw.} \quad \left(\frac{k_A}{k_{Si}}\right)_M = \frac{k_A}{k_{Si}} \cdot \frac{M_A}{28{,}09} \tag{10.362}$$

(Ergebnis s. Abb. 10.63). In den Kurvenverläufen fallen Sprünge auf. Sie liegen bei Röntgenenergien, für die die Detektoreffizienz infolge der Absorptionskanten von Fenster- und Elektrodenmaterial nicht-monoton ist.

10.8.5 Absorptionskorrektur bei EDXS

Obwohl die Proben für die Transmissionselektronenmikroskopie sehr dünn sind, kann niederenergetische Röntgenstrahlung beim Durchgang durch die Probe merklich geschwächt werden und damit bei der Quantifizierung zu einer Unterbewertung der leichten Elemente führen. Wir wollen in diesem Abschnitt abschätzen unter welchen Umständen dieser Effekt eine Rolle spielt.

Abb. 10.64 veranschaulicht das Problem. Längs des Weges z der Elektronen durch die Probe entsteht in dem Wegelement dz Röntgenstrahlung der Intensität dI_0, insgesamt auf dem gesamten Weg von $z = 0$ bis $z = z_0$ die Intensität I_0. Bei konstanter Anregung auf dem gesamten Weg gilt:

$$dI_0 = \frac{I_0}{z} \cdot dz \,. \tag{10.363}$$

Auf dem Weg zum Detektor muss die Röntgenstrahlung die Strecke $s(z)$ innerhalb der Probe zurücklegen, wobei sie teilweise absorbiert wird. In Detektorrichtung tritt aus der Probe an der Stelle z nur noch der Anteil dI aus (vgl. Abschn. 10.8.1):

$$dI(z) = dI_0 \cdot \exp\left(-^E(\mu/\rho) \cdot \rho \cdot s(z)\right) \tag{10.364}$$

$^E(\mu/\rho)$: Massenschwächungskoeffizient des Probenmaterials für Röntgenstrahlung der Energie E, ρ: Dichte des Probenmaterials). Aus Abb. 10.64 lesen wir

$$s(z) = z \cdot \cot\delta \tag{10.365}$$

ab. Den Detektor erreicht die Gesamtintensität

$$I = \frac{I_0}{z_0} \cdot \int\limits_0^{z_0} \exp\left(-^E(\mu/\rho) \cdot \rho \cdot z \cdot \cot\delta\right) \cdot dz \,, \tag{10.366}$$

d. h. nach Auflösen des Integrals

$$I = \frac{I_0}{z_0} \cdot \left[\frac{-\exp\left(-^E(\mu/\rho) \cdot \rho \cdot z \cdot \cot\delta\right)}{^E(\mu/\rho) \cdot \rho \cdot z \cdot \cot\delta} \right]_0^{z_0} \tag{10.367}$$

Abb. 10.64 Skizze zur Erläuterung der Absorption von Röntgenstrahlung in einer dünnen Probe der Dicke t

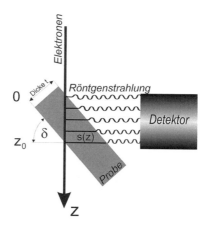

und Einsetzen der Integrationsgrenzen sowie Berücksichtigung von

$$z_0 = \frac{t}{\cos \delta} = \frac{t}{\cot \delta \cdot \sin \delta} \tag{10.368}$$

erhalten wir

$$I = \frac{I_0 \cdot \sin \delta}{{}^E(\mu/\rho) \cdot \rho \cdot t} \cdot \left(1 - \exp\left(-{}^E(\mu/\rho) \cdot \rho \cdot \frac{t}{\sin \delta}\right)\right) . \tag{10.369}$$

Den Quotienten aus der am Detektor ankommenden Röntgenintensität I und der ursprünglich in der Probe ausgelösten Intensität I_0 interpretieren wir als Absorptionskorrektur

$$F_{\text{AbsK}} = \frac{I}{I_0} = \frac{\sin \delta}{{}^E(\mu/\rho) \cdot \rho \cdot t} \cdot \left(1 - \exp\left(-{}^E(\mu/\rho) \cdot \rho \cdot \frac{t}{\sin \delta}\right)\right) . \tag{10.370}$$

Für die Spektren-Quantifizierung ist der Vergleich von Elementen mit unterschiedlichen charakteristischen Röntgenenergien wichtig. Allerdings hängen Schwächungskoeffizient und Dichte von der Materialzusammensetzung in der Probe ab, und es ist nicht sicher, ob sich beide in sehr dünnen Proben genauso verhalten wie in kompaktem Material.

Eine Näherung geht davon aus, dass dies so ist, und sowohl Schwächungskoeffizienten als auch Dichte mit der Konzentration gewichtete Linearkombinationen der Werte für die elementaren Bestandteile der Probe sind. Wir hatten dies bereits im Abschn. 9.2.4 angenommen.

Bei einer Probe, die aus zwei Elementen A und B mit den Masse-Konzentrationen $c_{A,M}$ und $c_{B,M}$ besteht, bedeutet dies:

$${}^E(\mu/\rho) = c_{A,M} \cdot {}^E(\mu/\rho)_A + c_{B,M} \cdot {}^E(\mu/\rho)_B \tag{10.371}$$

bzw.

$$\rho = c_{A,M} \cdot \rho_A + c_{B,M} \cdot \rho_B . \tag{10.372}$$

Für das Verhältnis der Absorptionskorrekturen für die Elemente A und B mit den Röntgenenergien E_A und E_B folgt:

$$\frac{F_{\text{Abs,K,A}}}{F_{\text{Abs,K,B}}} = \frac{{}^{EB}(\mu/\rho)}{{}^{EA}(\mu/\rho)} \cdot \frac{1 - \exp\left(-{}^{EA}(\mu/\rho) \cdot \rho \cdot \frac{t}{\sin \delta}\right)}{1 - \exp\left(-{}^{EB}(\mu/\rho) \cdot \rho \cdot \frac{t}{\sin \delta}\right)} . \tag{10.373}$$

Da die Schichtdicke in der Größenordnung 0,1 μm liegt, entwickeln wir die Exponentialfunktionen in Reihen und brechen diese nach dem quadratischen Glied ab. Zusätzlich führen wir die Abkürzungen $^{EA}(\mu/\rho) \cdot \rho \cdot t / \sin\delta = u_A$ und $^{EB}(\mu/\rho) \cdot \rho \cdot t / \sin\delta = u_B$ ein und schreiben:

$$\begin{aligned}
\frac{F_{Abs,K,A}}{F_{Abs,K,B}} &= \frac{^{EB}(\mu/\rho)}{^{EA}(\mu/\rho)} \cdot \frac{u_A - \frac{1}{2} \cdot u_A^2}{u_B - \frac{1}{2} \cdot u_B^2} \\
&= \frac{1 - \frac{1}{2} \cdot ^{EA}(\mu/\rho) \cdot \rho \cdot t / \sin\delta}{1 - \frac{1}{2} \cdot ^{EB}(\mu/\rho) \cdot \rho \cdot t / \sin\delta} \, .
\end{aligned} \tag{10.374}$$

Diese Funktion entwickeln wir wieder in eine Reihe und brechen nach dem zweiten Glied ab:

$$\frac{F_{Abs,K,A}}{F_{Abs,K,B}} = 1 + \frac{1}{2} \cdot \left(^{EB}(\mu/\rho) - ^{EA}(\mu/\rho) \right) \cdot \frac{\rho \cdot t}{\sin\delta} \, . \tag{10.375}$$

Soll der Fehler infolge Absorption kleiner als beispielsweise 10 % gehalten werden, muss

$$\frac{1}{2} \cdot \frac{\rho \cdot t}{\sin\delta} \cdot \left| ^{EB}(\mu/\rho) - ^{EA}(\mu/\rho) \right| < 0,1 \, . \tag{10.376}$$

gelten. Bis auf den Faktor $1/\sin\delta$ stimmt diese Formel mit dem *Dünnschichtkriterium* von Goldstein[26] et al. [21] überein. Der *Abnahmewinkel* δ besteht aus zwei Anteilen: Dem Kippwinkel der Probe wie in Abb. 10.64 dargestellt und einem Beitrag, der entsteht wenn die Detektorachse höher als die Kippachse der Probe liegt.

10.9 Prismen für Elektronen

Um Elektronenenergieverlust-Spektren erzeugen zu können, benötigen wir ein Dispersionselement für Elektronen ähnlich einem Glasprisma für Licht. Das Glasprisma zerlegt weißes Licht in seine Farben, d. h. unterschiedliche Wellenlängen verlassen das Prisma unter verschiedenen Winkeln.

Wir wissen, dass Elektronen in elektrischen und magnetischen Feldern abgelenkt werden und wollen überlegen, unter welchen Voraussetzungen derartige Felder als Prismen arbeiten können, d. h. wie sich die Austrittswinkel von Elektronen mit unterschiedlicher Geschwindigkeit unterscheiden.

10.9.1 Magnetisches Prisma

Wir stellen uns ein magnetisches Feld vor, dessen Feldlinien senkrecht aus der Zeichenebene heraustreten (s. Abb. 10.65a). Die magnetische Induktion $\boldsymbol{B}$ hat die gleiche Richtung. Elektronen mit der ursprünglichen Energie, d. h. solche, die keinen

---

[26]Joseph I. Goldstein, amerikanischer Materialwissenschaftler, 1939–2015.

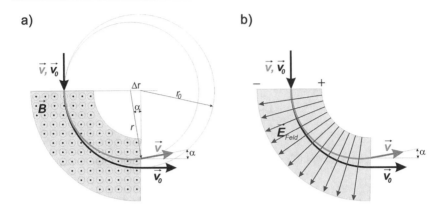

Abb. 10.65 Magnetisches a) und elektrostatisches b) Prisma für Elektronen (Erläuterungen im Text)

Energieverlust erlitten haben, fallen senkrecht mit der Geschwindigkeit v_0 in dieses Magnetfeld ein und erfahren die Lorentzkraft (vgl. Gl. (2.4))

$$F_L = - e \cdot v_0 \times B \, . \tag{10.377}$$

Der Geschwindigkeitsvektor liegt in der Zeichenebene, die magnetische Induktion steht senkrecht auf ihr, d. h. Geschwindigkeit und Induktion bilden einen rechten Winkel. Der Betrag der Lorentzkraft ist damit gleich dem Produkt der Elementarladung e mit den Beträgen von Geschwindigkeit v_0 und magnetischer Induktion B:

$$F_L = e \cdot v_0 \cdot B \, . \tag{10.378}$$

Gemäß Gl. (10.377) steht diese Kraft senkrecht auf der von v_0 und B aufgespannten Ebene, d. h. immer senkrecht auf der Bahn des Elektrons. Dies ist Kennzeichen einer Radialkraft

$$F_r = m_0 \cdot \frac{v_0^2}{r_0} \tag{10.379}$$

bei der Kreisbewegung mit dem Radius r_0 (m_0: Elektronenmasse). Dies eingesetzt in Gl. (10.378) liefert:

$$m_0 \cdot \frac{v_0^2}{r_0} = e \cdot v_0 \cdot B \, , \tag{10.380}$$

d. h. das Elektron mit der Geschwindigkeit v_0 beschreibt im Magnetfeld eine Kreisbahn mit dem Radius

$$r_0 = \frac{m_0 \cdot v_0}{e \cdot B} \, . \tag{10.381}$$

Ein Elektron, das beim Durchgang durch die Probe einen Energieverlust erlitten hat, besitzt eine kleinere Geschwindigkeit v und beschreibt eine Kreisbahn mit dem

Radius

$$r = \frac{m_0 \cdot v}{e \cdot B} .$$

(10.382)

Aus Abb. 10.65a lesen wir für den Winkel α

$$\sin \alpha = \frac{\Delta r}{r} = \frac{r_0 - r}{r} = \frac{r_0}{r} - 1 = \frac{v_0}{v} - 1 .$$

(10.383)

ab. In nichtrelativistischer Näherung gilt für den Zusammenhang zwischen Geschwindigkeit v und Energie E:

$$v = \sqrt{\frac{2}{m_0} \cdot E} , \quad \text{d.h.}$$

$$\sin \alpha = \sqrt{\frac{E_0}{E}} - 1 = \sqrt{\frac{E_0}{E_0 - \Delta E}} - 1 .$$

(10.384)

Für $\Delta E \ll E_0$ ist $\sin \alpha \approx \alpha$ und nach Reihenentwicklung von Gl. (10.384) und Abbruch nach dem linearen Term folgt

$$\alpha = \frac{\Delta E}{2 \cdot E_0} ,$$

(10.385)

d.h. ein linearer Zusammenhang zwischen Austrittswinkel und Energieverlust.

10.9.2 Elektrostatisches Prisma

Wir wollen uns einer zweiten Möglichkeit zuwenden: dem elektrostatischen Prisma, wie es in Abb. 10.65b skizziert ist. Voraussetzung sind zwei kreisförmig gekrümmte Platten im Abstand d, zwischen denen eine elektrische Spannung U anliegt. Diese Spannung ruft unter der Voraussetzung, dass d sehr klein gegen den mittleren Krümmungsradius r_M ist, zwischen den Platten näherungsweise eine elektrische Feldstärke

$$E_{\text{Feld}} = \frac{U}{d}$$

(10.386)

hervor. Wir stellen uns vor, dass die elektrostatische Kraft durch geeignete Wahl einer Plattenspannung U_M die Elektronen mit der Geschwindigkeit v_0 gerade auf eine Kreisbahn mit dem Radius r_M zwingt. Im Koordinatensystem, das mit dem Elektron mitbewegt wird, herrscht zwischen elektrischer und Zentrifugalkraft in diesem Fall Gleichgewicht:

$$m_0 \cdot \frac{v_0^2}{r_M} = e \cdot \frac{U_M}{d} .$$

(10.387)

Die nach innen gerichtete Kraft F, die auf ein Elektron mit der Geschwindigkeit v wirkt, ist gleich der Differenz aus elektrostatischer und Zentrifugalkraft:

$$F = \mathrm{e} \cdot \frac{U_M}{d} - m_0 \cdot \frac{v}{r} \, . \tag{10.388}$$

Für die nach innen gerichtete Beschleunigung a gilt damit:

$$a = \ddot{s} = \frac{F}{m_0} = \frac{\mathrm{e}}{m_0} \cdot \frac{U_M}{d} - \frac{v^2}{r} \tag{10.389}$$

und nach zweimaliger Integration über die Zeit t für den Weg

$$s = \left(\frac{\mathrm{e}}{m_0} \cdot \frac{U_M}{d} - \frac{v^2}{r} \right) \cdot \frac{t^2}{2} \, . \tag{10.390}$$

Andererseits legt das Elektron in der Zeit t im gekrümmten Prisma die Strecke

$$l = v \cdot t \tag{10.391}$$

zurück. Aus Gl. (10.390) und (10.391) ergibt sich die Bahnkurve:

$$s(l) = \frac{1}{2} \cdot \left(\frac{\mathrm{e}}{m_0} \cdot \frac{U_M}{d \cdot v^2} - \frac{1}{r} \right) \cdot l^2 \, . \tag{10.392}$$

Mit $r \approx r_M$ folgt für die Winkelabweichung von der Kreisbahn mit dem Radius r_M (erste Ableitung $s'(l)$) unter Berücksichtigung von Gl. (10.387):

$$\frac{ds}{dl} = s'(l) = \left(\frac{v_0^2}{r_M \cdot v^2} - \frac{1}{r_M} \right) \cdot l \, . \tag{10.393}$$

An der Stelle $l = \pi \cdot r_M / 2$ (Austritt aus dem Prisma) gilt damit:

$$s'(l = \frac{1}{2} \cdot \pi \cdot r_M) = \tan \alpha = \frac{\pi}{2} \cdot \left(\frac{v_0^2}{v^2} - 1 \right)$$

$$\text{bzw.} \quad \tan \alpha = \frac{\pi}{2} \cdot \left(\frac{E_0}{E} - 1 \right) = \frac{\pi}{2} \cdot \frac{\Delta E}{E} \, . \tag{10.394}$$

Für $\Delta E \ll E_0$ und kleine Winkel gilt

$$\alpha = \frac{\pi}{2} \cdot \frac{\Delta E}{E_0} \, , \tag{10.395}$$

also ebenfalls ein linearer Zusammenhang zwischen Änderung der Elektronenenergie und Austrittswinkel aus dem Prisma.

Für die technische Realisierung werden magnetische Prismen als Ablenkeinheiten bevorzugt, da unter typischen TEM-Bedingungen Magnetfelder der Stärke 5 mT den gleichen Ablenkradius wie elektrische Felder der Stärke 10 kV/cm erreichen und Probleme mit der Spannungsfestigkeit vermieden werden.

10.10 Faltung von Funktionen

Die Faltung von Funktionen ist eine Prozedur, die dazu dient, Überlagerungen verschiedener Einflüsse, die zu „Verwaschungen" von Messergebnissen führen, zu berechnen. Die Überlagerung verschiedener Fehlerscheibchen bei der Berechnung des optischen Auflösungsvermögens und die Verbreiterung von Peaks in energiedispersiven Röntgenspektren oder Elektronenenergieverlust-Spektren infolge des begrenzten energetischen Auflösungsvermögens sind Beispiele dafür.

Wir wollen das Prinzip der Faltung von Funktionen an einem einfachen Beispiel aus der Mechanik erläutern: Wir stellen uns vor, dass bei einem Fertigungsprozess Stopfen in das Ende eines Rohres eingepresst werden und die Rohrenden dadurch etwas aufgeweitet werden. Diese Aufweitung soll gleich der Differenz aus Stopfendurchmesser und Rohrinnendurchmesser sein. Die Rohrdurchmesser unterliegen einer Toleranz, die durch eine Häufigkeitsverteilung charakterisiert ist. Gleiches gilt für die Stopfendurchmesser. Die Rohrwandstärke sei bei allen Rohren gleich, die Häufigkeitsverteilungen $r(d)$ der Rohrinnen- und der Rohraußendurchmesser vor dem Einpressen der Stopfen sind damit auch gleich. Diese Häufigkeitsverteilung sowie diejenige der Stopfendurchmesser $s(d)$ seien bekannt. Gesucht wird die Häufigkeitsverteilung $R(d)$ der Rohrdurchmesser nach dem Einpressen der Stopfen. Zur Messung der Häufigkeitsverteilungen werden die Durchmesser in Intervalle der einheitlichen Breite Δd aufgeteilt. Jeder Durchmesser kann damit als Produkt aus einer ganzen Zahl i und der Intervallbreite Δd dargestellt werden:

$$d_\mathrm{i} = \mathrm{i} \cdot \Delta d \, . \tag{10.396}$$

Die Rohrdurchmesser vor dem Einpressen sollen von d_{r1} bis d_{r2} variieren, die Durchmesser der Stopfen von d_{s1} bis d_{s2}. Die zugehörigen ganzen Zahlen seien i_{r1}, i_{r2}, i_{s1} und i_{s2}.

Durch Normierung nach den Vorschriften

$$
\begin{aligned}
{}^r w_\mathrm{i} &= \frac{r(d_\mathrm{i})}{A_r} = \frac{r_\mathrm{i}}{A_r} \quad \text{mit} \quad A_r = \sum_{\mathrm{i}=\mathrm{i}_{r1}}^{\mathrm{i}_{r2}} r_\mathrm{i} \\
\text{und} \quad {}^s w_\mathrm{i} &= \frac{s(d_\mathrm{i})}{A_s} = \frac{r_\mathrm{i}}{A_s} \quad \text{mit} \quad A_s = \sum_{\mathrm{i}=\mathrm{i}_{s1}}^{\mathrm{i}_{s2}} s_\mathrm{i}
\end{aligned}
\tag{10.397}
$$

erhalten wir bei einheitlichen Intervallbreiten Δd daraus die Wahrscheinlichkeiten ${}^r w_\mathrm{i}$ und ${}^s w_\mathrm{i}$.

Der kleinste Durchmesser R_min nach dem Einpressen entsteht, wenn der kleinste Rohrdurchmesser $r_\mathrm{min} = \mathrm{i}_{r1} \cdot \Delta d$ mit dem kleinsten Stopfendurchmesser $s_\mathrm{min} = \mathrm{i}_{s1} \cdot \Delta d$ kombiniert wird:

$$R_\mathrm{min} = r_\mathrm{min} + s_\mathrm{min} = (\mathrm{i}_{r1} + \mathrm{i}_{s1}) \cdot \Delta d \, . \tag{10.398}$$

Die Wahrscheinlichkeit $^{R}w_{min}$ für das Auftreten von R_{min} ist gleich dem Produkt aus den Wahrscheinlichkeiten von r_{min} und s_{min}:

$$^{R}w_{min} = {}^{r}w_{r1} \cdot {}^{s}w_{s1} .$$

(10.399)

Wir können die Zählung der Durchmesser verallgemeinern und generell bei null beginnen. Nicht vorhandene Durchmesserwerte haben die Wahrscheinlichkeit null:

$$R_0 = r_0 + s_0 = (0 + 0) \cdot \Delta d$$
$$\text{mit} \quad {}^{R}w_0 = {}^{r}w_0 \cdot {}^{s}w_0 .$$

(10.400)

Der nächstgrößere Durchmesserwert kann durch zwei Kombinationen erreicht werden:

$$R_1 = r_1 + s_0 = (1 + 0) \cdot \Delta d = r_0 + s_1 = (0 + 1) \cdot \Delta d$$
$$\text{mit} \quad {}^{R}w_1 = {}^{r}w_1 \cdot {}^{s}w_0 + {}^{r}w_0 \cdot {}^{s}w_1 .$$

(10.401)

Dies lässt sich fortsetzen bis zum größten möglichen Wert

$$R_{max} = r_{max} + s_{max} = (i_{r2} + i_{s2}) \cdot \Delta d$$
$$\text{mit} \quad {}^{R}w_{max} = {}^{r}w_{s2} \cdot {}^{s}w_{s2} .$$

(10.402)

Allgemein gilt offenbar für die Wahrscheinlichkeit, mit der ein Durchmesserwert R_i auftritt:

$$^{R}w_i = \sum_{k=0}^{1} {}^{r}w_k \cdot {}^{s}w_{l-k} .$$

(10.403)

Nach Einsetzen von zwei Funktionen $f(x)$ und $g(x)$ anstelle der Wahrscheinlichkeiten ^{r}w und ^{s}w und dem Übergang zu infinitesimal kleinen Intervallbreiten dx erhalten wir für das Resultat $F(\xi)$ die bekannte Formel

$$F(\xi) = \int_{-\infty}^{\infty} f(x) \cdot g(\xi - x) \cdot dx$$

(10.404)

für Faltungsoperationen.

Zwei Auswirkungen dieser Faltung wollen wir anhand von Abb. 10.66 demonstrieren. In Abb. 10.66b ist zu sehen, wie zwei scharfe Linien verbreitert werden. Zwischen beiden Linien erreicht die Funktion nach Faltung nicht mehr den Ordinatenwert null. In Abb. 10.66c wird die Ausgangsfunktion durch zwei Gauß-Funktionen mit unterschiedlicher Halbwertsbreite gebildet, deren Maxima gegeneinander verschoben sind. Im Ergebnis der Faltung entsteht neben der Verbreiterung auch ein Unterschied in der Höhe der beiden Maxima.

Die Umkehrung, d. h. die Entfaltung von Messkurven ist schwieriger. Theoretisch erscheint eine numerische Entfaltung möglich, versagt aber in der Praxis, weil die

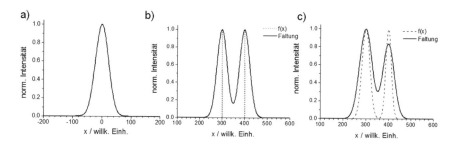

Abb. 10.66 Faltung mit einer Gauß-Kurve. a) Gauß-Kurve, mit der gefaltet wird. b) Faltung zweier scharfer δ-Funktionen mit der Gauß-Kurve (a). c) Faltung zweier Gauß-Kurven mit gleicher maximaler Höhe aber unterschiedlichen Halbwertsbreiten mit der Gauß-Kurve (a)

Wahrscheinlichkeiten vom Rand beginnend berechnet werden müssen und die Folgewerte jeweils aufeinander aufbauen. Bei Messkurven sind die kleinen Randwerte aber nicht zuletzt wegen des Rauschens extrem unsicher und diese Unsicherheiten ziehen sich durch die gesamte Entfaltungsoperation.

Prinzipiell gibt es zwei Möglichkeiten, trotzdem eine Entfaltung zu versuchen: Die Vorgabe einer vermuteten Funktion mit anschließender Faltung und Vergleich mit dem Messergebnis oder die Rechnung im Fourierraum. Eine Faltungsoperation entspricht einer Multiplikation der Fouriertransformierten mit anschließender Rücktransformation in den Ortsraum. Eine Entfaltung wäre dann entsprechend eine Division der Fouriertransformierten. Allerdings täuscht auch hierbei das Rauschen oft Frequenzen und damit Fourierkoeffizienten vor, die in Wirklichkeit nicht vorhanden sind. Die entfaltete Messkurve wird unter Umständen wellig und bekommt eine vorgetäuschte Feinstruktur.

Die Faltung von Funktionen hat prinzipielle Bedeutung für die Interpretation von Messergebnissen. Sie ist die mathematische Grundlage für die Berücksichtigung der Überlagerung mehrerer Einflüsse auf das Messergebnis, beispielsweise durch das begrenzte Auflösungsvermögen eines Spektrometers, oder durch inelastische Mehrfachstreuung bei EELS, wie das in Abschn. 9.3.4 gezeigt wurde.

10.11 Fehlerbetrachtung bei elektronenmikroskopischen Messungen

Allgemein werden bei Messungen systematische und zufällige Fehler unterschieden. Systematische Fehler sind in Unzulänglichkeiten des Messinstrumentes, in statischen äußeren Einflüssen auf das Messergebnis oder in den Modellen, die der Auswertung

Abb. 10.67 Einfluss von
systematischem und
zufälligem Fehler auf das
Messergebnis

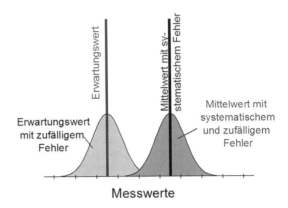

der Ergebnisse zugrunde liegen, begründet. *Systematische Fehler* wirken „in eine Richtung", d. h. sie verschieben das gemessene Ergebnis gegen den Erwartungswert. Wenn die Größen (und Ursachen) der systematischen Fehler bekannt sind, kann das Ergebnis korrigiert werden.

Zufällige Fehler entstehen durch Unzulänglichkeiten beim Messprozess oder durch zufällige (statistische) Auslösung der Messereignisse und führen zur Streuung der Messwerte. Einflüsse von veränderlichen Randbedingungen, die unbekannt sind oder ungenügend erfasst werden können, oder auch Nachlässigkeiten beim Messen sind weitere Gründe für zufällige Fehler.

In Abb. 10.67 sind die Auswirkungen von systematischem und zufälligem Fehler auf die gemessenen Werte veranschaulicht. Der Erwartungswert stellt das „richtige" Ergebnis dar, ein systematischer Fehler beeinträchtigt die Richtigkeit des Messergebnisses. Der zufällige Fehler führt zur Streuung der Messwerte. Er beeinträchtigt die Präzision der Messung. Sehr kleine systematische und zufällige Fehler führen zu einer hohen Genauigkeit.

Die in Abb. 10.67 skizzierten Verschiebungen werden als absolute Fehler bezeichnet. Bezogen auf einen Messwert y wäre dies eine Verschiebung um Δy. Der relative Fehler ist damit $\Delta y / y$.

Systematische Fehler gibt es beispielsweise bei der Längenmessung mit dem Transmissionselektronenmikroskop. So führen Fehler ΔM_K bei der Kalibrierung der Abbildungsmaßstäbe zwangsläufig zu Abweichungen ΔL bei den Längenergebnissen. Für die relativen Fehler gilt

$$\frac{\Delta L}{L} = \frac{\Delta M_K}{M} \, .$$

(10.405)

Ein anderer systematischer Fehler bei der Längenmessung entsteht durch Abweichungen von der euzentrischen Objektposition. Aus der Abbildungsgleichung (1.3) und dem Abbildungsmaßstab (2.3) folgt für die Vergrößerung

$$M = \frac{f}{|g - f|} \tag{10.406}$$

(*f:* Brennweite, *g:* Dingweite). Aus den Abweichungen Δf der Brennweite und Δg der Dingweite von der euzentrischen Position folgt für den absoluten Fehler der Vergrößerung

$$
\begin{aligned}
\Delta M &= \left(\frac{\partial M}{\partial g}\right) \cdot \Delta g + \left(\frac{\partial M}{\partial f}\right) \cdot \Delta f \\
&= \frac{-f}{|g - f|^2} \cdot \Delta g + \left(\frac{1}{|g - f|} + \frac{f}{|g - f|^2}\right) \cdot \Delta f \\
&= \frac{-M}{|g - f|} \cdot \Delta g + \frac{M}{f} \cdot \Delta f + \frac{M}{|g - f|} \cdot \Delta f \\
\Delta M &= \frac{M}{|g - f|} \cdot (\Delta f - \Delta g) + M \cdot \frac{\Delta f}{f} \, .
\end{aligned}
\tag{10.407}
$$

Der relative Fehler ist dann

$$\frac{\Delta M}{M} = \frac{\Delta f - \Delta g}{|g - f|} + \frac{\Delta f}{f} \, . \tag{10.408}$$

Durch geeignete Fokussierung wird $\Delta f = \Delta g$ erreicht. Allerdings bleibt dann der relative Fehler

$$\frac{\Delta M}{M} = \frac{\Delta f}{f} = \frac{\Delta g}{f} \tag{10.409}$$

übrig. Zusammen mit dem Kalibrierungsfehler ergibt das für den Fehler bei der Längenmessung:

$$\frac{\Delta L}{L} = \frac{\Delta M_K}{M} + \frac{\Delta g}{f} \, . \tag{10.410}$$

Wenn der relative Fehler bei der Längenmessung im Transmissionselektronenmikroskop kleiner als 1 % bleiben soll, müssen beide Beiträge unter 1 % liegen. Dies ist einerseits eine Forderung an die Stabilität der elektronischen Bauelemente. Andererseits muss die Abweichung von der euzentrischen Position kleiner als 1 % sein. Bei Brennweiten um 1 mm darf sie maximal 10 µm betragen.

Wir wollen uns nun genauer mit den zufälligen Fehlern befassen. Ausgangspunkt ist die Annahme einer Normalverteilung der Messwerte, d. h. die fehlerbehafteten Messwerte unterliegen einer Wahrscheinlichkeitsverteilung, die der Gauß-Funktion

$$f(x) = \frac{1}{\sigma \cdot \sqrt{2\pi}} \cdot \exp\left(-\frac{(x - x_0)^2}{2 \cdot \sigma^2}\right) \tag{10.411}$$

Abb. 10.68 Wahrscheinlichkeitsverteilungsdichte nach Gl. (10.411) für $x_= = 0$ und verschiedene Werte von σ

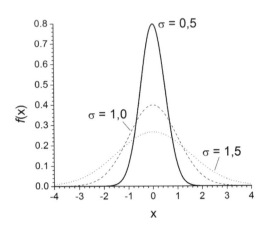

folgt (grafische Darstellung s. Abb. 10.68). Die Funktion ist normiert, d. h. es gilt

$$\int\limits_{-\infty}^{\infty} f(x) \cdot dx = 1 \,, \tag{10.412}$$

weil sicher ist, dass überhaupt irgendein Wert gemessen wird. Sie wird auch als Wahrscheinlichkeitsdichtefunktion bezeichnet.

Der Begriff *Dichtefunktion* weist darauf hin, dass der Funktionswert nicht mit der Wahrscheinlichkeit selbst verwechselt werden darf. Um diese zu erhalten, muss der Dichtfunktionswert noch mit einer Breite δx multipliziert werden, wie das in Abb. 10.69 demonstriert ist. Die Wahrscheinlichkeit w_i dafür, dass ein Messwert x_i bei x innerhalb des Balkens mit der Breite δx liegt, ist gleich dem Verhältnis aus der Balkenfläche und der Gesamtfläche unter der Funktion (nach Normierung gleich eins).

Für das Beispiel in Abb. 10.69 erhalten wir

$$w_i = \frac{\delta A}{A} = \frac{f(2) \cdot \delta x}{1} = 0{,}17 \cdot 0{,}8 = 0{,}136 \,, \tag{10.413}$$

d. h. der Messwert x_i liegt mit einer Wahrscheinlichkeit von 13,6 % im Bereich $-2{,}4 \le x_i \le -1{,}6$.

Wir wollen uns nunmehr mit der Rolle von σ, was als *Standardabweichung* bezeichnet wird, befassen. Aus Abb. 10.68 geht hervor, dass σ die Breite der Gauß-Funktion bestimmt. Zur genaueren Diskussion differenzieren wir die Funktion (10.411) zweimal nach x und erhalten:

$$
\begin{aligned}
f'(x) &= \frac{(x - x_0)}{\sigma^3 \cdot \sqrt{2\pi}} \cdot \exp\left(-\frac{(x - x_0)^2}{2 \cdot \sigma^2}\right) \\
f''(x) &= \left(-\frac{1}{\sigma^3 \cdot \sqrt{2\pi}} + \frac{(x - x_0)^2}{\sigma^5 \cdot \sqrt{2\pi}}\right) \cdot \exp\left(-\frac{(x - x_0)^2}{2 \cdot \sigma^2}\right) \,.
\end{aligned}
\tag{10.414}
$$

Abb. 10.69 Wahrscheinlichkeitsdichte und Wahrscheinlichkeit

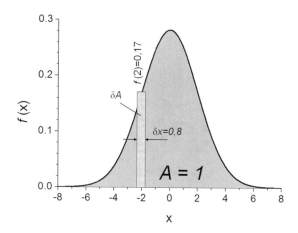

Am Wendepunkt x_{WP} einer Funktion ist die zweite Ableitung gleich null, damit gilt dort:

$$\frac{1}{\sigma^3 \cdot \sqrt{2\pi}} = \frac{(x_{WP} - x_0)^2}{\sigma^5 \cdot \sqrt{2\pi}}$$

$$(x_{WP} - x_0)^2 = \sigma^2 \tag{10.415}$$

$$x_{WP} = x_0 \pm \sigma \,,$$

d. h. σ ist der Abstand der Wendepunkte der Gauß-Funktion vom Zentrum bei x_0.

Wir überlegen weiter, welcher Anteil der Messwerte innerhalb eines Intervalls liegt, das durch Vielfache der Standardabweichung σ vorgegeben ist. Dazu muss die Funktion (10.411) in den durch das Vielfache n von σ gegebenen Grenzen integriert werden:

$$S(\text{n}) = \frac{1}{\sigma \cdot \sqrt{2\pi}} \cdot \int_{-\text{n} \cdot \sigma}^{\text{n} \cdot \sigma} \exp\left(\frac{(x - x_0)^2}{2 \cdot \sigma^2}\right) \cdot dx \,. \tag{10.416}$$

Dieses Integral ist bekannt als Wahrscheinlichkeitsintegral und nicht elementar lösbar, wohl aber durch numerische Summation. Damit lassen sich beispielsweise die in Tab. 10.8 aufgelisteten Werte berechnen.

$S(\text{n})$ wird als statistische Sicherheit bezeichnet. Im Bereich $x_0 \pm \sigma$ liegen die Messwerte demnach mit einer statistischen Sicherheit von 68,3 %, im Bereich $x_0 \pm 2 \cdot \sigma$ mit einer solchen von 95,4 % usw.

Statistische Rechnungen erfordern eine große Anzahl von Messwerten. In der Praxis wird anstelle der Wahrscheinlichkeitsverteilung zunächst die Häufigkeitsvertei-

Tab. 10.8 Wahrscheinlichkeitsintegral für verschiedene statistische Sicherheiten

n	0,5	1,0	1,5	2,0	2,5	3,0
$S(\text{n})$	38,3 %	68,5 %	86,6 %	95,4 %	98,8 %	99, ,7 %

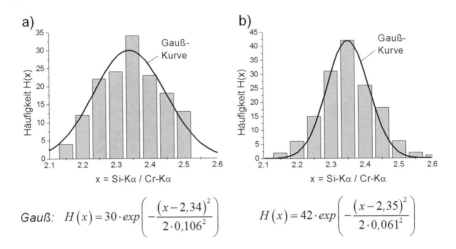

$$\text{Gauß:}\quad H(x) = 30 \cdot exp\left(-\frac{(x-2{,}34)^2}{2 \cdot 0{,}106^2}\right) \qquad H(x) = 42 \cdot exp\left(-\frac{(x-2{,}35)^2}{2 \cdot 0{,}061^2}\right)$$

Abb. 10.70 Häufigkeitsverteilungen von 150 Messwerten mit angepassten Gauß-Kurven. a) Messzeit 10 s pro Spektrum. b) Messzeit 40 s pro Spektrum

lung der Messwerte ermittelt. Dazu wird der gesamte Messwertbereich in Intervalle unterteilt, deren Breite klein gegen den Messwertbereich ist.

Wir wollen diese Betrachtungsweise an einem Beispiel aus der Praxis der analytischen Transmissionselektronenmikroskopie demonstrieren: der Auswertung von EDX-Spektren. Dazu analysieren wir das Verhältnis der Peakintensitäten von Si-Kα und Cr-Kα in Spektren von der Cr-Si-Schicht, die bereits für den Vergleich von Spektren, aufgenommen mit Si(Li) und Polymerfenster sowie fensterlosem SDD (vgl. Abb. 9.13) benutzt wurde. Insgesamt standen 150 Spektren mit einer Messzeit von je 10 s und 150 mit einer Messzeit von je 40 s zur Verfügung. Die Häufigkeiten wurden mit einer Intervallbreite $\Delta x = 0{,}05$ ausgezählt. Das Ergebnis ist in Abb. 10.70 zu sehen. Wir sehen, dass in diesem Fall die Häufigkeitsverteilungen befriedigend durch die Gauß-Kurven angepasst werden können. Die Messwerte unterliegen nahezu einer Normalverteilung. Die Erhöhung der Messzeit führt zu einer schmaleren Häufigkeitsverteilung.

In der Regel wird bei der statistischen Fehlerrechnung die Ermittlung der Häufigkeitsverteilung mit Anpassung einer Gauß-Funktion umgangen und die Standardabweichung s nach der Gleichung

$$s = \sqrt{\frac{1}{N-1}\sum_{i=1}^{N}(y_i - \overline{y})^2} \tag{10.417}$$

mit $y_i = H(x_i)$ und dem arithmetischen Mittelwert (*N*: Zahl der Messwerte)

$$\overline{y} = \frac{1}{N}\sum_{i=1}^{N} y_i \tag{10.418}$$

sowie der Summe der quadratischen Abweichungen

$$\sum_{i=1}^{N}(y_i - \overline{y})^2 \tag{10.419}$$

(ihr über N gemittelter Wert wird als Varianz bezeichnet) abgeschätzt.

Für die Häufigkeitsverteilungen in Abb. 10.70 erhalten wir mit Gl. (10.417) die Werte $s_{10} = 0{,}091$ für die Messzeit von 10 s und $s_{40} = 0{,}08$ für die Messzeit von 40 s. Die Abweichungen von den σ-Werten im Gauß-Fit der Abb. 10.70 deuten auf Abweichungen von der idealen Normalverteilung hin.

Standardabweichung und vereinbarte statistische Sicherheit bestimmen den absoluten zufälligen Fehler Δy einer Messreihe. Er beträgt bei einer statistischen Sicherheit von 68,3 % $\Delta y = \sigma$, bei einer statistischen Sicherheit von 95,4 % $\Delta y = 2\sigma$ und bei einer solchen von 99,7 % $\Delta y = 3\sigma$ (vgl. Tab. 10.8). Wird (wie üblich) als Resultat einer Messreihe der Mittelwert (10.418) angegeben, beeinflusst auch die Zahl N der Einzelmessungen die Präzision des Ergebnisses und muss demzufolge bei Angabe des Fehlers berücksichtigt werden.

Jede Einzelmessung ist charakterisiert die Wahrscheinlichkeitsdichte gemäß der Gaußschen Glockenkurve

$$g(x) = \exp\left(-\frac{(x - x_0)^2}{2 \cdot \sigma^2}\right). \tag{10.420}$$

Wenn die Messungen unter gleichen Bedingungen und unabhängig voneinander erfolgen, wie das bei Messreihen der Fall ist, wird für jede hinzukommende Messung die Dichtefunktion einmal multipliziert. Bei N Messungen heißt das:

$$g_N(x) = (g(x))^N = \left(\exp\left(-\frac{(x - x_0)^2}{2 \cdot \sigma^2}\right)\right)^N$$
$$g_N(x) = \exp\left(-\frac{N \cdot (x - x_0)^2}{2 \cdot \sigma^2}\right) = \exp\left(-\frac{(x - x_0)^2}{2 \cdot \sigma_N^2}\right). \tag{10.421}$$

Der Koeffizientenvergleich liefert für die Standardabweichung des Mittelwertes bei N Messungen (Abb. 10.71):

$$\sigma_N = \overline{\sigma} = \frac{\sigma}{\sqrt{N}}. \tag{10.422}$$

Die Emission und der Nachweis von Röntgenstrahlung sind spontane Ereignisse, die einer Poisson[27]-Verteilung unterliegen, die bei sehr großen Ereigniszahlen durch eine Gaußsche Normalverteilung angenähert werden kann. Das Messergebnis ist

---

[27]Siméon Denis Poisson, französischer Physiker und Mathematiker, 1771–1840.

Abb. 10.71 Veränderung
der Wahrscheinlichkeitsdichtefunktion mit zunehmender
Zahl N an Messungen für die
Berechnung des Mittelwertes

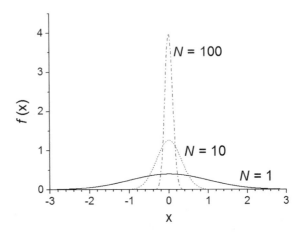

eine Zählung von Einzelereignissen. Dafür gilt bei N Ereignissen unter Berücksichtigung allein der Emissions- und Nachweisstatistik für die Standardabweichung des
Mittelwertes im Falle $N \gg 1$

$$\overline{\sigma} = \sqrt{N} \,. \tag{10.423}$$

Der Vertrauensbereich des Mittelwertes einer Messreihe hängt von der Wahrscheinlichkeitsdichte für die Einzelmessung (gekennzeichnet durch die Standardabweichung σ), von der Zahl der Einzelmessungen N und von der statistischen Sicherheit
$S(n)$ ab. Es gilt (vgl. auch Tab. 10.8):

$$\Delta \overline{y} = \pm 3 \cdot \overline{\sigma} \text{ für statistische Sicherheit von } 68,3\,\%$$

$$\Delta \overline{y} = \pm 2 \cdot \overline{\sigma} \text{ für statistische Sicherheit von } 95,4\,\%$$

$$\Delta \overline{y} = \pm \quad \overline{\sigma} \text{ für statistische Sicherheit von } 99,7\,\%$$

Der relative Fehler ist der Quotient aus Vertrauensbereich (absoluter Fehler) und Mittelwert. Als Standard wird oft eine statistische Sicherheit von 95,4 % vorausgesetzt.
Damit beträgt der relative Fehler des Mittelwertes

$$\frac{\Delta \overline{y}}{\overline{y}} = \frac{2 \cdot \overline{\sigma}}{\overline{y}} \,. \tag{10.424}$$

Für die in Abb. 10.70 vorgestellten Messungen erhalten wir als Mittelwert bei 10 s
Messzeit $\overline{x}_{10} = 2,34$ und bei 40 s Messzeit $\overline{x}_{40} = 2,35$ sowie für die Standardabweichung des Mittelwertes $\overline{\sigma} = 0,106/\sqrt{150} = 0,009$ bzw. $\overline{\sigma} = 0,061/\sqrt{150} =$

0,005. Der absolute zufällige Fehler des Mittelwertes beträgt bei 95,4 %-iger statistischer Sicherheit 0,018 bzw. 0,01. Das Ergebnis lautet

$$x_{10} = (2,34 \pm 0,02), \quad \frac{\Delta x_{10}}{x_{10}} = 0,8\%$$
$$x_{40} = (2,35 \pm 0,01), \quad \frac{\Delta x_{40}}{x_{40}} = 0,4\%$$

Wir sehen, dass der Unterschied zwischen beiden Werten innerhalb der Fehlergrenzen liegt. Das Ergebnis für das Verhältnis der Peakintensitäten von Si-Kα und Cr-Kα-Strahlung unterscheidet sich für Messzeiten von 10 s und 40 s nicht signifikant. Die Fehlertoleranz wird jedoch bei der größeren Messzeit auf die Hälfte reduziert.

Biografische Angaben in den Fußnoten aus https://www.wikipedia.de

Literatur

1. Glaser, W.: Grundlagen der Elektronenoptik, S. 113. Springer, Wien (1952)
2. Glaser, W.: ebenda, S. 297
3. Scherzer, O.: Über einige Fehler von Elektronenlinsen. Zeitschrift f. Physik **101**, 593–603 (1936)
4. Rang, O.: Der elektronenoptische Stigmator, ein Korrektiv für astigmatische Elektronenlinsen. Optik **5**, 518–530 (1949)
5. Bauer, H.-D.: Elektronenoptische Eigenschaften einer elektrostatischen Objektivlinse mit Vierpolsymmetrie, Optik **23**, 596–609 (1965/66)
6. Rose, H.: Correction of aberrations, a promising means for improving the spatial and energy resolution of energy-filtering electron microscopes. Ultramicroscopy **56**, 11–25 (1994)
7. Debye, P., Bueche, A.M.: Scattering by an inhomogenous solid. J. Appl. Phys. **20**, 518–525 (1949)
8. Reimer, L.: Transmission Electron Microscopy, Physics of Image Formation and Microanalysis, S. 160. Springer, Berlin (1997)
9. Reimer, L.: ebenda, S. 71 ff
10. Williams, D.B., Carter, C.B.: Transmission Electron Microscopy, S. 498. Springer, New York (2009)
11. https://moxtek.com/xray-product/ap-windows/. Zugegriffen: 07. März 2022
12. Theisen, R., Vollath, D.: Tabellen der Massenschwächungskoeffizienten von Röntgenstrahlen, S. 11. Verlag Stahleisen mbH, Düsseldorf (1967)
13. National Institute of Standards and Technology: NISTIR 5632. http://physics.nist.gov/PhysRefData/XrayMassCoef/ElemTab/z79.html
14. Bethe, H.: Zur Theorie des Durchgangs schneller Korpuskularstrahlung durch Materie. Ann. Phys. **5**, 325–400 (1930)
15. Schreiber, T.P., Wims, A.M.: A quantitative X-ray microanalysis thin film method using K- L- and M-lines. Ultramicroscopy **6**, 323–334 (1981)
16. Powell, C.J.: Cross sections for ionization of inner shell electrons by electrons. Rev. Mod. Phys. **48**, 33–47 (1976)
17. Wentzel, G.: Über strahlungslose Quantensprünge. Z. Phys. **43**, 524–530 (1927)
18. Klaar, H. J., Schwaab, P.: Röntgenmikroanalyse im Elektronenmikroskop, Teil 1: Grundlagen und Messtechnik, Prakt. Metallogr **27**, 319-331, Teil 2: Quantitative Analyse, 373–384, Teil 3: Vergleich mit anderen Verfahren, 429–438 (1990)

19. Burhop, E. H. S.: Le rendement de fluorescence, J. Phys. Radium **16**, 625–629 (1955), zitiert in [18]
20. Scofield, J. H.: Radiative transitions. In: Crasemann, B. (Hrsg.) Atomic Inner Shell Processes, Bd. I, , S. 265–292. Academic Press, New York (1975)
21. Goldstein, J.I., Costley, J.L., Lorimer, G.W., Reed, S.J.B.: Quantitative X-ray analysis in the electron microscope. In: Johari, O. (Hrsg.) Scanning Electron Microscopy. Chicago ITTRI 1, 315–324 (1977), zitiert in [18]

Resümee und Ausblick

In den Fußnoten der zehn Kapitel dieses Buches stehen die Namen von 70 bekannten Wissenschaftlern und Technikern, deren Arbeiten zum Fundament, zur Entwicklung und zum Verständnis der Ergebnisse der analytischen Transmissionselektronenmikroskopie beigetragen haben. 22 davon sind Nobelpreisträger: *Die Elektronenmikroskopie steht auf den Schultern von Giganten.*

Hans-Dietrich Bauer, der sich bereits in den 1960-er Jahren im Institut von Alfred Recknagel an der Technischen Universität Dresden mit den experimentellen Problemen beim Einsatz von Vierpollinsen im Elektronenmikroskop beschäftigt hatte, begann damals seine Vorlesung über Durchstrahlungselektronenmikroskopie mit zwei (nicht ganz ernst gemeinten) Hauptsätzen der Elektronenmikroskopie:

1. Es ist unmöglich, kein Bild zu erhalten!
2. Es ist unmöglich, ein scharfes Bild zu erhalten!

Der Hintergrund für den „2. Hauptsatz" ist die Tatsache, dass in rotationssymmetrischen und raumladungsfreien Feldern, die zeitlich konstant sind, der Öffnungsfehler unvermeidlich ist. Der Ausweg war eigentlich klar: Die Verwendung von Multipolen anstelle rotationssymmetrischer Linsen. Trotzdem hat es fast bis zum Jahre 2000 gedauert, bis solche Multipolelemente zur Öffnungsfehlerkorrektur in kommerzielle Geräte eingebaut werden konnten. Dazu bedurfte es zum einen der Ideen von Harald Rose, Max Haider, Knut Urban und Ondrej Krivanek und zum anderen schneller Computer. Schließlich muss man in der Lage sein, den Öffnungsfehler in vertretbarer Zeit zu messen, wenn man ihn korrigieren will. Dazu ist hohe Rechnerleistung erforderlich.

Mit der Möglichkeit der Öffnungsfehlerkorrektur ist es nicht mehr notwendig, extrem starke, kurzbrennweitige Objektivlinsen einzusetzen. Damit erweitert sich das Platzangebot im Probenbereich, was zusätzliche in situ-Manipulationen an der Probe gestattet.

Nach der Korrektur des Öffnungsfehlers erreicht das Auflösungsvermögen das Informationslimit. Damit rückt die Farbfehlerkorrektur in den Mittelpunkt des Inter-

J. Thomas und T. Gemming, *Analytische Transmissionselektronenmikroskopie*, https://doi.org/10.1007/978-3-662-66723-1

esses. Auch dies ist mit Multipoleinheiten möglich, in denen elektrostatische und magnetische Dipole kombiniert sind. Damit wird das Informationslimit zu höheren Raumfrequenzen, d. h. zu kleineren Abständen verschoben.

Das Informationslimit wird aber nicht allein vom Farbfehler bestimmt. Mechanische Erschütterungen, Temperaturschwankungen und äußere magnetische Wechselfelder beeinflussen es ebenfalls. Mit der Verbesserung der Elektronenlinsen richtet sich das Augenmerk auf diese Umgebungseinflüsse: Moderne Höchstleistungsmikroskope werden in einem vollständig geschlossenen Gehäuse aufgestellt. Als Labore werden Häuser mit speziellen Fundamenten fernab von verkehrsreichen Innenstädten genutzt. Solche Häuser werden dann nur für das Elektronenmikroskop gebaut.

Eine Folge dieser Entwicklung ist es, dass nicht mehr allein das Auflösungsvermögen, das heißt, das Vermögen kleinste Abstände getrennt wahrzunehmen, betrachtet wird, sondern auch die Genauigkeit, mit der solche kleinsten Abstände gemessen werden können. Hier ist man inzwischen im Pikometer-Bereich angelangt und hat damit die Möglichkeit, Abweichungen einzelner Atompositionen im Kristallgitter zu bestimmen.

In der analytischen Transmissionselektronenmikroskopie ist die hohe Ortsauflösung allerdings nur ein Aspekt. Sie wird kombiniert mit Röntgen- und Elektronenenergieverlust-Spektroskopie. Für die Messung von Bindungszuständen ist eine hohe Energieauflösung des Energieverlustspektrometers im Bereich von wenigen 0,1 eV wünschenswert. Die Energiebreite der Primärelektronen wird durch Einsatz eines Monochromators in der Elektronenkanone reduziert, so dass sie die Energieauflösung nicht beeinträchtigt.

Bei Strukturen im Subnanometerbereich ist die Messzeit durch (geringste) mechanische Drift begrenzt. Für ein ausreichendes Signal-Rausch-Verhältnis ist es wichtig, den Strahlstrom besonders in der rastertransmissionselektronenmikroskopischen Arbeitsweise zu erhöhen und die Effizienz der Detektoren zu verbessern. Für den hohen Strahlstrom werden dazu ein Strahlerzeuger mit hohem Richtstrahlwert (auserlesene Feldemissionskathoden) und ein Öffnungsfehlerkorrektor für das Kondensorsystem benötigt. Für die Röntgenspektroskopie wird die Detektoreffizienz durch Vergrößerung des erfassten Raumwinkels, beispielsweise durch Nutzung von Silizium-Drift-Detektoren und den Einsatz mehrerer Detektoren, verbessert.

Es kostet viel Geld, die idealen Laborbedingungen zu schaffen, ganz zu schweigen von den Kosten für ein Höchstleistungsgerät. In Biologie und Werkstoffforschung ist es oft auch gar nicht notwendig, ein solches Spitzengerät einzusetzen. Elektronenbeugungsmethoden zur Phasenanalyse, Beugungskontrastuntersuchungen zur Bestimmung der realen Gitterstruktur und Abbildung von Zellstrukturen sind Beispiele, bei denen ein „normales" Transmissionselektronenmikroskop ausreicht. Wichtiger als Leistung an der Grenze des Machbaren ist in diesen Fällen, dass das Gerät „vor Ort" steht, d. h. in unmittelbarer Nachbarschaft zu anderen Laboratorien.

Schließlich dürfen wir in diesem Zusammenhang auch nicht vergessen, dass für die elektronenmikroskopische Untersuchung ultradünne Proben benötigt werden: Je anspruchsvoller die Elektronenmikroskopie ist, desto höher sind die Anforderungen an die Probenqualität.

Es gibt auch „gemischte" Fälle, beispielsweise in der Halbleiterindustrie. Bei Halbleiterbauelementen können Dicken von Zwischenschichten im Nanometerbereich mit der erforderlichen Genauigkeit nur mit dem Transmissionselektronenmikroskop gemessen werden, welches zur Vermeidung von Ungenauigkeiten durch Delokalisation auch mit Öffnungsfehlerkorrektor ausgerüstet sein sollte. Das Gerät muss „vor Ort" sein. Hieraus ergibt sich ein Wunsch an die Hersteller von Elektronenmikroskopen: Verringerung der Empfindlichkeit gegenüber Umgebungseinflüssen.

Wenn der Leser nach dem Studium dieses Buches zu der Überzeugung gekommen ist, dass zur Bedienung und zum ergebnisorientierten Einsatz eines analytischen Transmissionselektronenmikroskops sowie zur fundierten Interpretation elektronenmikroskopischer Ergebnisse mehr Wissen notwendig ist als lediglich „für einen bestimmten Zweck an einem bestimmten Knopf zu drehen", dann haben wir als Autoren unser Hauptziel erreicht.

Wir wünschen allen gegenwärtigen und zukünftigen Elektronenmikroskopikern ein „glückliches Händchen", und denken Sie beim Interpretieren elektronenmikroskopischer Bilder bitte immer daran:

Glaube erst was du siehst, wenn du verstanden hast, warum du es siehst!

Physikalische Konstanten

Avogadro-Konstante:	$N_A = 6{,}022 \cdot 10^{23}/\text{mol}$
Boltzmann-Konstante:	$k = 1{,}381 \cdot 10^{-23}$ J/K
Elementarladung:	$e = 1{,}602 \cdot 10^{-19}$ A $\cdot s$
Gaskonstante:	$R = 8{,}315$ J/(mol $\cdot$ K)
Induktionskonstante:	$\mu_0 = 4\pi \cdot 10^{-7}$ N / A^2
Influenzkonstante:	$\varepsilon_0 = 8{,}854 \cdot 10^{-12}$ A $\cdot$ s/(V $\cdot$ m)
Lichtgeschwindigkeit im Vakuum:	$c = 2{,}998 \cdot 10^8$ m/s
Plancksches Wirkungsquantum:	$h = 6{,}626 \cdot 10^{-34}$ J $\cdot$ s
Richardson-Konstante:	$A = 120$ A $\cdot$ cm^{-2} $\cdot$ K^{-2}
Ruhemasse des Elektrons:	$m_0 = 9{,}109 \cdot 10^{-31}$ kg
spezifische Elementarladung:	$e/m_0 = 1{,}759 \cdot 10^{11}$ As / kg

Kombinationen von Konstanten in Formeln

$$\frac{h}{\sqrt{2 \cdot e \cdot m_0}} = 1{,}2228 \,\text{nm} \cdot \sqrt{V} \qquad \text{Formel (1.17)}$$

$$\frac{e}{c} = 5{,}344 \cdot 10^{-28} \text{ A} \cdot \text{s}^2/\text{m} \qquad \text{Formel (1.18)}$$

$$\frac{e^2}{8 \cdot \varepsilon_0} = 3{,}6232 \cdot 10^{-28} \text{ J} \cdot \text{m} \qquad \text{Formel (6.3)}$$

$$\frac{16 \cdot \pi \cdot \varepsilon_0}{e^4} = 5{,}9827 \cdot 10^{54} \text{ J}^{-2} \cdot \text{m}^{-2} \qquad \text{Formel (8.16)}$$

$$h \cdot c = 1{,}9865 \cdot 10^{-16} \text{ J} \cdot \text{nm} \qquad \text{Formel (9.2)}$$

$$\frac{e^2}{\varepsilon_0 \cdot h} = 4{,}37456 \cdot 10^6 \text{ m/s} \qquad \text{Formel (9.9)}$$

© Der/die Herausgeber bzw. der/die Autor(en), exklusiv lizenziert an Springer-Verlag GmbH, DE, ein Teil von Springer Nature 2023
J. Thomas und T. Gemming, *Analytische Transmissionselektronenmikroskopie*,
https://doi.org/10.1007/978-3-662-66723-1

$$\frac{m_0}{8} \cdot \left(\frac{e^2}{\varepsilon_0 \cdot h}\right)^2 = 2,17896 \cdot 10^{-18} \text{ J} \qquad\qquad \text{Formel (9.12)}$$

$$\frac{e}{m_0 \cdot c^2} \qquad = 1,9567 \cdot 10^{-6} \text{ V}^{-1} = \frac{1}{511059} \text{ V}^{-1} \quad \text{Formel (10.35)}$$

$$\frac{e^2}{4 \cdot \pi \cdot \varepsilon \cdot m_0} = 253,3 \text{ J} \cdot \text{m/kg} \qquad\qquad \text{Formel (10.227)}$$

Umrechnungen

Kraft: $1 \text{ kg m / s}^2 = 1 \text{ N}$

Energie: $1 \text{ Nm} = 1 \text{ J} = 1 \text{ VAs} = 1 \text{ Ws} = 6,2422 \cdot 10^{18} \text{ eV}$

Druck: $1 \text{ Pa} = 1 \text{ N/m}^2$, $1 \text{ Torr} = 133 \text{ Pa}$, $1 \text{ bar} = 10^5 \text{ Pa}$

Sonstige: $R = k \cdot N_A$, $c = \dfrac{1}{\sqrt{\mu_0 \cdot \varepsilon_0}}$

Literatur

Analytische Transmissionselektronenmikroskopie

- Picht, J., Heydenreich, J.: Einführung in die Elektronenmikroskopie, Technik-Verlag, Berlin (1966)
- Reimer, L.: Elektronenmikroskopische Untersuchungs- und Präparationsmethoden, Springer-Verlag, Berlin (1967)
- v. Heimendahl, M.: Einführung in die Elektronenmikroskopie: Verfahren zur Untersuchung von Werkstoffen und anderen Festkörpern, Vieweg-Verlag, Braunschweig (1970)
- Bethge, H., Heydenreich, J.: Elektronenmikroskopie in der Festkörperphysik, Deutscher Verlag der Wissenschaften, Berlin (1982)
- Bauer, H.-D.: Analytische Transmissionselektronenmikroskopie, Beiträge zur Forschungstechnologie, Heft 13, Akademie-Verlag, Berlin (1986)
- Alexander, H.: Physikalische Grundlagen der Elektronenmikroskopie, Teubner-Verlag, Stuttgart (1997)
- Colliex, C.: Elektronenmikroskopie – Eine anwendungsbezogene Einführung, übersetzt und bearbeitet von H. Kohl, Wissenschaftliche Verlagsgesellschaft Stuttgart (2008)
- Hirsch, P. B.: Electron Microscopy of Thin Crystals, Krieger Publishing Company (1977)
- Hirsch, P. B.: Topics in Electron Diffraction and Microscopy of Materials, IOP Publishing Ltd. London (1999)
- Ernst, F., Rühle, M. (Eds.): High-Resolution Imaging and Spectrometry of Materials, Springer-Verlag, Berlin (2003)
- Sigle, W.: Analytical Transmission Electron Microscopy, Annual Rev. Mater. Res. 35, 239–314 (2005)
- Reimer, L., Kohl, H.: Transmission Electron Microscopy: Physics of Image Formation, Springer-Verlag, Berlin (2008)

© Der/die Herausgeber bzw. der/die Autor(en), exklusiv lizenziert an Springer-Verlag GmbH, DE, ein Teil von Springer Nature 2023
J. Thomas und T. Gemming, *Analytische Transmissionselektronenmikroskopie*,
https://doi.org/10.1007/978-3-662-66723-1

- Williams, D. B., Carter, C. B.: Transmission Electron Microscopy, Springer-Verlag, New York (2009)

Elektronenoptik

- Glaser, W.: Grundlagen der Elektronenoptik, Springer-Verlag, Wien (1952)
- Hawkes, P. W., Kasper, E.: Principles of Electron Optics, Academic Press, London (1989)
- Rose, H.: Geometrical Charged-Particle Optics, Springer-Verlag, Heidelberg (2009)

Elektronenbeugung

- Hahn, T. (Ed.): International Tables for Crystallography, Vol. A, Space-Group Symmetry, Kluwer Academic Publishers, Dordrecht, Boston, London (1996)
- Champness, P. E.: Electron Diffraction in the Transmission Electron Microscope, BIOS Scientific Publishers Ltd, Oxford (2001)
- Spence, J.C.H., Zuo, J. M.: Electron Microdiffraction, Plenum Press, New York (1992)
- Morniroli, J. P.: Large-Angle Convergent-Beam Electron Diffraction Applications to Crystal Defects, Crc. Pr. Inc. (2004)

Hochauflösungs-Transmissionselektronenmikroskopie

- Hillebrand, R., Scheerschmidt, K., Neumann, W., Werner, P., Pippel, A.: Bildinterpretation in der Hochauflösungs-Elektronenmikroskopie, Beiträge zur Forschungstechnologie, Heft 11, Akademie-Verlag Berlin (1984)
- Buseck, P. R., Cowley, J. M., Eyring, L.: High-Resolution Transmission Electron Microscopy And Associated Techniques, Oxford University Press (1988)
- Spence, J. C. H.: High-Resolution Electron Microscopy, Oxford University Press (2008)

Rastertransmissionselektronenmikroskopie

- Pennycook, S. J., Nellist, P. D. (Eds.): Scanning Transmission Electron Microscopy, Springer-Verlag, New York, Dordrecht, Heidelberg, London (2011)

Röntgen- und Elektronenenergieverlust-Spektroskopie

- Eggert, F.: Standardfreie Elektronenstrahl-Mikroanalyse mit dem EDX im Rasterelektronenmikroskop – Ein Handbuch für die Praxis, Books on Demand GmbH, Norderstedt (2005)
- Reimer, L. (Ed.): Energy-Filtering Transmission Electron Microscopy, Springer-Verlag, Berlin (1995)

- Egerton, R. F.: Electron Energy-Loss Spectroscopy in the Electron Microscope, Plenum Press, New York, London (1996)

Elektronenmikroskopische Präparation

- Müller, H.: Präparation von technisch-physikalischen Objekten für die elektronenmikroskopische Untersuchung, Akademische Verl.-Gesellschaft Geest und Portig, Leipzig (1962)
- Petzow, G.: Metallografisches, keramografisches, plastografisches Ätzen, Gebr. Bornträger, Berlin, Stuttgart (1994)
- Ayache, J., Beaunier, L., Boumendil, J., Ehret, G., Laub, D.: Sample Preparation Handbook for Transmission Electron Microscopy – Methodology, Springer-Verlag, New York, Dordrecht, Heidelberg, London (2010)
- Ayache, J., Beaunier, L., Boumendil, J., Ehret, G., Laub, D.: Sample Preparation Handbook for Transmission Electron Microscopy – Techniques, Springer-Verlag, New York, Dordrecht, Heidelberg, London (2010)

Stichwortverzeichnis

© Der/die Herausgeber bzw. der/die Autor(en), exklusiv lizenziert an Springer-Verlag GmbH, DE, ein Teil von Springer Nature 2023
J. Thomas und T. Gemming, *Analytische Transmissionselektronenmikroskopie*,
https://doi.org/10.1007/978-3-662-66723-1

Printed in the United States
by Baker & Taylor Publisher Services